高等院校机械类创新型应用人才培养规划教材

数控加工与编程技术

编　著　李体仁
参　编　张　斌　孙建功　李　佳

内 容 简 介

本书结合实例详细地介绍了数控加工手工编程和自动编程的基本知识，系统地分析了数控编程指令和编程方法。结合文字叙述，通过大量的实例、图表以及程序的形式来说明相关指令的应用，内容清晰、直观。兼顾课堂教学与自学的特点和需要，每章都附有一定的习题，有助于读者加深对本书内容的理解并检验学习效果。

本书可作为高校本科机械专业的专业课教材，也可作为数控加工职业技能的培训教材和数控加工行业的工程技术人员、高级技术工人的工作参考书。

图书在版编目(CIP)数据

数控加工与编程技术/李体仁编著. —北京：北京大学出版社，2011.1
(高等院校机械类创新型应用人才培养规划教材)
ISBN 978-7-301-18475-2

Ⅰ. ①数… Ⅱ. ①李… Ⅲ. ①数控机床—程序设计—高等学校—教材 Ⅳ. ①TG659

中国版本图书馆 CIP 数据核字(2011)第 011800 号

书　　名：数控加工与编程技术
著作责任者：李体仁　编著
策 划 编 辑：童君鑫
责 任 编 辑：周　瑞
标 准 书 号：ISBN 978-7-301-18475-2/TH·0231
出　版　者：北京大学出版社
地　　址：北京市海淀区成府路 205 号　100871
网　　址：http://www.pup.cn　http://www.pup6.com
电　　话：邮购部 62752015　发行部 62750672　编辑部 62750667　出版部 62754962
电 子 邮 箱：pup_6@163.com
印　刷　者：北京虎彩文化传播有限公司
发　行　者：北京大学出版社
经　销　者：新华书店
787 毫米×1092 毫米　16 开本　19 印张　442 千字
2011 年 1 月第 1 版　　2023 年 7 月第 9 次印刷
定　　价：49.00 元

前　言

机床数控加工技术是先进制造与自动化技术中最核心的技术之一，是一种可以高效、优质地实现机械产品零件加工的理论和方法，是制造业自动化、柔性化和数字化的基础与关键技术。数控加工技术主要包括数控加工工艺装备、数控加工工艺和数控加工程序编制等技术，本书主要介绍数控加工程序编制技术。

本书从数控加工技术的应用角度出发，通过典型零件数控加工实例分析，介绍数控加工编程技术的基本概念、数控车削常用编程指令和程序编制方法、数控铣削常用编程指令和程序编制方法以及CAD、CAM编程基础知识，侧重于数控加工技术综合应用，强调基础性和实用性。

本书共分5章：数控加工与编程技术基础、数控铣床和加工中心编程、数控车床编程、数控编程实例、CAD/CAM技术。第1章、第3章、第4.1节由陕西科技大学张斌编写，第2章、第4.2节由陕西科技大学孙建功编写，第5章由西安技师学院李佳编写，陕西科技大学闫永志、孙腾飞、董罡等参与了其中部分图的绘制和资料整理。全书由陕西科技大学李体仁审核、汇总和整理。在本书编写过程中，参阅了FANUC编程手册和相关的技术资料，在此表示衷心的感谢。

数控加工技术处于不断的发展当中，限于作者的水平与经验，书中难免存在疏漏和不妥之处，恳请读者批评指正。

编　者

2010年11月

目　录

第1章 数控加工与编程技术基础

数控加工技术是先进制造自动化技术最核心的技术之一，学习数控加工技术必须首先了解数控加工的主要特点和基本方法，数控加工与传统普通加工的主要区别，数控程序编制的基本要求和规律，在数控加工中如何根据不同类型零件的加工要求确定相应的工艺方案，从而使程序符合工艺的要求，本章将从这几个方面讲述数控加工的基本原理。

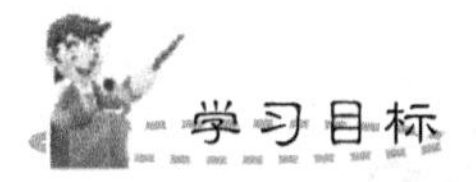

了解数控加工技术的主要特点和一般加工步骤

掌握数控机床坐标系的基本规则

掌握数控加工程序的术语及程序结构

了解数控加工工艺的主要特点

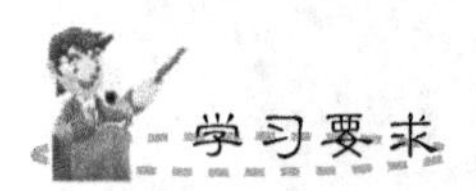

知识要点	能力要求	相关知识
数控加工的基础知识	(1) 了解什么是数控加工； (2) 掌握数控加工过程的基本步骤	数控机床的结构与工作方式、机械加工基本方法
数控加工坐标系	(1) 了解数控加工中有关坐标系的规定； (2) 学会分析不同类型数控机床的坐标方向	右手笛卡尔坐标系
参考点的概念	(1) 了解数控加工中几个参考点及其相互关系	右手笛卡尔坐标系
程序的结构与组成	(1) 了解数控编程中的常用术语及其各自的功能； (2) 掌握数控编程语句的编写规则； (3) 掌握程序基本结构及各类指令字的功能	准备功能、辅助功能、主轴功能、进给功能、刀具功能
数控加工工艺设计	(1) 了解数控加工工艺与传统加工工艺的区别； (2) 掌握数控加工工艺编制的步骤	机械加工工艺规程、机械加工刀具及工装

导入案例

数控加工是在数控机床上进行零件加工的一种工艺方法，用数字信息控制零件和刀具的移动。是解决零件品种多变、形状复杂、精度要求等问题和实现高效化和自动化加工的有效途径。

数控技术起源于航空工业的需要，20世纪40年代后期，美国一家直升机公司提出了数控机床的初始设想，1952年美国麻省理工学院研制出三坐标数控铣床。50年代中期这种数控铣床已用于加工飞机零件。60年代，数控系统和程序编制工作日益成熟和完善，数控机床已被用于各个工业部门。

近年来，我国数控加工技术发展非常迅速，国产数控机床已经可以满足国内市场的需要，高性能的车削中心和车铣中心通过引进技术和自主开发，一些产品已能满足部分高端用户的需要。其中，立式加工中心在技术上比较成熟，技术性能与国际水平接近，但卧式加工中心等产品在精度和性能上与国外同类产品相比还有一定差距。因此，目前我国在卧式加工中心、高速加工中心、五轴加工中心等方面主要依赖进口。

由于数控加工技术在生产柔性化、加工精度、加工质量等方面的巨大优势，在机械制造业中正逐渐成为主要力量，我们所从事的制造业也正是由于数控技术的应用而发生了很大的变化。想要了解数控加工的基本原理，数控加工的过程是什么样的，都可以从本章找到答案。

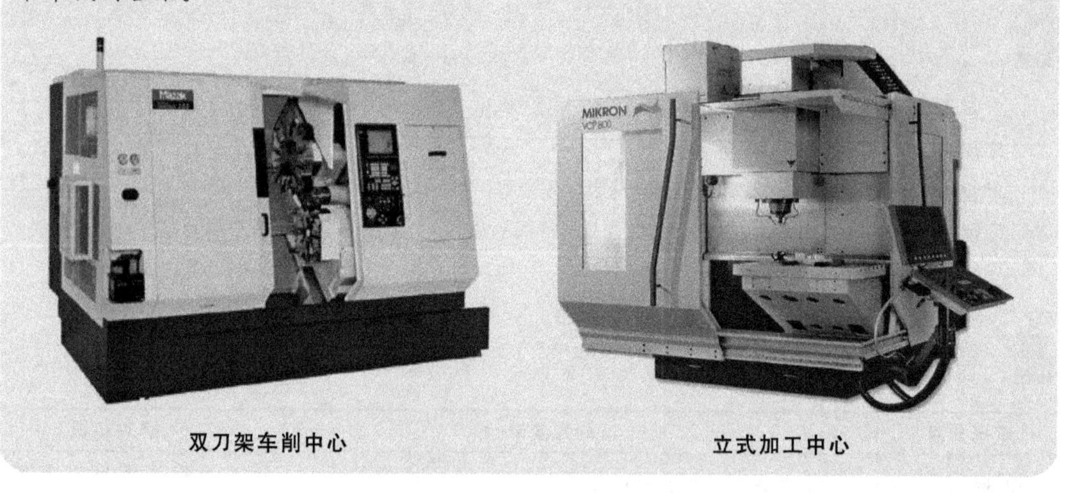

双刀架车削中心　　　　立式加工中心

1.1 数控加工的基础知识

1.1.1 数控编程技术的基本概念

随着科学技术和社会生产的不断进步，机械产品日趋复杂，对机械产品的质量和生产率的要求也越来越高。在航空航天、微电子、信息技术、汽车、造船、建筑、军工和计算机技术等行业中，零件形状复杂、结构改型频繁、批量小、零件精度高、加工困难、生产效率低等已成为日益突出的现实问题。机械加工工艺过程的自动化和智能化是适应上述发展特点的最重要手段。

为解决上述问题，一种灵活、通用、高精度、高效率的“柔性”自动化生产设备——数控机床应运而生了。目前，数控技术已逐步普及，数控机床在工业生产中得到了广泛应用，已成为机床自动化的一个重要发展方向。所谓数控是数字控制(Numerical Control，NC)的简称，是指用数字、文字和符号组成的数字指令来实现单台或多台机械设备动作控制的技术。它控制的通常是位置、角度、速度等机械量和与机械能量流向有关的开关量。目前数控一般采用通用或专用计算机实现数字程序控制，因此也被称为计算机数控，(CNC)。这种技术用计算机按照事先存储的程序来执行对设备的控制。由于计算机代替了原先使用的硬件逻辑电路组成的数控装置，使数据的存储、处理、运算、逻辑判断等各种控制功能的实现可以通过计算机软件来完成。

数控加工技术的应用是机械制造业的一次技术革命，它使机械制造业的发展进入了一个崭新的阶段。由于数控机床综合应用了电子计算机、自动控制、伺服驱动、精密检测与新型机械结构等方面的技术成果，具有高柔性、高精度与高度自动化的特点，因此它提高了机械制造业的制造水平，解决了机械制造中常规加工技术难以解决、甚至无法解决的复杂型面零件的加工，为社会提供了高质量、多种类及高可靠性的机械产品，已取得了巨大的经济效益。

数控加工具有较强的适应性和通用性，能获得更高的加工精度和稳定的加工质量，具有较高的生产效率、能获得良好的经济效益，能实现复杂的运动，能改善劳动条件、提高劳动生产率，便于实现现代化的生产管理等特点。

数控机床是一种高度自动化的机床，有一般机床所不具备的许多优点，所以数控机床的应用范围在不断扩大，但数控机床是一种高度机电一体化产品，技术含量高，成本高，使用维修都有一定难度，若从效益最优化的技术经济角度出发，数控机床一般适用于加工如下零件。

(1) 多种类、小批量零件。

(2) 结构较复杂、精度要求较高的零件。

(3) 需要频繁改型的零件。

(4) 价格昂贵、不允许报废的关键零件。

(5) 最小生产周期的急需零件。

数控加工过程包括按给定的零件加工要求(零件图样、CAD 数据或实物模型)进行加工的全过程，一般来说，数控加工技术涉及数控机床加工工艺和数控编程技术两方面，如图 1.1 所示。数控加工就是根据被加工零件和工艺要求编制成以数码表示的程序，输入到数控机床的数控装置或控制计算机中，以控制工件和刀具的相对运动，使之加工出合格零件的方法。使用数控机床加工时，必须编制零件的加工程序，理想的加工程序不仅应保证加工出符合设计要求的零件，同时应能使数控机床功能得到合理的应用和充分的发挥，且能安全可靠和高效地工作。数控加工中的工艺问题的处理与普通机械加工基本相同，但又有其特点，因此在设计零件的数控加工工艺时，既要遵循普通加工工艺的基本原则和方法，又要考虑数控加工本身的特点和零件编程要求。数控编程技术是数控加工技术中的关键技术之一，也是目前 CAD/CAPP/CAM 系统中最能明显发挥效益的环节之一。数控编程技术在实现设计加工自动化、提高加工精度和加工质量、缩短产品研制周期等方面发挥着重要作用，在机械制造工业、航空工业、汽车工业等领域有着广泛的应用。

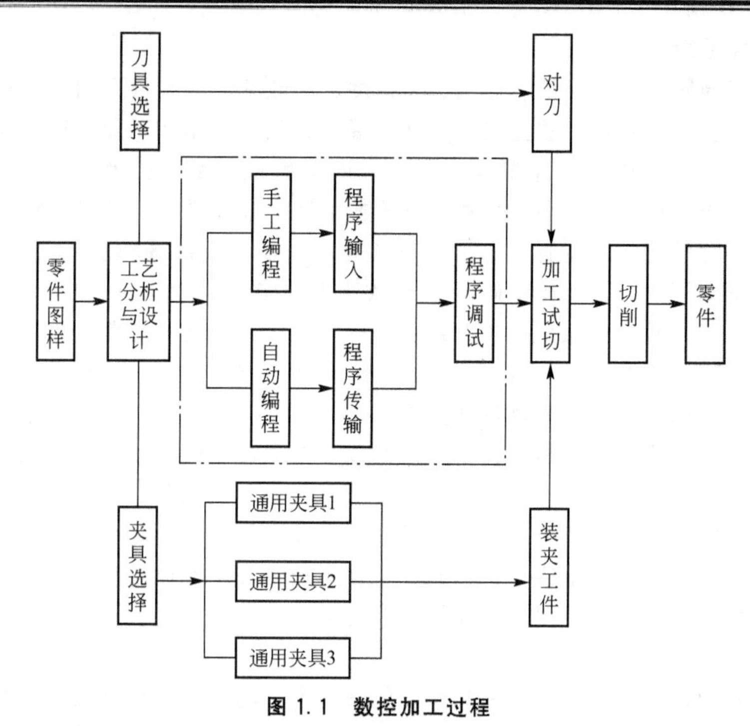

图 1.1 数控加工过程

1.1.2 数控技术的优点

1. 与传统加工方式的区别

零件的加工主要有以下几个步骤。

(1) 零件图的工艺分析。

(2) 加工方法的选择。

(3) 零件的装夹及切削刀具的选择。

(4) 切削用量的确定。

(5) 切削工件。

无论对于传统加工，还是数控加工，其基本步骤都是相同的，主要的区别在于各种数据输入方式的不同。在传统加工中，操作人员需要手动操作机床，移动切削刀具实现加工。如果对一批零件进行加工，则需要操作人员不断重复地进行同样的机床操作。但事实上，操作人员只能进行近似的加工，无法保证每一次的加工都是完全相同的。因此，如何保证尺寸公差和表面质量，成为需要解决的典型问题。这也就造成了传统加工方法下加工的零件有较多的不一致。而对于数控加工而言，一旦零件程序验证无误，就可以进行反复多次使用，可以保持零件加工的一致性。当然，考虑到刀具磨损等因素，也需要调整零件的安装及采取相应的补偿措施。

实际生产中，往往采用传统加工与数控加工相结合的方式，在简单零件生产和零件粗加工中，传统加工方法依然发挥着重大作用，而对于复杂零件和精度要求高的零件采用数控加工方法则更为有利。

2. 数控加工的优点

数控加工的优势主要集中在以下几个方面。

1）缩短加工准备时间

程序编制完成，经过试切证实无误后，就可以为下次使用做好准备，直接调用非常方便。准备时间通常只是在首次加工中较长，但对任何以后的运行来说，几乎不需要太多的准备时间。即使零件根据实际工程需要进行修改，其加工程序也可以方便快捷地进行相应的修改，使整体的准备时间大大缩短。

2）缩短零件的装夹时间，简化零件的安装

零件的安装时间属于非生产性的辅助时间，由于 CNC 机床的设计采用模块化的夹具、标准的数控刀具、定位装置、自动换刀系统及其他一些先进装置，使得零件的安装时间更短，比普通机床更为高效。

在普通机床加工中，非标准刀具和自产刀具的使用，使机床周围的工作台和工作箱非常凌乱，但对于数控机床而言，采用标准刀具进行切削，例如：中心钻、镗孔刀具及多工步刀具等都被标准刀具所取代。与非标刀具和专用刀具相比，标准刀具的换刀更加简单。此外，从刀具储备来说，标准刀具也更有优势。在夹具方面，为 CNC 加工设计的装夹系统通常不要求钻模、定位孔等辅助定位，因此结构简单，装卸较为方便。

3）提高零件加工的精度和重复精度

CNC 机床加工的精确性和重复性是许多用户考虑的主要优势。程序一旦确定，就可根据需要反复使用，而不会漏掉其中的任何一位数据。程序允许存在例如刀具磨损等可变因素，通过采取相应的补偿措施来保证加工精度。CNC 机床的精确性和重复性可以保证多次生产零件的一致性。

4）可以进行复杂轮廓外形零件加工

CNC 车床、铣床和加工中心可以针对各种零件外形进行加工，通过采用计算机编程生成三维刀具路径，顺利完成加工。很多时候，不需要额外制造模型，就可以完成复杂零件的加工。

5）提高切削有效时间的一致性

在 CNC 机床上，手动操作仅用来装卸工件等辅助性工作，对大批量生产而言，非生产时间造成的消耗由于可以平摊在许多零件上而变得比较小。而相对固定的切削加工时间主要体现在程序执行的重复性工作上，这样生产进度和分配到单机上的工作可以进行精确的计算。

6）提高零件加工的生产效率

数控加工为提高生产率和产品质量提供了保障，由于数控技术使生产自动化程度大大提高，因此可以有效地提高零件的加工效率。

1.1.3　数控编程方法

数控编程是从零件图纸到获得数控加工程序的全过程。数控编程的主要内容包括：分析加工要求并进行工艺设计，以确定加工方案，选择合适的数控机床、刀具、夹具，确定合理的走刀路线及切削用量等；建立工件的几何模型，计算加工过程中刀具相对工件的运动轨迹或机床运动轨迹；按照数控系统可接受的程序格式，生成零件加工程序，然后对其进行验证和修改，直到生成合格的加工程序。根据零件加工表面的复杂程度、数值计算的难易程度、数控机床的数量及现有编程条件等因素，数控加工程序可通过手工编程或计算机辅助编程来获得。

因此，数控编程包含了数控加工与编程、机械加工工艺、CAD/CAM 软件应用等多方面的知识，其主要任务是计算加工走刀中的刀位点(Cutter Locationpoint，CL 点)，多轴加工中还要给出刀轴矢量。数控铣或者数控加工中心的加工编程是目前应用最广泛的数控编程技术。

数控编程通常分为手工编程和计算机辅助编程两类，而计算机辅助编程又分为数控语言自动编程、交互图形编程和 CAD/CAM 集成系统编程等多种。目前数控编程正向集成化、智能化和可视化方向发展。

1. 手工编程

手工编程就是指从工艺分析、数值计算直到数控程序的试切和修改等过程全部或主要由人工完成，是数控编程中最常见的方法。由于手工编程中，所有的计算由手工完成，因此，要求编程人员不仅要熟悉各种类型的数控代码及编程规则，而且还必须具备机械加工工艺知识和数值计算能力。对于点位加工或几何形状不太复杂的零件，数控编程计算较简单、程序段不多，手工编程是可行的。但对形状复杂的零件，特别是具有曲线、曲面(如叶片、复杂模具型腔)或几何形状并不复杂但程序量大的零件(如复杂孔系的箱体)以及数控机床拥有量较大而且产品不断更新的企业，手工编程就很难胜任。根据生产实践统计，手工编程时间与数控机床加工时间之比一般为 30∶1。可见手工编程效率低、出错率高，因而必然要被其他先进编程方法所替代。

手工编程的编程内容和一般步骤如图 1.2 所示。

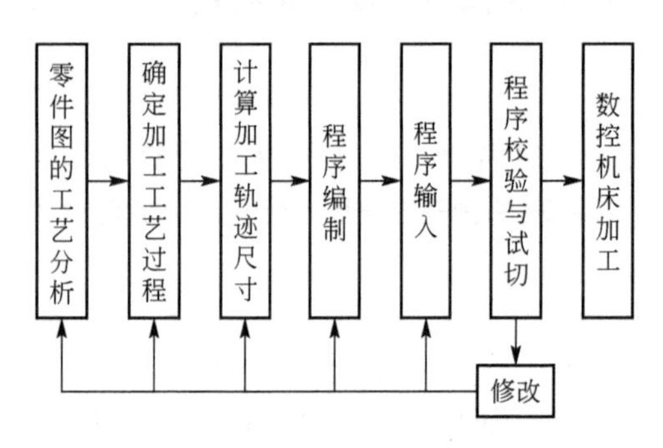

图 1.2 手工编程步骤

1) 零件图的工艺分析、确定加工过程

在确定加工工艺过程时，编程人员要根据被加工零件图纸，对工件的形位公差、尺寸、技术要求进行分析，选择加工方案，确定加工顺序、加工路线、装夹方式、刀具及切削参数等，同时还要考虑所用数控系统的指令功能，充分发挥机床的效能，尽量缩短走刀路线，减少编程工作量。

2) 加工轨迹的数据计算与输入

数控机床按照工艺规划好的加工路径和切削参数来编写程序，因此要根据零件图的几何尺寸确定工艺路线及设定坐标系，计算零件粗、精加工运动的轨迹，得到刀位数据。对于形状比较简单的零件(如直线和圆弧组成的零件)的轮廓加工，要计算出几何元素的起点、终点、圆弧的圆心、两几何元素的交点或切点的坐标值，有的还要计算刀具中心的运动轨迹坐标值。对于形状比较复杂的零件(如非圆曲线、曲面组成的零件)，需要用直线段或圆弧段逼近，根据加工精度的要求计算出节点坐标值，这种数值计算一般要用计算机来完成。

3) 程序编制

在各项工艺参数、刀具路径等确定以后，编程人员根据数控系统的功能指令代码及程序段格式，逐段编写加工程序。

4) 程序输入

把编制完成的加工程序通过控制面板输入到数控系统或通过程序的传输(或阅读)装置输入数控系统。

5）程序校验与试切

输入到数控系统中的加工程序必须经过校验和试切才能正式使用。校验的方法是让数控机床空运行，按照规划的刀具路径进行模拟切削走刀，以检查机床的运动轨迹是否正确。在有 CRT 图形显示的数控机床上，用模拟刀具进行工件切削的方法进行检验更为方便，但这些方法只能检验运动是否正确，不能检验被加工零件的加工精度。因此，必须进行零件的首件试切。当发现有加工误差时，分析误差产生的原因，找出问题并进行修正。最后利用检验无误的数控程序进行加工。

2. 数控语言自动编程

对复杂零件进行编程加工时，其刀具运动轨迹的计算非常复杂，计算烦琐而且容易出错。编程工作量非常大，手工编程已经无法满足需要。因此必须采用计算机辅助编制数控程序。

自动编程是用计算机把人工输入的零件图纸信息改写成数控机床能执行的数控加工程序，各种数据的处理、计算和编程均由计算机来完成。计算机的计算更为精确和快速，不易出错。目前常使用 APT 语言自动编程(Automatically Programmed Tool)系统来实现。APT 语言是用专用语句编写源程序，再由 APT 处理程序经过编译和运算，输出刀具路径，然后通过后置处理，获得数控机床所要求的数控指令。除了 APT 语言之外，还有其他一些自动编程系统，如德国 EXAPT、法国 IFAPT、日本 FAPT 等。我国也在 20 世纪 70 年代研制了如 SKC、ZCX 等铣削、车削数控自动编程系统。20 世纪 80 年代，市场上相继出现了 NCG、APTX、APTXGI 等高水平软件，近几年来又出现了各种小而专的编程系统和多坐标编程系统。

采用 APT 语言编制数控程序，具有程序简练、走刀控制灵活等优点，使数控加工编程从面向机床指令的"汇编语言"级上升到面向几何元素。但由于 APT 语言属于开发得比较早的数控编程语言，当时计算机的图形处理能力不够强，因此必须在 APT 源程序中用语言的形式去描述几何图形信息和加工过程，再由计算机处理生成加工程序。可见这种编程方法的直观性较差，编程过程复杂且不易掌握，在编程过程中也不利于进行检查，缺少对零件形状、刀具运动轨迹的直观图形显示和刀具轨迹的验证手段，难以和 CAD、CAPP 系统有效连接，不易实现高度的自动化和集成化。

3. CAD/CAM 系统自动编程

1）CAD/CAM 系统自动编程原理和功能

20 世纪 80 年代以后，随着 CAD/CAM 技术的成熟和计算机图形处理能力的提高，出现了 CAD/CAM 自动编程软件，它使用了以待加工零件 CAD 模型为基础的一种集加工工艺规划及数控编程为一体的自动编程方法。可以直接利用 CAD 模块生成几何图形，采用人机交互的实时对话方式，在计算机屏幕上指定零件被加工部位，并输入相应的加工参数，计算机便可自动进行必要的数据处理，编制出数控加工程序，同时在屏幕上动态地显示出刀具的加工轨迹。从而有效地解决了零件几何建模及显示、交互编辑以及刀具轨迹生成和验证等问题，具有形象、直观和高效等优点，推动了 CAD 和 CAM 向集成化方向发展。

目前，工作站和微机平台 CAD/CAM 软件已居主导地位，高档 CAM 软件的代表有 UG、IDEAS、Pro/E、CATIA 等。这类软件的特点是优越的参数化设计、变量化设计、特征造型技术与传统的实体和曲面造型功能结合在一起，加工方式完备，计算准确，实用性强。可以从简单的 2 轴加工到以 5 轴联动方式来加工的复杂工件表面，并可以对数控加工过程进行自动控制和优化，是航空、造船、汽车等行业的首选 CAD/CAM 软件。此外，有一些相对独立的 CAM 软件如 Mastercam、Surfcam 等。这种软件主要通过中性文件从其他 CAD 系统获得产品几何模型。系统主要有交互工艺参数输入模块、刀具路径生成模块、刀具路径的编辑模块、三维动态仿真模块和后置处理模块。

国内 CAD/CAM 软件的代表有 CAXA－ME、金银花系统等。这些软件是我国面向机械制造业自主开发的中文界面的 CAD/CAM 软件，具备机械产品设计、工艺规划设计和数控加工自动编程等功能。

CAD/CAM 软件所具有的基本功能包括以下几个方面：

(1) 三维造型利用计算机建立完整的产品三维几何形状。

(2) 参数管理：包括加工对象参数、刀具参数、加工工艺参数等的设置，是交互式图形编程的主要内容，因此是 CAD/CAM 软件数控编程的主要功能组成部分。

(3) 刀位点的计算：根据用户设定的加工参数和加工对象计算出刀位点，由于刀位点是数控编程中最重要和复杂的工作环节，因此它也是利用 CAD/CAM 软件进行交互式图形编程的明显优势。

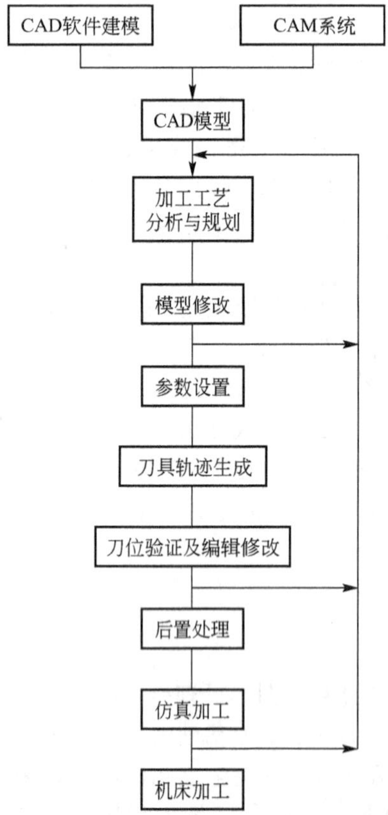

(4) 动态仿真：以图形化的方式直观、逼真地模拟加工过程，检验编写的数控程序的正确性。

(5) 刀具轨迹的编辑与修改：可以对数控刀具轨迹采用多种编辑手段进行增加、删除和修改。

(6) 后置处理：CAD/CAM 软件计算出的刀具轨迹包含了大量刀位点的坐标，后置处理的作用就是将这些刀位点坐标按标准的格式转换到数控程序中。数控程序主体的实现，实际上是一个文字处理过程。

(7) 生成工艺文件：将操作人员所需要的各种工艺信息编写成符合标准和要求的文档，避免编程人员与机床操作人员的失误。

2) CAD/CAM 系统编程的基本步骤

不同 CAD/CAM 系统的功能、用户界面有所不同，编程操作也不尽相同。但从总体上讲，其编程的基本原理及基本步骤大体是一致的，如图 1.3 所示。

图 1.3　CAD/CAM 系统数控编程步骤

(1) 建立 CAD 模型。利用 CAD/CAM 系统的几何建模功能，将零件被加工部位的几何图形准确地绘制在计算机屏幕上。同时在计算机内自动形成零件图形的数据文件。例如可以利用 Mastercam 或者使用其他的 CAD 软件造型后，对其进行数据转换，转换成 Mastercam 专用的文件格式。通过 Mastercam 的文件转换功能来读取其他 CAD 软件的造型文件。也可借助于三坐标测量仪 CMM 或激光扫描仪等工具测量被加工零件的形体表面，通过反求工程将测量的数据处理后送到 CAD 系统进行建模。

(2) 加工工艺分析与规划。工艺分析与规划主要包括以下内容。

① 确定加工对象：通过分析模型，确定零件加工区域及加工方法。

② 工艺规划：按照零件形状特征、功能要求、精度和粗糙度等要求，合理安排加工

工艺路线，选择加工刀具；确定加工余量；详细明确从粗加工到精加工的各个环节。

(3) 模型修改。由于 CAD 造型人员更多考虑零件设计的方便性与完整性，并不考虑对 CAM 加工的影响，因此要根据加工对象及工艺规划对 CAD 模型作适合于 CAM 编程的处理，例如进行曲面修补、对轮廓曲线进行修整等。

(4) 参数设置。参数设置构成了自动编程的主要操作内容，直接影响数控程序的生成质量，主要包括如下内容。

① 设置切削方式，指定刀具轨迹的相关参数。

② 设置加工对象，用户通过交互手段选择被加工几何体或其中的加工分区、毛坯、避让区域等。

③ 工艺参数与刀具参数设置，针对每一个加工工序选择合适的加工刀具，在 CAD/CAM 软件中设置工艺参数，例如对切削液控制、进给量、主轴转速等的设置。

④ 数控程序参数设置，参数主要有进刀和退刀方式、行间距、安全高度等。

(5) 刀具轨迹。刀具轨迹的生成是基于屏幕图形以人机交互方式进行的。用户根据屏幕提示，通过光标选择相应的图形目标，确定待加工的零件表面及限制边界，输入切削加工的对刀点，选择切入和走刀方式。然后软件系统将自动地从图形文件中提取所需的几何信息，进行分析判断，计算节点数据，自动生成走刀路线，并将其转换为刀具位置数据，存入指定的刀位文件。

(6) 刀位验证及编辑修改。为了确保程序的安全性，必须对所生成的刀位文件进行加工过程仿真，检查生成的刀具轨迹，验证走刀路线是否正确合理，检查有无过切或者加工不到位，检查是否发生刀具与工件、夹具的干涉。根据需要可对已生成的刀具轨迹进行编辑修改、优化处理，以得到用户满意的、正确的走刀轨迹。

(7) 后置处理。后置处理的目的是形成具体机床的数控加工文件，它实际是一个文本编辑处理过程。由于各机床所使用的数控系统不同，其数控代码及其格式也不尽相同。为此必须通过后置处理，将刀位文件转换成具体数控机床所需的数控加工程序。

注意：在上述工作中，由于工艺分析和规划决定了刀具轨迹的质量，参数设置构成了程序操作的主要内容，因此编程人员的主要工作集中在工艺分析与规划、参数设置阶段。

3) CAD/CAM 软件系统编程特点

(1) CAD/CAM 系统自动数控编程与手工编程相比，具有以下特点。

① 数据处理能力强，可以处理各种复杂零件，特别是空间曲面。

② 高效快速地生成数控加工程序。

③ 灵活多变的后置处理：同样的零件在不同的机床上加工，其控制系统的各种指令不尽相同，但前置处理过程中，数据处理和轨迹计算却是一致的，只需要在后置处理中作相应调整就可以自动生成适用于不同数控系统的程序。

④ 程序自检、纠错能力强：借助自动编程对数控程序的动态仿真加工功能，可以连续、逼真地显示刀具加工轨迹和零件轮廓，发现问题可以及时修改。

⑤ 与数控系统通信非常便捷：自动编程系统可以利用计算机和数控系统的通信接口，把自动生成的数控程序直接输入数控系统，控制机床完成加工。可以做到输入和加工同时进行，进一步提高了编程效率，缩短了生产周期。

(2) CAD/CAM 系统自动数控编程是一种先进的编程方法，与 APT 相比，具有以下的特点。

① 将被加工零件的几何建模、刀位计算、图形显示和后置处理等过程集成在一起，有效地解决了编程的数据来源、图形显示、走刀模拟和交互编辑等问题，编程速度快、精度高，弥补了数控语言编程的不足。

② 编程过程是在计算机上直接面向零件几何图形交互进行，不需要用户编制零件加工源程序，用户界面友好，使用简便、直观，便于检查。

③ 有利于实现系统的集成，不仅能够实现产品设计与数控加工编程的集成，还便于工艺过程设计、刀夹量具设计等过程的集成。

现在，利用CAD/CAM软件系统进行数控加工编程已成为数控程序编制的主要手段。

1.2 数控加工坐标系

在CNC编程中，所有图纸信息由基本的数字转换到程序中，也需要使用数字来描述相关的指令、功能等，因此必须将图纸信息翻译成机床控制系统可以认识的数字信息，而坐标系是理解CNC工作原理和零件几何尺寸的关键。

为了使编程人员可以在不知道机床上刀具与工件之间相对运动形式的情况下，按零件图纸对加工程序进行编制，并能使其在同类数控机床上具有互换性，国际标准化组织(ISO)对数控机床的坐标系统作了统一规定，即ISO 841标准。我国于1982年颁布了JB 3051—1982《数控机床　坐标系和运动方向的命名》标准，对数控机床的坐标和运动方向作了明确规定，该标准与ISO 841标准等效。

直角坐标系出现在17世纪，是一个定义点的概念，它采用*XY*坐标定义一个平面的二维点，用*XYZ*坐标定义空间的三维点。直角坐标系是由数学家笛卡尔提出的，因此通常用他的名字来表示直角坐标系，即笛卡尔坐标系。机床的几何关系是机床固定点和工件浮动点之间距离的关系，CNC机床的几何关系一般采用右手笛卡尔坐标系进行确定。这样就可以使机床上运动部件的成形运动和辅助运动有确定的方向和位置，数控机床坐标系一般遵守两个原则，即右手直角笛卡尔坐标(右手规则)的原则和零件固定、刀具运动的原则。

1.2.1 右手直角笛卡儿坐标(右手规则)的原则

数控机床坐标系的具体位置与机床的类型有关。右手笛卡儿坐标系的确定方法是：将右手放在坐标系中，拇指、食指、中指呈相互垂直状态，各手指对应的方向就是手指的末端到顶部的方向。其中，大拇指为*X*方向，食指为*Y*方向，中指为*Z*方向，如图1.4所示。

任何类型的CNC机床都可以设计成一根或多根附加轴，一般使用字母*U*、*V*、*W*来指定与第一轴*X*、*Y*、*Z*平行的第二轴。定义绕*X*轴旋转的附加轴为*A*轴，绕*Y*轴旋转的附加轴为*B*轴，绕*Z*轴旋转的附加轴为*C*轴，旋转轴的正方向用绕*X*、*Y*、*Z*轴的右手螺旋法则来进行确定。

数控机床各坐标轴及其正方向的确定原则如下。

1. 确定*Z*轴

以平行于机床主轴的刀具运动坐标为*Z*轴，*Z*轴正方向是使刀具远离工件的方向。例如立式铣床，主轴箱的上下运动或主轴本身的上下运动即为*Z*轴，且向上为正。若主轴不能上下

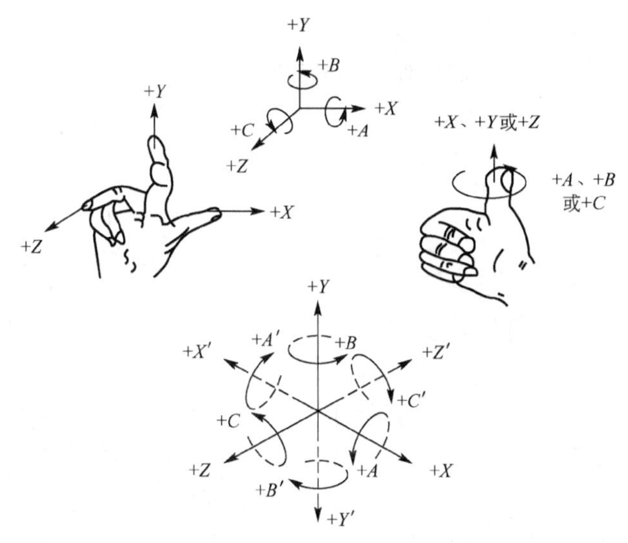

图 1.4　右手笛卡儿坐标系

运动，则工作台的上下运动为 Z 轴，此时工作台向下运动的方向为 Z 轴正向，如图 1.5 所示。

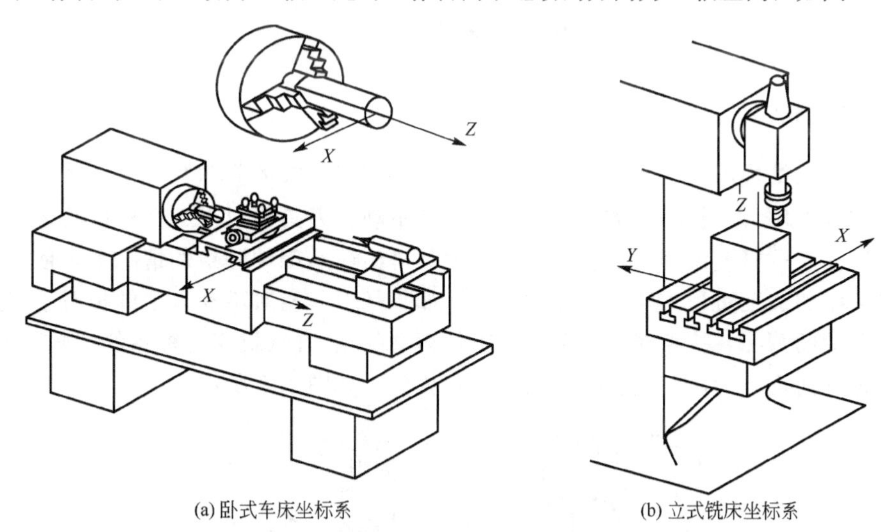

(a) 卧式车床坐标系　(b) 立式铣床坐标系

图 1.5　卧式车床和立式铣床坐标系

2. 确定 X 轴

X 轴为水平方向且垂直于 Z 轴并平行于工件的装夹面。在工件旋转的机床(如车床、外圆磨床)上，X 轴的运动方向是径向的，与横向导轨平行。刀具离开工件旋转中心的方向是正方向，如图 1.5 所示。对于刀具旋转的机床，若 Z 轴在水平方向(如卧式铣床、镗床)，则沿刀具主轴后端向工件方向看，右手平伸出方向为 X 轴正向；若 Z 轴在垂直方向(如立式铣、镗床，钻床)，则从刀具主轴向床身立柱方向看，右手平伸出方向为 X 轴正向。或者可以这样认为：X 轴平行于机床工作台的最长尺寸所对应的方向，如图 1.5 所示。

3. 确定 Y 轴

在确定了 X、Z 轴的正方向后，即可按右手原则定出 Y 轴正方向。对于铣床而言，就是平行于工作台的最短尺寸所对应的方向。

对于多轴机床，其坐标系的规定如图 1.6 所示。

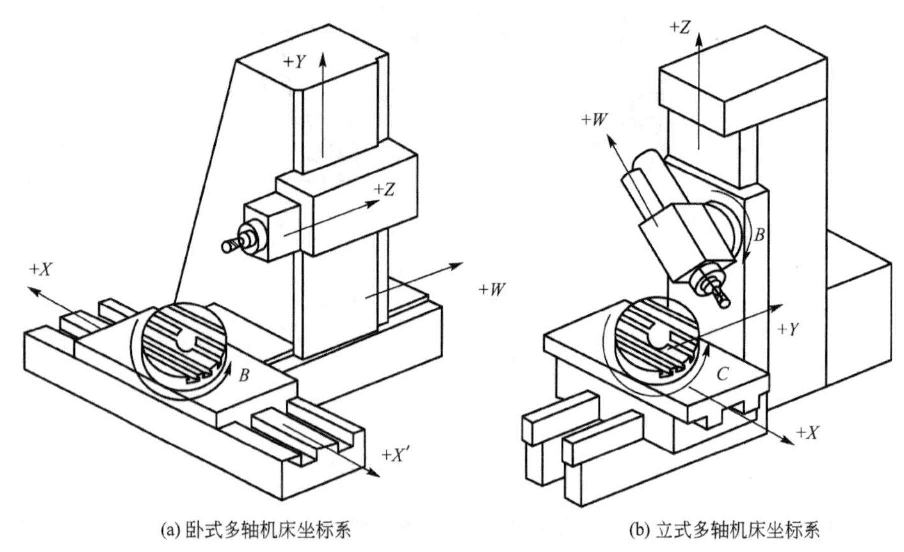

(a) 卧式多轴机床坐标系　　(b) 立式多轴机床坐标系

图 1.6　多轴机床坐标系

1.2.2　零件固定、刀具运动的原则

由于机床的结构不同，有的是刀具运动、零件固定；有的是刀具固定、零件运动；等等。为了编程方便，坐标轴正方向均是假定工件不动、刀具相对于工件作进给运动而确定的方向。这样就可以使编程人员在不知道是刀具进给还是工件进给的情况下，依据零件图形来确定机床的加工过程。实际机床加工时，如果是刀具相对不动、工件相对于刀具移动实现进给运动的情况，按相对运动关系，工件运动的正方向(机床坐标系的实际正方向)恰好与刀具运动的正方向(工件坐标系的正方向)相反，如图 1.7 所示。

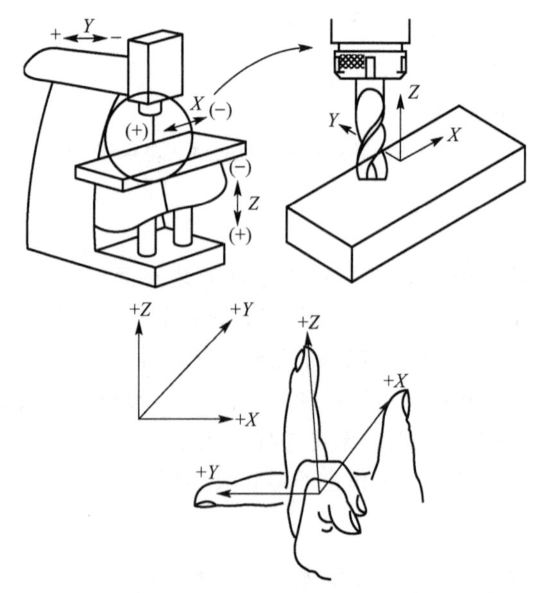

图 1.7　立式数控铣床坐标系

1.3　参考点的概念

在编程过程中，要使机床及其控制系统、工件、图样、刀具、夹具之间有确定的数学关系。但机床是由专业的机床生产厂制造的，而控制系统由专门的机床控制系统的公司生产，切削刀具则是由专门的刀具企业制造，而作为普通的机械产品生产企业通过自己生产和外协的方式完成工件材料、夹具的准备，并由专业技术人员进行零件图样设计。所有的这些与零件加工有关的各个环节在具体生产中必须可以进行协同的工作，相互作用。因此就需要有解决它们之间相互关系和影响的公共因素，即参考点。

参考点是一个固定或者任意选择的点，它可以设置在机床上，也可以设置在刀具或工件上。固定参考点是生产或调试过程中设定的精确位置，另一些参考点则是编程人员在实际编程过程中确定的。这些参考点分为机床固定参考点(原点)、机床参考点、工件参考点和刀具参考点。对于编程人员而言，就是要协调各个参考点之间的关系。

1.3.1　机床原点

机床原点又称机床零点，是机床生产厂家作为硬件而设定的，用户不可以改变，每台CNC机床至少有一个固定参考点。机床原点是工件坐标系、机床参考点的基准点，也是制造和调整机床的基础。

1.3.2　机床参考点

机床参考点通常称为机床参考位置，是机床系统的原点，也是机床上一个特殊的固定点。在打开机床电源之后，所有轴的预先位置设置应该是相同的，不能随着日期和工件的改变而改变，对于CNC机床而言，这个步骤是通过机床返回参考点来实现的。机床参考点一般位于机床原点的位置，它指机床各运动部件在各自的正向自动退至极限的一个固定点(由限位开关准确定位)，到达参考点时所显示的数值则表示参考点与机床原点之间的距离，该数值即被记忆在数控系统中，并在系统中建立了机床原点作为系统内运算的基准点。在手动模式下，操作人员手动实现机床回零，当机床已经移动到距离机床参考点非常近的位置时，注意不要切断电源，否则当再次打开电源时，由于距离太近，会使得机床手动回零变得困难。手动回零操作中，要首先选择机床回零模式，然后选择需要移动的第一根轴，对于车床而言是 X 轴，对于铣床而言则是 Z 轴，当所选轴到达机床参考点时，控制面板上的指示灯将变亮，表示该轴已经到达参考点位置。数控铣床在返回参考点时，机床坐标显示为零(X0，Y0，Z0)，表示该机床零点与参考点是同一个点。对于车床而言，则显示为 X、Z 轴行程的最大值，如图1.8所示。当然，无论是车床还是铣床，机床参考点都是用来进行换刀操作和设定编程的绝对零点。

机床参考点是机床上最具体的一个机械固定点，而机床零点只是系统内的运算基准点，其处于机床何处无关紧要。每次回零时所显示的数值必须相同，否则加工会产生误差。

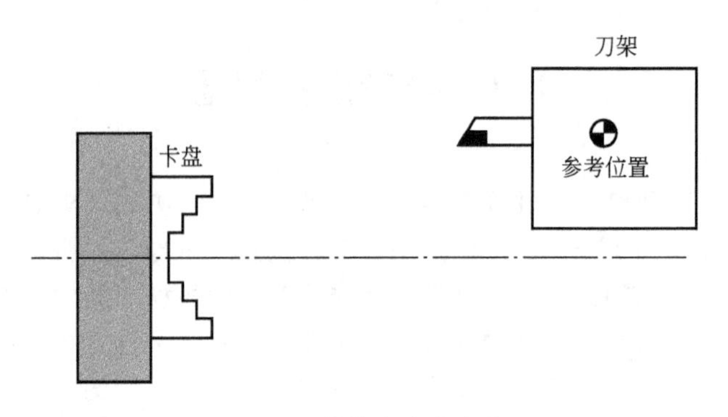

图 1.8　数控车床参考点

1.3.3　工件参考点

加工前，通过建立工件参考点来确定其与机床参考点、刀具参考点及零件图样尺寸的相互关系，使零件编程不受机床坐标系约束。工件参考点又称程序原点或工件原点，由于编程人员可以在机床上的任意位置选择表示程序原点的坐标点，所以它不是一个固定点，而是一个可以移动的点。虽然理论上工件参考点的选择是任意的，但考虑到加工的实际情况，工件参考点在选取的时候必须考虑 3 个因素：零件加工精度、机床操作简便性、实际操作的安全性。工件坐标系与机床坐标系的关系，就相当于机床坐标系平移到某一点(工件坐标系原点)。机床坐标系的原点(O 点)平移到 O_1 点($X-400$、$Y-200$、$Z-300$)，即可建立工件坐标系，如图 1.9 所示。而车床上零件图坐标与机床坐标的关系如图 1.10 所示。

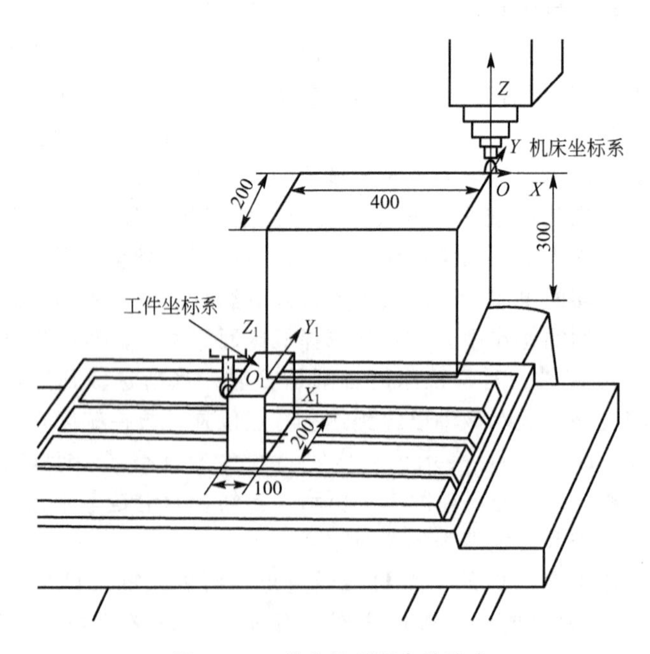

图 1.9　工件坐标系原点的确定

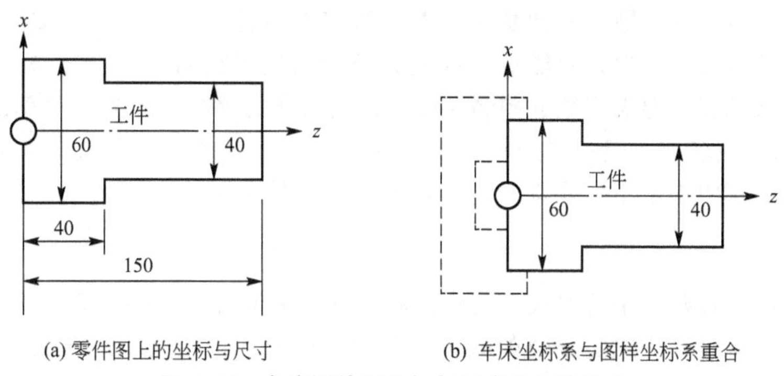

(a) 零件图上的坐标与尺寸　　(b) 车床坐标系与图样坐标系重合

图 1.10　车床零件图坐标与机床坐标的关系

1.3.4　刀具参考点

参考点与刀具相关，为数控编程中表示刀具编程位置的坐标点，通常又称刀位点。对于车削和镗削而言，其大多数刀具为有固定半径的切削刃，所以刀具参考点通常为切削刀片上的虚构切削点即理想刀尖，如图 1.11 所示。对于铣刀而言，刀具参考点通常是在刀具中心线和切削刃最低位置的交点，即图 1.12 中所示的 *O* 点。对于钻削这种点对点的刀具，参考点通常是刀具沿 *Z* 轴方向上最远的尖端，常见的如图 1.12 所示。

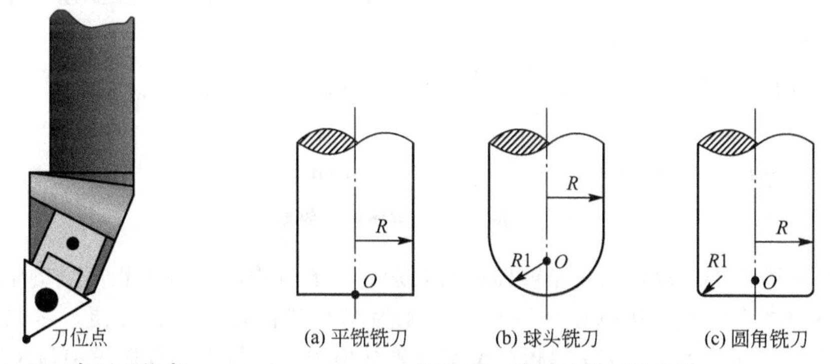

图 1.11　车刀刀位点

(a) 平铣铣刀　(b) 球头铣刀　(c) 圆角铣刀

图 1.12　常用铣削刀具类型

这些参考点之间相互关联，任何一个设置中的错误都会对其他的设置产生影响。

1.4　程序的结构与组成

CNC 程序由关于零件加工的一系列有顺序的指令组成，每个指令都是 CNC 控制系统可以接受、编译和执行的格式。不同的控制系统有不同的格式，但基本上差别较小。

1.4.1　程序有关的术语

CNC 编程是数字化加工的组成部分，有大量特有的术语，其中大多数和程序结构有关。在 CNC 编程中有 4 个基本术语：字符、字、程序段、程序。

1. 字符

字符是 CNC 编程中的最小单元，由数字、字母和符号组成有特定含义的词组。程序中可以使用 0～9 这 10 个数字来组成一个数，数字有两种输入方式，即整数值和实数值。不管是哪一种数字输入方法，只能输入控制系统许可范围的数字。26 个英文字母从理论上可以全部用来编程，但大多数的控制系统只接受特定的字母。此外，字母的大写形式是 CNC 编程中的正规名称，但一些控制系统也接受小写形式的字母形式。除了常用的数字和字母之外，编程中也使用一些符号，例如小数点、百分号、负号等。

2. 字

程序字由字母和数字字符组成，构成控制系统的单个指令。程序字一般以大写字母开头，后面跟表示程序代码或实际值的数值。程序段中的地址定义字的含义，要写在前面，如 Z7.0 不能写成 7.0Z。指令字中不允许有空格。数字表示字的数字任务，该值的性质取决于前面的地址，例如表示进给率 F100、速度 S500、准备功能 G01、轴的运动位置 X20.0、辅助功能 M03 等。

3. 程序段

CNC 程序由单独的、以逻辑顺序排列的指令行组成，每一行由一个或多个程序字组成，一行称为一个程序段，它是由程序字组成的多重指令。程序字可能包括准备功能、坐标值、刀具功能、冷却液功能、速度和进给速度、各种偏置值等。每一程序段必须与其他的程序段分开，如图 1.13 所示。在 MDI 模式下分离程序段，程序段要以程序段结束代码结束，该代码符号在控制面板上的标记为 EOB。

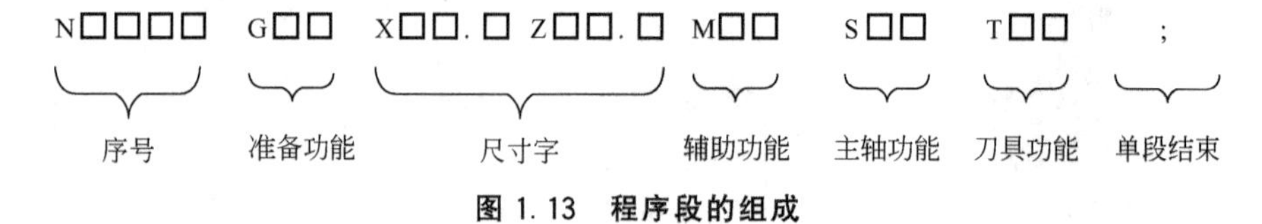

图 1.13　程序段的组成

控制系统将程序段作为一个整体进行处理，只要程序段号位于程序段的最前面，控制系统允许程序段中的字按随机顺序排列。但为编写和检查程序的方便，习惯上常按 N—G—X—Y—Z—F—S—T—M 的顺序编程（坐标值为 0 时可不在程序段中显示）。

4. 程序

CNC 程序以程序号开始，后面跟以逻辑顺序排列的指令程序段。不同的控制系统，其程序结构也有所不同，但逻辑方法不随控制系统的变化而变化，其基本结构如图 1.14 所示。

下面通过图 1.15 所示的简单外圆加工程序，来说明程序有关的术语。

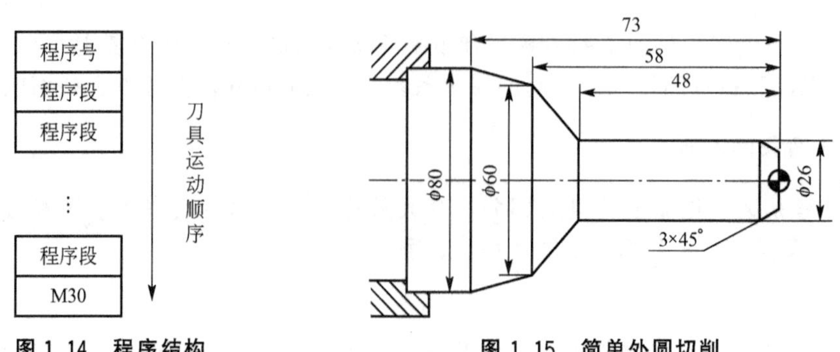

图 1.14　程序结构　　图 1.15　简单外圆切削

```
O0110                               程序号
N1 G99 G00 G54 X100.0 Z100.0;       调用 G54 坐标系,选择进给率方式,快速运动到换刀点
N2 S500 M03;                        启动主轴,转速 500r/min
N3 T0101;                           选择 1 号刀具
N4 G00 X18.0 Z1.0;                  快速运动定位至倒角延长线上
N5 C01 X26.0 Z-3.0 F0.15;           倒角
N6 Z-48.0;                          车削外圆
N7 X60.0 Z-58.0;                    车削第一段圆锥
N8 X80.0 Z-73.0;                    车削第二段圆锥
N9 G00 X100.0 Z100.0;               退刀至换刀点
N10 M30;                            程序结束并复位
```

其中 N1～N10 为顺序号，用于区分每一个程序段。

表 1－1 表示 FANUC 系统可用的地址(字母)及其含义。

表 1－1 FANUC 系统可用地址

功　能	地　址	含　义
程序号	O	程序名称
顺序号	N	区分程序段的顺序名称
准备功能	G	指定一种动作(直线，圆弧等)
尺寸字	X，Y，Z，U，V，W，A，B，C	坐标轴移动指令，其中 A、B、C 为旋转轴
	I，J，K	圆心相对于起点在各轴的增量
	R	圆弧半径
进给率功能	F	每分钟进给量，每转进给量
主轴转速	S	指定主轴速度
刀具功能	T	刀具号地址
辅助功能	M	机床控制开/关
	B	分度工作台
偏移量量号	D，H	偏移量量号
暂停	P，X，U	暂停时间
程序号指定	P	子程序号调用
重复次数	P	子程序重复次数
参数	P，Q	固定循环参数
车削数据增量	U、W	*X* 和 *Z* 轴数据增量模式

地址后所带数据根据功能不同，它的大小范围、是否可以有负号、是否可带小数点都有一定的规则，其中 G 代码和 M 代码的数字是由系统指定。表 1－2 所示为功能字的指令值范围。

表 1-2 功能字的指令值范围

功 能	地 址	mm 输入
程序号	O	1～9999
顺序号	N	1～99999
准备功能	G	0～99
尺寸字	X，Y，Z，U，V，W，A，B，C，I，J，K，R	±99999.999mm
每分进给	F	1～240000mm/min
每转进给		0.001～500.00mm/r
主轴速度功能	S	0～20000r/min
刀具功能	T	0～99999999
辅助功能	M	0～99999999
	B	0～99999999
偏移量号	H，D	0～400
暂停	X，P	0～99999.999s
指定程序号	P	1～9999
重复次数	P	1～9999

从表 1-2 可以看出，程序号 O、顺序号 N、准备功能代码 G、刀具功能指令 T、辅助功能指令 M、指定程序号指令 P 和重复次数指令 P 后所带数字除有一定的数值范围外，要求都必须是整数，且不可以用负号来表示。

凡有计量单位的功能字，例如暂停地址所带数值单位为秒，尺寸字地址所带数值单位为毫米，这些尺寸字、进给、主轴有计量单位地址字都为工艺参数和切削用量，需编程人员计算出精确数字，其他的功能字所带数字都为编号之类的数字，由编程人员任意或对应指定即可。

1.4.2 数据的尺寸输入格式

数控程序的尺寸数据编写方式总共出现了 4 种。

1. 满地址格式

尺寸地址的满格式，在 X、Y、Z、I、J、K 等轴字中，所有可用的 8 位数字都必须写出来，例如尺寸 0.65mm 应用到 X 轴上时写成 X00000650。这种方式在早期的数控系统中使用，在现时的 CNC 编程中已经被淘汰。

2. 前置零消除格式与后置零消除格式

前置零消除与后置零消除互相排斥，使用哪一个取决于控制系统的参数设置或控制系统生产厂家指定的状态。许多当前的控制系统为了与老式程序兼容和程序调试方便，依然支持零消除格式。

如果用前置零消除格式，尺寸 0.65mm 应用在 *X* 轴上时写成 X650。

如果用后置零消除格式，尺寸 0.65mm 应用在 *X* 轴上时写成 X0000065。

可以发现，前置零消除比后置零消除更加实用，因此许多老式控制系统将前置零消除格式设置为默认格式。

控制系统可以接受的最大最小尺寸输入由8位数字组成，没有小数点，范围为00000001～99999999：最小值，00000.001mm；最大值，99999.999mm。

3. 小数点格式

所有现代控制系统的尺寸输入都使用小数点。铣削系统中X、Y、Z、I、J、K、A、B、C、Q、R允许使用小数点，车削系统中X、Z、U、W、I、K、R等允许使用小数点。如果输入值需要小数点，按正常书写，编译器会正确编译带小数点的值。如公制X1000.0，系统编译认为输入的就是X轴坐标值1000mm。

为了与老式程序兼容，支持小数点编程的控制系统，也可以接受没有小数点的尺寸值，这时了解消零格式的原则非常重要。在FANUC系统中，可以通过参数设定省略小数部分或者末尾的零。这种情况下公制将被编译为X1000.0。通常，控制系统被设置为前置零消除模式，并且没有小数点的值被当作最小单位来编译。例如在这种情况下，公制X1000将被编译为X1.0。因此，在现代数控编程中，最好将小数点编程作为标准方法，养成指令值输入带小数点的良好习惯。

1.4.3 程序的结构

1. 程序名称

为了在CNC内存中对多个程序实现存储，需要通过相应的程序名称来对各个程序进行识别。在任何程序的第一个程序段中通常都是程序号，程序号使用O地址。程序号的允许范围是1～9999，不允许使用O0000程序号，此外，程序号中不允许使用小数点和负号。除了程序号之外，还包括程序名，程序名不能代替程序号，但必须和程序号在一个程序段内。将程序名写在程序号的后面，使得对程序描述更为直观，更容易识别存储的程序。程序名要求简短，目的是帮助操作人员寻找存储在控制系统中的程序，其中可以包括图号、零件号、缩写的零件名称等，但不能包括机床名称、控制系统类型、日期或时间等类似的描述，如图1.16所示。

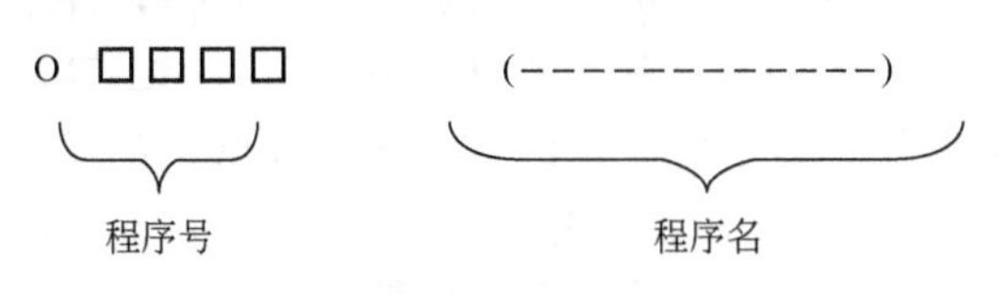

图1.16 程序编号

2. 顺序号

CNC程序中的顺序程序段都要对应一个编号，以便其在程序中进行定位。程序段号的地址号是字母N，N地址必须为程序段中的第一个字母。序号格式一般为：N□□□□□，即后面可跟多达5位的数字，表1-3所示为顺序号的用法。

表1-3 顺序号的用法

增量	第一程序段号	增量	第一程序段号
1	N1	10	N10
2	N2	50	N50
5	N5	100	N100

使用程序号可以使操作人员在程序编辑时，程序搜索更为简单；同时在处理过程中，也使得 CNC 程序在显示屏上易读。但程序顺序号的使用减少了 CNC 中的可用内存，不适合长程序的使用。

使用地址 N 的程序段号，不允许使用 N0，也不允许使用带有负号、分数或小数点的程序段号。最小程序段增量号必须为整数，允许使用的最小整数是 1，也可以使用较大的增量，除了 1 之外的典型顺序段增量见表 1-4。

表 1-4　常用顺序段增量

增　量	示　例	增　量	示　例
2	N2，N4，N6，…	10	N10，N20，N30，…
5	N5，N10，N15，…	100	N100，N200，N300，…

程序段中的顺序号，无论其增量如何，不影响程序处理的次序。就算程序段是以递减或混合顺序进行编号，程序的处理依然是连续的。程序段号的使用是可选择的，一些编程指令在使用过程中必须使用程序段号，例如车削多重循环中的 G71、G72、G73、G70 等。程序段号还可以在程序执行转换指令时作为条件转向的目标号，即作为转向目的程序段的名称。

3. *程序段的跳转*

通常的设置格式为/N□□□□。程序段跳转功能作为所有 CNC 上的标准功能，在程序中使用功能符号“/”来表示。在实际加工中，由操作人员根据加工的要求来决定是否使用跳转功能。因此，在机床控制面板上设置了程序段跳转功能。该功能设为开，表示忽略跟在斜杠后的所有程序指令；设为关，表示执行所有程序段指令。程序段跳转功能主要集中在以下几个方面。

1）各种毛坯的切削

在毛坯的粗加工过程中，需要切除大量的多余材料。在车床上加工铸件、锻件等不规则表面或粗糙表面时，其具体的切削次数很难确定。例如：在一批毛坯铸件中，有些铸件余量较小，一次粗车就足够了；但有些铸件余量大一些，需要两次粗车。如果在编程中只包括一次粗车，在加工厚的毛坯件时会出错。如果都按照两次切削进行程序编写，则对于余量较少的工件比较浪费，效率较低，甚至会产生空切的刀具运动。

2）改变加工模式

当一些工件编程条件比较接近，即工件之间的加工相似度较高时，可以利用跳转功能来对程序做一些改变。

3）用于测量的试切

设置程序段跳转功能为关，机床操作人员检查试切尺寸；设置跳转功能为开，继续执行程序。

4）程序校对

对于新输入的程序，为了防止在第一次运行的时候出错，特别是在趋近工件时，担心快速运动可能对工件有影响，通过设置跳转功能保证加工的安全性，在后续运行中可以保持快速运动。

例如：

```
O0001
N1 G00 X100.0 Z100.0;
```

```
N2 G50 S1800;
N3 G96 S400 M03 T0100;
N4 G41 X20.0 Z1.0 T0101 M08 /G01 F0.1;
N5 G01 Z-30.0;
…
```

在上述程序中，有两个运动指令 G00 和 G01，当程序段跳转功能设为开，控制系统按照 G00 运行；如果程序段跳转设为关，则按 G01 执行。这样在首次切削时，执行 G01 趋近工件，在检验程序没有问题后，改用 G00 快速运动，保证了加工的安全性和效率。

4. 准备功能

程序地址 G 表示准备功能，即通常所说的 G 代码。该地址将控制系统设置为某种预期的状态或者某一种加工模式。例如 G01 将机床设置为直线插补模式，G00 将机床设置为快速运动模式。每一种控制系统都有其 G 代码列表，有些 G 代码在各个控制系统中都可以见到，而有一些 G 代码则是某个控制系统的特定功能。由于加工性质的不同，车削系统和铣削系统的 G 代码也不相同，类型不同的车床其 G 代码也不相同，具体的 G 代码将结合后面的章节进行说明。

对于 G 代码而言，有如下一些基本的规则需要注意。

1）模态

模态指令又称续效指令，是指在同一个程序中，在前程序段中出现，并对后续程序段保持有效，此时在后程序段中可以省略不写，直到需要改变工作方式时，指令同组其他 G 指令时才失效。另外所有的 F、S、T 指令和部分 M 代码都属模态指令。

非模态指令是指只在本程序段中有效，下一程序段需要时必须重写，如 00 组中的 G04 暂停、G28 参考点、G92 设工件坐标系等指令属非模态指令。

2）程序段中的指令冲突问题

如果在同一程序段中使用相互冲突的 G 代码，则后一个 G 代码有效。

例如：N40 G00 G01 X30.0 Z12.0 F0.5

该程序段中 G00 和 G01 指令相互冲突，但 G01 有效。如果 G00 和 G01 换位，则 G00 有效，此时进给率将被忽略。

3）G 代码顺序

G 代码通常位于程序段顺序号的后面，在其他指令字的前面。

4）G 代码分组

FANUC 控制系统对准备功能进行分组，每个组称为 G 代码组，如果同组的两个以上的 G 代码存在于同一个程序段，则它们相互冲突。常见的运动指令 G00、G01、G02、G03 为 01 组，而 00 组则是非模态 G 代码指令。

表 1-5 所示为 FANUC-0i MA 数控铣削系统的准备功能 G 指令。

表 1-5　FANUC-0i MA 数控铣削系统 G 代码功能表

G 代码	组别	功　能	附注
* G00 G01 G02 G03	01	快速定位 直线插补 顺时针圆弧插补 逆时针圆弧插补	模态

（续表）

G代码	组别	功　能	附注
G04 * G10 G11	00	暂停 数据设置 数据设置取消	非模态 模态 模态
G15 G16	17	极坐标指令消除 极坐标指令	模态
* G17 G18 G19	02	*XY* 平面选择 *ZX* 平面选择 *YZ* 平面选择	模态
G20 * G21	06	英制（in）输入 米制（mm）输入	模态
* G22 G23	04	行程检查功能打开 行程检查功能关闭	模态
G27 G28 G31	00	返回参考点检查 返回参考点 跳步功能	非模态
G33	01	螺纹切削	模态
* G40 G41 G42	07	刀具半径补偿取消 刀具半径左补偿 刀具半径右补偿	模态
G43 G44 * G49	08	刀具长度正补偿 刀具长度负补偿 刀具长度补偿取消	模态
* G50 G51	11	比例缩放取消 比例缩放有效	模态
G52 G53	00	局部坐标系设定 选择机床坐标系	非模态
* G54 G55 G56 G57 G58 G59	14	选择工件坐标系 1 选择工件坐标系 2 选择工件坐标系 3 选择工件坐标系 4 选择工件坐标系 5 选择工件坐标系 6	模态
G65	00	宏程序调用	非模态
G66 * G67	12	宏程序模态调用 宏程序模态调用取消	模态
G68 * G69	16	坐标旋转有效 坐标旋转取消	模态

（续表）

G 代码	组别	功 能	附注
G73 G74 G76	09	高速深孔往复排屑循环(啄式进给，回退 d，快速退刀) 攻左旋攻螺纹循环(进给进刀，暂停主轴正转，进给退刀) 精镗循环(切削进给，主轴定向停止，刀具移位，快速退刀)	非模态
* G80 G81 G82 G83 G84 G85 G86 G87 G88 G89	09	钻孔固定循环取消 钻孔循环(切削进给，无暂停，快速退刀) 镗阶梯孔(切削进给，有暂停，快速退刀) 深孔往复排屑钻循环(啄式进给后退回 R 点平面，快速退刀) 攻右旋螺纹循环(进给进刀，暂停主轴反钻，转进给退刀) 镗孔循环(进给进刀，无暂停，进给退刀) 镗孔循环(切削进给，主轴不定向停止，快速退刀) 背镗循环(切削进给，主轴不定向停止，快速退刀) 镗孔循环(切削进给，主轴不定向停止，手动退刀) 镗阶梯孔循环(进给进刀，有暂停，进给退刀)	模态
* G90 G91	03	绝对坐标编程 增量坐标编程	模态
G92	00	设定工件坐标系统	模态
* G94 G95	05	每分钟进给 每转进给	模态
G96 * G97	13	恒表面速度控制 恒表面速度控制取消	模态
* G98 G99	10	固定循环返回到初始点 固定循环返回到 R 点	模态

注：* 号表示数控系统在开机时默认的指令状态。

表 1-6 是 FANUC0-TD 系统常用的 G 指令表。

表 1-6 FANUC0-TD 数车系统 G 代码表

G 代码	组别	解 释	G 代码	组别	解 释
G00	01	定位（快速移动）	G20	06	英制输入
G01	01	直线切削	G21	06	公制输入
G02	01	顺时针切圆弧(CW，顺时针)	G22	04	内部行程限位(有效)
G03	01	逆时针切圆弧(CCW，逆时针)	G23	04	内部行程限位(无效)
G04	00	暂停(Dwell)	G27	00	检查参考点返回
G09	00	停于精确的位置	G28	00	参考点返回

（续表）

G代码	组别	解　　释	G代码	组别	解　　释
G29	00	从参考点返回	G73	00	成形重复循环
G30		回到第二参考点	G74		Z 向步进钻削
G32		切螺纹	G75		X 向切槽
G40	07	取消刀尖半径偏置	G76		切螺纹循环
G41		刀尖半径偏置(左侧)	G80	10	取消固定循环
G42		刀尖半径偏置(右侧)	G83		钻孔循环
G50	00	修改工件坐标；设置主轴最大的 RPM	G84		攻螺纹循环
			G85		正面镗孔循环
G52		设置局部坐标系	G87		侧面钻孔循环
G53		选择机床坐标系	G88		侧面攻丝循环
G54	12	工件坐标系偏置 1	G89		侧面镗孔循环
G55		工件坐标系偏置 2	G90	01	(内外直径)切削循环
G56		工件坐标系偏置 3	G92		切螺纹循环
G57		工件坐标系偏置 4	G94		(台阶) 切削循环
G58		工件坐标系偏置 5	G96	12	恒线速度控制
G59		工件坐标系偏置 6	G97		恒线速度控制取消
G70	00	精加工循环	G98	05	每分钟进给率
G71		内外径粗切循环	G99		每转进给率
G72		台阶粗切循环			

5. 辅助功能

CNC 程序中的地址 M 表示辅助功能，用来激活特定的机床操作或控制程序的运行。如果没有辅助功能，程序是无法实现运行的。

辅助功能格式：M□□。后两位表示功能编号。辅助功能随着机床和控制系统的不同而不同，表 1－7、表 1－8 所示分别为铣削系统和车削系统常用辅助功能。

表 1－7　铣削系统常用 M 代码

M代码	功　　能	附注	M代码	功　　能	附注
M00	强制程序停止	非模态	M06	换刀(加工中心)	非模态
M01	程序选择停止	非模态	M08	冷却液打开	模态
M02	程序结束	非模态	M09	冷却液关闭	模态
M03	主轴顺时针旋转	模态	M30	程序结束并返回	非模态
M04	主轴逆时针旋转	模态	M98	子程序调用	模态
M05	主轴停止	模态	M99	子程序调用返回	模态

表 1-8　车削系统常用 M 代码

M 代码	功　　能	附注	M 代码	功　　能	附注
M00	强制程序停止	非模态	M08	冷却液打开	模态
M01	程序选择停止	非模态	M09	冷却液关闭	模态
M02	程序结束	非模态	M30	程序结束并返回	非模态
M03	主轴顺时针旋转	模态	M98	子程序调用	模态
M04	主轴逆时针旋转	模态	M99	子程序调用返回	模态
M05	主轴停止	模态			

1）强制程序停止 M00

M00 为无条件停止指令，在程序执行过程中，遇到该指令将停止机床所有的自动操作，包括各轴的运动、主轴的旋转、冷却液开关、程序继续向下执行等。执行 M00 时，当前所有的重要信息都将被保留下来，即模态信息保持不变。只有激活控制面板上的循环启动键，才能恢复程序执行。但由于主轴旋转和冷却液功能被 M00 取消，因此必须在后续程序段中对它们进行重复编写。M00 可以单独作为一个程序段，也可以和其他指令一起构成一个程序段，如果 M00 和运动指令编写在一起，程序停止动作将会在运动完成后生效。

M00 一般用于对工件和刀具进行检查和一些孔加工前的排屑工作等，此外，在主轴需要反转时也可以使用 M00。

注意：只有在进行手动干涉加工时才使用 M00 功能。

2）可选程序停止 M01

M01 指令与机床控制面板上 M01 选择按钮配合使用，在程序中遇到 M01 指令时，选择按钮的状态将决定程序是否继续执行，见表 1-9。

表 1-9　M01 执行情况

M01 选择按钮状态	M01 执行情况
开	程序停止处理
关	程序继续执行

如果在程序中没有 M01 指令，则控制面板上的这个按钮不起任何作用，实际上，此时往往将此按钮设置在关的位置上。M01 激活后，其功能与 M00 相同，程序停止执行，但模态信息可以保留。

3）程序结束 M02 与 M30

这两个指令功能类似，取消所有轴的运动、主轴旋转、冷却液开关，且将系统重新设置为默认状态，但二者的作用不同。

M02：终止程序，光标不回到程序开始。

M30：终止程序，但光标返回到程序开头第一句，可直接再次运行。

4）主轴顺时针旋转 M03(CW)、主轴逆时针旋转 M04(CCW)、主轴停转 M05。

该指令使主轴以 S 指令的速度转动。M03 顺时针旋转，M04 逆时针旋转。

主轴的旋转方向通常和在机床主轴一侧确定的视觉角度有关，对于不同类型的机床，规定有所不同。对铣削机床来讲，沿主轴中心线，垂直于工件表面往下看，顺时针为 M03、逆时针为 M04，或者从操作者的角度来看，面向立式机床的前部来观察顺时针和逆时针。而车床一般是从床头箱向主轴端面来观察，顺时针为 M03、逆时针为 M04。主轴地址 S 和主轴旋转功能 M03 或 M04 必须同时使用，只使用其中一个无法启动主轴。

主轴旋转指令和S地址在使用时共有以下几种方式。

(1) 方式一。

```
N2 G90 G00 G54 X85.0 Y54.0;
N3 G43 Z1.0 H01 S800 M03;      主轴以 800r/min 开始旋转
```

这种方式在实际加工中是比较好的格式，将主轴转速和主轴旋转方向与趋近工件的运动结合在一起。

(2) 方式二。

```
N2 G90 G00 G54 X85.0 Y54.0 S800 M03;
```

此外，如果把M功能与S地址分开编写，理论上虽然可行，但实际上总会有些缺点。

(3) 方式三。

```
N2 G90 G00 G54 X85.0 Y54.0 S800;      定义转速
N3 G43 Z1.0 H01 M03;                  开始旋转
```

将主轴转速与主轴旋转方向分开从逻辑上存在缺陷，一般不这样进行编写。

(4) 方式四。

```
N2 G90 G00 G54 X85.0 Y54.0 M03;      定义旋转方向但并不旋转
N3 G43 Z1.0 H01;
N4 G01 Z0.2 F40.0 S800;              开始旋转
```

如果是接通电源开机，且是首次运行程序，则可以正常运行，但如果在前面执行了另一程序，M03将激活主轴旋转，这样可能会发生危险。

注意：

① 将M03或M04与S地址编写在一起时要写在后面，不要将其写在S地址的前面。

② 因为对于程序中加工使用的第一把刀具，并没有有效的转速和旋转方向，但控制系统中可能存储前一工件中最后刀具的主轴转速和旋转方向，所以主轴转速的指定都在程序的开头进行。

③ 对于第一把刀具之后的其他刀具而言，都使用前一把刀具的编程转速和旋转方向。如果为下一把刀具编程的主轴转速指令S未指定旋转方向，刀具将会使用上一个编程旋转方向。同理，如果只指定旋转方向而未指定转速，主轴转速和前面的相同。

当需要在程序执行过程中换刀或使主轴反转时，必须首先使主轴停转；程序结束时，也需要停止主轴，这时使用M05指令，不管主轴旋向如何，该指令将使主轴停转。该指令可以作为单独程序段进行编写，也可以编写在包含刀具运动的程序段中。此时主轴将在运动完成后停转。在改变主轴旋转方向时，通常的程序编写格式如下。

```
M03    主轴顺时针旋转
…(切削加工)
…
M05    主轴停止
…
…(例如换刀)
M04    主轴逆时针旋转
…
```

5）自动换刀指令 M06

M06 用于加工中心上的换刀。

6）切削液开 M08 和切削液关 M09

M08 指令用来打开冷却液，以实现对工件的冷却、排屑以及润滑。在刀具趋近工件和返回换刀位置时，不需要冷却液，这时使用 M09 来关掉冷却液功能。

注意：

① M08 与运动指令编写在一起，将和轴的运动同时有效，M09 和轴的运动指令编写在一起，将在轴运动完成以后才有效。

② 对于大型机床而言，要考虑 M08 指令执行到冷却液覆盖到刀具和工件上的延时。

③ 冷却液不可以喷到高温的刀具切削刃上，否则易导致刀具的破损，故应该在实际切削程序段的前几个程序段中使用 M08 指令。

7）子程序调用 M98 与子程序结束功能 M99

机床控制系统通过两个辅助功能完成对子程序的识别，子程序调用指令 M98 后必须跟有子程序号 P，子程序返回指令 M99 终止子程序执行，并从它所定位的地方继续执行程序。M99 除了用来结束子程序以外，有时还用于替代 M30 功能，此时程序将不断的重复运行，直到按下复位键为止。

通常，一个程序段中只有一个 M 代码有效，但一个程序段中最多可以指定 3 个 M 代码。由于受机械操作限制，一些 M 代码不能同时指定。M00、M01、M02、M30、M98、M99 不能与其他 M 代码一起指定，这些 M 代码必须在单独的程序段中指定。

6. 主轴功能

主轴旋转是机床加工过程中最重要的动作，在车床上它带动工件旋转，在铣床和加工中心上带动刀具旋转。在 CNC 系统中，由地址 S 控制与主轴转速相关的程序指令。S 地址的编程范围是 1～9999，而且不能使用小数点。对于现代高速 CNC 机床而言，其 S 地址的范围扩大到了 1～99999。但是由于机床受机械系统结构的影响，实际最高转速比控制系统支持的主轴最高转速要低得多。

主轴 S 功能不能单独用来进行编程，S 功能执行时，还需要控制主轴旋转特征，即主轴旋转方向。机床主轴可以沿两个方向旋转：顺时针和逆时针。因此主轴 S 功能必须和控制主轴旋转方向的辅助功能 M03 和 M04 配合使用。

例如：S800 M03 表示主轴顺时针旋转，转速 800r/min。

在米制单位下，主轴转速 n 用下式计算：

$$n=\frac{1000\times v}{\pi D} \tag{1-1}$$

式中：n 为主轴转速，r/min；1000 为换算系数；v 为圆周速度，m/min；π 为圆周率；D 为车削中为工件直径、铣削中为刀具的直径，mm。

例如：给定表面速度为 30m/min，切削工件直径为 15mm，则通过上述计算，应有的转速为 637r/min。

同样，在英制单位下也可以通过类似的计算来求解主轴转速，但需要注意的是，在同一程序中不能混合使用公制和英制单位。

7. 进给率控制功能

在工件加工过程中，主轴功能控制主轴的转速大小和旋转方向，而进给率则控制着刀具

表 1-10　进给率指令

进给率	每转进给	每分钟进给
车削	G99	G98
铣削	G95	G94

的进给速度。CNC 程序中使用两种进给率类型：每分钟进给和每转进给，见表 1-10。在实际应用中，每转进给通常用于车床，而每分钟进给则用于加工中心和铣床。编程中，通过 F 地址定义进给率，允许使用小数。

1）每分钟进给

在铣削中，所有直线和圆弧插补模式的切削进给率，都是以这种进给率方式来进行编程的，进给率的大小表示切削刀具每分钟走过的距离。每分钟进给的优点是不依赖于主轴转速，这样铣床可以在工作过程中选用不同直径的各种刀具。

2）每转进给

对于 CNC 车床而言，进给率由刀具在主轴旋转一周时间内所走的实际距离来确定，而不是以时间来衡量的，因此多用每转进给率。当然，也可以使用每分钟进给进行编程，以控制 CNC 车床主轴没有旋转运动时的进给率。例如利用自动进料装置装夹棒料时，采用该模式更为理想。车床中的 G98 和 G99 功能根据实际的需要来选择，二者都是模态指令，可以相互取消。

8. *刀具功能*

数控机床加工需要配备多种刀具，CNC 车床和加工中心可以通过自动换刀装置实现刀具的更换。因此在 CNC 程序中，必须有一个专用的刀具功能，即 T 功能。加工中心和 CNC 车床使用的 T 功能差别比较显著，对于 CNC 车床，T 功能控制刀具偏置号和对刀座号的索引，对加工中心，T 功能仅控制刀具号。在第 2 章及第 3 章将分别针对数控铣床和数控车床的刀具功能进行详细讲解。

1.4.4　子程序

程序长度随着工件复杂程度、使用刀具的数目、编程方法和其他因素的不同而不同。通常程序越短，编程耗费的时间就越短，在 CNC 存储器中占用的空间也越少。如果程序编写的比较短小，则程序的检查、修改以及优化都容易，这样也就减小了人为发生错误的可能性。能在一定程度上简化程序的功能就是子程序功能。所有的程序都有其自己的程序号，程序员使用专门的辅助功能 M 代码在一个程序中调用另一个程序。调用其他程序的程序称为主程序，被其他程序调用的程序称为子程序。主程序不能被子程序调用，它位于所有程序的顶层，子程序之间可以相互调用。

如果程序包含固定的加工路线或频繁重复的图形，这样的加工路线或图形可以编成单独的程序作为子程序。这样可以在工件上不同的部位实现相同的加工或在同一部位实现重复加工，大大简化编程。编程中子程序经常用在以下场合：重复的加工运动，多孔分布加工，凹槽加工，螺纹加工，与换刀相关的功能，机床预设值等。

子程序的结构与标准程序相似，使用相同的语法规则，因此机床控制系统需要通过两个辅助功能将子程序作为单独的程序类型进行识别，即：M98 实现子程序调用功能；M99 实现子程序结束功能。

子程序作为单独的程序存储在系统上时，任何主程序都可调用，最多可调用执行 999 次子程序。当主程序调用某个子程序时，这个子程序被认为是一级子程序；子程序可再调用下一级的另一个子程序，后者称为二级子程序，子程序调用可以嵌套 4 级，如图 1.17 所示。

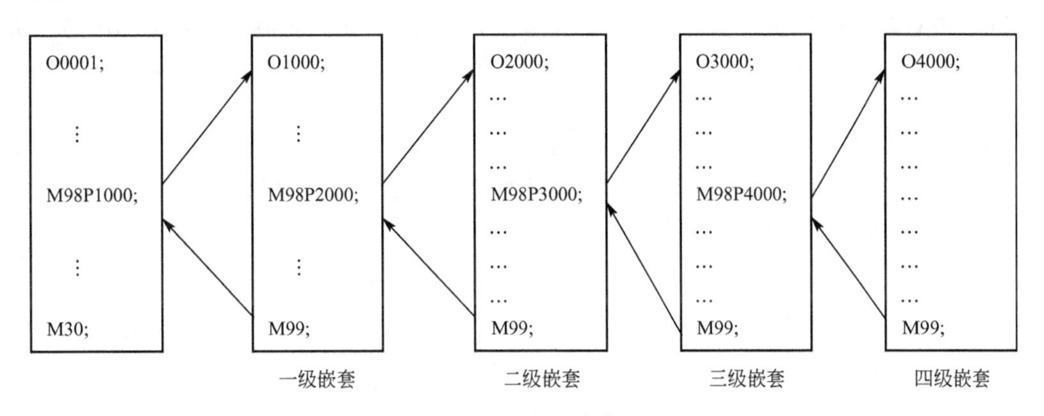

图 1.17　程序嵌套

1. 子程序的结构

子程序与主程序一样，也是由程序名，程序内容和程序结束 3 部分组成。子程序与主程序唯一的区别是结束符号不同，子程序用 M99，而主程序用 M30 或 M02。

例如：

```
O0002          子程序名
N010  …        子程序段
⋮
M99            子程序结束
```

M99 指令为子程序结束，并返回主程序在开始调用子程序的程序段“M98 P__”的下一程序段，继续执行主程序。M99 可不必作为独立的程序段指令，例如 X150.0 Y100.0 M99 也是可以的。

2. 子程序调用

1) M98 P ×××□□□□

其中，×××表示子程序被重复调用的次数，□□□□表示调用的子程序名(数字)。

例如：M98 P40015；表示调用子程序 O0015 重复执行 4 次。

当子程序调用只一次时，调用次数可以省略不写，如 M98 P0002；表示调用程序名为 O0002 的子程序一次。子程序调用指令还可以和运动指令在同一个程序段中进行定义。

例如：X200.0 M98 P1002；表示在 X 轴运动结束后调用子程序 O1002 一次。

2) 有些系统用以下格式来调用子程序

M98 P××××L□□

其中，××××表示子程序名，□□表示子程序调用次数。如 P1L2；表示调用程序名为 O0001 的子程序 2 次。

3. 子程序使用中注意的问题

(1) 如果在主程序中执行 M99 指令，控制返回到主程序的起点。

例如：在主程序的适当位置放置一个"/M99"，选择性单段跳跃开关在OFF，会执行M99，控制回到主程序的开头，再度执行主程序；如果选择性单段跳跃开关在ON，"/M99"被省略，控制进入下一个单段。如果插入"/M99Pn;"控制不回到主程序的开头，而是回到序号"n"的单段，如图1.18所示。回到序号"n"的处理时间较回到程序的开头长。

(2) 在子程序的最后一个单段用P指定一个顺序号，当子程序结束时，子程序不回到主程序中调用子程序的那个程序段的下一个单段，而是回到由P指定其顺序号的程序段，如图1.19所示。但如果主程序不是在存储器方式下工作，则P被忽略。返回到指定单段的时间通常比回到主程序的时间长。

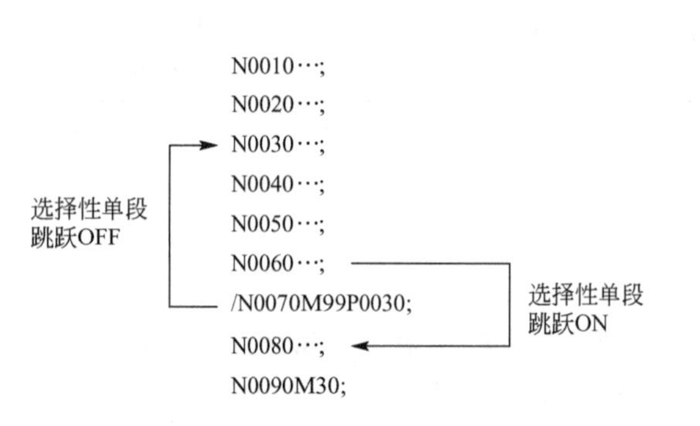

图1.18　选择性单段跳跃在程序中的应用

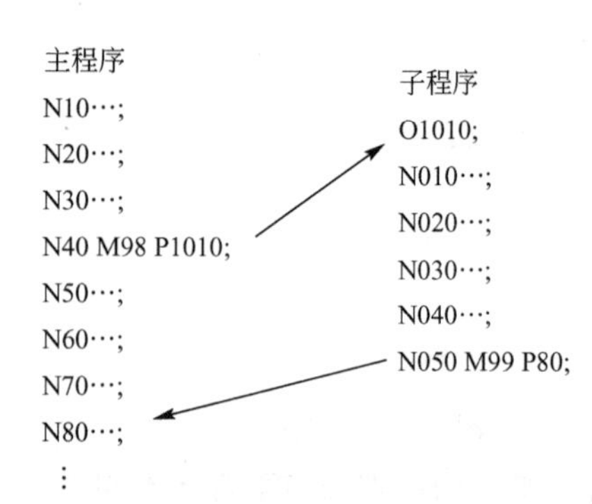

图1.19　子程序返回到指定的单段

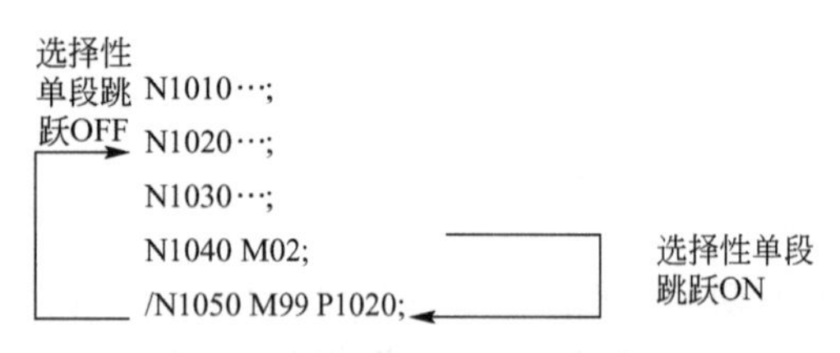

图1.20　选择性单段跳跃在子程序中的应用

(3) 在子程序中，如果执行包含M99的程序段，控制返回到子程序的开头重复执行。如果执行到包含M99Pn的程序段，控制返回到子程序中具有顺序号为n的程序段重复执行，如图1.20所示。要结束这个程序，必须将包含/M02或/M03的程序段放置在合适位置，并将选择性单段跳跃开关设置为OFF。

1.5　数控加工工艺设计

1.5.1　数控加工工艺概述

1. 数控加工工艺的基本特点

无论是手工编程还是自动编程，在程序编制之前都要对所加工的零件进行工艺分析，制定工艺方案，选择合适的切削刀具，确定相关工艺参数。在编程过程中，对一些工艺问题例如换刀点的设置、加工路线的安排等也需要进行处理。因此工艺分析对于编程而言是非常重要的。虽然从原则来看，数控加工工艺与普通加工工艺基本相同，但数控加工又有其自身的一些特点。

1) 复杂的工序内容

由于通常数控机床的投入成本比普通机床高，如果只用来进行简单零件加工是不合算的，所以在数控机床上通常安排较复杂的加工工序，甚至是一些在普通机床上难以完成的工序。

数控机床加工工艺与普通机床加工工艺相比较，具有加工工序少、所需专用工装数量少等特点，数控加工的工序内容一般要比普通机床加工的工序内容复杂。从编程来看，加工程序的编制要比普通机床编制工艺规程复杂。在普通机床的加工工艺中不必考虑的问题，如工序内工步的安排、对刀点、换刀点及走刀路线的确定等问题，在编制数控加工工艺时都需认真考虑。

2）数控加工的工序相对集中

采用数控加工，工件在一次装夹下能完成钻、铰、镗、攻螺纹等多种加工，因此数控加工工艺具有复合性，也可以说数控加工工艺的工序把传统机加工工艺中的工序“集成”了，这使得零件加工所需的专用夹具数量大为减少，零件装夹次数及周转时间也大大减少，从而使零件的加工精度和生产效率有了较大的提高。

2. 数控加工工艺分析的主要内容

数控加工工艺分析的主要内容如下。

(1) 选择并确定进行数控加工的零部件，确定工序内容。

(2) 零件图形的数值计算与编程尺寸的设定。

(3) 分析被加工零件图样，明确加工内容和技术要求，在此基础上确定零件的加工方案，制定数控加工工艺路线，如工序的划分、加工顺序的安排与传统加工工序的衔接等。

(4) 设计数控加工工序，包括选择数控机床的类型，选择和设计刀具、夹具与量具，确定切削用量等。

(5) 编写、校验和修改加工程序，如对刀点和换刀点的选择，加工路线的确定和刀具的补偿。

(6) 首件试切与现场问题的处理。

(7) 数控加工工艺技术文件的定型与归档。

3. 数控加工工艺分析的步骤与方法

1）数控机床的合理选用

一般考虑如下两种情况：

(1) 有零件图样和毛坯，要选择适合加工该零件的机床。

(2) 有数控机床，要选择适合在该机床上加工的零件。但无论是哪种情况，考虑的因素都有：毛坯的材料和类型、零件轮廓形状复杂程度、尺寸大小、加工精度、零件数量、热处理要求等，即满足以下3点：要保证加工零件的技术要求；有利于提高生产率；尽可能降低生产成本。

2）数控加工零件工艺性分析

(1) 零件图上尺寸给出应符合编程方便的原则：

① 图样上尺寸标注方法应适应数控加工的特点，应以同一基准引注尺寸或直接给出坐标尺寸，如图1.21所示。这样有利于尺寸之间的协调，在保持设计基准、工艺基准、检测基准与编程原点设置的一致性方面带来很大方便。

② 构成零件轮廓的几何元素的条件应充分，手工编程时要计算基点坐标。自动编程

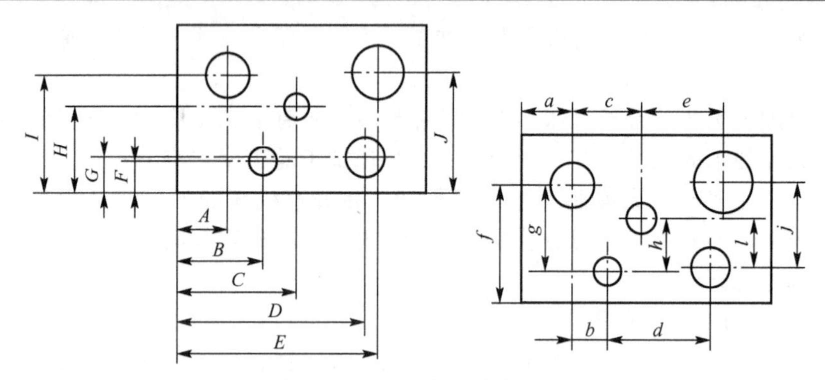

图 1.21　尺寸的正确标注

时要对构成零件轮廓的所有几何元素进行定义。因此，要分析几何元素的给定条件是否充分。如圆弧与直线、圆弧与圆弧在图样上相切，但根据图上给出的尺寸，在计算相切条件时，却变成了相交或相离的状态。

(2) 加工部位结构工艺性应符合数控加工的特点。

① 零件的内腔和外形最好采用统一的几何类型和尺寸，以减少刀具规格和换刀次数。

② 内槽圆角的大小决定着刀具直径的大小，所以其值不应过小。结构工艺性的好坏与被加工轮廓的高低、转接圆弧半径的大小等有关。

③ 零件铣削底平面时，槽底圆角半径不应过大。

④ 应采用统一基准定位。如没有统一的定位基准，则会由于工件的重新安装，导致加工后的两个面上轮廓位置及尺寸不协调。

零件上应有合适的工艺孔用来定位，如在毛坯上增加工艺凸耳或在后续工序中切除的余量上设置工艺孔。

3) 加工方法的选择与加工方案的确定

在保证加工表面的加工精度和表面粗糙度的要求的前提下，考虑生产率和经济性的要求，例如对于小尺寸的孔选择铰孔，而大的箱体孔一般选择镗孔。

4) 工序与工步的划分

利用数控机床加工零件，工序安排比较集中，在一次装夹中尽可能完成大部分或全部工序。一般工序划分有以下几种方式：

(1) 按粗、精加工划分工序，先粗后精。在进行数控加工时，可根据零件的加工精度、刚度和变形等因素，遵循粗、精加工分开原则来划分工序，即先粗加工，全部完成之后再进行半精加工、精加工。在一次安装中不允许将工件的某一表面不区分粗、精阶段，就按精度尺寸要求加工，然后再加工其他表面。粗、精加工之间，最好隔一段时间，以使粗加工后零件的变形能得到充分恢复，然后再进行精加工，以提高零件的加工精度。

(2) 按所用刀具划分工序。为减少换刀次数、节省换刀时间，减少不必要的定位误差，应将需用同一把刀加工的加工部位全部完成后再换另一把刀来加工其他部位。同时应尽量减少空行程，用同一把刀加工工件的多个部位时，应以最短的路线到达各加工部位。这种方法适用于工件待加工表面较多，机床连续工作时间较长，加工程序编制和检查难度较大等情况。在专用数控机床和加工中心上常用这种方法。

(3) 按定位方式划分工序，工序可以最大限度集中。一次装夹应尽可能完成所有能够加工的表面加工，以减少工件装夹次数、减少不必要的定位误差。该方式适合于加工内容不多的零件，加工完毕后可以达到待检状态。例如，对同轴度要求很高的孔系，应在一次定位后，通过换刀完成该同轴孔系的全部加工，然后再加工其他坐标位置的孔，以消除重复定位误差的影响，提高孔系的同轴度。图 1.22 所示凸轮按定位方式分为两道工序。首先在普通机床上进行加工，以外圆表面和 B 平面定位加工端面 A 和 ϕ22H7 的内孔，然后加工端面 B 和 ϕ4H7 的工艺孔；最后在数控铣床上以加工过的两个孔和端面定位，铣削凸轮的外表面曲线。

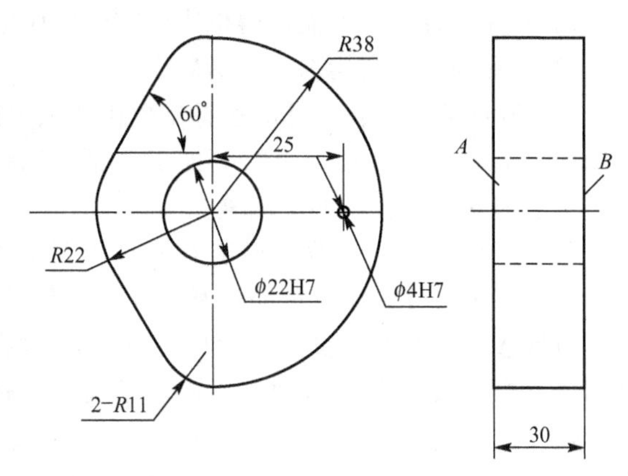

图 1.22　凸轮

(4) 按加工部位划分工序。以完成相同型面的那部分工艺过程作为一个工序。若零件加工内容较多，构成零件轮廓的表面结构差异较大，可按其结构特点将加工部位分为几个部分，如内形、外形、曲面或平面等，分别进行加工。工步的划分主要考虑加工精度和生产效率两个方面的因素，划分有以下几个原则。

① 先粗后精的原则：对于同一加工表面，应按粗—半精—精加工顺序依次完成或全部加工表面按先粗后精分开进行，以减少热变形和切削力变形对工件的形状、位置精度、尺寸精度和表面粗糙度的影响。若加工尺寸精度要求较高时，可采用前者；若加工表面位置精度要求较高时，可采用后者。

② 先面后孔的原则：对需加工的箱体类零件既有表面又有孔时，为保证孔的加工精度，应先加工表面后加工孔。

③ 先内后外的原则：对既有内表面又有外表面需加工的零件，通常应安排先加工内表面(内腔)后加工外表面(外轮廓)，即先进行内外表面粗加工，后进行内外表面精加工。

④ 按刀具划分工步的原则：如果机床工作台回转时间比换刀时间短，可以采用按刀具划分工步，减少换刀次数，提高生产率。

5) 零件的安装与夹具的选择

(1) 零件加工时，定位安装的基本原则是合理选择定位基准和夹紧方案，需要注意的有如下几点：

① 尽量保证设计基准、工艺基准和编程计算基准的统一。

② 尽量减少装夹次数，尽可能实现一次装夹加工出全部待加工表面。

③ 避免采用占机人工调整式加工方案，以充分发挥数控机床的效率。

(2) 数控加工对夹具的要求体现在两个方面。

① 保证夹具坐标方向与机床坐标方向相对固定。

② 要协调零件和机床坐标系的尺寸关系。

(3) 重点考虑以下问题。

① 零件加工批量不大时，尽量采用组合夹具或其他通用夹具，以缩短生产准备时间，节省生产费用。

② 在成批生产中考虑使用专用夹具，力求结构简单。

③ 零件的装卸要尽可能快速、安全，以缩短机床的等待时间。

④ 夹具上各部件不能妨碍机床对零件的加工。

6）刀具的选择与切削用量的确定

（1）刀具的选择：刀具的选择是数控加工工艺需要考虑的重要内容之一，它不仅影响机床的加工效率，而且直接影响加工质量。编程时，选择刀具通常要考虑机床的加工能力、工序内容、工件材料等因素。

与普通加工相比，数控加工对刀具的要求更高。不仅要求精度高、刚度好、耐用度高，而且要求尺寸稳定、安装调整方便，这就对刀具材料和刀具参数提出了新的要求。

刀具选取，要使刀具的尺寸与被加工工件的表面尺寸和形状相适应。例如，平面类零件周铣轮廓，采用立铣刀加工；铣削平面时，选用硬质合金刀片铣刀；加工凹槽、凸台时，选择高速钢立铣刀；加工毛坯表面或粗加工孔时，选择机夹式的玉米铣刀。曲面加工常采用球头铣刀。但加工曲面上比较平坦部位时，球头铣刀切削条件比较差，故采用环形刀。

加工中心的各种刀具，均安装在刀库中，如图 1.23 和图 1.24 所示。按程序指令进行选取和换刀。因此必须有连接普通刀具的接杆，以便使钻、扩、铰、镗、铣等工序使用的刀具快速、准确地装到机床主轴或刀库中去。目前，我国的加工中心采用 TSG 工具系统。如锥柄刀具系统代号为 TSG－JT，直柄刀具系统的标准代号为 DSG－JZ。

图 1.23　盘式刀库

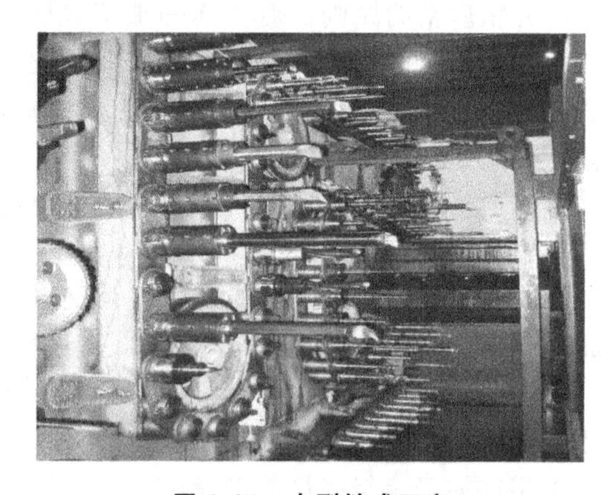

图 1.24　大型链式刀库

粗加工的任务是从被加工工件毛坯上切除绝大部分多余材料，通常所选择的切削用量较大，刀具所承担负荷较重，要求刀具的刀体和切削刃均具有较好的强度和刚度。因而粗加工一般选用平底铣刀，刀具的直径尽可能选大，以便加大切削用量、提高粗加工生产效率。

精加工的主要任务是最终获得所需的加工表面，并达到规定的精度要求。通常精加工选择的切削用量较小，刀具所承受的负荷轻，其刀具类型主要根据被加工表面的形状要求而定。在满足要求的情况下，优先选用平底铣刀。另外刀具的耐用度和精度与刀具价格关系极大。必须引起注意的是在大多数情况下选择好的刀具，虽然增加了刀具成本，但由此带来的加工质量和加工效率的提高，则可以使整个加工成本大大降低。

在经济型数控加工中，由于刀具的刃磨、测量和更换多为人工手动进行，占用辅助时间较长，因此必须合理安排刀具的排列顺序。一般应遵循以下原则：尽量减少刀具数量；一把刀具装夹后应完成其所能进行的所有加工部位；粗、精加工的刀具应分开使用，即使是相同尺寸规格的刀具；先铣后钻；先进行曲面精加工，后进行二维轮廓精加工；在可能的情况下，应尽量利用数控机床的自动换刀功能，以提高生产效率；等等。

（2）切削用量的选择：切削用量包括切削深度和宽度、主轴转速及进给速度。一般情况下，数控加工切削用量的选择原则与普通机床的相同：粗加工时，一般以提高生产效率为主；半精加工和精加工时，应在保证加工质量的前提下，兼顾切削效率和生产成本。切削用量的选择必须注意：保证零件加工精度和表面粗糙度；充分发挥刀具切削性能，保证合理的刀具耐用度；充分发挥机床的性能；最大限度提高生产率、降低成本。

切削参数具体数值应根据数控机床使用说明书、切削原理中规定的方法，并结合实践经验加以确定。切削深度由机床、刀具和工件的刚度确定。粗加工时应在保证加工质量、刀具耐用度和机床—夹具—刀具—工件工艺系统的刚性所允许的条件下，充分发挥机床的性能和刀具切削性能，尽量采用较大的切削深度、较少切削次数，得到精加工前的各部分余量尽可能均匀的加工状况，即粗加工时可快速切除大部分加工余量，尽可能减少走刀次数，缩短粗加工时间；加工时主要保证零件加工的精度和表面质量，故通常取较小切削深度，零件的最终轮廓应由最后一刀连续精加工而成。主轴转速由机床允许的切削速度及工件直径选取。进给速度则按零件加工精度、表面粗糙度要求选取，粗加工取较大值，精加工取小值，最大进给速度则受机床刚度及进给系统性能限制。需要特别注意的是：当进给速度选择过大时，加工带圆弧或带拐角的内轮廓易产生过切现象，加工外轮廓则易产生欠切现象；当切削深度、进给速度大而系统刚性差时，则加工外轮廓易产生过切，加工内轮廓易产生欠切现象。

7）对刀点、换刀点的设置

编程过程中，必须正确地选择对刀点和换刀点的位置。所谓对刀点就是在数控机床上加工零件时，刀具相对于工件运动的起点。由于程序是从对刀点开始执行，因此对刀点又称程序起点或起刀点。选择对刀点遵循以下原则：

（1）便于在机床上找正和检查；

（2）便于进行数字处理和简化编程；

（3）对加工精度影响要小。

对刀点无论是选择在工件上还是选择在工件外面，都必须与零件的定位基准有确定的尺寸关系。当然，一般而言，为了提高加工精度，对刀点尽量选择在零件的设计基准或工艺基准上。例如，以孔定位的工件，可选孔的中心作为对刀点。刀具的位置以此来找正，使对刀点与刀位点重合。刀位点是在刀具上用于表现刀具位置的参照点，一般来说，立铣刀、端铣刀的刀位点是刀具轴线与刀具底面的交点；球头铣刀的刀位点为球心；镗刀、车刀的刀位点为刀尖或刀尖圆弧中心；钻头是钻尖或钻头底面中心；线切割的刀位点则是线电极的轴心与零件面的交点。对刀操作就是要测定出在程序起点处刀具刀位点(即对刀点，又称起刀点)相对于机床原点以及工件原点的坐标位置。如图 1.25 所示，对刀点相对于机床原点为(X_0，Y_0)，相对于工件原点为(X_1，Y_1)，据此便可明确地表示出机床坐

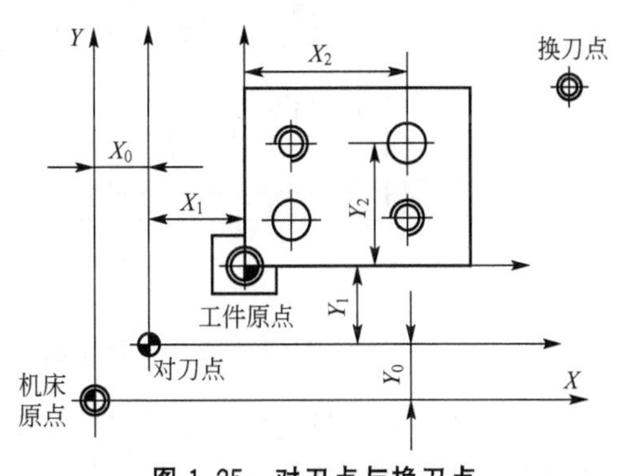

图 1.25　对刀点与换刀点

标系、工件坐标系和对刀点之间的位置关系。对刀点既是程序的起点，又是程序的终点。因此在成批生产中要考虑对刀点的重复精度，这个精度依靠对刀点相对机床原点的坐标来保证。

在实际切削中，往往需要使用多把刀具，这时就要设置换刀点。换刀点是指加工过程中需要换刀时刀具的相对位置点。换刀点往往设在工件的外部，以能顺利换刀、不碰撞工件和其他部件为准。如在铣床上，常以机床参考点为换刀点；在加工中心上，以换刀机械手的固定位置点为换刀点；在车床上，则以刀架远离工件的行程极限点为换刀点。选取的这些点，都是便于计算的相对固定点。

8）加工路线的确定

加工路线是指数控加工中刀具刀位点相对于被加工工件的运动轨迹和方向，即刀具从对刀点开始运动起直至结束加工程序所经过的路径，包括切削加工的路径及刀具引入、返回等非切削空行程，因此又称走刀路线，是编制程序的依据之一。走刀路线直接影响刀位点的计算速度、加工效率和表面质量。刀具加工路线的确定主要依据以下原则：

(1) 加工方式、路线应保证被加工零件的精度和表面粗糙度。如铣削轮廓时，应尽量采用顺铣方式，可减少机床的"颤振"，提高加工质量。

(2) 尽量减少进、退刀时间和其他辅助时间，尽量使加工路线最短。

(3) 进、退刀位置应选在不大重要的位置，并且使刀具尽量沿切线方向进、退刀，避免采用法向进、退刀和进给中途停顿而产生刀痕。

(4) 使数值计算方便，减少刀位计算工作量，减少程序段，提高编程效率。

对点位控制的机床，刀具相对工件的运动路线是无关紧要的，所以按空行程最短来安排。但对孔位精度要求较高的孔系加工，还应注意在安排孔加工顺序时，防止将机床坐标轴的反向间隙带入而影响孔位精度。如图 1.26 所示零件，若按图 1.26(a)所示路线加工时，由于 5、6 孔与 1、2、3、4 孔定位方向相反，Y 方向反向间隙会使定位误差增加，影响 5、6 孔与其他孔的位置精度。按图 1.26(b)路线，加工完 4 孔后往上多移动一段距离到 P 点，然后再折回来加工 5、6 孔，使方向一致，可避免引入反向间隙。

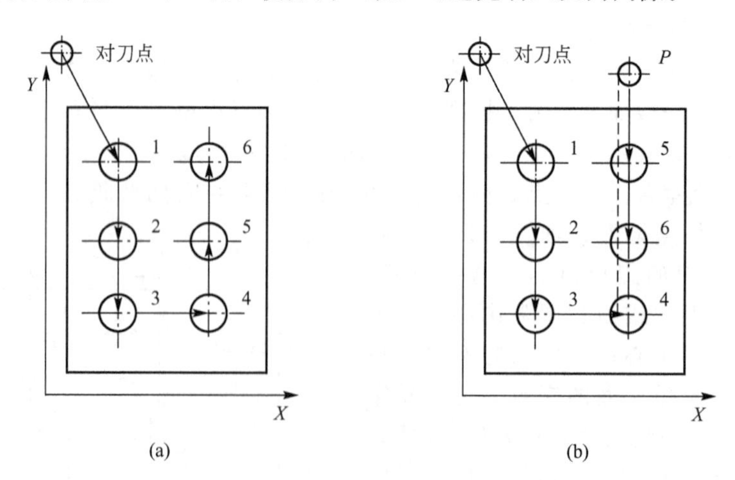

图 1.26　点位加工路线

对于车削，考虑将毛坯件上过多的余量，特别是含铸、锻硬皮层的余量安排在普通车床上加工。如必须用数控车加工时，则要注意程序的灵活安排。可用一些子程序(或粗车循环)对余量过多的部位先做一定的切削加工。在安排粗车路线时，应让每次切削所留的余量相等。如图 1.27 所示，若以 90°主偏刀分层车外圆，合理的安排应是每一刀的切削终点依次提前一小段距离 e (e 可取 0.05mm)。这样就可防止主切削刃在每次切削终点处受到瞬时重负荷的冲击。当刀具的主偏角大于但仍接近 90°时，也宜作出层层递退的安排，经验表明，这对延长粗加工刀具的寿命是有利的。

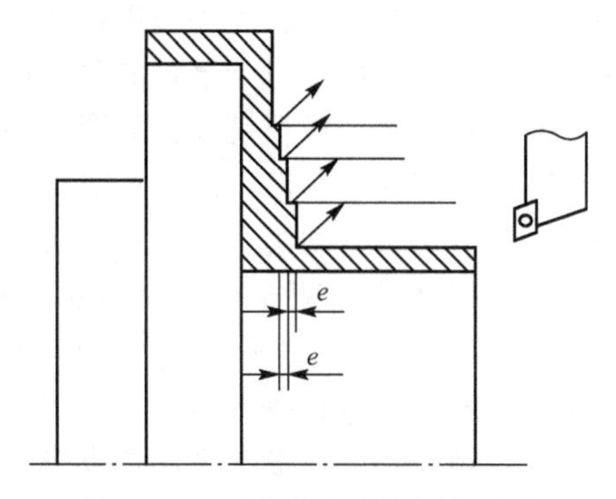

图 1.27　90°主偏刀车外圆的情况

铣削平面零件时，一般采用立铣刀侧刃进行切削。为减少接刀痕迹，保证零件表面质量，应对刀具的切入和切出程序精心设计。如图 1.28(a)所示，铣削外表面轮廓时，铣刀的切入、切出点应沿零件轮廓曲线的延长线，切向切入和切出零件表面，而不应沿法线方向直接切入零件，引入点选在尖点处较妥。如图 1.28(b)所示，铣削内轮廓表面时，切入和切出无法外延，这时铣刀可沿法线方向切入和切出或加引入引出弧改向，并将其切入、切出点选在零件轮廓两几何元素的交点处。但是，在沿法线方向切入和切出时，还应避免产生过切的可能性。

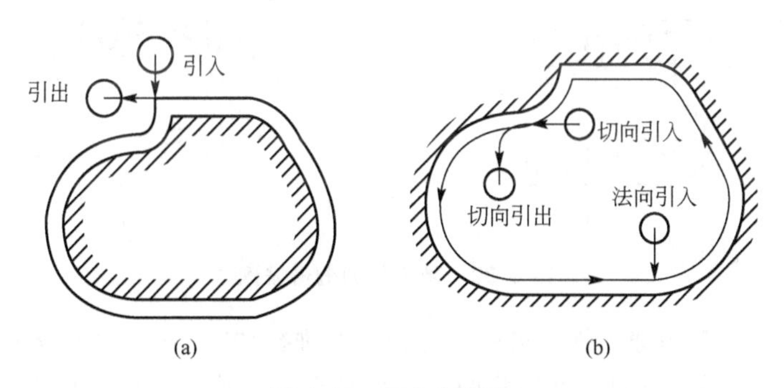

图 1.28　切入和切出

图 1.29 所示为型腔加工 3 种不同的路线，其中：图 1.29(a)为行切法，加工路线最短，其刀位计算简单，程序量少，但每一条刀轨的起点和终点会在型腔内壁上留下一定的残留高度，表面粗糙度差；图 1.29(b)为环切法，加工路线最长，刀位计算复杂，程序段多，但内腔表面加工光整，表面粗糙度最好；图 1.29(c)的加工路线介于前两者之间，先用行切法，最后用环切法一刀光整轮廓表面，可综合行切法和环切法两者的优点且表面粗糙度较好，获得较好的编程和加工效果。因此，对于图 1.29(b)、图 1.29(c)两种路线，通常选择图 1.29(c)，而图 1.29(a)由于加工路线最短，适用于对表面粗糙度要求不太高

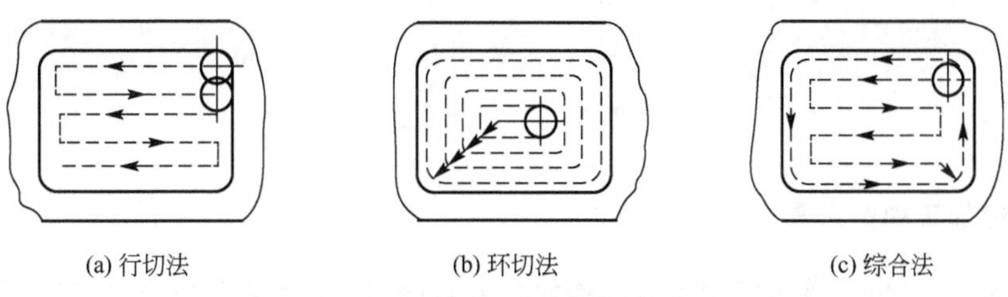

图 1.29　型腔加工的 3 种走刀路线

的粗加工或半精加工。此外采用行切法时，需要用户给定特定的角度以确定走刀的方向，一般来讲走刀角度平行于最长的刀具路径方向比较合理。

对于带岛屿的槽形铣削，如图 1.30 所示，若封闭凹槽内还有形状凸起的岛屿，则以保证每次走刀路线与轮廓的交点数不超过两个为原则，按图 1.30(a)方式将岛屿两侧视为两个内槽分别进行切削，最后用环切方式对整个槽形内外轮廓精切一刀。若按图 1.30(b)方式，来回地从一侧顺次铣切到另一侧，必然会因频繁地抬刀和下刀而增加工时。如图 1.30(c)所示，当岛屿间形成的槽缝小于刀具直径，则必然将槽分隔成几个区域，若以最短工时考虑，可将各区视为一个独立的槽，先后完成粗、精加工后再去加工另一个槽区。若以预防加工变形考虑，则应在所有的区域完成粗铣后，再统一对所有的区域先后进行精铣。

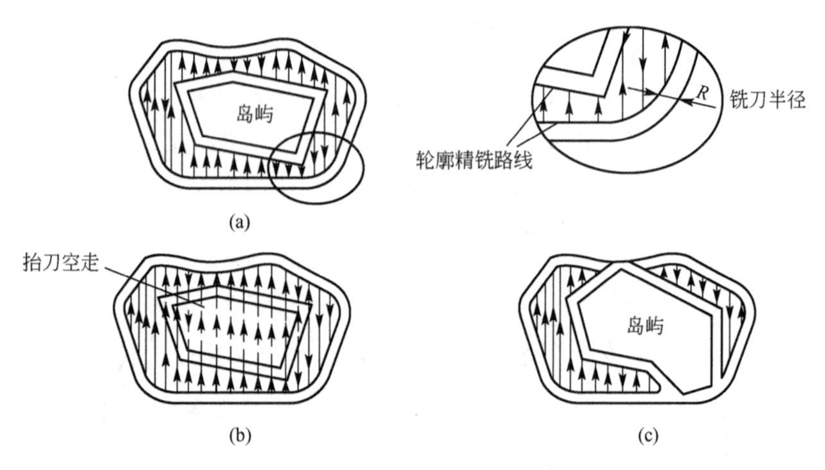

图 1.30　带岛屿的槽形铣削

对于曲面铣削，常用球头铣刀采用“行切法”进行加工。图 1.31 所示大叶片类零件，当采用图 1.31(a)所示沿纵向来回切削的加工路线时，每次沿母线方向加工，刀位点计算简单，程序少，加工过程符合直纹面的形成，可以准确保证母线的直线度。当采用图 1.31(b)所示沿横向来回切削的加工路线时，符合这类零件数据给出情况，便于加工后的检验，叶形准确度高，但程序较多。

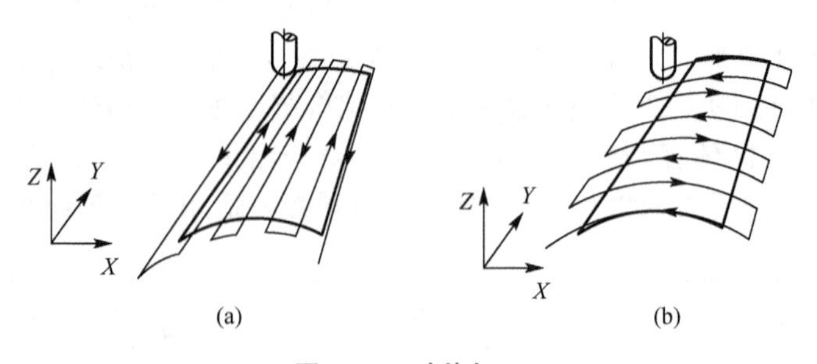

图 1.31　叶片加工

1.5.2　数控加工中的刀具

数控加工刀具可以分为常规刀具和模块化刀具两大类。目前模块化刀具已经成为数控刀具的发展趋势，主要是由于以下原因：

(1) 模块化刀具可以加快换刀及安装时间，减少换刀等待时间，提高了生产效率。

(2) 提高了刀具的标准化、合理化程度。

(3) 提高了刀具的管理和柔性加工水平。

(4) 有效消除了刀具测量的中断现象，可以采用线外预调。

基于模块化刀具的发展，数控加工刀具形成了三大系统，即车削刀具系统、铣削刀具系统和钻削刀具系统。

1. 车削刀具

1) 数控车刀的类型与选择

(1) 根据加工用途分类：车床主要用于回转表面的加工，所以数控车床使用的刀具可分为外圆车刀、内孔车刀、螺纹车刀、切槽刀等，如图 1.32 所示。

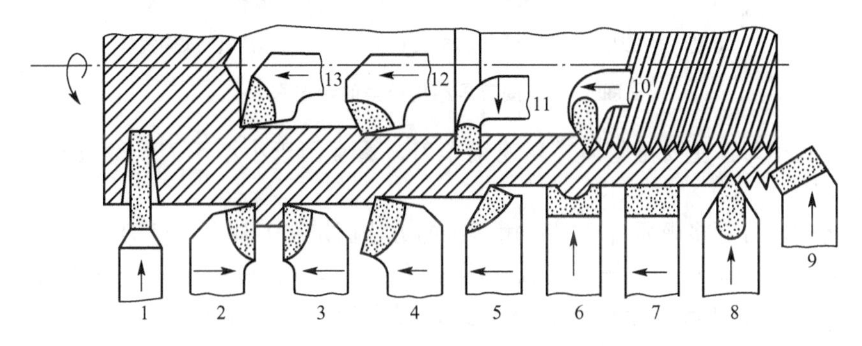

图 1.32　常用车刀的种类、形状与用途

1—切断刀；2—90°左偏刀；3—90°右偏刀；4—弯头车刀；5—直头车刀；6—成形车刀；
7—宽刃精车刀；8—外螺纹车刀；9—端面车刀；10—内螺纹车刀；
11—内槽车刀；12—通孔车刀；13—盲孔车刀

(2) 根据刀尖形状分类：有尖形车刀、圆弧形车刀和成形车刀，如图 1.33 所示。

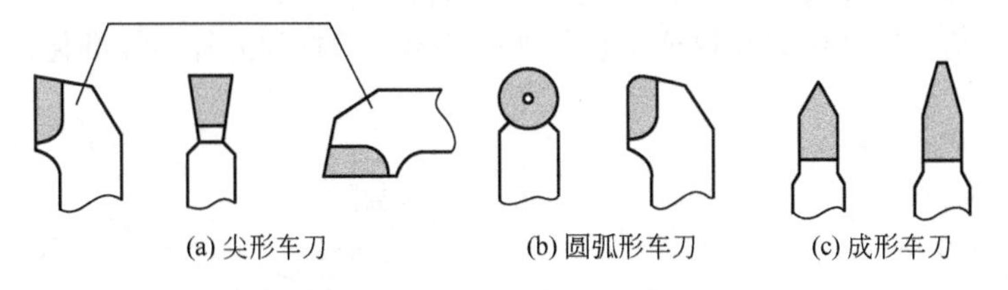

图 1.33　按刀尖形状分类的数控车刀

① 尖形车刀：以直线形切削刃为特征的车刀一般称为尖形车刀。如 90°内外圆车刀、左右端面车刀、切断(车槽)车刀以及刀尖倒棱很小的各种外圆和内孔车刀。

② 圆弧形车刀：圆弧形车刀是较为特殊的数控加工用车刀。它的刀位点不在圆弧上，而在该圆弧的圆心上。用于车削内、外表面，特别适宜于车削各种光滑连接(凹形)的成形面。

③ 成形车刀：俗称样板车刀，其加工零件的轮廓形状完全由车刀刀刃的形状和尺寸决定。在数控车削加工中，常见的成形车刀有小半径圆弧车刀、非矩形车槽刀和螺纹车刀等。

注意：

① 车刀切削刃的圆弧半径应小于或等于零件凹形轮廓上的最小曲率半径，避免干涉；

② 该半径不宜过小，否则制造困难，容易损坏；

③ 在数控加工中，应尽量少用或不用成形车刀。

(3) 根据车刀结构分类：分为整体式车刀、焊接式车刀和机械夹固式车刀三类，如图 1.34 所示。

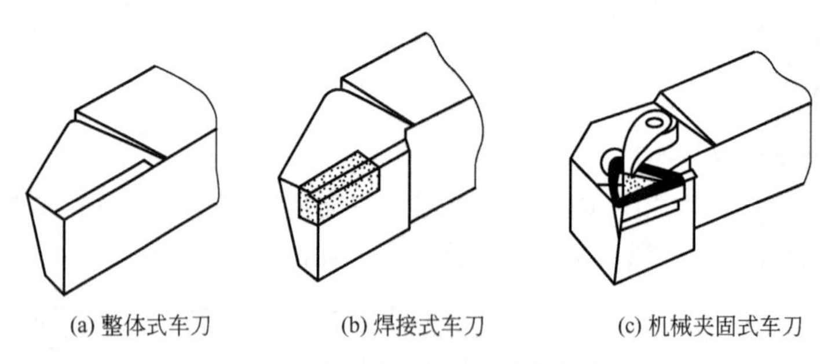

图 1.34　按刀具结构分类的数控车刀

① 整体式车刀：主要是整体式高速钢车刀，通常用于小型车刀、螺纹车刀和形状复杂的成形车刀。

② 焊接式车刀：将硬质合金刀片用焊接的方法固定在刀体上，经刃磨而成。

③ 机械夹固式车刀：它分为机械夹固式可重磨车刀和机械夹固式不重磨车刀(可转位)。机夹可转位刀具数量上已达到整个数控刀具的 30%～40%，金属切除率占总数的 80%～90%。

a. 机械夹固式可重磨车刀，将普通硬质合金刀片用机械夹固的方法安装在刀杆上。刀片用钝后可以修磨，修磨后，通过调节螺钉把刃口调整到适当位置，压紧后便可继续使用，如图 1.35 所示。

b. 机械夹固式不重磨(可转位)车刀的刀片为多边形，有多条切削刃，当某条切削刃磨损钝化后，只需松开夹固元件，将刀片转一个位置便可继续使用，如图 1.36 所示。其最大优点是车刀几何角度完全由刀片保证，切削性能稳定，刀杆和刀片已标准化，加工质量好。

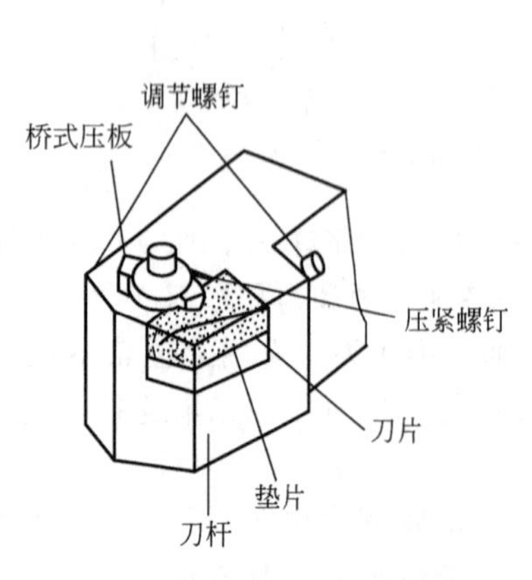

图 1.35　机械夹固式可重磨车刀

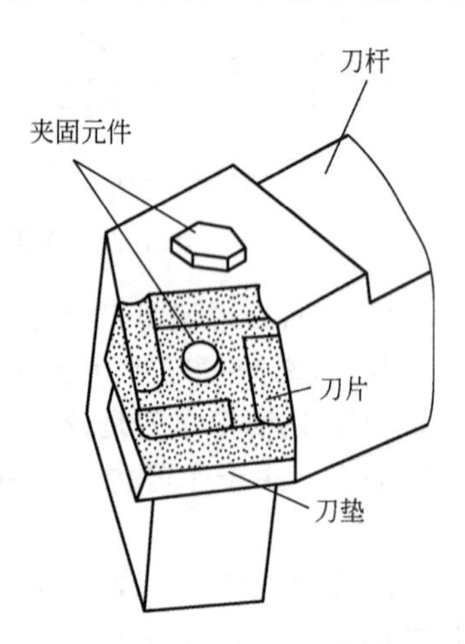

图 1.36　机械夹固式不重磨(可转位)车刀

数控车一般使用标准的机夹可转位刀具。刀片采用硬质合金，涂层硬质合金及高速钢。从切削方式上分为三类：圆表面切削刀具、端面切削刀具和中心孔类刀具。

2) 机夹不重磨(可转位)车刀的要求和特点

数控车床所采用的可转位车刀，与通用车床相比一般无本质的区别，其基本结构、功能特点是相同的。但数控车床的加工工序是自动完成的，因此对可转位车刀的要求又有别于通用车床所使用的刀具，具体要求和特点见表1-11。

表1-11　可转位车刀特点

要求	特　点	目　的
精度高	采用M级或更高精度等级的刀片 多采用精密级的刀杆 用带微调装置的刀杆在机外预调好	保证刀片重复定位精度，方便坐标设定，保证刀尖位置精度
可靠性高	采用断屑可靠性高的断屑槽型或有断屑台和断屑器的车刀 采用结构可靠的车刀，采用复合式夹紧结构和夹紧可靠的其他结构	断屑稳定，不能有紊乱和带状切屑；适应刀架快速移动和换位以及整个自动切削过程中夹紧不得有松动的要求
换刀迅速	采用车削工具系统 采用快换小刀夹	迅速更换不同形式的切削部件，完成多种切削加工，提高生产效率
刀片材料	刀片多采用涂层刀片	满足生产节拍要求，提高加工效率
刀杆截形	刀杆较多采用正方形刀杆，但因刀架系统结构差异大，有的需采用专用刀杆	刀杆与刀架系统匹配

机械夹固式可转位刀片的具体形状已经标准化，且每一种形状均有一个相应的代码表示。可转位刀片国家规定16种精度，其中6种适合于车刀，代号为H、E、G、M、N、U，其中H最高，U最低。刀片是机械夹固式可转位车刀的一个最重要组成元件，按照国标GB/T 2076—2007，大致可分为带圆孔、带沉孔以及无孔三大类。形状有：三角形、正方形、五边形、六边形、圆形以及菱形等共17种。图1.37所示为常用的可转位的车刀刀片形状及角度。

可转位车刀刀片按用途可以分为外圆粗车刀片、端面半精车刀片、外圆精车刀片、内孔精车刀片、切断刀片和内外螺纹刀片。此外，刀片又分为带孔无后角和不带孔有后角两种。刀片中的孔是为夹持刀片用的。如果刀片有后角，刀片在装入刀槽时，就不需要安装出后角。例如，图1.37(b)所示为精车机夹刀片，刀具较锋利以获得较理想的表面质量。图1.37(c)所示为半精车机夹刀片，多用于粗加工和半精加工，切削时多带有冲击载荷，对切削时有冲击载荷的刀具主偏角设为45°和80°两种，切削时不带冲击载荷的刀具主偏角通常为90°。在外圆加工和内孔切削中的常见应用如图1.38所示。

(1) C型：有两种刀尖角。100°的两个刀尖强度大，做成75°车刀，粗车外圆，80°刀尖角两个刃口，强度比较大，用它不用换刀即可加工端面或圆柱面，在内孔刀中加工台阶孔。

(2) T型：三个刃口，刃口较长，刀尖强度低，在内孔加工中用于加工台阶孔。

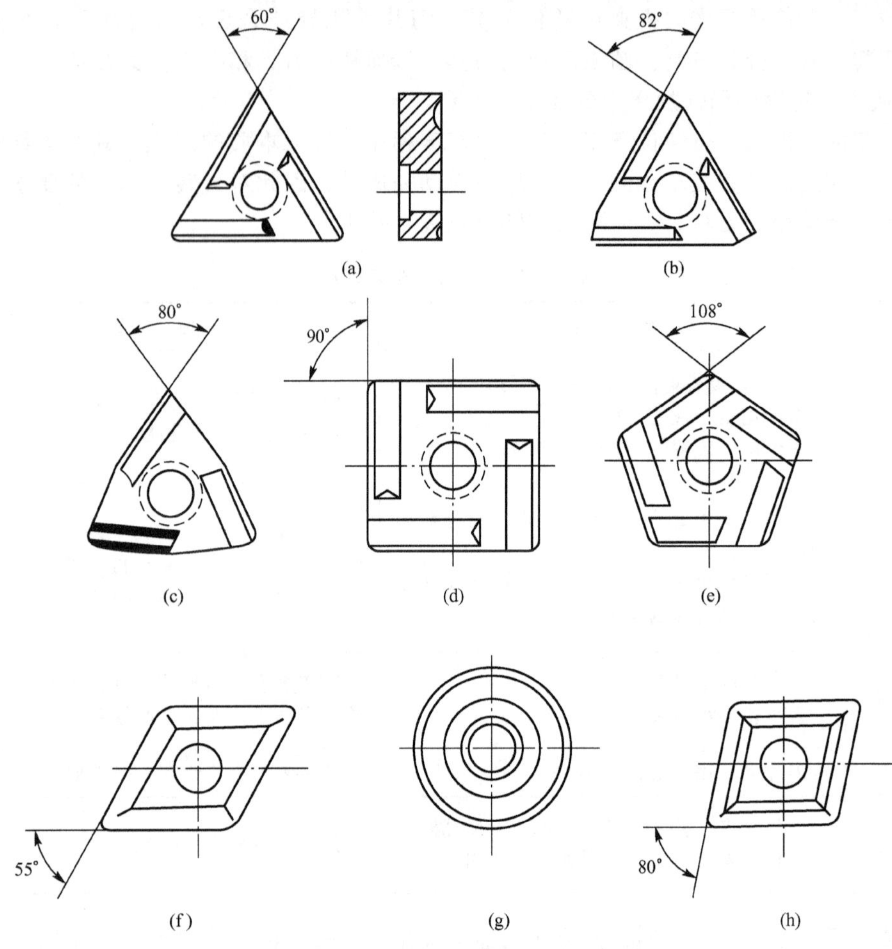

图 1.37　常用可转位车刀刀片与角度

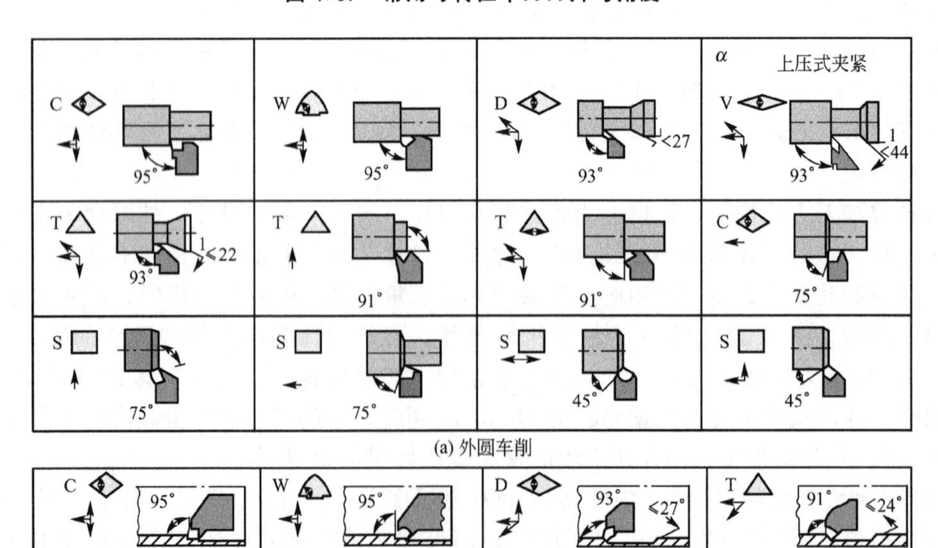

图 1.38　车削常用机夹刀

(3) S型：四个刃口，刃口较短，刀尖强度大，主要用于75°、45°车刀，在内孔刀中用于加工通孔，如图1.39所示。

(4) R型：圆形刃口，用于特殊圆弧面的加工，刀片利用率高，但径向力较大。

(5) D型：两个刃口较长，刀尖角55°，刀尖强度较低，主要用于仿形加工，在加工内孔时可用于台阶孔及较浅的清根，如图1.40所示。

(6) W型：三个刃口较短，刀尖强度高，用于加工台阶面，如图1.41所示。

(7) V型：两个刃口较长，刀尖角35°强度较低，用于仿形加工。

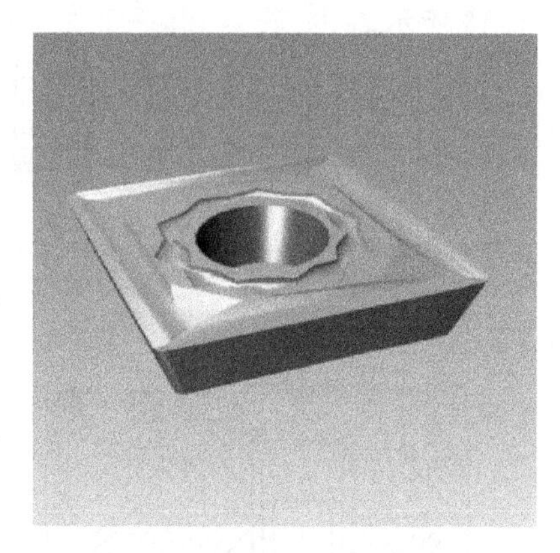

图1.39 S型刀片

图1.40 D型刀片

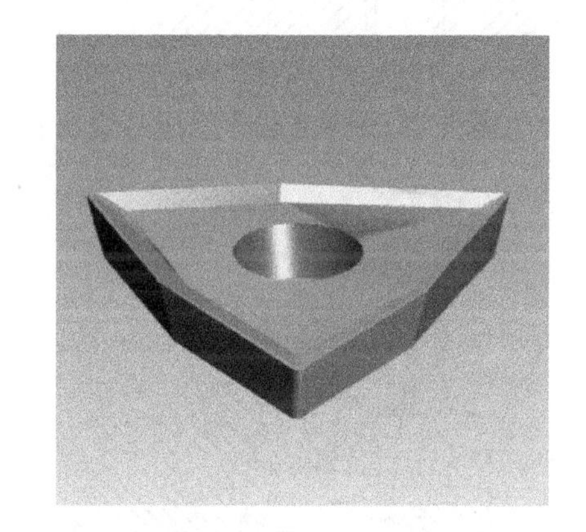

图1.41 W型刀片

一般外圆车削常用80°凸三角形、四方形和80°菱形刀片；仿形加工常用55°、35°菱形和圆形刀片；在机床刚性、功率允许的条件下，大余量、粗加工应选择刀尖角较大的刀片，反之选择刀尖角较小的刀片。

在选择刀片形状时要特别注意，有些刀片虽然其形状和刀尖角度相等，但由于同时参加切削的切削刃数不同，因此其型号也不相同；有些刀片，虽然刀片形状相似，但其刀尖角度不同，型号也不相同。

3) 机夹可转位刀片的代码

硬质合金可转位刀片的国家标准与ISO国际标准相同。共用10个号位的内容来表示品种规格、尺寸系列、制造公差以及测量方法等主要参数的特征。按照规定，任何一个型号刀片都必须用前7个号位，后3个号位在必要时才使用。其中第10号位前要加一短横线“—”与前面号位隔开，第8、9两个号位若只使用其中一位，则写在第8号位上，中间不需要空格。

可转位刀片型号表示方法如图1.42所示。10个号位表示的具体含义可查阅相关数控刀具手册。

4) 刀片与刀杆的固定方式

通常有螺钉式压紧、上压式压紧、杠杆式压紧和综合式压紧等几种，如图1.43～

图 1.46 所示。

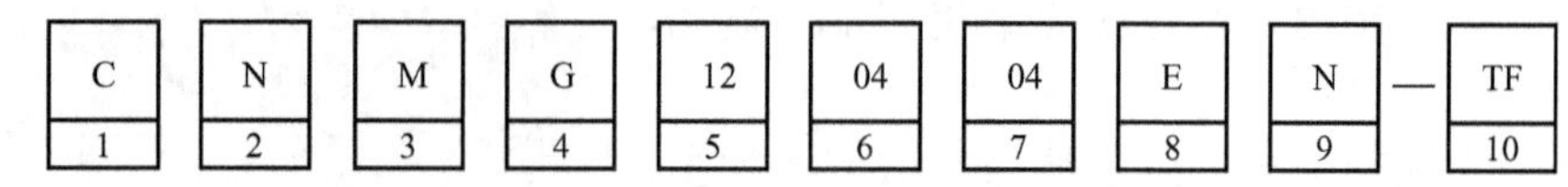

图 1.42　机夹可转位刀片型号表示方法

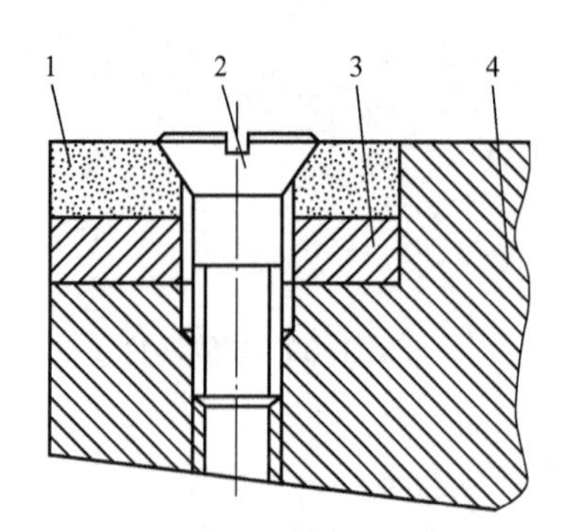

图 1.43　螺钉式压紧

1—刀片；2—螺钉；3—刀垫；4—刀体

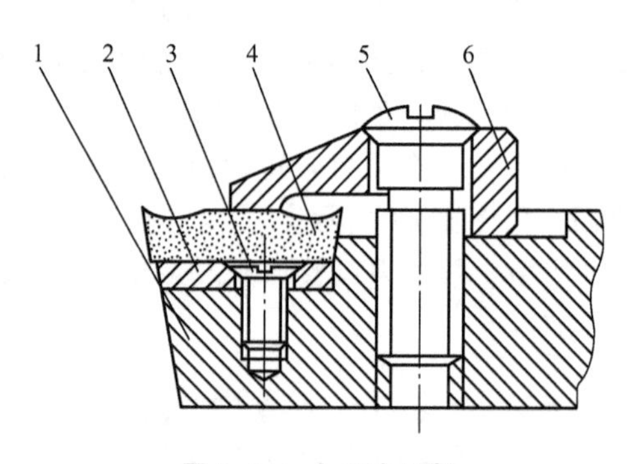

图 1.44　上压式压紧

1—刀体；2—刀垫；3—螺钉；4—刀片 5—压紧螺钉；6—压板

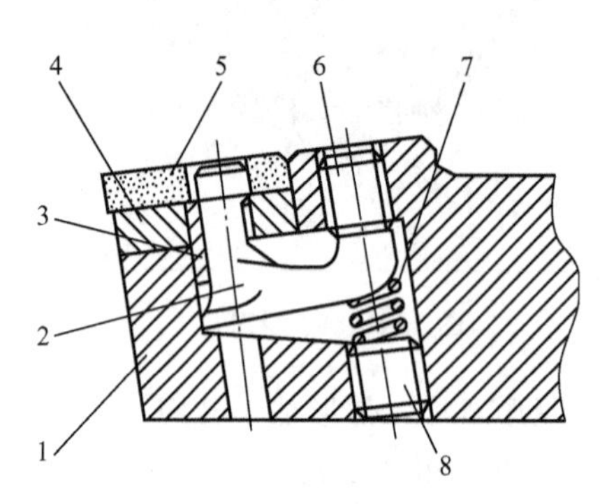

图 1.45　杠杆式压紧

1—刀体；2—杠杆；3—弹簧套；4—刀垫；5—刀片；6—压紧螺钉；7—调整弹簧；8—调节螺钉

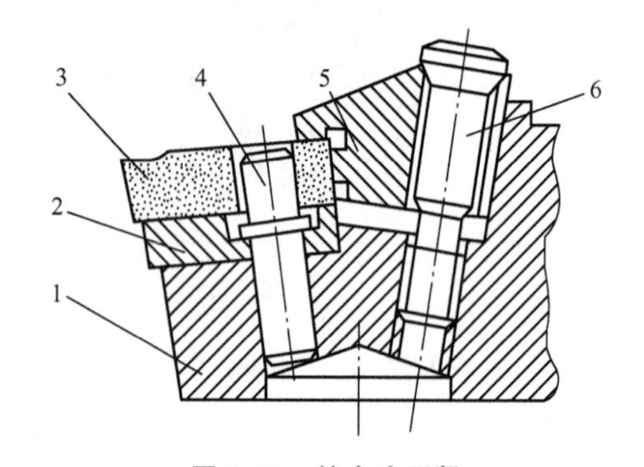

图 1.46　综合式压紧

1—刀体；2—刀垫；3—刀片；4—圆柱销；5—压块；6—压紧螺钉

5）机夹不重磨(可转位)车刀的选择过程

数控车床刀具的选刀工作过程，图 1.47 所示主要考虑机床和刀具的使用；图 1.48 所示主要考虑工件的具体情况。综合这两方面因素，最终确定要选择的刀具。

其中，刀片形状主要参数选择如下：

(1) 刀尖角：刀尖角的大小决定了刀片的强度。刀尖角数值越大，刀尖强度越高；反之，刀尖强度越低。在工件结构形状和系统刚性允许的前提下，应选择尽可能大的刀尖角。通常这个角度在 35°～90°。

其中，圆刀片在重切削时具有较好的稳定性，但易产生较大的径向力。

(2) 刀片类型有如下两种：①正型(前角)刀片：对于内轮廓加工，小型机床加工，工艺系统刚性较差和工件结构形状较复杂应优先选择正型刀片。②负型(前角)刀片：对于外圆加工，金属切除率高和加工条件较差时应优先选择负型刀片。

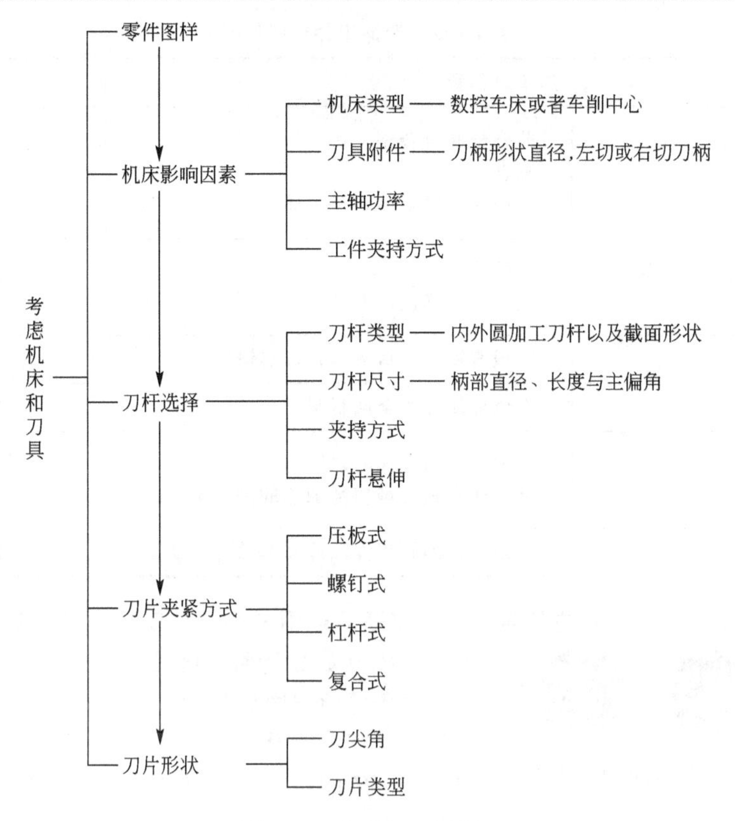

图 1.47　数控选刀过程 1

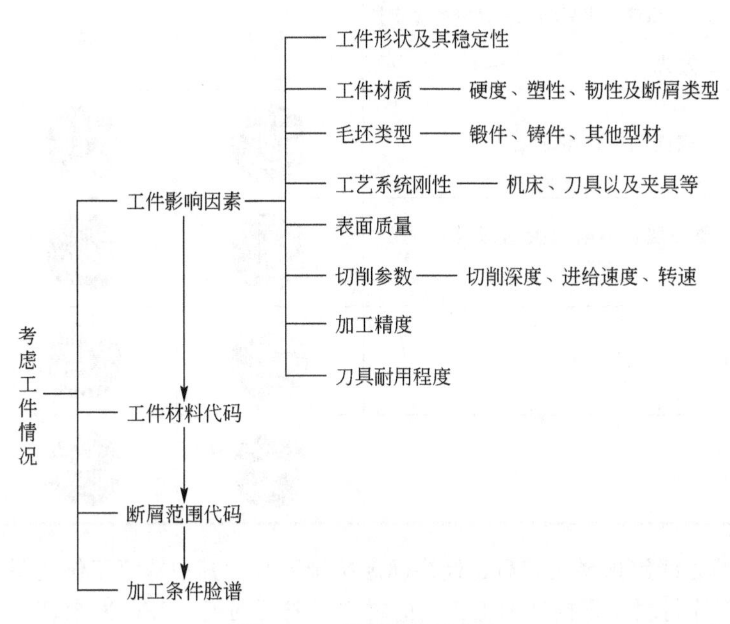

图 1.48　数控选刀过程 2

其中，工件材料按照不同的机加工性能，被分成 6 个工件材料组，它们每一个都分别与一个字母和一种颜色对应，以确定被加工工件的材料组符号代码，代码选择见表 1－12。

表 1-12　选择工件材料代码

加工材料组		代码
钢	非合金和合金钢 高合金钢 不锈钢，铁素体，马氏体	P(蓝)
不锈钢和铸钢	奥氏体 铁素体—奥氏体	M(黄)
铸铁	可锻铸铁，灰口铸铁，球墨铸铁	K(红)
	有色金属和非金属材料	N(绿)
难切削材料	以镍或钴为基体的热固性材料 钛，钛合金及难切削加工的高合金钢	S(棕)
硬材料	淬硬钢，淬硬铸件和冷硬模铸件，锰钢	H(白)

ISO 标准按切削深度和进给量的大小将断屑范围分为 A、B、C、D、E、F 共 6 个区，其中 A、B、C、D 为常用区域。

图 1.49　表示加工条件的 3 类脸谱

加工条件脸谱图标如图 1.49 所示，3 类脸谱代表了不同的加工条件：优、良、不足。表 1-13 表示加工条件取决于机床的稳定性、刀具夹持方式和工件加工表面。

表 1-13　选择加工条件

机床、夹具和工件系统的稳定性 / 加工方式	很好	好	不足
不断续切削加工表面已经过粗加工			
带铸件或锻件硬表层，不断变换切深轻微的断续切削			
中等断续切屑			
严重断续切削			

经过上述两条线路选择比较后，最终确定所选刀具。其中选定工作主要有两个方面：

(1) 选定刀片材料，根据被加工工件的材料组符号标记、ISO 断屑范围、加工条件脸谱，根据数控刀具手册就可得出推荐刀片材料代号。

(2) 选定刀具，根据工件加工表面轮廓，从刀杆订货页码中选择刀杆，根据选择好的刀杆，从刀片订货页码中选择刀片。

2. 铣刀简介

铣刀是用于铣床加工的、具有一个或多个刀齿的旋转刀具。工作时各刀齿依次间歇地去除余量。数控铣床及加工中心上常用的刀具有平底立铣刀、端面铣刀、铣槽铣刀以及模具类零件加工中经常使用的球头刀、环形刀、鼓形刀和锥形刀等，如图 1.50 所示。刀具选用要根据被加工零件的材料、几何形状、表面质量要求、热处理状态、切削性能及加工余量等，选择刚性好、耐用度高的刀具。

图 1.50　常用铣刀

相对于车削加工，铣削加工通过主轴的旋转，带动铣刀旋转进行切削加工，铣刀从结构上又是一种多齿刀具，数控铣刀加工的特点和要求。

1）数控铣刀加工的特点

（1）铣刀各刀齿周期性地参与断续切削，冲击、振动大。

（2）多刀多刃切削，每个刀齿在切削过程中的切削厚度是变化的。

（3）半封闭式切削。

（4）切削负荷呈周期变化。

2）数控铣削刀具的要求

刀具是充分发挥数控铣床和加工中心生产效率、保证加工质量的前提。数控铣削刀具除适应零件的工艺性要求，还应满足高强度、高刚性、高精度、高速度及高寿命和调整方便等基本要求。较高的刚性是为提高生产效率而采用大切削用量的需要，防止振动影响加工质量；高的耐用度可有效延长使用寿命，减少换刀引起的调刀与对刀次数，保证工件的表面质量与加工精度。

（1）铣刀类型：按铣刀结构和安装方法可分为带柄铣刀和带孔铣刀。

① 带柄铣刀：带柄铣刀有直柄和锥柄之分。一般直径小于 20mm 的较小铣刀的柄做成直柄；直径较大的铣刀的柄多做成锥柄。这种铣刀多用于立铣加工，如图 1.51 所示。

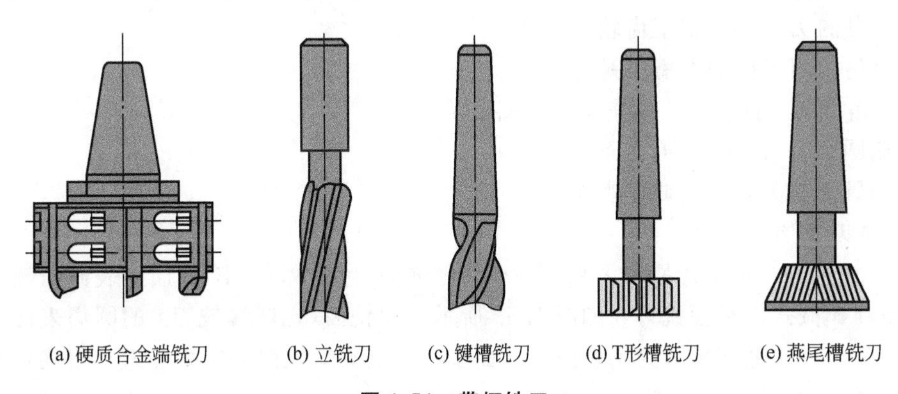

(a) 硬质合金端铣刀　(b) 立铣刀　(c) 键槽铣刀　(d) T形槽铣刀　(e) 燕尾槽铣刀

图 1.51　带柄铣刀

a. 端铣刀：由于其刀齿分布在铣刀的端面和圆柱面上，固多用于立式升降台铣床上加工平面，也可用于卧式升降台铣床上加工平面。

b. 立铣刀：有直柄铣刀和锥柄铣刀两种，刀齿在圆周和端面上，工作时不能沿轴向进给。适于铣削端面、斜面、沟槽和台阶面等

c. 键槽铣刀：专门加工键槽。

d. T形槽铣刀：专门加工T形槽。

e. 燕尾槽铣刀：专门用于铣燕尾槽。

② 带孔铣刀：带孔铣刀适用于卧式铣床加工，能加工各种表面，应用范围较广，如图1.52所示。

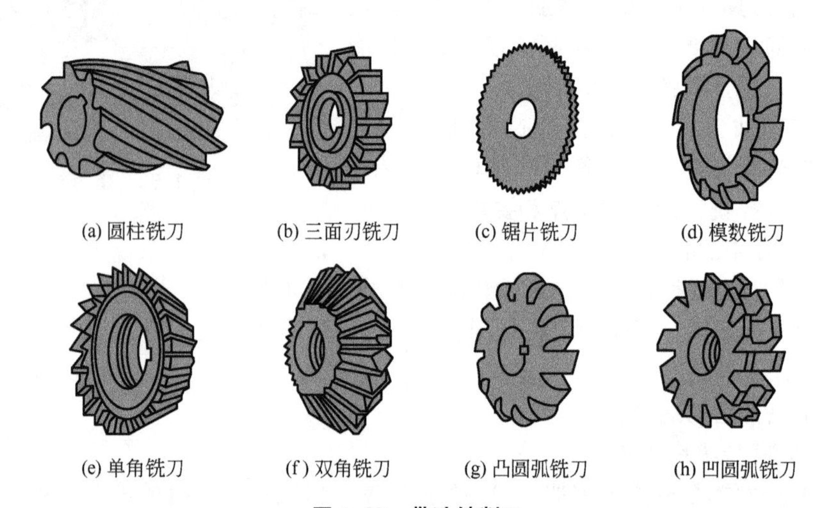

图1.52　带孔铣削刀

a. 圆柱铣刀：用于卧式升降台铣床上加工平面，刀齿分布在铣刀的圆周上，按齿数分粗齿和细齿两种。按齿形分为直齿和螺旋齿两种，螺旋齿粗齿铣刀齿数少，刀齿强度高，容屑空间大，适用于粗加工；细齿铣刀适用于精加工。

b. 三面刃铣刀：三面刃铣刀两侧面和圆周上均有刀齿，一般用于卧式升降台铣床上加工直角槽，也可以加工台阶面和较窄的侧面等。

c. 锯片铣刀：用于加工深槽和切断工件，其圆周上有较多的刀齿。

d. 模数铣刀：用来加工齿轮等。

e. 单角：用于铣削沟槽和斜面。

f. 双角铣刀：同样同于铣削沟槽和斜面。

g. 凸圆弧铣刀：铣成形表面。

h. 凹圆弧铣刀：铣削成形表面。

(2) 铣刀有如下用途。

① 平面加工，尤其铣削较大平面时，为了提高生产效率、降低加工表面粗糙度，一般采用刀片镶嵌式盘形面铣刀，如图1.53所示。面铣刀(也叫端铣刀)的圆周表面和端面上都有切削刃，端部切削刃为副切削刃。面铣刀多制成套式镶齿结构和刀片机夹可转位结构，刀齿材料为硬质合金或涂层刀片，刀体为40Cr。把刀齿夹固在刀体上，刀齿中的一个切削刃磨钝后，只需转换新的切削刃或更换刀片即可。

面铣刀直径较大，一般直径在ϕ50～500mm，根据加工面积，面铣刀用于粗加工时，为提高生产率，一般选择较大的铣削用量，宜选较小的铣刀直径。精加工时为保证加工精

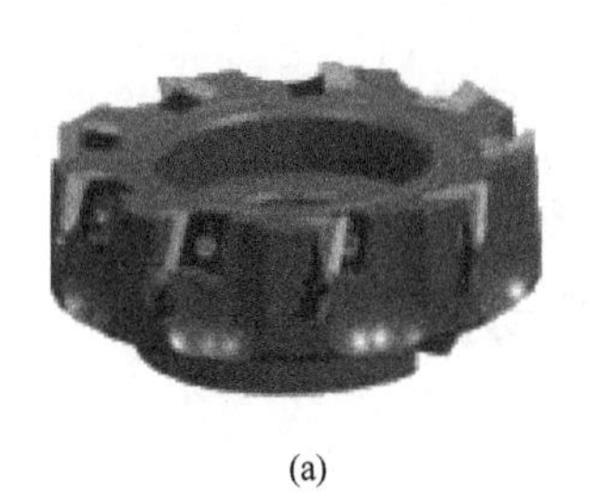

(a)

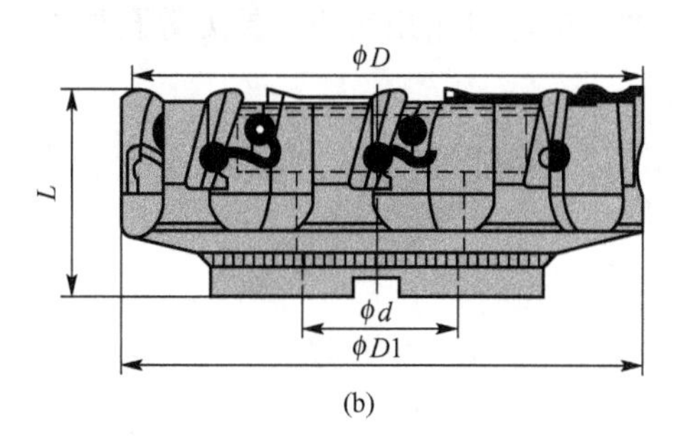

(b)

图 1.53　面铣刀

度，要求加工表面粗糙度要低，应避免精加工面上的接刀痕迹，所以精加工时铣刀直径可选大些，最好铣刀直径面能包容精加工面的整个宽度，一次性平整加工完成。面铣刀在相同直径的情况下又分粗齿、细齿和密齿 3 种，粗齿面铣刀主要用于粗加工；细齿面铣刀用于平稳条件下的铣削加工及精加工；密齿面铣刀铣削时每齿进给量较小，主要用于精加工及薄壁铸铁零件的加工。

② 铣小平面或台阶面，二维平面轮廓和沟槽时一般采用通用的立铣刀，如图 1.54 所示。立铣刀是数控机床上用得最多的一种铣刀。立铣刀的圆柱表面和端面上都有切削刃，通常由 3～6 个刀齿组成，每个刀齿和主切削刃均布在圆柱面上，呈螺旋线形，螺旋角在 30°～45°，这样有利于提高切削过程的平稳性，提高加工精度，它们可同时进行切削，也可单独进行切削，刀齿的副切削刃分布在底端面上，用来加工与侧面垂直的底平面。结构有整体式和机夹式等，高速钢和硬质合金是铣刀工作部分的常用材料。

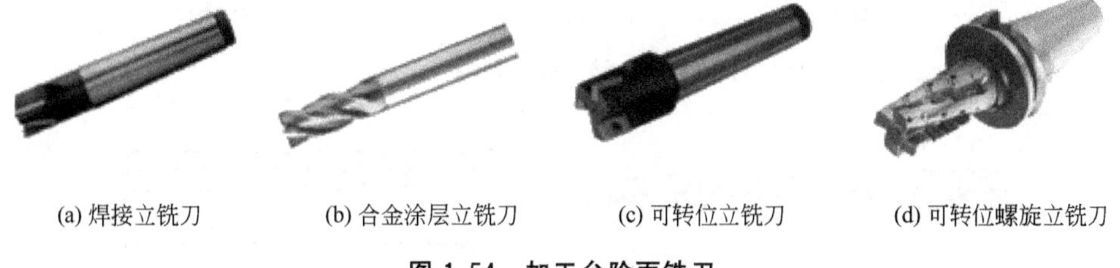

(a) 焊接立铣刀　(b) 合金涂层立铣刀　(c) 可转位立铣刀　(d) 可转位螺旋立铣刀

图 1.54　加工台阶面铣刀

立铣刀根据其刀齿数目，分为粗齿立铣刀、中齿立铣刀和细齿立铣刀。粗齿立铣刀由于刀齿数少，强度高，容屑空间大，适于粗加工；中齿立铣刀介于粗齿和细齿之间，细齿立铣刀齿数多，工作平稳，适于精加工。

立铣刀名称习惯上以直径值来表示，如“10 个的立铣刀”表示直径为 10mm 的立铣刀。立铣刀一般为整体式，直径较小的立铣刀根据刀柄形式可分直柄(ϕ2～71mm)、莫氏锥柄(ϕ6～63mm)和 7∶24 锥度的锥柄(ϕ25～80mm)3 种。

③ 铣键槽时，为了保证槽的尺寸精度、一般用两刃键槽铣刀，如图 1.55 所示。

(a) 硬质合金键槽铣刀

(b) 硬质合金立铣刀

图 1.55　键槽铣刀和立铣刀比较

④ 孔加工时，可采用钻头、镗刀等孔加工刀具，如图 1.56、图 1.57 和图 1.58 所示。

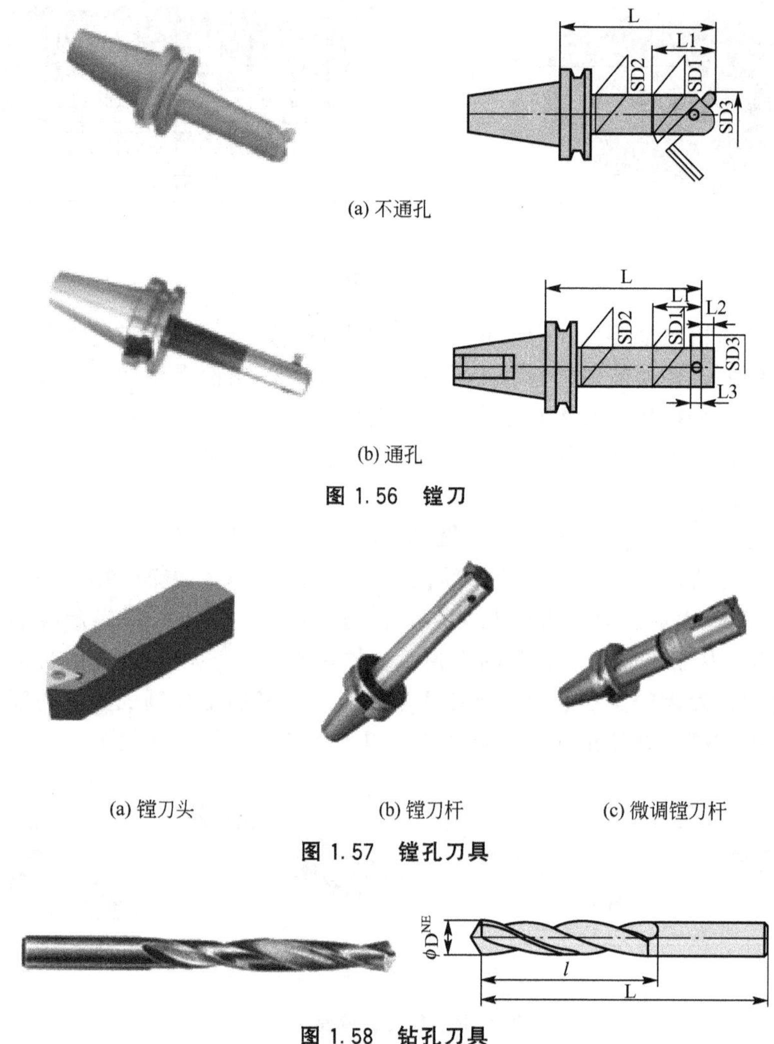

(a) 不通孔

(b) 通孔

图 1.56　镗刀

(a) 镗刀头　　(b) 镗刀杆　　(c) 微调镗刀杆

图 1.57　镗孔刀具

图 1.58　钻孔刀具

⑤ 加工曲面类零件时，为了保证刀具切削刃与加工轮廓在切削点处相切，且避免刀刃与工件轮廓发生干涉，一般采用球头刀。粗加工用两刃铣刀，半精加工和精加工用四刃铣刀，刀刃数还与铣刀直径有关，如图 1.59 和图 1.60 所示。模具铣刀由立铣刀发展而成，可分为圆锥形立铣刀、圆柱形球头立铣刀和圆锥形球头立铣刀 3 种，其柄部有直柄、削平型直柄和莫氏锥柄。模具铣刀的结构特点是球头或端面上布满切削刃，圆周刃与球头刃圆弧连接，可以作径向和轴向进给。铣刀工作部分用高速钢或硬质合金制造。

（3）铣刀结构选择：铣刀一般由刀片、定位元件、夹紧元件和刀体组成。由于刀片在刀体上有多种定位与夹紧方式，刀片定位元件的结构又有不同类型，因此铣刀的结构形式有多种，分类方法也较多。选用时，主要可根据刀片排列方式。刀片排列方式可分为平装结构和立装结构两大类。

① 平装结构(刀片径向排列)：平装结构铣刀(如图 1.61 所示)的刀体结构工艺性好，容易加工，并可采用无孔刀片(刀片价格较低，可重磨)。由于需要夹紧元件，刀片的一部

分被覆盖，容屑空间较小，且在切削力方向上的硬质合金截面较小，故平装结构的铣刀一般用于轻型和中量型的铣削加工。

② 立装结构(刀片切向排列)：立装结构铣刀(如图1.62所示)的刀片只用一个螺钉固定在刀槽上，结构简单，转位方便。虽然刀具零件较少，但刀体的加工难度较大，一般需用5坐标加工中心进行加工。由于刀片采用切削力夹紧，夹紧力随切削力的增大而增大，因此可省去夹紧元件，增大了容屑空间。由于刀片切向安装，在切削力方向的硬质合金截面较大，因而可进行大切深、大走刀量切削，这种铣刀适用于重型和中量型的铣削加工。

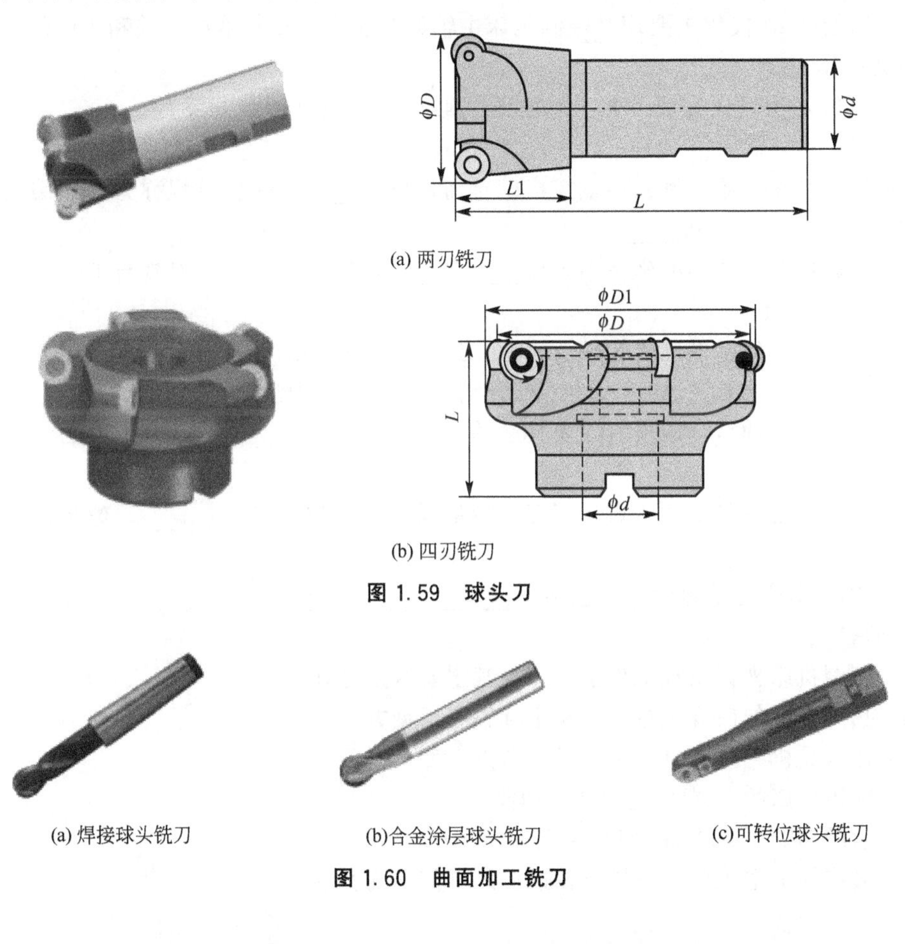

(a) 两刃铣刀

(b) 四刃铣刀

图1.59　球头刀

(a) 焊接球头铣刀　(b)合金涂层球头铣刀　(c)可转位球头铣刀

图1.60　曲面加工铣刀

图1.61　平装结构铣刀

图1.62　立装结构铣刀

习　　题

1. 判断

(1) 一个主程序中只能有一个子程序。

(2) 子程序的编写方式必须是增量方式。

(3) 机床参考点通常设在机床各轴工作正行程的极限位置上。

(4) 功能字 M 代码主要用来控制机床主轴的开、停、冷却液的开关和工件的夹紧与松开等辅助动作。

(5) M02 不但可以完成 M30 的功能还可以使程序自动回到开头。

2. 填空

(1) 从零件图开始，到获得数控机床所需控制________的全过程称为程序编制，程序编制的方法有________和________。

(2) 数控机床中的标准坐标系采用________，并规定________刀具与工件之间距离的方向为坐标正方向。

(3) 数控机床坐标系三坐标轴 X、Y、Z 及其正方向用________判定，X、Y、Z 各轴的回转运动及其正方向＋A、＋B、＋C 分别用________判断。

(4) 与机床主轴重合或平行的刀具运动坐标轴为________轴，远离工件的刀具运动方向为________。

(5) 刀位点是刀具上的一点，车刀刀尖带圆弧时刀位点是________，球头铣刀刀位点为________。

(6) CNC 车床进给速度单位包括________、________。

3. 问答题

(1) 何谓机床坐标系和工件坐标系？其主要区别是什么？

(2) 我国标准如何规定数控机床坐标轴和运动方向？

(3) 什么是机床参考点？和刀具参考点有什么联系？

(4) 数控机床的 T 指令是指什么功能？

(5) 辅助功能中 M00 和 M01 有何不同？

(6) 数控加工中工序的安排与普通机床有何不同？

第2章 数控铣床和加工中心编程

功能丰富的数控铣床和加工中心，在现代化的制造企业和先进的生产线上应用十分广泛。数控铣床和加工中心刚性强，精度好，是十分高效的加工设备。怎样才能从更好更有效地利用数控铣床和加工中心？加工与编程应该如何来做？被称为高精高效高可靠的加工设备，具有诸多优点，具有广泛的应用前景。数控铣床和加工中心是怎样工作的？有哪些类型？都有哪些功能？可以在哪些场合应用？应用起来都有哪些注意事项？这些问题都可以在本章找到答案。

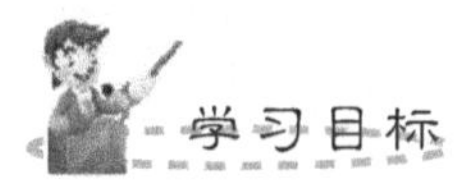

学习目标

了解数控铣床和加工中心程序编制基础及特点。
掌握数控铣床及加工中心的基本编程指令和固定循环功能。
掌握数控铣床及加工中心的刀具补偿功能和子程序编程。
了解数控铣床及加工中心的宏程序和高级编程指令。
掌握手工编制加工程序的基本方法和流程。

学习要求

知识要点	能力要求	相关知识
数控铣床和加工中心编程基础	(1) 了解数控铣床和加工中心的特点、功能和工具系统； (2) 了解数控铣床和加工中心的相关工艺知识	数控机床、机械制造技术基础
数控铣床和加工中心坐标系	(1) 掌握机床坐标系中机床原点与参考点的区别、联系和应用； (2) 掌握工件坐标系与机床坐标系之间的关系，尤其是工件坐标系确立的原理	机床坐标系确立的基本原则和各坐标轴的确定方法
工件坐标系的确立方法	(1) 掌握工件坐标系确立指令的格式、原理、方法及应用场合； (2) 了解各种工件坐标系不同确立方法之间的区别	工程实训中数控铣床和加工中心操作
数控铣床编程指令	(1) 掌握数控铣床和加工中心的基本编程和孔加工固定循环指令； (2) 掌握数控铣床和加工中心的刀具补偿和子程序编程指令； (3) 掌握上述指令的格式、动作原理、应用及注意事项	数控铣削刀具的走刀特点、铣床工艺特点及FANUC铣削系统
数控铣床和加工中心高级编程指令	(1) 了解相关指令的编程格式； (2) 了解高级指令与前述讲解指令的结合应用	适合于高级编程指令加工零件的结构和工艺特点
加工中心换刀编程指令	(1) 了解各种类型刀库及加工中心的换刀动作过程； (2) 掌握加工中心换刀程序的编写	加工中心刀库、换刀方式
用户宏程序	(1) 了解宏程序的组成、变量定义及调用过程； (2) 了解宏程序的应用	编程中的数学处理

导入案例

数控铣床和加工中心的发展和人才需求

从20世纪中叶数控技术出现以来，数控机床给机械制造业带来了革命性的变化。数控加工具有如下特点：加工柔性好，加工精度高，生产率高，可靠性好，有利于减轻操作者劳动强度、改善劳动条件及提高产品质量，有利于生产管理的现代化以及经济效益的提高。数控铣床和加工中心是一种高度机电一体化的产品，适用于加工多品种小批量零件、结构较复杂、精度要求较高的零件、需要频繁改型的零件、价格昂贵不允许报废的关键零件、要求精密复制的零件、需要缩短生产周期的急需零件以及要求100%检验的零件。数控铣床及加工中心的特点及其应用范围使其成为国民经济和国防建设发展的重要装备。

进入21世纪，我国经济与国际全面接轨，进入了一个蓬勃发展的新时期。随着制造业对数控铣床和加工中心的大量需求以及计算机技术和现代设计技术的飞速进步，数控铣床和加工中心的应用范围仍在不断扩大，并且持续发展以更适应生产加工的需要。数控铣床和加工中心的发展日新月异，高速化、高精度化、复合化、智能化、开放化、并联驱动化、网络化、极端化、绿色化已成为其发展趋势和方向。

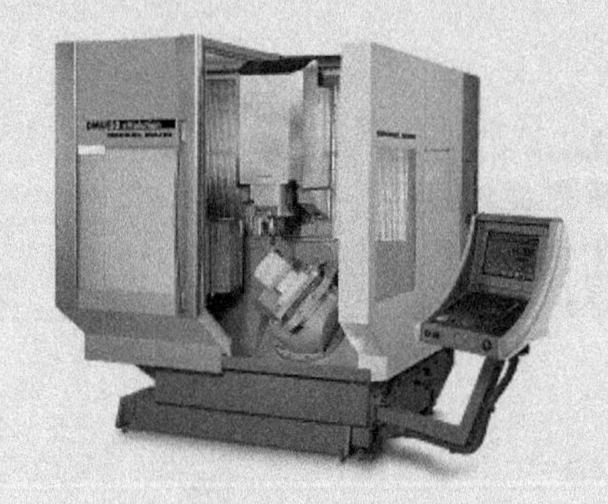

高速复合化加工中心

加工中心生产的浮雕

从我国数控铣床和加工中心的发展形势来看需要三种层次的数控技术人才：第一种是熟悉数控机床的操作及加工工艺、懂得简单的机床维护、能够进行手工或自动编程的技术操作人员；第二种是熟悉数控机床机械结构及数控系统软硬件知识的中级人才，要掌握复杂模具的设计和制造知识，能够熟练应用UG、PRO/E等CAD/CAM软件，同时有扎实的专业理论知识、较高的英语水平并积累了大量的实践经验；第三种是精通数控机床结构设计以及数控系统电气设计、能够进行机床产品开发及技术创新的数控技术高级人才。

我国作为一个制造大国，主要还是依靠劳动力、价格、资源等方面的比较优势，而在产品的技术创新与自主开发方面与国外同行的差距还很大。数控产业不能安于现状，应该抓住机会不断发展，努力发展自己的先进技术，加大技术创新与数控人才培养力度，提高企业综合服务能力，努力缩短与发达国家之间的差距。力争早日实现数控产品从低端到高端、从初级产品加工到高精尖产品制造的转变，实现从中国制造到中国创造、从制造大国到制造强国的转变。数控产业的腾飞发展需要我们每一个机械人的不懈努力。

2.1　数控铣床和加工中心编程基础

2.1.1　数控铣床和加工中心

1. 数控铣床

根据数控机床的用途进行分类，用于完成铣削加工或镗削加工的数控机床称为数控铣床。数控铣床根据主轴放置形式的不同可分成立式、卧式和立卧两用 3 种形式。图 2.1 所示为立式数控铣床，图 2.2 所示为立式龙门数控铣床，图 2.3 所示为卧式数控铣床，而图 2.4 所示为数控铣床立卧转换式主轴头。

图 2.1　立式数控铣床

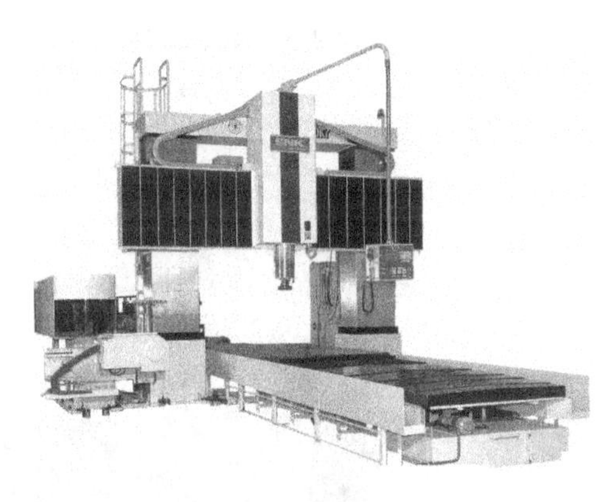

图 2.2　立式龙门数控铣床

图 2.3　卧式数控铣床

图 2.4　数控铣床立卧转换式主轴头

2. 加工中心

加工中心(MC)通常是指带有刀库和刀具自动交换装置(Automatic Tool Changer，ATC)的数控机床。同样，加工中心也可分成立式和卧式两种形式，图 2.5 所示为立式加工中心，图 2.6 所示为盘式刀库，图 2.7 所示为卧式加工中心，图 2.8 所示为链式刀库。

图 2.5　立式加工中心

图 2.6　盘式刀库

图 2.7　卧式加工中心

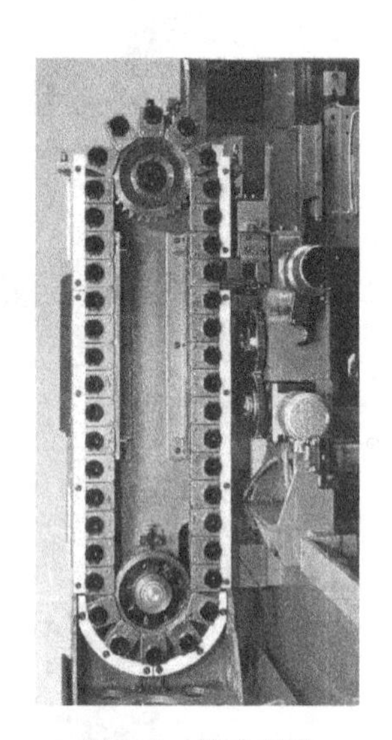

图 2.8　链式刀库

3. 数控系统

目前，在数控铣床及加工中心上配置的主流数控系统有 FANUC(法那科)和 SIEMENS(西门子)等进口数控系统以及 KND(北京凯恩地)、HNC(华中)、GSK(广数控)等国产数控系统。本章中均以 FANUC－OIM 数控系统为例进行编程。

2.1.2　数控铣床和加工中心的主要功能

各种类型数控铣床所配置的数控系统虽然各有不同，但各种数控系统的功能除一些特殊功能不尽相同外，其主要功能基本相同。

(1) 点位控制功能。此功能可以实现对相互位置精度要求很高的孔系加工，如钻孔、镗孔、锪孔及攻螺纹等。

(2) 连续轮廓控制功能。此功能可以实现直线、圆弧的插补功能及非圆曲线的加工。

(3) 刀具半径补偿功能。此功能可以根据零件图样的标注尺寸来编程，而不必考虑所用刀具的实际半径尺寸，从而减少编程时的复杂数值计算。

(4) 刀具长度补偿功能。此功能可以自动补偿刀具的长短，适应加工中对刀具长度尺寸调整的要求。

(5) 比例及镜像加工功能。比例功能可将编好的加工程序按指定比例改变坐标值来执行。镜像加工又称轴对称加工，如果一个零件的形状关于坐标轴对称，那么只要编出一个或两个象限的程序，而其余象限的轮廓就可以通过镜像加工来实现。

(6) 旋转功能。该功能可将编好的加工程序在加工平面内旋转任意角度来执行。

(7) 子程序调用功能。有些零件需要在不同的位置上重复加工同样的轮廓形状，将这一轮廓形状的加工程序作为子程序，在需要的位置上重复调用，就可以完成对该零件的加工。

(8) 宏程序功能。该功能可用一个总指令代表实现某一功能的一系列指令，并能对变量进行运算，使程序更具灵活性和方便性。

(9) 数据输入输出及 DNC 功能。该功能主要用来实现数控系统与相关设备之间的数据输入输出，保证大的加工程序的执行。当程序过大、超过系统存储空间时，可以采用计算机直接控制数控加工模式，即 DNC 功能。

(10) 自诊断功能。自诊断是数控系统在运转中的自我诊断，它是数控系统的一项重要功能，对数控机床的维修具有重要的作用。

2.1.3 数控铣床和加工中心的工具系统

1. 工具系统

工具系统是刀具与数控铣床和加工中心的连接部分，通常由主轴、刀柄、刀柄拉钉、换刀机械手、中间模块、刀具等组成，起到固定刀具及传递动力的作用，如图 2.9 所示为工具系统的主要部件。

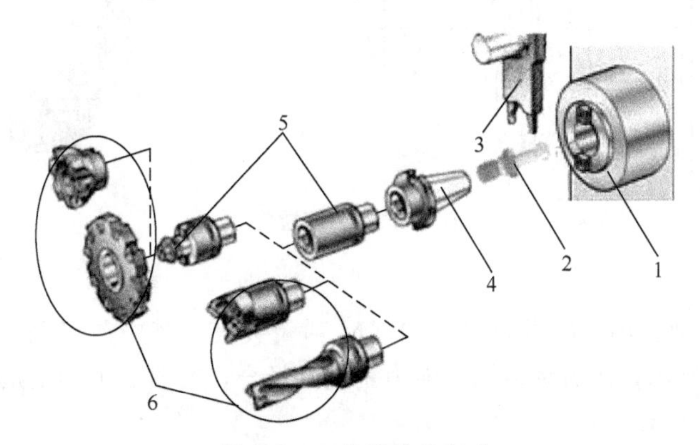

图 2.9 工具系统的组成

1—主轴；2 刀柄拉钉；3—刀柄；4—换刀机械手；5—中间模块；6—刀具

1) 刀柄

数控铣床和加工中心上使用的刀具种类繁多，而每种刀具都有其一定的结构和使用方法，要想实现刀具在主轴上的固定，必须有一个中间装置，该装置必须能够装夹刀具，且实现在主轴上准确定位，而这个中间装置就是刀柄，如图 2.10 所示。

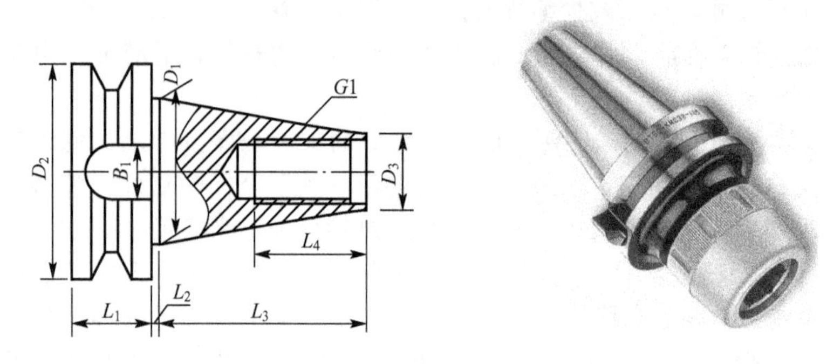

图 2.10　数控铣床和加工中心用刀柄

刀柄及其尾部供主轴内拉紧机构用的拉钉已实现标准化。目前，在我国经常使用的刀柄常分成 BT、JT 和 ST 等几种系列，这几种系列的刀柄除局部槽的形状不同外，其余结构基本相同。数控铣床和加工中心刀柄一般采用 7∶24 锥面与主轴锥孔配合定位，根据锥柄大端直径(D_1)不同，数控刀柄又分成 40、45 和 50 等几种不同的锥度号，如 BT/JT/ST50。而高速加工中心中大多使用 HSK 系列的刀柄。

2）刀柄拉钉

数控铣床和加工中心拉钉的尺寸也已标准化，如图 2.11 所示。ISO 7388 或 GB 10944—89 规定了 A 型和 B 型两种形式的拉钉，其中 A 型拉钉用于不带钢球的拉紧装置，而 B 型拉钉用于带钢球的拉紧装置。刀柄及拉钉的具体尺寸可查阅相关的标准规定。

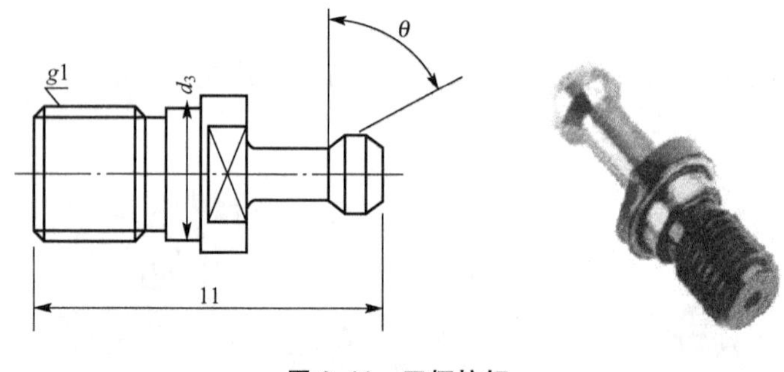

图 2.11　刀柄拉钉

3）弹簧夹套

弹簧夹套有两种，即 ER 弹簧夹套和 KM 弹簧夹套，其中前者用于切削力较小的场合，如图 2.12(a)所示；而后者多用于强力铣削的场合，如图 2.12(b)所示。

4）中间模块

中间模块是刀柄与刀具之间的中间连接装置，通过中间模块的使用，可提高刀柄的通用性能，如图 2.13 所示。

5）数控铣床和刀具中心的种类

数控铣床和加工中心的刀具种类很多，根据刀具的加工用途，其刀具可分为轮廓类加工刀具和孔类加工刀具等几种类型。具体情况如图 2.14 所示。

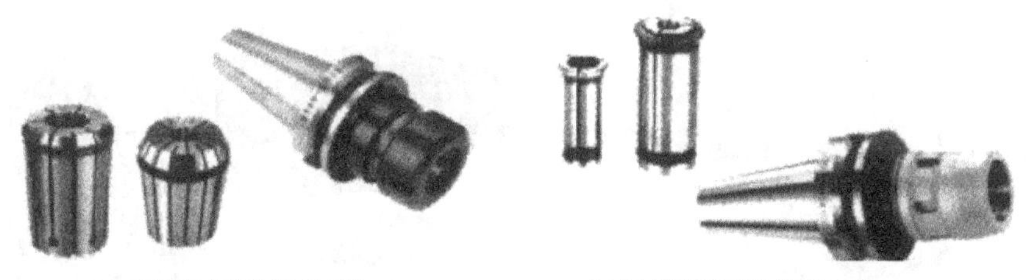

(a) ER弹簧夹套及装夹刀柄　(b) KM弹簧夹套及装夹刀柄

图 2.12　弹簧夹套及装夹刀柄

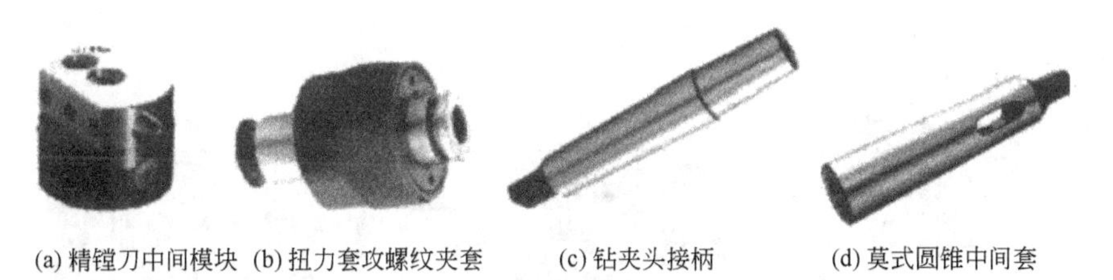

(a) 精镗刀中间模块　(b) 扭力套攻螺纹夹套　(c) 钻夹头接柄　(d) 莫式圆锥中间套

图 2.13　中间模块

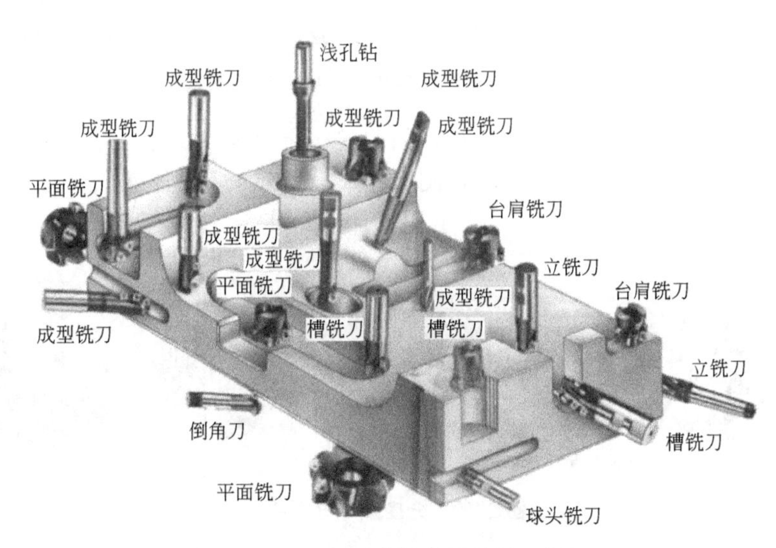

图 2.14　刀具种类及适用范围示意图

2.1.4　数控铣床和加工中心用夹具

(1) 平口钳：平口钳具有较大的通用性和经济性，适用于较小的方形工件的装夹。常见的螺旋夹紧式通用平口钳如图 2.15 所示。

(2) 压板与平板：对于较大或者四周不规则的零件，无法采用平口钳或者其他夹具装夹时，可以直接采用压板(图 2.16 所示，包括压板、垫铁、梯形螺母和螺栓等)以及平板进行装夹。加工中心压板与平板的装夹通常采用梯形螺母与螺栓的夹紧方式。

(3) 卡盘：在数控铣床和加工中心上应用较多的是三爪自定心卡盘和四爪卡盘。特别是三爪自定心卡盘，由于其具有自动定心作用和装夹简单的特点，因此中小型圆柱形工件在数控铣床或者加工中心加工时，常采用三爪自定心卡盘进行装夹。卡盘的夹紧有机械螺旋式、气动式或液压式等多种形式(如图 2.17 所示)。

图 2.15　螺旋夹紧式通用平口钳

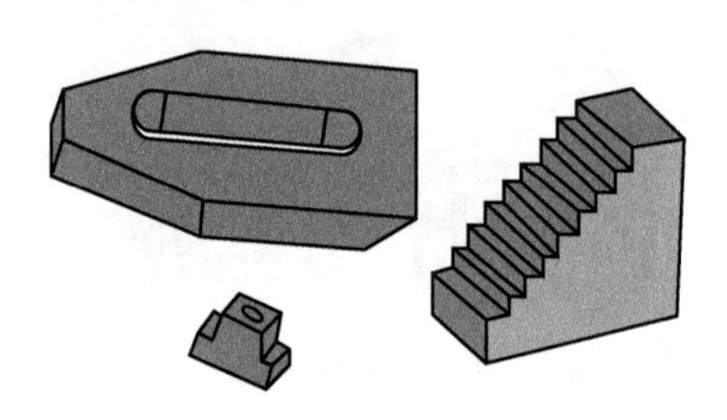

图 2.16　压板与平板

(a) 液动式三爪自定心卡盘

(b) 螺旋式三爪自定心卡盘

(c) 气动式四爪卡盘

图 2.17　数控铣床和加工中心用卡盘

(4) 分度盘和分度头：许多机械零件，如花键、齿轮等，在加工中心加工时。常采用分度盘(如图 2.18(a)所示)和分度头(如图 2.18(b)所示)进行分度，从而加工出合格的零件。

(a) 分度盘　(b) 分度头

图 2.18　分度盘和分度头

(5) 专用夹具、组合夹具和成组夹具：中小批量工件在加工中心上加工时，可采用组合夹具进行装夹。而大批量零件加工时，大多采用专用夹具或成组夹具进行装夹。

总之，数控铣床和加工中心上零件加工夹具的选择要根据零件精度等级、结构特点、产品批量及机床精度等因素。选择顺序是：首先考虑通用夹具，其次考虑组合夹具，最后考虑专用夹具、成组夹具。

2.1.5　数控铣床和加工中心进退刀路的工艺处理

1. 正确选择程序起始点和返回点

程序的起始点是指程序开始时，刀尖点初始的位置；程序的返回点是指程序执行完毕时，刀尖点返回后的位置，一般指换刀点。在实际编程加工中，程序的起始点和返回点最好相同，而且这两点的 X、Y 坐标值最好为零，Z 坐标定义在高出被加工零件最高点 50～

100mm的位置。

2. 合理选择铣刀的刀位点

所谓刀位点(如图2.19所示)是指加工和编制程序时，用于表示刀具特征的点，也是对刀和加工的基准点。镗刀和车刀的刀位点通常指刀具的刀尖；钻头的刀位点通常指钻尖；立铣刀、端面铣刀和键槽铣刀的刀位点指刀具底面的中心；而球头铣刀的刀位点指球头中心。

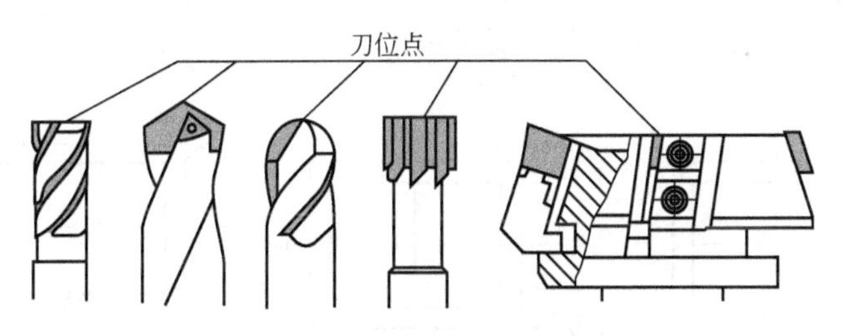

图2.19　数控刀具的刀位点

3. 选择进刀点

进刀点是指在曲面开始切削时，刀具与曲面的接触点。粗加工时，进刀点选择在曲面内最高的角点，这样可使切削余量最小，进刀时不易损坏刀具。精加工时，进刀点选择在曲面内曲率比较平缓的角点，这样可使刀具所受弯矩较小，不易折断刀具。

4. 选择退刀点

退刀点是指曲面切削完毕后，刀具与曲面的接触点。选择退刀点时，主要考虑曲面加工的连续性和尽量缩短加工时间，提高机床的有效工作时间。

5. 刀具的下刀方式

如图2.20所示，程序开始时刀尖一般在距离工件最高点之上50～100mm处的起始平面上，在此平面上刀具以G00速度运行。当刀具接近被加工表面距离3～5mm处时(此平面称为安全平面或进刀平面)，为了防止撞刀，应将速度转为工作进给速度(G01)，在安全平面以下，刀具以工作进给速度一直切至切削深度。如果加工型腔，可在工件加工位置上方直接落刀(如果使用立铣刀，事先需要用钻头做好落刀孔)。

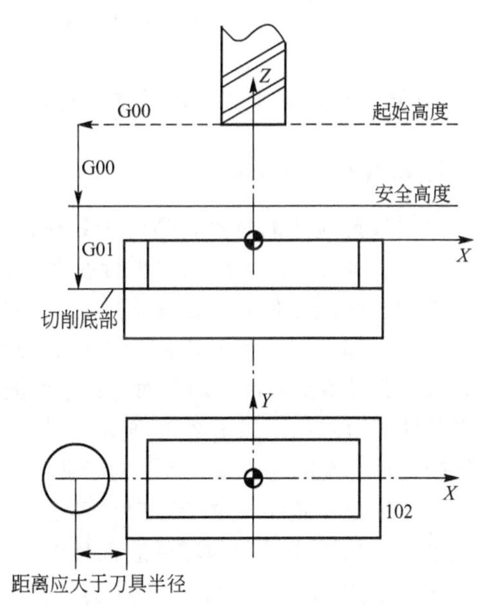

图2.20　刀具的下刀方式

6. 进刀(退刀)方式的确定

对于铣削加工，刀具切入工件的方式不仅影响加工质量，同时直接关系到加工的安全。对于二维轮廓的铣削加工常见的进刀(退刀)方式有垂直进刀、侧向进刀和圆弧进刀等方式，如图 2.21 所示。对于二维型腔铣削的常见进刀(退刀)方式有垂直进刀和圆弧进刀，如图 2.22 所示。垂直进刀路径短，但工件表面有接痕，常用于粗加工；侧向进刀和圆弧进刀，工件加工表面质量高，多用于精加工。刀具从安全平面高度下降到切削高度时，应离开工件毛坯边缘一定距离，不能直接贴着被加工零件理论轮廓直接下刀，以免发生危险。下刀运动过程不要用快速(G00)运动，而要用直线插补(G01)运动。对于型腔的粗铣加工，一般应先钻一个工艺孔至型腔底面(留一定精加工余量)并扩孔，以便所使用的立铣刀能从工艺孔进刀进行型腔粗加工。然后，可以选择立铣刀的螺旋下刀和斜线下刀方式来加工型腔。型腔粗加工方式一般为从中心向四周扩槽。

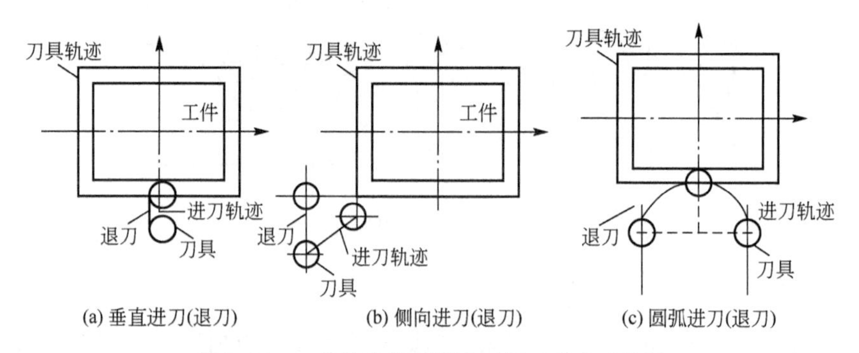

图 2.21　二维轮廓铣削的进刀(退刀)方式选择

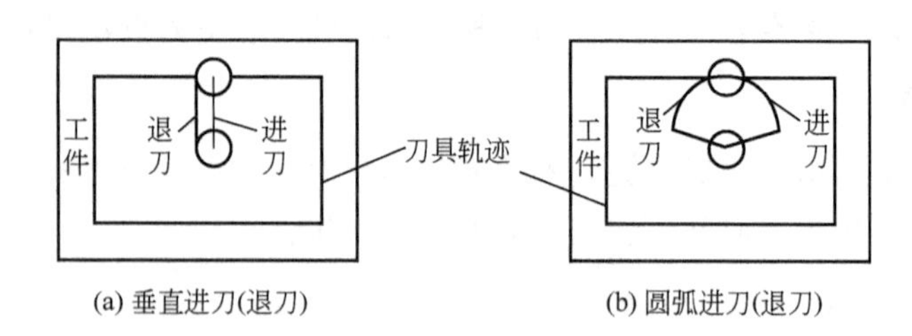

图 2.22　二维型腔铣削的进刀(退刀)方式选择

2.1.6　数控铣床和加工中心的加工对象

1. 数控铣床加工对象

根据数控铣床的特点，适合于数控铣削的主要加工对象有以下几类。

(1) 平面类零件：加工面平行或者垂直于水平面，或者加工面与水平面的夹角为定角的零件为平面类零件，如图 2.23 所示。这类零件的特点是各个加工面是平面或者可以展开成平面，加工时一般只需用三坐标数控铣床的两坐标或者两轴半联动即可。

(2) 变斜角类零件：加工面与水平面的夹角呈连续变化的零件称为变斜角类零件，以飞机零部件最为常见，如图 2.24 所示。其特点是加工面不能展开成平面，加工中加工面与铣刀周围接触的瞬间为一条直线。对于此类零件一般采用四坐标或五坐标数控铣床摆角加工。

(3) 曲面类零件：加工面为空间曲面的零件称为曲面类零件，其特点是加工面不能展开成平面，加工中铣刀与零件表面始终是点接触式。加工此类零件一般采用三坐标联动数控铣床，如图 2.25 所示。对于此类零件一般采用球头刀具，因为其他刀具加工曲面时更容易产生干涉而铣到邻近表面。

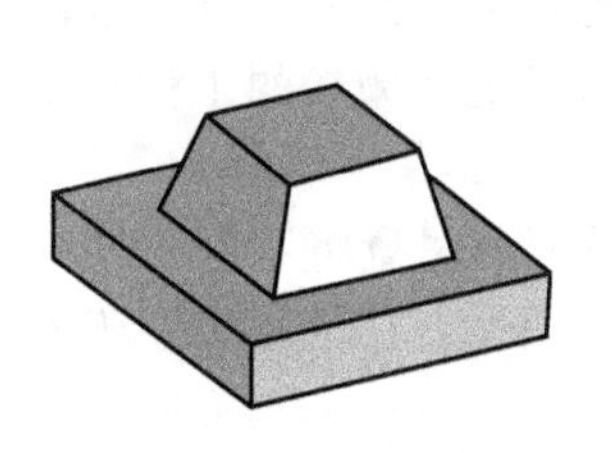

图2.23　平面类零件

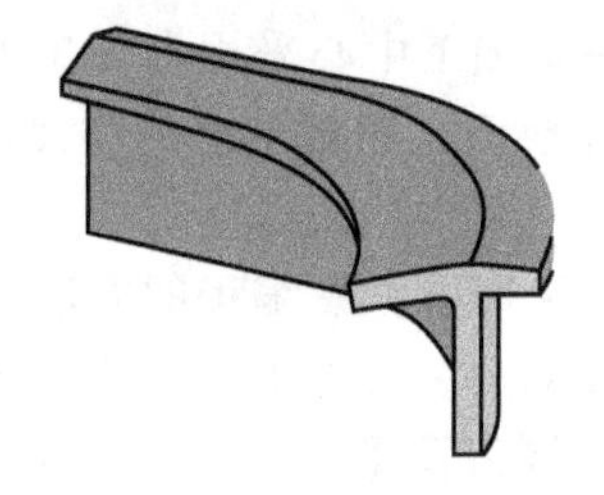

图2.24　变斜角类零件

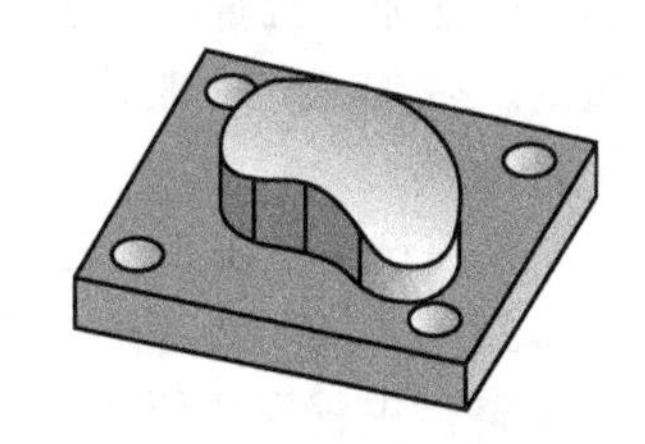

图2.25　曲面类零件

(4) 孔及螺纹：采用定尺寸刀具进行钻、扩、铰、镗及攻螺纹等，一般数控铣都有镗、钻、铰功能。

2. 加工中心加工对象

(1) 既有平面又有孔系的零件：既有平面又有孔系的零件主要指箱体类零件(图2.26(a))和盘、套类零件(图2.26(b))。加工这类零件时，最好采用加工中心在一次装夹中完成平面的铣削和孔系的钻削、镗削、铰削、铣削、攻螺纹等多工步加工，以保证该类零件各加工表面间的相互位置精度。

(2) 结构形状复杂、普通机床难加工的零件：结构形状复杂的零件是指其主要表面由复杂曲线、曲面组成的零件。加工这类零件时，通常需采用加工中心进行多坐标轴联动加工。常见的典型零件有凸轮类零件(图2.27(a))和叶轮类零件(图2.27(b))等。

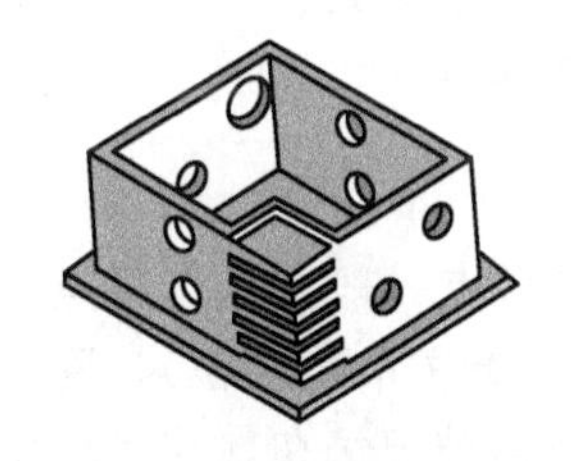

(a) 箱体类零件

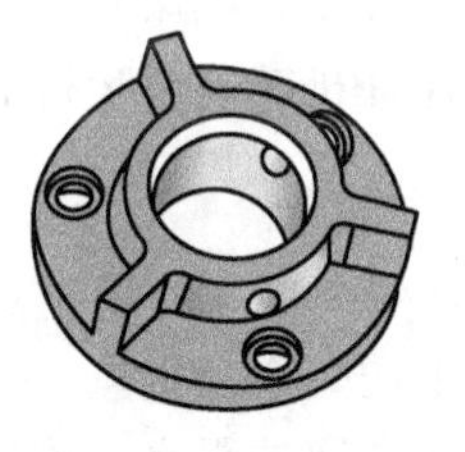

(b) 盘、套类零件

图2.26　既有平面又有孔系的零件

(a) 凸轮类零件

(b) 叶轮类零件

图2.27　结构形状复杂的零件

(3) 外形不规则的异形零件：异形零件是指支架(图2.28)、拨叉类外形不规则的零件，大多采用点、线、面多工位混合加工。

(4) 其他类零件：加工中心除常用于加工以上特征的零件外，还适宜于加工周期性投产的零件、加工精度要求较高的中小批量零件和新产品试制中的零件等。

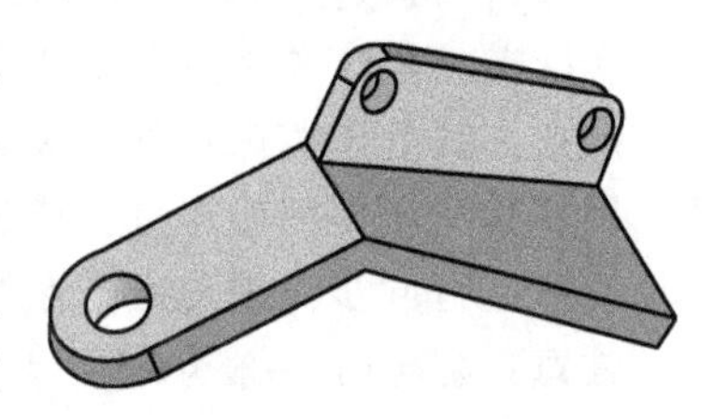

图2.28　异形零件

2.1.7　数控铣床和加工中心的编程特点

(1) 为了方便编程中的数值计算，在数控铣床、加工中心的编程中广泛采用刀具半径补偿和刀具长度补偿来进行编程。

(2) 为适应数控铣床、加工中心的加工需要，对于常见的镗孔、钻孔及攻螺纹等切削加工动作，用数控系统自带的孔加工固定循环功能来实现，以简化编程。

(3) 大多数的数控铣床与加工中心都具备镜像加工、坐标系旋转、极坐标及比例缩放等特殊编程指令，以提高编程效率、简化编程。

(4) 根据加工批量的大小，决定加工中心采用自动换刀还是手动换刀。对于单件或者小批量的工件加工，一般采用手动换刀，而对于批量较大且刀具更换频繁的工件加工，一般采用自动换刀。

(5) 数控铣床与加工中心广泛采用子程序编程的方法。编程时尽量将不同工序内容的程序安排到不同的子程序中，以便对每一独立的工序进行单独调试，也便于工序不合理时的重新调整。主程序主要用于完成换刀及子程序的调用等工作。

(6) 数控铣床与加工中心的宏程序编程功能。用户宏程序允许使用变量、算术及逻辑运算和条件转移，使得编制同样的加工程序更简便。例如，规则曲面宏加工程序和用户开发的型腔加工宏程序。

2.2 数控铣床和加工中心坐标系

2.2.1 机床原点与参考点

1. 机床原点

机床原点又称为机床零点，该点是机床上一个固定的、物理意义上的点，其位置是由机床设计和制造单位确定的，通常不允许用户改变。机床原点是工件坐标系、机床参考点的基准点，也是制造和调整机床的基础，是保证机床同步运行的基准。

2. 机床参考点

机床参考点又称机械原点(R)，是机床上一个特殊的固定点，该点一般与机床原点重合，是设置在机床各坐标轴正行程最大位置上的一个固定点(由限位开关准确定位)，到达参考点时所显示的数值则表示参考点与机床零点间的距离，该数值即被记忆在数控系统中并在系统中建立了机床零点，作为系统内运算的基准点。数控铣床在返回参考点(又称“回零”)时，机床坐标显示为零($X0$，$Y0$，$Z0$)，则表示该机床零点与参考点是同一个点。

实际上，机床参考点是机床上最具体的一个机械固定点。而机床零点只是系统内的运算基准点，其处于机床何处无关紧要。每次回零时所显示的数值必须相同，否则加工有误差。回零其实就是回参考点，通过参考点与机床零点之间的距离关系确认机床原点，从而保证机床运行同步。因此对于数控铣床和加工中心而言，开机后首先要进行回零操作。

注意：数控车床一般为两轴，数控铣床及加工中心一般为三轴。

2.2.2 机床坐标系

原点设置在机床零点，符合数控机床各坐标轴确定原则的坐标系称为机床坐标系，它是系统内运算的基准坐标系，通常是原点设置在各坐标轴正行程极限位置点，符合右手笛卡儿坐标原则的标准坐标系。

2.2.3 工件坐标系

工件坐标系是指以确定的加工原点为基准所建立的坐标系。为了编程不受机床坐标系约束，需要在工件上确定工件坐标系，告知工件在机床工作台上的安装位置。而在这个过程中通常包括编程坐标系和工件坐标系的建立两个过程。工件坐标系就相当于将机床坐标系平移(偏置)到某一点(工件坐标系原点)。如图 2.29 所示，机床坐标系的原点(O 点)平移到 O_1 点($X-400$ $Y-200$ $Z-300$)，即可建立工件坐标系。

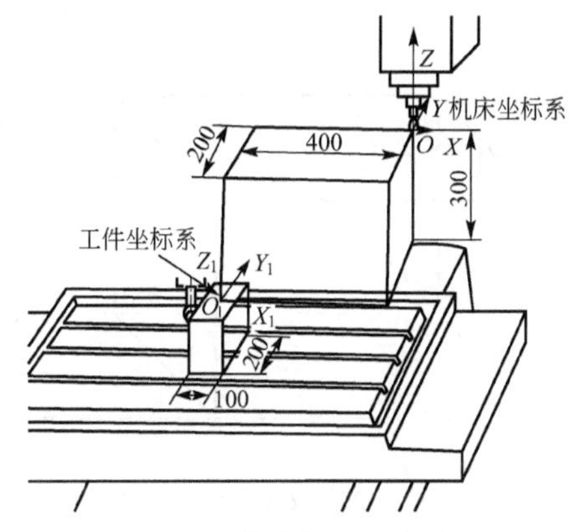

图 2.29　工件坐标系原点的确定

编程坐标系是编程人员根据零件图样及加工工艺等建立的坐标系。工件在机床工作台上完成装夹以后，编程原点就演变成了加工原点(程序原点)。

编程坐标系一般供编程使用，确定编程坐标系时不必考虑工件毛坯在机床上的实际装夹位置。如图 2.30 所示，其中 O_2 即为编程坐标系原点。

编程原点是根据加工零件图样及加工工艺要求选定的编程坐标系的原点。

编程原点应尽量选择在零件的设计基准或工艺基准上，编程坐标系中各轴的方向应该与所使用的数控机床相应的坐标轴方向一致。

加工原点又称程序原点，是指零件被装夹好后，相应的编程原点在机床坐标系中的位置。

在加工过程中，数控机床是按照工件装夹好后所确定的加工原点位置和程序要求进行加工的。编程人员在编制程序时，只要根据零件图样就可以选定编程原点、建立编程坐标系、计算坐标数值，而不必考虑工件毛坯装夹的实际位置。对于加工人员来说，则应在装夹工件、调试程序时，将编程原点转换为加工原点，并确定加工原点的位置，在数控系统中给予设定(即给出原点设定值)，设定工件坐标系后就可根据刀具当前位置，确定刀具起始点的坐标值。在加工时，工件各尺寸的坐标值都是相对于加工原点而言的，这样数控机床才能按照准确的工件坐标系位置开始加工。图 2.31 中所示 O_3 即为加工原点。

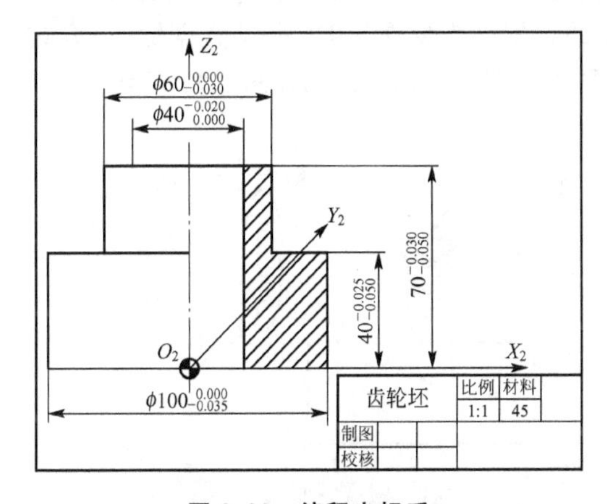

图 2.30　编程坐标系

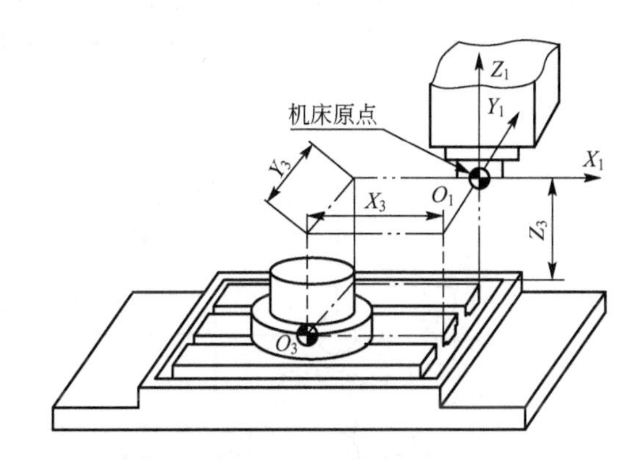

图 2.31　工件坐标系

2.3　工件坐标系建立的方法

所谓设定工件坐标系就是确定工件坐标系原点在机床坐标系中的位置。工件坐标系可

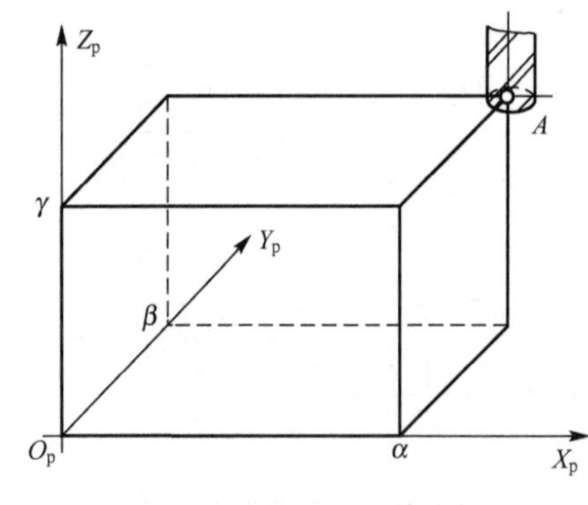

图 2.32　G92 设定工件坐标系

由 G92 指令或 G54～G59 指令两种方法设定。

2.3.1　G92 设定工件坐标系

G92 是在程序中设定工件坐标系，以刀具当前位置设置工件坐标系。工件坐标系的原点由 G92 后面的坐标值建立，坐标值为刀位点在工件坐标系中的坐标对应数值。

指令格式：G92 X a Y b Z c。

使用 G92 设定工件坐标系的原理如图 2.32 所示。

G92 指令仅仅用来建立工件坐标系，在 G92 指令段中机床不发生运动。使用 G92 的程序结束后，若机床没有回到上一次程序的起点，就再次启动此程序，程序就以当前所在位置确定工件坐标系。新的工件坐标原点就和上一次不一致。由于两次程序运行的工件坐标系原点不一致，容易发生事故。

用 G92 在程序中设定工件坐标系时，可用机床坐标系的零点来设定工件坐标系，即每次运行程序时，刀具的起始位置在机床坐标系的零点，程序运行中，由于某种原因终止运行，在下一次运行程序之前，只需机床回零，即可运行程序，操作简单，不易出错。

2.3.2　G54～G59 设定工件坐标系

G54～G59 是在程序运行前设定的工件坐标系，它通过确定工件坐标系的原点在机床坐标系的位置来建立工件坐标系。用 G54～G59 指令可以建立 6 个工件坐标系，使用 G54～G59 指令运行程序时与刀具的初始位置无关。G54～G59 在批量加工中广泛使用。

使用 G54 设定工件坐标系设定工件坐标系的原理如图 2.33 所示，G55～G59 设置的方法与 G54 设置的方法相同。G54 工件坐标系的原点的设置，需要在 MDI(手动数据输入)方式下，将工件坐标系原点的机械坐标输入到 G54 偏置寄存器中，输入画面如图 2.33 所示。

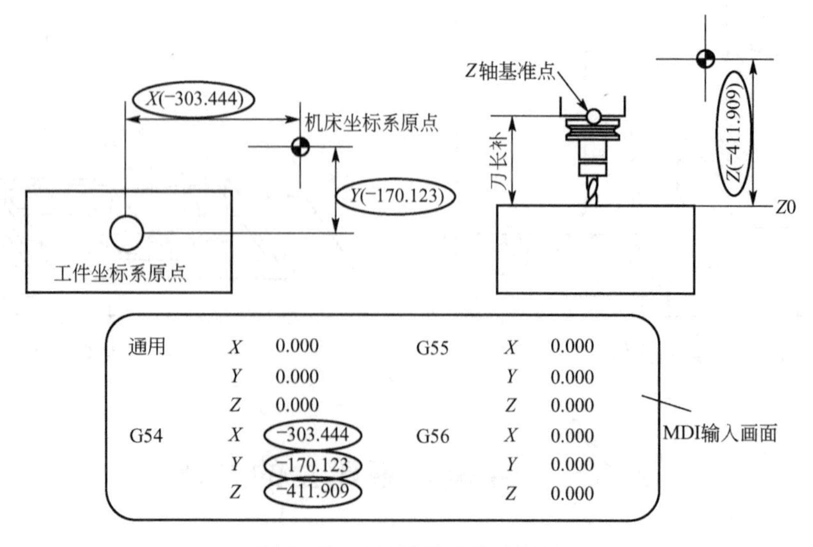

图 2.33　G54 设定工件坐标系

工件坐标系的坐标原点在机床坐标系中的值存储在机床存储器内，在机床关机后，再重开机时仍然存在。在程序中可以分别选取 G54～G59 中之一使用，如图 2.34 所示。

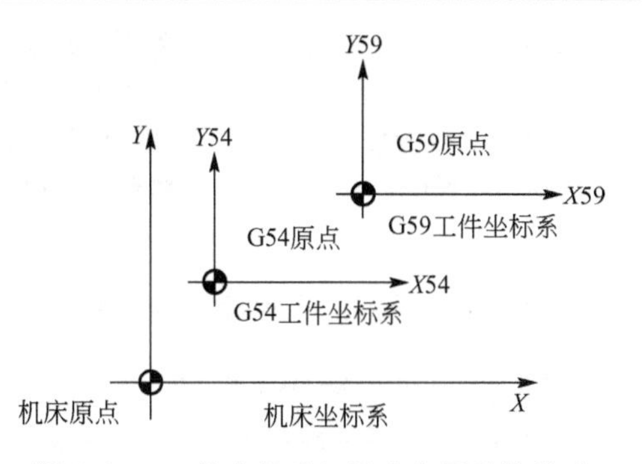

图 2.34　工件坐标系与机床坐标系的关系

一旦指定了 G54～G59 之一，则该工件坐标系原点即为当前程序原点，后续程序段中的工件绝对坐标均为相对此程序原点的值，例如以下程序：

```
N01 G54 G00 G90 X30 Y40;
N02 G59;
N03 G00 X30 Y30;
…
```

执行 N01 句时，系统会选定 G54 坐标系作为当前工件坐标系，然后再执行 G00 移动到该坐标系中的 A 点(图 2.35)，执行 N02 句时，系统又会选择 G59 坐标系作为当前工件坐标系，执行 N03 句时，机床就会移动到刚指定的 G59 坐标系中的 B 点(图 2.35)。

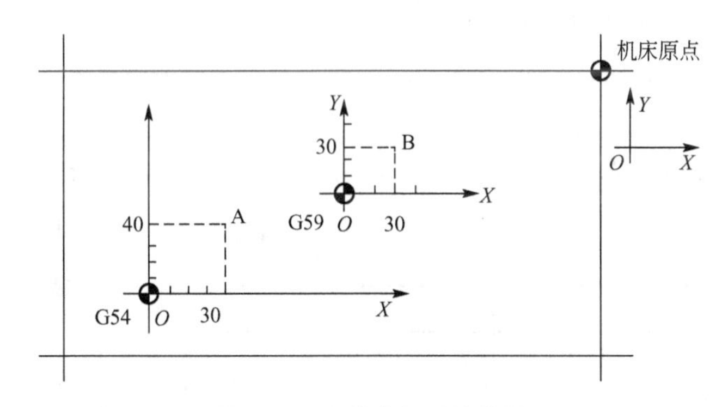

图 2.35　工件坐标系的使用

注意比较 G92 与 G54～G59 指令和使用方法之间的差别。G92 指令需后续坐标值指定当前工件坐标系，因此须单独一个程序段指定，该程序段中尽管有位置指令值，但并不产生运动。

使用 G54～G59 建立工件坐标系时，该指令可单独指定(见上面程序 N02 句)，也可与其他程序同段指定(见上面程序 N01 句)，如果该段程序中有位置指令就会产生运动。使用该指令前，先用 MDI 方式输入该坐标系的坐标原点，在程序中使用对应的 G54～G59 之一，就可建立该坐标系，并可使用定位指令自动定位到加工起始点。

图 2.36 描述了一次装夹加工 3 个相同零件的多程序原点与机床参考点之间的关系及偏移计算方法。

采用 G92 实现编程原点设置的有关程序如下。

N01 G90;	绝对坐标编程，刀具位于机床参考点 R 点
N02 G92 X6.0 Y6.0 Z0;	将程序原点定义在第一个零件上的工件原点 W_1
…	加工第一个零件
N08 G00 X0 Y0;	快速回程序原点

```
N09 G92 X4.0 Y3.0;        将程序原点定义在第二个零件上的工件原点W2
    …                     加工第二个零件
N13 G00 X0 Y0;            快速回程序原点
N14 G92 X4.5 Y-1.2;       将程序原点定义在第三个零件上的工件原点W3
    …                     加工第三个零件
```

采用 G54～G59 实现编程原点偏移时，首先设置 G54～G56 原点偏置寄存器的值：

```
对于零件 1:G54 X-60.0 Y-60.0 Z0
对于零件 2:G55 X-100.0 Y-90.0 Z0
对于零件 3:G56 X-145 Y-78.0 Z0
```

加工程序如下：

```
N01 G90 G54;
…                     加工第一个零件
N07 G55;
…                     加工第二个零件
N10 G56;
…                     加工第三个零件
```

显然，对于多程序原点偏移，采用 G54～G59 原点偏置寄存器存储所有程序原点与机床参考点的偏移量，然后在程序中直接调用 G54～G59 进行原点偏移是很方便的。图 2.36 中，W(WORK)代表工件坐标系，而 M(MACHINE)代表机床坐标系。

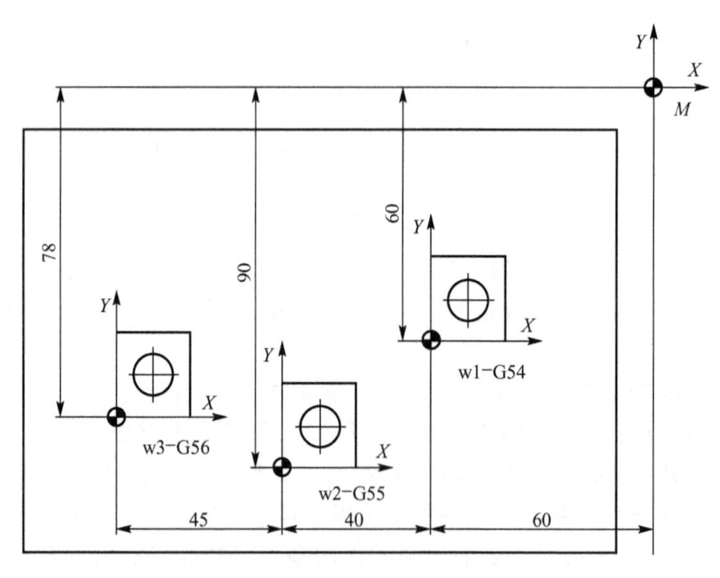

图 2.36 多程序原点之间的偏移

G54～G59 是在加工前设定的坐标系，它通过确定工件坐标系的原点在机床坐标系的位置来建立工件坐标系。用 G54～G59 建立的工件坐标系，运行时与刀具的初始位置无关。G54～G59 在批量加工中广泛使用。

用了 G54～G59 就没有必要再使用 G92，否则 G54～G59 会被替换。

现代 CNC 编程中，一般用 G54～G59 来代替 G92，然而，机械工厂中仍有相当多的老式机床并没有应用G54系列指令，许多公司在CNC设备上仍然使用多年前开发的程序，这些程序建立工件坐标系时使用G92指令，因此了解G92指令还是很有必要的。

采用程序原点偏移的方法还可实现零件的空运行试切加工。具体应用时，将程序原点向刀轴(*Z*轴)方向偏移，使刀具在加工过程中抬起一个安全高度即可。对于编程人员而言，一般只要知道工件上的程序原点就够了，因为编程与机床原点、机床参考点及装夹原点无关，也与所选用的数控机床型号无关(注意与数控机床的类型有关)。但对于机床操作者来说，必须十分清楚所选用的数控机床的上述各原点及其之间的偏移关系，不同的数控系统，程序原点设置和偏移的方法不完全相同，必须参考机床用户手册和编程手册。

2.4 数控铣床G00编程指令

2.4.1 基本编程指令

1. 快速定位G00

G00指令能快速移动刀具到达指定的坐标位置，用于刀具进行加工前的空行程移动或加工完成后的快速退刀，以提高加工效率。

指令格式：G00 IP_；

在此，IP_如同X_Y_Z_，IP_可以是*X*、*Y*、*Z*三轴中的任意1～3个轴。

在绝对指令时，刀具以快速进给速率移动到加工坐标系的指定位置或在相对增量指令时，刀具以快速进给率从现在位置移动到指定距离的位置。

G00快速定位指令在执行时，各轴移动独立执行，移动的速度由机床制造厂设定，配合机床面板上的快速进给倍率修调旋钮实现。当IP_为一个轴时，刀具是直线移动；当为两个轴以上时，刀具路径通常不是直线，而是折线。

例如，某数控机床的快速定位时*X*、*Y*轴的移动速度为9600mm/min。当使用指令G00 G90 X300.0 Y150.0；时，*X*轴移动的距离为300，*Y*轴移动的距离为150，*X*轴首先到达终点，刀具移动的轨迹(图2.37)是一条折线。

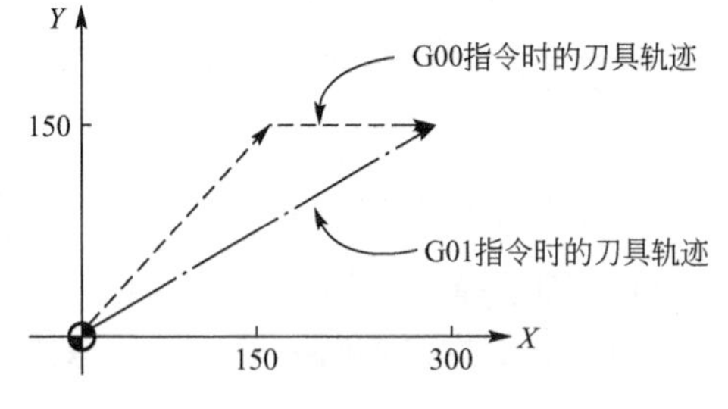

图2.37 G00、G01指令时的刀具轨迹

2. G01进给切削(直线插补)指令

G01指令能使刀具按指定的进给速度移动到指定的位置。当主轴转动时，使用G01指令可对工件进行切削加工。

指令格式：G01 α_β_F_；

(α、β=X，Y，Z，A，B，C，U，V，W)

α_β_可以是X、Y、Z，A，B，C，U，V，W轴中的任意一个、二个轴或者是多个轴。当为二个轴时，即为二轴联动，当为三个轴时，即为三轴联动。当为多个轴时(如为五个轴)，即为五轴联动。

G01以编程者指定的进给速度进行直线或斜线运动，运动轨迹始终为直线。*α*、*β*值定义了刀具移动的距离，它与现在状态 G90/G91 有关。F 码是一个模态码，它规定了实际切削的进给率。

使用 G01 指令，刀具轨迹是一条直线；使用 G00 指令，刀具轨迹路径通常不是直线，而是折线。G01 指令中，需要指定进给速度；而 G00 指令，不需要指定速度。

例 2-1　如图 2.37 所示，当使用指令 G01 G90 X300.0 Y150.0 F100；时，刀具运动按照进给速度 300mm/min 移动，轨迹是一条直线。G01、G00 的使用(如图 2.38 所示)，具体如下。

```
ABS(G90)指令
O1;
N1 G90 G54 [G00] X20.0 Y20.0 S1000 M03;      0→1
N2 [G01] Y50.0 F100;                          1→2
N3 X50.0;                                     2→3
N4 Y20.0;                                     3→4
N5 X20.0;                                     4→1
N6 [G00] X0 Y0 M05;                           1→0
N7 M30;
INC(G91)指令
O1;
N1 G91 G54 [G00] X20.0 Y20.0 S1000 M03;      0→1
N2 [G01] Y30.0 F100;                          1→2
N3 X30.0;                                     2→3
N4 Y-30.0;                                    3→4
N5 X-30.0;                                    4→1
N6 [G00] X-20.0 Y-20.0 M05;                   1→0
N7 M30;
```

3. 圆弧插补(G02，G03)

1) 平面选择

由 G 代码选择圆弧插补平面、刀具半径补偿平面及钻孔平面，平面的确定如图 2.39 所示。

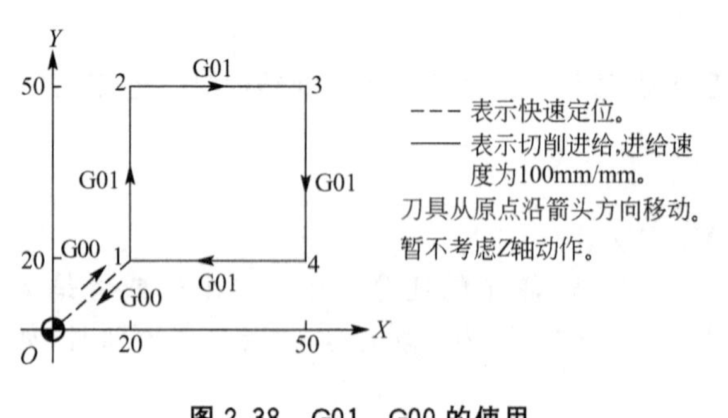

图 2.38　G01、G00 的使用

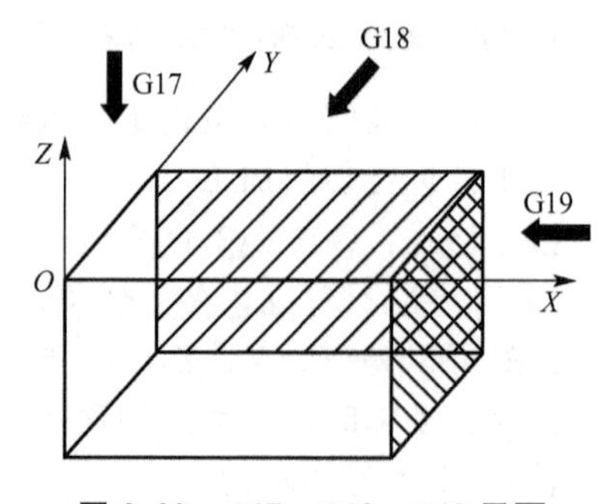

图 2.39　G17、G18、G19 平面

G17、G18、G19 平面，均是从 *Z*、*Y*、*X* 各轴的正方向向负方向观察进行确定。

平面选择指令如下。

G17——*XY* 平面；

G18——*ZX* 平面；

G19——*YZ* 平面。

2）加工圆弧格式

平面指定	顺时针或逆时针	圆弧终点	半径或圆弧中心	切削进给速率

$$\left\{\begin{matrix}\mathrm{G17}\\ \mathrm{G18}\\ \mathrm{G19}\end{matrix}\right\}\quad \left\{\begin{matrix}\mathrm{G02}\\ \mathrm{G03}\end{matrix}\right\}\quad \left\{\begin{matrix}\mathrm{X\_Y\_}\\ \mathrm{Z\_X\_}\\ \mathrm{Y\_Z\_}\end{matrix}\right\}\quad \left\{\begin{matrix}\mathrm{R\_}\\ \mathrm{I\_J\_}\\ \mathrm{I\_K\_}\\ \mathrm{J\_K\_}\end{matrix}\right\}\quad \{\mathrm{F\_}\};$$

G02、G03 圆弧插补用于加工圆弧，顺逆方向的判别：沿着不在圆弧平面内的坐标轴，由正方向向负方向看，顺时针方向 G02，逆时针方向 G03，如图 2.40 和图 2.41 所示。

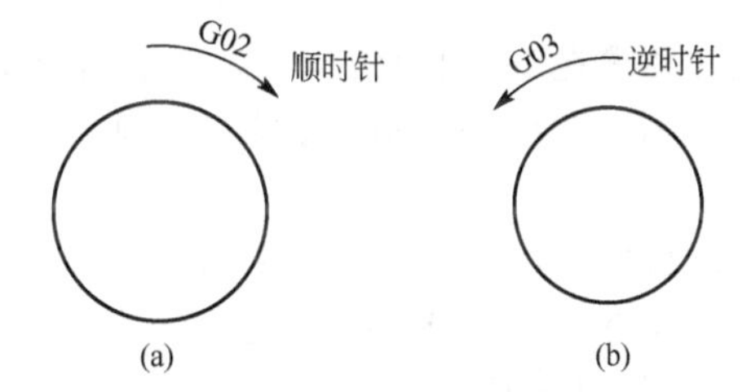

图 2.40 G02、G03

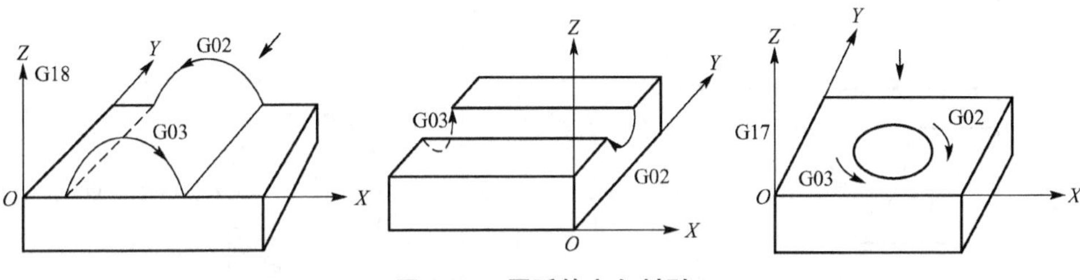

图 2.41 圆弧的方向判别

各平面内圆弧的情况如图 2.42 所示，其中各变量含义如下。

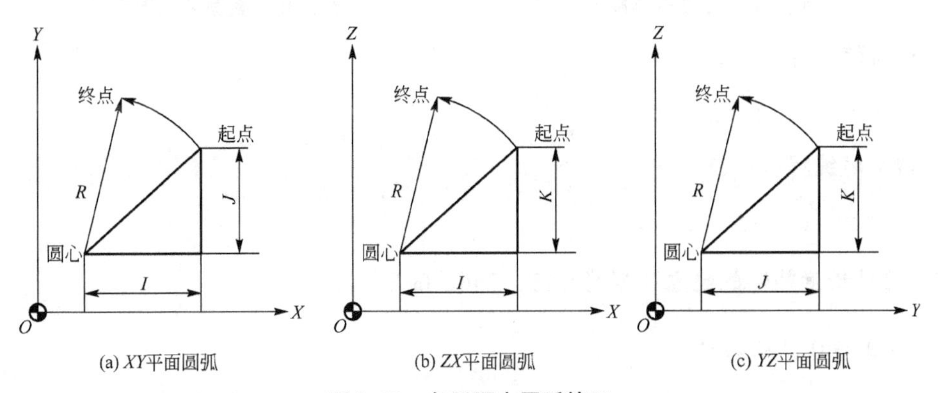

图 2.42 各平面内圆弧情况

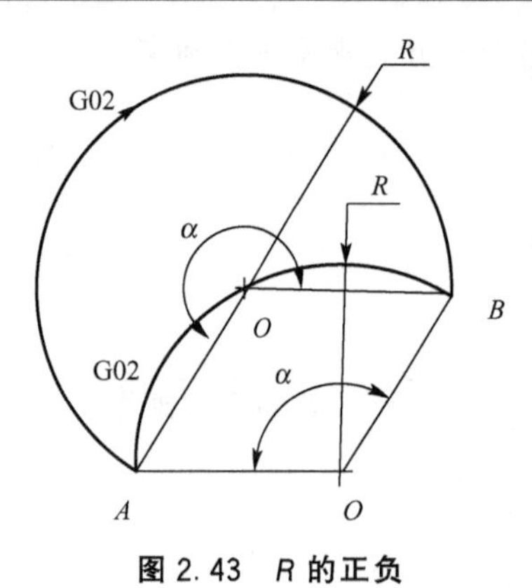

图 2.43　R 的正负

(1) X、Y、Z 的值是指圆弧插补的终点坐标值。

(2) I、J、K 是指圆弧起点到圆心的增量坐标(圆心坐标减去起点坐标得到的增量值)，与 G90，G91 无关。

(3) R 为指定圆弧半径，当圆弧的圆心角不大于 180°时，R 值为正，当圆弧的圆心角大于 180°时，R 值为负。R 值的正负如图 2.43 所示。

例 2-2　在图 2.44 中，当圆弧 A 的起点为 P_1，终点为 P_2，圆弧插补程序段为

```
G02 X321.65 Y280 I40 J140 F50
或 G02 X321.65 Y280 R-145.6 F50
```

当圆弧 A 的起点为 P_2，终点为 P_1 时，圆弧插补程序段为

```
G03 X160 Y60 I-121.65 J-80 F50
或 G03 X160 Y60 R-145.6 F50
```

在实际铣削加工中，往往要求在工件上加工出一个整圆轮廓，在编制整圆轮廓程序时需注意不用 R 编程，且圆心坐标 I、J 不能同时为零。否则，在执行此命令时，刀具将原地不动或系统发出错误信息。

I、J、K 指令主要用于整圆加工，亦可用于圆弧加工，圆弧在图纸标注一般为半径，因此，圆弧加工多用 R 指令。如果使用 R 指令加工整圆，需要将整圆进行等分。

下面以图 2.45 为例，说明整圆的编程方法。

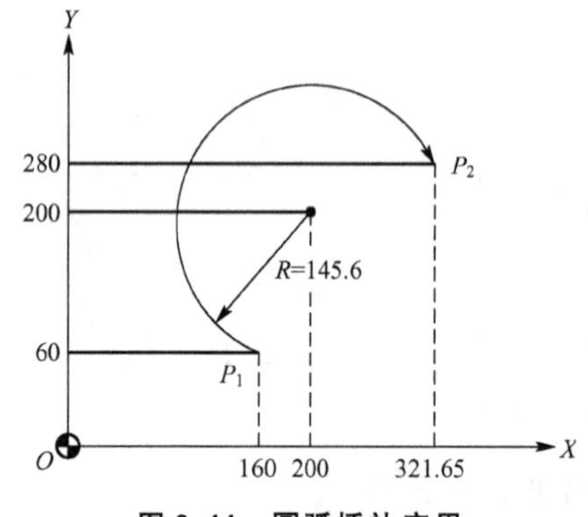

图 2.44　圆弧插补应用

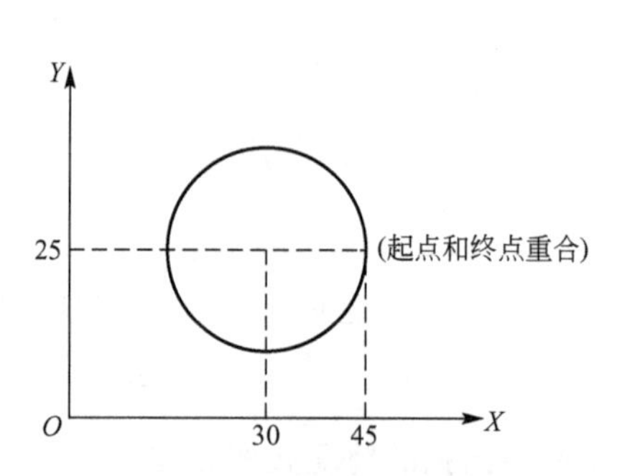

图 2.45　整圆编程指令

用绝对值编程：

```
G90 G02 X45 Y25 I-15 J0 F100;
```

用增量值编程：

```
G91 G02 X0 Y0 I-15 J0 F100;
```

2.4.2　刀具长度补偿的建立和取消 G43、G44、G49

1. 刀具长度补偿的用途

(1) 在 NC 机床中，Z 轴的坐标是以主轴端面为基准。如果使用多把刀具，刀具长度

存在差异，若在程序制作中，Z 轴的坐标以刀具的刀尖进行编程，则需要在程序中加上刀具的长度，这样程序可读性很差。实际程序制作中为刀具设定轴向(Z 向)长度补偿，Z 轴移动指令的终点位置比程序给定值增加或减少一个补偿量，从而实现不同长度刀具的相同编程。

(2) 在程序中使用刀具长度补偿功能，当刀具长度尺寸变化时(如刀具磨损)，可以在不改动程序的情况下，通过改变补偿量达到加工尺寸，从而实现长度磨损补偿。

(3) 利用该功能，可在加工深度方向上进行分层铣削，即通过改变刀具长度补偿值的大小，通过多次运行程序而实现。

(4) 利用该功能，通过改变刀具长度补偿值，可在加工深度方向上实现粗精加工调整。

(4) 利用该功能，可以空运行程序，检验程序的正确性。

2. 刀具长度补偿格式

刀具长度补偿格式如下。

$$\begin{Bmatrix} G43 \\ G44 \end{Bmatrix} \begin{Bmatrix} G00 \\ G01 \end{Bmatrix} Z\_H\_ \begin{Bmatrix} ; \\ F\_; \end{Bmatrix}$$

或

$$G49 \begin{Bmatrix} G00 \\ G01 \end{Bmatrix} Z\_ \begin{Bmatrix} ; \\ F\_; \end{Bmatrix}$$

1) 补偿方向

G43　Z 正方向补偿

G44　Z 负方向补偿

不论在绝对或相对指令中，Z 轴移动的终点坐标值，G43 加刀具长度补偿值进行计算，G44 减刀具长度补偿值进行计算。计算结果的坐标值称为终点。Z 轴移动的速度根据 G00、G01 指令来确定。

2) 补偿值

其中 Z 为指令终点位置，H 为刀补号的内存地址，用 H00～H99 来指定。在 H00～H99 内存地址所指的内存中，存储着刀具长度补偿的数值，用 H00～H99 来调用内存中刀具长度补偿的数值。

(1) 执行 G43 时，控制系统认为刀具加长，刀具远离工件(如图 2.46(a)所示)，则

$$Z\text{实际值}=Z\text{指令值}+(\text{Hxx})$$

$$Z\text{实际移动距离}=Z\text{指令值}+Z_{G54}-(\text{Hxx})$$

(2) 执行 G44 时，控制系统认为刀具缩短，刀具趋近工件(如图 2.46(b)所示)，则

$$Z\text{实际值}=Z\text{指令值}-(\text{Hxx})$$

$$Z\text{实际移动距离}=Z\text{指令值}+Z_{G54}-(\text{Hxx})$$

其中(Hxx)是指 xx 寄存器中的补偿量，其值可以是正值或者是负值。当刀长补偿量取负值时，G43 和 G44 的功效将互换，但一般不用 G44 指令。Z_{G54} 为 G54 对应寄存器里存储的 Z 值，一般在加工开始前抬至安全高度的过程中施加刀具长度补偿。

3) 刀具长度取消

用 G49 指定补偿取消。刀具长度补偿取消一般在刀具加工完成后，抬至安全高度的过

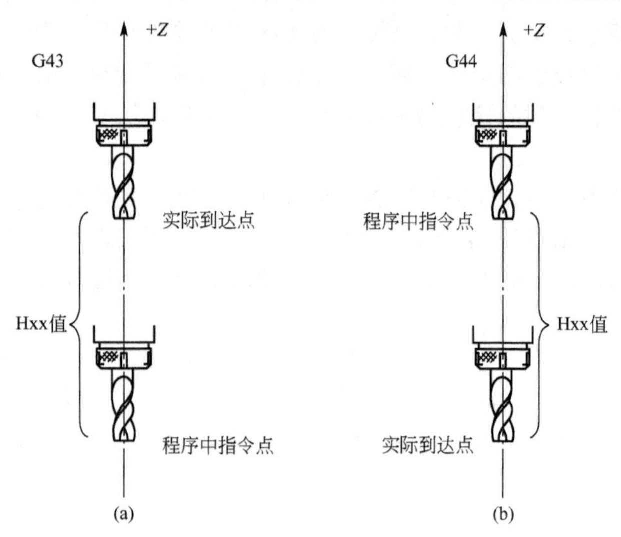

图 2.46　刀具长度补偿的应用

程中执行。Z 轴移动的速度根据 G00、G01 指令来确定。

4）G43、G44、G49 均为模态指令

G43、G49 的使用(图 2.47)如下。

设(H02)＝200mm 时，有

```
N1 G92 X0 Y0 Z0;              设定当前点O为程序零点
N2 G90 G00 G43 Z10.0 H02;     指定点A，实到点B
N3 G01 Z0.0 F200;             实到点C
N4 Z10.0;                     实际返回点B
N5 G00 G49 Z0;                实际返回点
```

使用 G43、G44 相当于平移了 Z 轴原点。即将坐标原点 O 平移到了 O' 点处，后续程序中的 Z 坐标均相对于 O' 进行计算。使用 G49 时则又将 Z 轴原点平移回到了 O 点。

在机床上有时可用提高 Z 轴位置的方法来校验运行程序。

如图 2.48 所示，工件表面为 Z 轴的零点，程序中，刀长补使用正补偿(G43)，第一次加工后的有关参数如下。

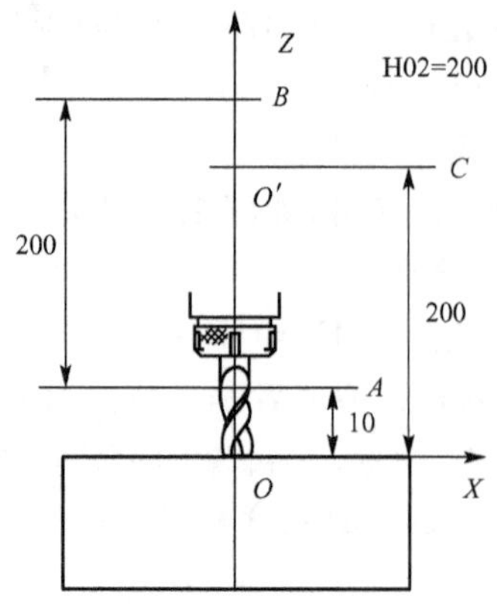

图 2.47　刀具长度补偿的使用

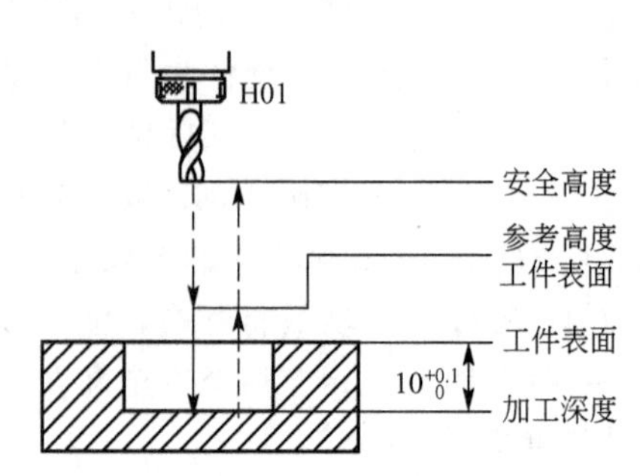

图 2.48　刀长补的应用

深度，$10_{0}^{0.1}$；程序中的加工深度(按中差设置)，$Z=-10.05$；切削加工后、测量深度，9.9。

显然，深度没有达到要求，第二次加工时，应当更改刀长补的值，假定原刀具补偿值为零，具体计算如下。

加工深度－测量深度＝10.05－9.9＝0.15

因此，为了达到加工深度，H01＝－0.15。

实际加工时，为了消除对刀误差和加工工艺条件的影响，第一次一般给刀具加上一个补偿值，并不加工到深度，加工后，根据测量深度更改补偿值。第一次加工的参数如下。

H01＝1；程序中的加工深度(按中差设置)，$Z=-10.05$；切削加工后、测量深度，8.9。

第二次加工时，刀长补的值：1.15(10.05－8.9)

H01＝－1.15。

图 2.48 中，安全高度：刀具于此高度在 G17 平面移动不会发生碰撞。参考高度：一般作为 Z 轴的进刀点，从安全高度移动到参考高度一般采用快速移动。工件表面：通常将工件表面作为 Z 轴的原点。从参考高度到加工深度按进给速度移动，返回时可快速移动到参考高度或安全高度，参考高度和工件表面的距离一般为 3～5mm，可根据工件表面情况而定。

5) 刀具长度补偿的方法

(1) 数控铣床上的刀具长度补偿的方法。在数控铣床上，主要采用接触法测量刀具长度来进行刀具长度补偿。

使用接触测量法的测量刀具长度方法如图 2.49 所示，设置过程就是使刀具的刀尖运动到程序原点位置(Z0)。在控制系统的刀具长度补偿菜单下相应的 H 补偿号里输入值。

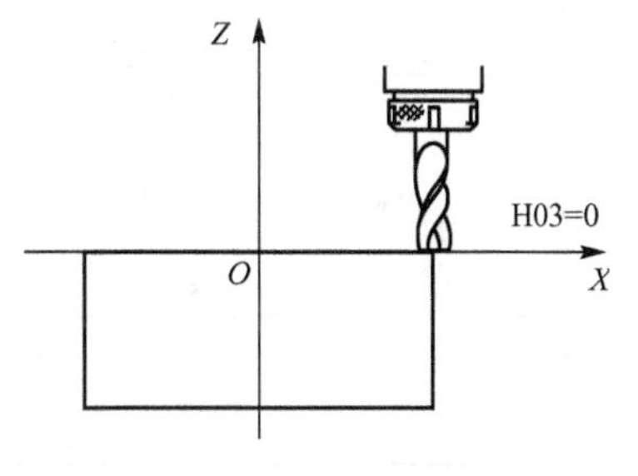

图 2.49　接触法测量刀具长度

例如，设置刀具长度的补偿值为 0，该刀具的补偿号为 H03，操作人员在补偿显示屏上的 03 号里输入测量长度 0：

02…….

03　　　0.

04 ……

(2) 加工中心刀具长度补偿的方法。其主要有 3 种：预先设定刀具方法，基于外部加工刀具的测量装置(对刀仪)；接触式测量方法，基于机上的测量；主刀方法，基于最长刀具的长度。

① 预先设定刀具方法(机外对刀仪)：机外对刀仪，主要用于加工中心。机外对刀仪用来测量刀具的长度、直径和刀具形状、角度。刀库中存放的刀具其主要参数都要有准确的值，这些参数值在编制加工程序时都要加以考虑。使用中因刀具损坏需要更换新刀具时，用机外对刀仪可以测出新刀具的主要参数值，以便掌握与原刀具的偏差，然后通过修改刀补值确保其正常加工。此外，用机外对刀仪还可测量刀具切削刃的角度和形状等参数，有利于提高加工质量。机外对刀仪设定的刀具长度补偿值如图 2.50 所示。

② 用接触法测量刀具长度：接触测量法是一种常见的测量刀具长度的方法。如图 2.51 所示，为方便起见，每一刀具指定的刀具长度补偿号通常对应于刀具编号，T01 刀具对应的长度补偿号为 H01。

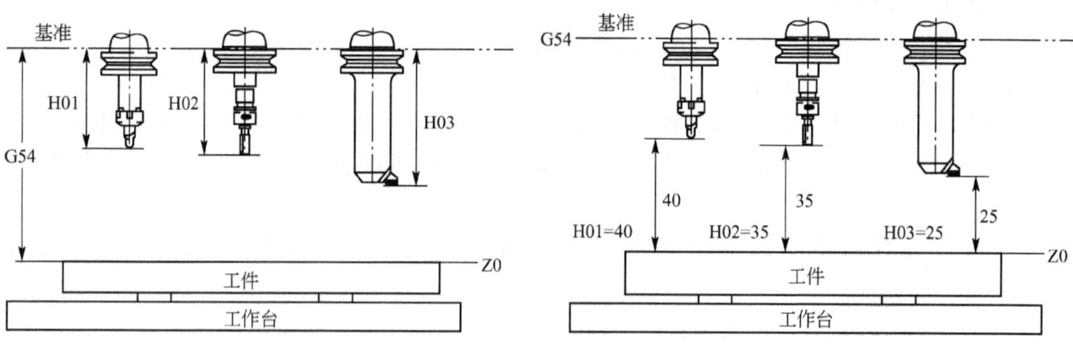

图 2.50　机外测量刀具长度　　图 2.51　接触法测量刀具长度

设置过程就使测量刀具从机床某一点(基准)运动到程序原点位置(Z0)的距离。这一距离通常为负，通过 MDI 方式，将刀具长度参数输入刀具参数表，并被输入到控制系统的刀具长度补偿菜单下相应的 H 补偿号里。

③ 主刀方法，它一般基于最长刀具的长度。主刀方法，一般使用特殊的基准刀长度法(通常是最长的刀)，可以显著加快使用接触测量法时的刀具测量速度。基准刀可以是长期安装在刀库中的实际刀具，也可以是长杆。在 Z 轴行程范围内，这一“基准刀”的伸长量通常比任何可能使用的期望刀具都长。

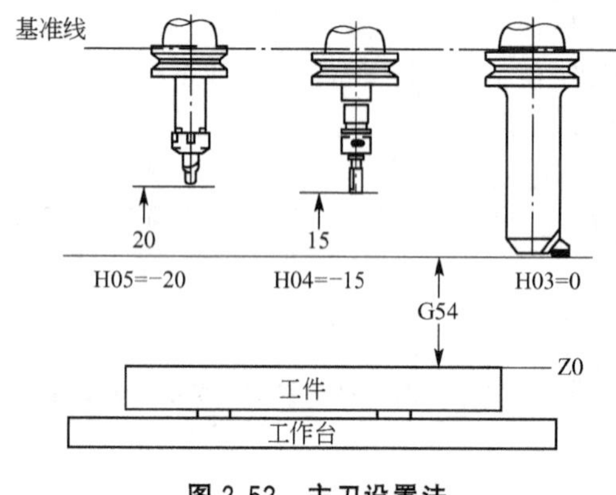

图 2.52　主刀设置法

基准刀并不一定是最长的刀。严格来说，最长刀具的概念只是为了安全，它意味着其他所有刀具都比它短。

选择任何其他刀具作为基准刀，逻辑上程序仍然一样。任何比基准刀长的刀具的 H 补偿输入都为正值；任何比它短的刀具的输入则都为负值；与基准刀完全一样长短的刀具的补偿输入为 0。主刀设置如图 2.52 所示。

2.4.3　刀具半径补偿的建立和取消 G41、G42、G40

为了要用半径 R 的刀具切削一个用 A 表示的工件形状，如图 2.53 所示，刀具的中心路径需要离开 A 图形，刀具中心路径为 B，刀具这样离开切削工件形状的一段距离称为半径补偿(径补)。

径补的值是一个矢量，这个值存储在控制单元中，这个补偿值是为了知道在刀具方向做多少补偿，由控制装置的内部作出，从给予的加工图形，以半径 R 来计算补偿路径。这个矢量在刀具加工时，依附于刀具，在编程时了解矢量的动作是非常重要的，矢量通常与刀具的前进的方向成直角，方向是从工件指向刀具中心的方向。

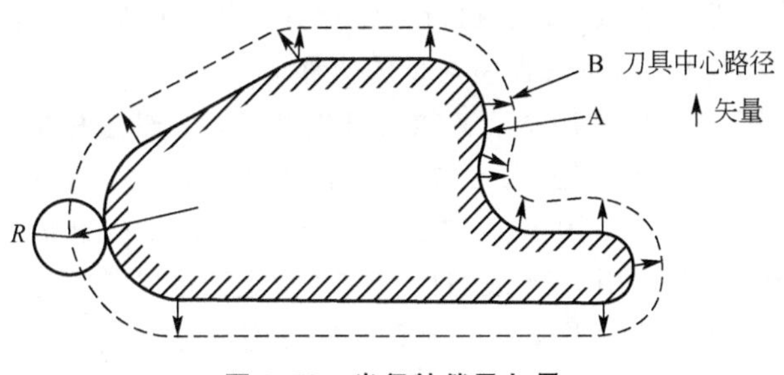

图 2.53　半径补偿及矢量

1. 刀具半径补偿的作用

(1) 实现不同直径刀具的相同编程。

(2) 运用刀具半径补偿指令，通过调整刀具半径补偿值来补偿刀具的磨损量和重磨量，如图 2.54 所示，r_1 为新刀具的半径，r_2 为磨损后刀具的半径。

(3) 此外运用刀具半径补偿指令，还可以实现使用同一把刀具对工件进行粗、精加工，如图 2.55 所示，粗加工时刀具半径 $r_1=r+\Delta$，精加工时刀具半径补偿值为 r，其中 Δ 为精加工余量。

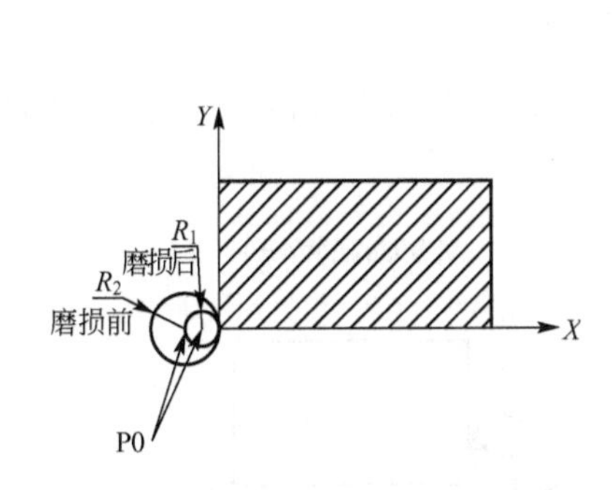

图 2.54　刀具磨损后的刀具半径补偿

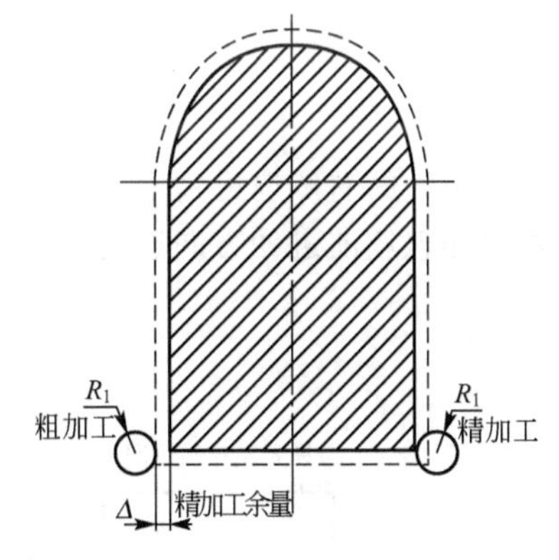

图 2.55　粗、精加工的刀具半径补偿

(4) 实现轮廓方向的分次铣削。

2. 刀具半径补偿的格式

刀具半径补偿的格式如下。

平面指定	刀具补偿	补偿编号

$$\begin{Bmatrix}\mathrm{G17}\\\mathrm{G18}\\\mathrm{G19}\end{Bmatrix}\quad\begin{Bmatrix}\mathrm{G10}\\\mathrm{G01}\end{Bmatrix}\quad\begin{Bmatrix}\mathrm{G41}\\\mathrm{G42}\end{Bmatrix}\quad\begin{Bmatrix}\mathrm{X\_Y\_}\\\mathrm{Z\_X\_}\\\mathrm{Y\_Z\_}\end{Bmatrix}\quad\{\mathrm{D\_;}\}$$

X、Y、Z 值是建立补偿的终点坐标值；如使用 G01 时，须指定进给速度 F_；D 为刀补号地址，用 D00～D99 来指定，它用来调用内存中刀具半径补偿的数值。

1) 刀具半径补偿 G41、G42

径补计算是在由 G17，G18，G19 决定的平面执行，选择的平面称为补偿平面。例如，

当选择 X、Y 平面时，程序中用 X、Y 执行补偿计算，作补偿矢量。在补偿平面外的轴(Z 轴)的坐标值不受补偿影响，用原来程序指令的值移动。

(1) G17(XY 平面)：程序中用 X、Y 执行补偿计算，Z 轴坐标值不受补偿影响。

(2) G18(ZX 平面)：程序中用 Z、X 执行补偿计算，Y 轴坐标值不受补偿影响。

(3) G19(YZ 平面)：程序中用 Y、Z 执行补偿计算，X 轴坐标值不受补偿影响。

在进行刀径补偿前，必须用 G17 或 G18、G19 指定刀径补偿是在哪个平面上进行。

刀补位置的左右应是在补偿平面上，顺着编程轨迹前进的方向进行判断的。刀具在工件的左侧前进为左补，用 G41 指令表示，如图 2.56 所示。

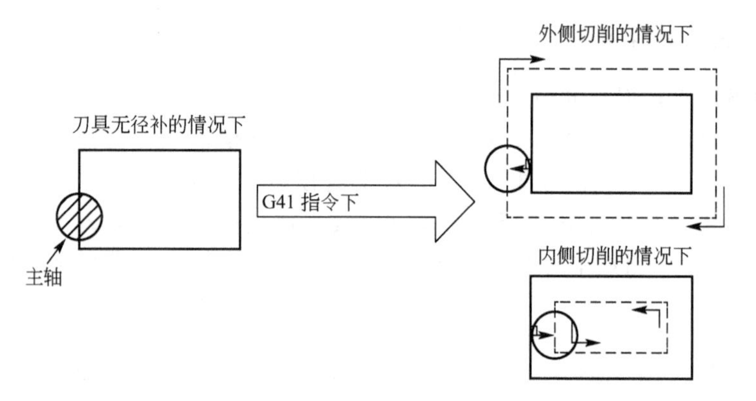

图 2.56　半径补偿 G41

刀具在工件的右侧前进为右补，用 G42 指令表示，如图 2.57 所示。刀补位置的左右应是顺着编程轨迹前进的方向进行判断的。

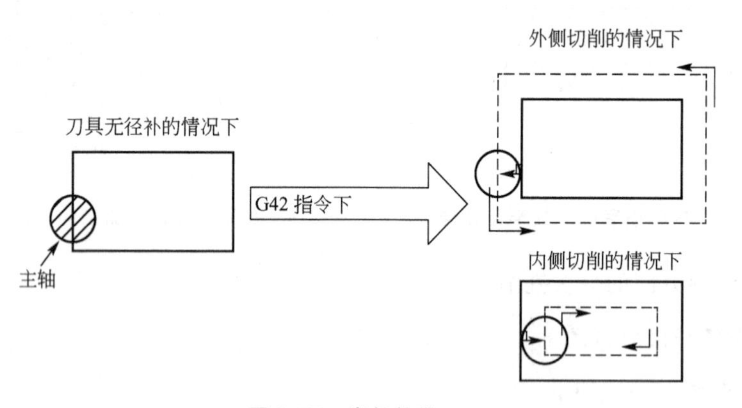

图 2.57　半径补偿 G42

2) 刀具半径补偿的取消格式

刀具半径补偿的取消格式如下：

$$\begin{Bmatrix} \mathrm{G00} \\ \mathrm{G01} \end{Bmatrix} \quad \{\mathrm{G40}\} \quad \begin{Bmatrix} \mathrm{X\_Y\_} \\ \mathrm{Z\_X\_} \\ \mathrm{Y\_Z\_} \end{Bmatrix};$$

刀具半径补偿在使用完成后需要取消半径补偿，刀具半径补偿的取消通过刀具移动一段距离，使刀具中心偏移半径值。注意以下几点。

(1) 径补的引入和取消要求应在 G00 或 G01 程序段，不要在 G02 或 G03 程序段上进行。

(2) 当径补数据为负值时，则 G41、G42 功效互换。

(3) G41、G42 指令不要重复规定，否则会产生一种特殊的补偿。

(4) G40、G41、G42 都是模态代码，可相互注销。

3. 刀具半径补偿的应用

下面通过一个应用刀具半径补偿的实例，来讨论刀具半径补偿使用中应当注意的一些问题。

例 2-3　图 2.58 所示为一个应用刀具半径补偿的实例。

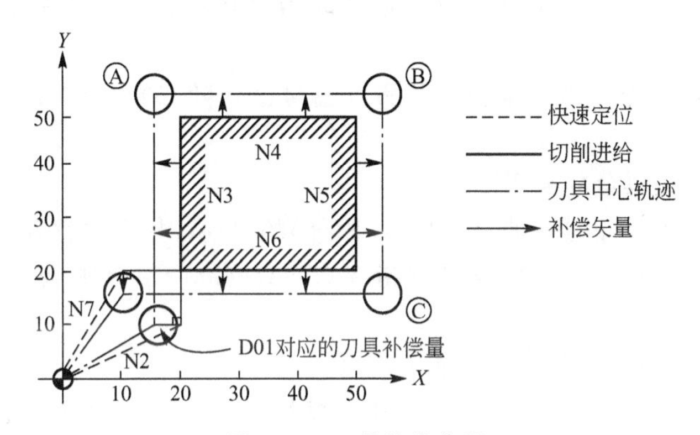

图 2.58　刀具补偿应用

```
O000;
N1  G90 G54 G17 G00 X0 Y0 S1000 M03;
N2  G41 X20.0 Y10.0 D01;        刀具半径补偿开始
N3  G01 Y50.0 F100;             从 N3～N6 为形状加工
N4  X50.0;
N5  Y20.0;
N6  X10.0;                      从 N3～N6 为形状加工
N7  G40 G00 X0 Y0               刀具半径补偿取消
N8  M05;
N9  M30;
```

1) 刀具半径补偿的补偿量

刀具半径补偿量的设定，是在输出 D 代码后的画面内，手动(MDI)输入刀具半径补偿值。在本例中，程序中刀具半补偿的 D 代码为 D01，刀具半径为 5，可在对应的 01 后(如图 2.59 所示)，手动(MDI)输入刀具半径补偿量的值，其值设为 5。

利用同一个程序、同一把刀具，通过设置不同大小的刀具半径补偿值，逐步减少切削余量，可达到粗、精加工的目的，如图 2.60 所示。

粗加工时的补偿量：$C=A+B$。

精加工时的补偿量：$C=B$。

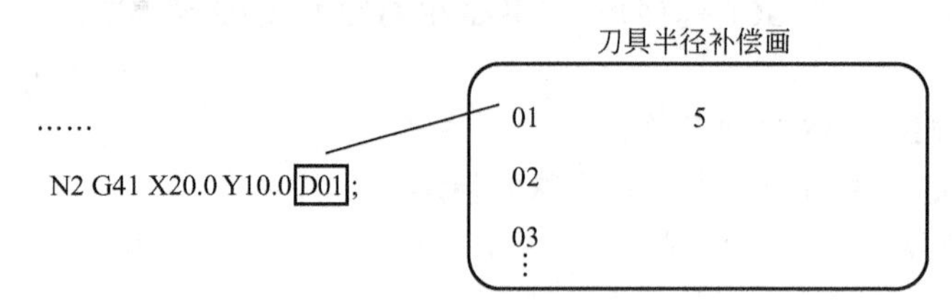

图 2.59　刀具补偿量的设置

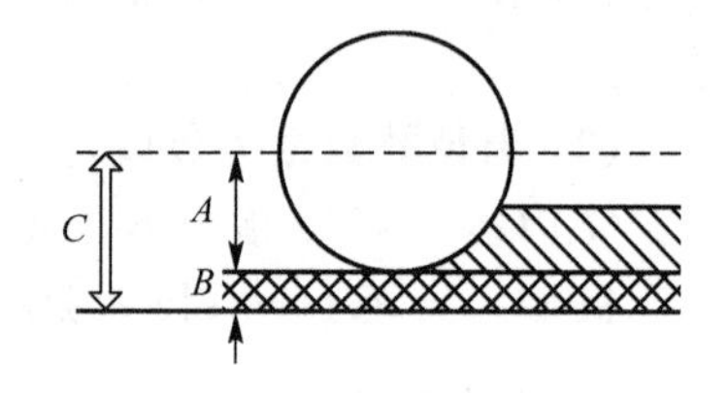

图 2.60　刀具半径补偿值的改变

其中，A 为刀具的半径，B 为精加工余量，C 为补偿量。

2）刀具半补偿开始

在取消模式下，当单段满足全部以下条件时刀具径补偿开始执行，装置进入径补模式。称为径补开始单段。

（1）G41 或 G42 指令、刀具半径补偿寄存器号已伴随 G00/G01 指令指定。或控制进入 G41 或 G42 模式。

（2）刀具补偿的补偿量的号码不是 0。

（3）在指令的平面上任何一轴（I、J、K 除外）的移动，指令的移动量不是 0。

（4）在补偿开始单段，不可是圆弧指令（G02、G03），否则会产生报警，刀具会停止。

3）刀具半径补偿中预读（缓冲）功能的使用

目前数控系统常用的 C 类偏置，程序中只使用 G40 、G42 和 G41。C 类补偿具有预读（缓冲）功能，可以预测刀具的运动方向，从而避免了过切。具有预读功能的控制器，一般只能预读几个程序段，有的只能预读一个程序段，有的可以预读两个或两个以上的程序段，先进的控制系统可以预读 1024 个程序段。本例中，假设只能预读两个程序段。

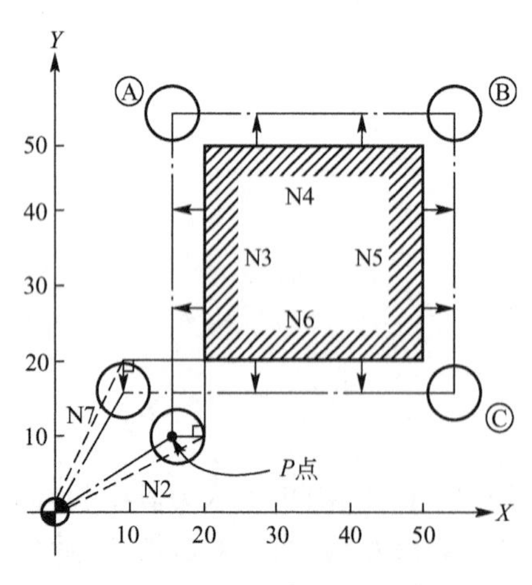

图 2.61　刀具半径偏置中预读（缓冲）功能的使用

刀具补偿指令从 N2 的 G41 开始，控制装置预先读 N3、N4 两个单段进入缓冲，N2 中的 X、Y 及 N3 中的 Y 确定了刀具补偿的始点 P（如图 2.61 所示），同时也给出了刀具在工件的左侧加工，刀具前进的方向。

N3 中的 Y50.0 对刀具的前进的方向及始点 P 确定非常重要。

4）形状加工

当进入补偿后，可用直线插补（G01）、圆弧插补（G02、G03）、快速定位（G00）指令。在第一个单段 N3 执行时，下两个单段 N4、N5 进入缓冲，当执行 N4 单段时，N5、N6 进入缓冲，依次进行。控制装置通过对单段的计算，可确定刀具中心的路径轨迹及两个单段的交点 A、B、C。

5）刀具半径补偿取消

刀具半径补偿必须在程序结束前指定。使控制系统处于取消模式。在取消模式矢量一定为 0，刀具中心路径与程序路径相重合。

本例中，N6 中指定了刀具中心终点的位置，N7 中用 G40 指定刀具补偿取消，刀具从 N6 指定的刀具中心终点位置向坐标原点移动，在移动中将刀具补偿取消，如图 2.62 所示。

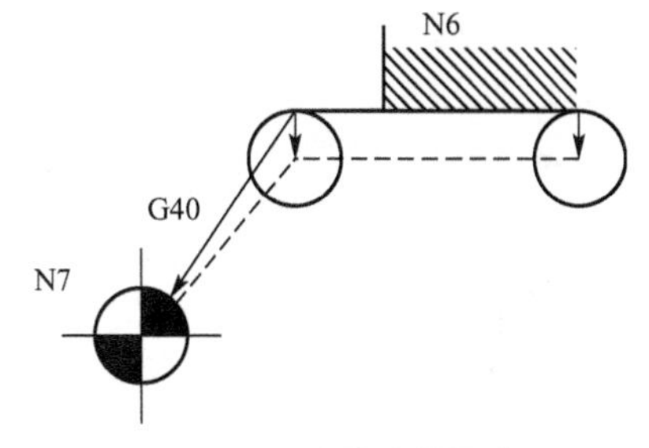

图 2.62　刀具补偿取消

例 2-4　下面通过图 2.58 重新编写程序，讨论刀具半径补偿的使用。

```
O0003
N1   G90 G54 G17 G00 X0 Y0 S1000 M03;
N2   G43 Z100 H01;                 抬到至安全高度,施加刀具长度补偿
N3   X20.0;
N4   Z5.0;
N5   G01 Z-10.0 F200;              进给至切深
N6   G41 Y10.0 D01;                施加刀具半径补偿
N7   Y50.0 F100;
N8   X50.0;
N9   Y20.0;
N10  X10.0;
N11  G40 X0 Y0;                    取消刀具半径补偿
N12  G00 Z100.0 G49;               抬到至安全高度,取消刀长补
N13  M05;
N14  M30;
```

注意：程序中，刀具半径补偿的施加、执行和取消一般要在切深平面上完成，而刀具长度补偿的施加和取消则通常都在抬至安全高度的过程中进行；建立刀具半径补偿，使用 G00 或 G01 指令使得刀具移动，刀具移动的长度一般要大于刀具的半径补偿值。通过移动一定的长度，使刀具的中心相对编程路径偏移半径补偿值，否则半径补偿无法建立。

4. 刀具半径补偿应用的注意事项

刀具径补偿的过切应注意以下几点。

(1) 如图 2.63 所示，当转角半径小于刀具半径时，刀具的内侧补偿将会产生过切。

为了避免过切，内侧圆弧的半径 R 应该大于刀具半径与剩余余量之和。外侧圆弧加工时，不存在过切的问题。

内侧圆弧的半径 $R\geqslant$刀具半径 $r+$剩余余量

图 2.63 所示的形状，为了避免过切，刀具的半径应小于图中最小的圆弧半径。

(2) 如图 2.64 所示，当沟槽加工半径小于刀具半径时，因为刀具径补偿，强制刀具中心路径向程序路径反方向移动，会产生过切。

(3) 精加工时，轮廓内侧一般采用逆时针方向铣削，半径补偿使用 G41，轮廓外侧一般采用顺时针方向铣削，半径补偿使用 G41，保证加工面为顺铣。提高工件表面的加工质量。

对于封闭的内轮廓一般采用圆弧切入、切出，保证接刀点(进刀点)光滑，对于外轮廓可采用切线切入、切出，切线可以是直线或者圆弧。

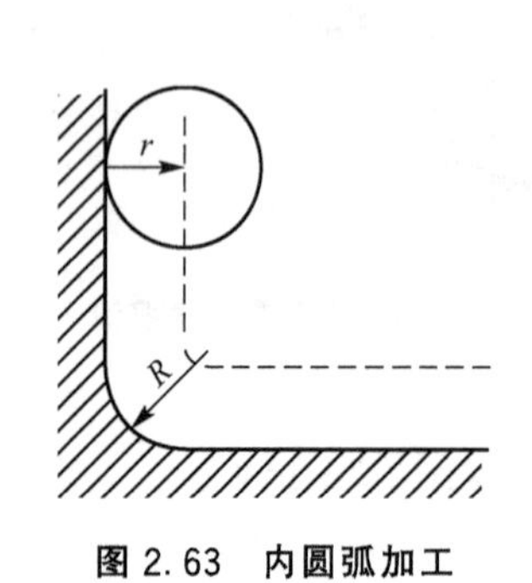

图 2.63 内圆弧加工

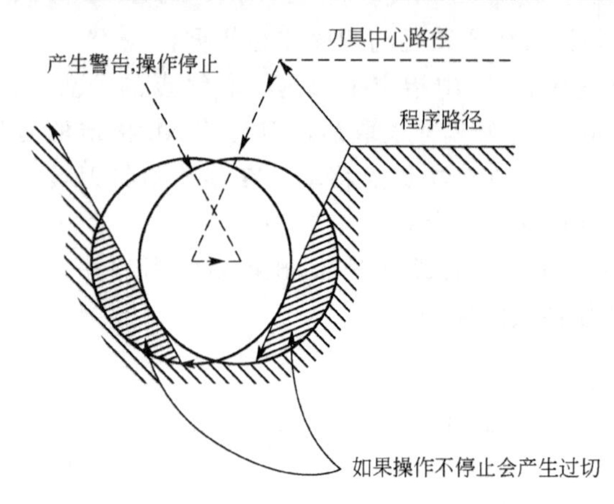

图 2.64 沟槽加工

2.4.4 孔加工固定循环

在铣削加工中，工件的孔加工数控铣床和加工中心加工的主要内容。在编程过程中，对于孔加工(钻孔、攻螺纹、镗孔、深孔钻削等)，常常使用孔加工固定循环指令，简化加工程序和提高编程的效率。

1. 孔固定加工循环指令

表 2-1 列出了所有的孔加工固定循环。一般来说，一个孔加工固定循环完成需要以下 6 步动作(如图 2.65 所示)。

表 2-1 孔加工固定循环

G 代码	加工运动 (Z 轴负向)	孔底动作	返回运动 (Z 轴正向)	应用
G73	分次，切削进给	—	快速定位进给	高速深孔钻削
G74	切削进给	暂停—主轴正转	切削进给	左螺纹攻螺纹
G76	切削进给	主轴定向，让刀	快速定位进给	精镗循环
G80	—	—	—	取消固定循环
G81	切削进给	—	快速定位进给	普通钻削循环
G82	切削进给	暂停	快速定位进给	钻削或粗镗削
G83	分次，切削进给	—	快速定位进给	深孔钻削循环
G84	切削进给	暂停—主轴反转	切削进给	右螺纹攻螺纹
G85	切削进给	—	切削进给	镗削循环
G86	切削进给	主轴停	快速定位进给	镗削循环
G87	切削进给	主轴正转	快速定位进给	反镗削循环
G88	切削进给	暂停—主轴停	手动	镗削循环
G89	切削进给	暂停	切削进给	镗削循环

(1) X、Y 轴快速定位。

(2) Z 轴快速定位到 R 点。

(3) 孔加工。

(4) 孔底动作。

(5) Z 轴返回 R 点。

(6) Z 轴快速返回初始点。

对孔加工固定循环指令的执行有影响的指令主要有 G90/G91 及 G98/G99 指令。图 2.66 示意了 G90/G91 对孔加工固定循环指令的影响。

G98/G99 决定固定循环在孔加工完成后 Z 轴返回 R 点还是返回起始点。G98 模态下，孔加工完成后 Z 轴返回起始点，在 G99 模态下则返回 R 点。

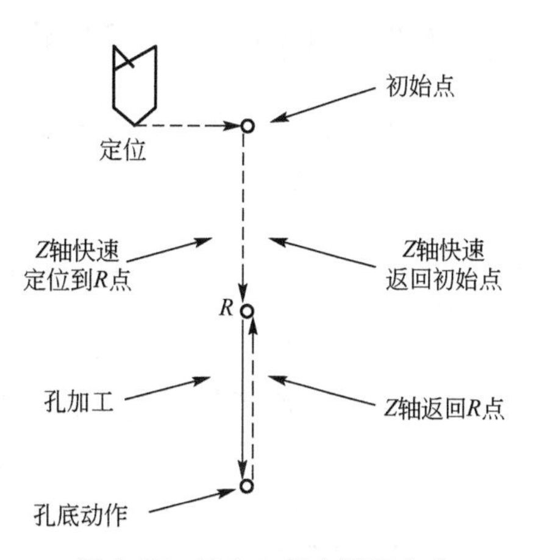

图 2.65　孔加工固定循环方式

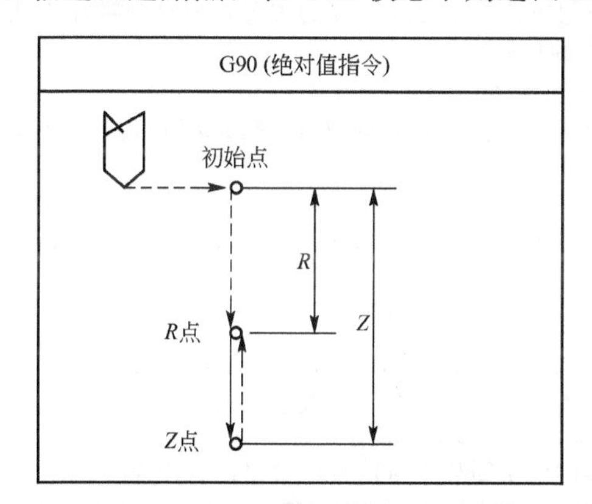

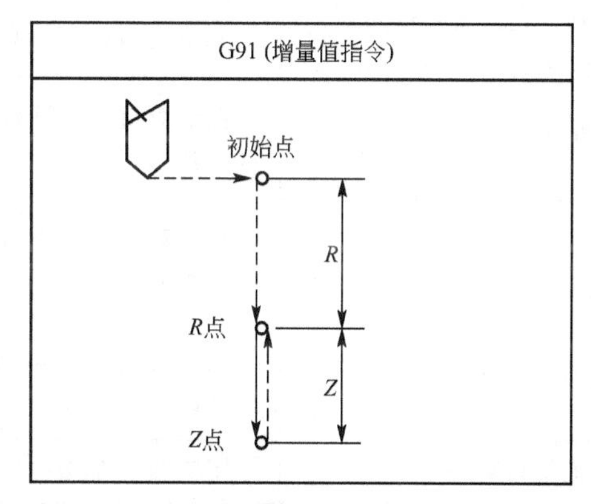

图 2.66　G90/G91 对孔加工固定循环指令的影响

一般地，如果被加工的孔在一个平整的平面上，可以使用 G99 指令，因为 G99 模态下返回 R 点进行下一个孔的定位，而一般编程中 R 点非常靠近工件表面，这样可以缩短零件加工时间。但如果工件表面有高于被加工孔的凸台或筋时，使用 G99 时有可能使刀具和工件发生碰撞，这时，就应该使用 G98，使 Z 轴返回初始点后再进行下一个孔的定位，这样就比较安全，如图 2.67 所示。

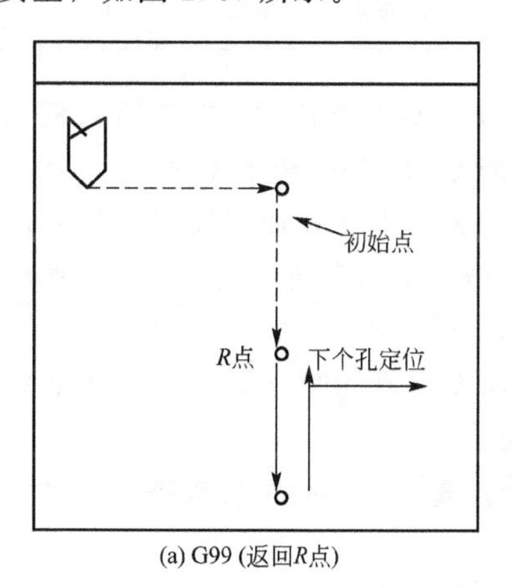

(a) G99 (返回R点)

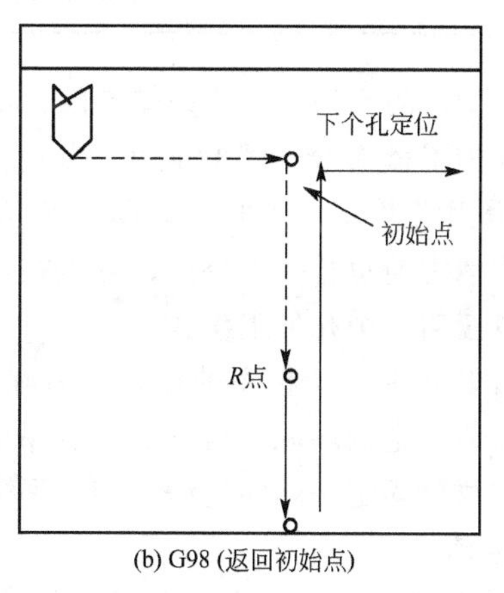

(b) G98 (返回初始点)

图 2.67　G99 和 G98 的应用

在 G73/G74/G76/G81～G89 后面，给出孔加工参数，格式如下。

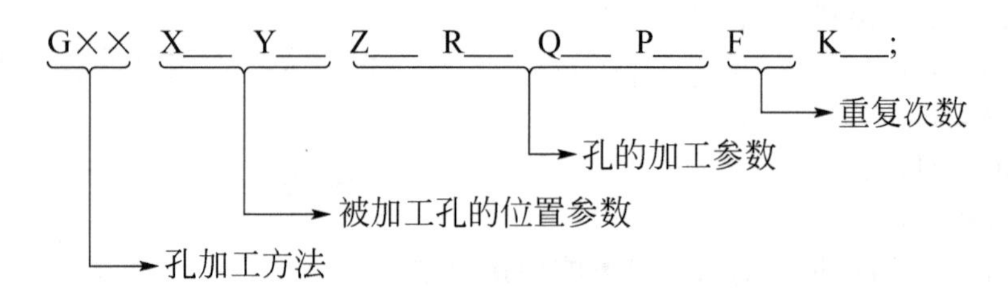

表 2-2 则说明了各地址指定的加工参数的含义。

表 2-2　加工参数含义

孔加工方式 G	注释
被加工孔位置参数 X、Y	以增量值方式或绝对值方式指定被加工孔的位置，刀具向被加工孔运动的轨迹和速度与 G00 的相同
孔加工参数 Z	在绝对值方式下指定沿 Z 轴方向孔底的位置，增量值方式下指定从 R 点到孔底的距离
孔加工参数 R	在绝对值方式下指定沿 Z 轴方向 R 点的位置，增量值方式下指定从初始点到 R 点的距离
孔加工参数 Q	用于指定深孔钻循环 G73 和 G83 中的每次进刀量，精镗循环 G76 和反镗循环 G87 中的偏移量(无论 G90 或 G91 模态，总是增量值指令)
孔加工参数 P	用于孔底动作有暂停的固定循环中指定暂停时间，单位为秒
孔加工参数 F	用于指定固定循环中的切削进给速率，在固定循环中，从初始点到 R 点及从 R 点到初始点的运动以快速进给的速度进行，从 R 点到 Z 点的运动以 F 指定的切削进给速度进行，而从 Z 点返回 R 点的运动则根据固定循环的不同可能以 F 指定的速率或快速进给速率进行
重复次数 K	指定固定循环在当前定位点的重复次数，如果不指定 K，NC 认为 $K=1$，如果指令为 K0，则固定循环在当前点不执行

由 G××指定的孔加工方式是模态的，如果不改变当前的孔加工方式模态或取消固定循环的话，孔加工模态会一直保持下去。使用 G80 或 01 组的 G 指令(G01、G02、G00、G03)可以取消固定循环。孔加工参数也是模态的，即使孔加工模态被改变，在被改变或固定循环被取消之前也会一直保持，可以在指令一个固定循环或执行固定循环中的任何时候指定或改变任何一个孔加工参数。

重复次数 K 不是一个模态的值，它只在需要重复的时候给出。进给速率 F 则是一个模态的值，即使固定循环取消后它仍然会保持。

如果正在执行固定循环的过程中 NC 系统被复位，则孔加工模态、孔加工参数及重复次数 K 均被取消。

表 2-3 中的例子可以让大家更好地理解以上内容。

表 2-3　简单程序示例

序号	程序内容	注释
1	S ____ M03	给出转速，并指令主轴正向旋转
2	G81X __ Y __ Z __ R __ F __ K __	快速定位到 X、Y 指定点，以 Z、R、F 给定的孔加工参数，使用 G81 给定的孔加工方式进行加工，并重复 K 次，在固定循环执行的开始，Z、R、F 是必要的孔加工参数
3	Y __	*X* 轴不动，*Y* 轴快速定位到指令点进行孔的加工，孔加工参数及孔加工方式保持本表序号 2 中的模态值，本表序号 2 中的 K 值在此不起作用。
4	G82X __ P __ K __	孔加工方式被改变，孔加工参数 Z、R、F 保持模态值，给定孔加工参数 P 的值，并指定重复 K 次
5	G80X __ Y __	固定循环被取消，除 F 以外的所有孔加工参数被取消
6	G85X __ Y __ Z __ R __ P __	由于执行本表序号 5 时固定循环已被取消，所以必要的孔加工参数除 F 之外必须重新给定，即使这些参数和原值相比没有变化
7	X __ Z __	X 轴定位到指令点进行孔的加工，孔加工参数 Z 在此程序段中被改变
8	G89X __ Y __	定位到 XY 指令点进行孔加工，孔加工方式被改变为 G98。R、P 由本表序号 6 指定，Z 由本表序号 7 指定
9	G01X __ Y __	固定循环模态被取消，除 F 外所有的孔加工参数都被取消

当加工在同一条直线上的等分孔时，可以在 G91 模态下使用 K 参数，K 的最大取值为 9999。

G91 G81 X __ Y __ Z __ R __ F __ K5；

以上程序段中，X、Y 给定了第一个被加工孔和当前刀具所在点的距离。

2. 孔固定加工循环指令具体动作

可采用以下方式表示各段的进给。

┈┈┈► 表示以快速进给速率运动。

——► 表示以切削进给速率运动。

- - -► 表示手动进给。

1) G73(高速深孔钻削循环)

在高速深孔钻削循环中，从 *R* 点到 *Z* 点的进给是分段完成的，每段切削进给完成后 *Z* 轴向上抬起一段距离，然后再进行下一段的切削进给，*Z* 轴每次向上抬起的距离为 *d*，由 531# 参数给定，每次进给的深度由孔加工参数 Q 给定。该固定循环主要用于径深比小的孔(如 ϕ5，深 70)的加工，每段切削进给完毕后 *Z* 轴抬起的动作起到了断屑的作用(如图 2.68 所示)。

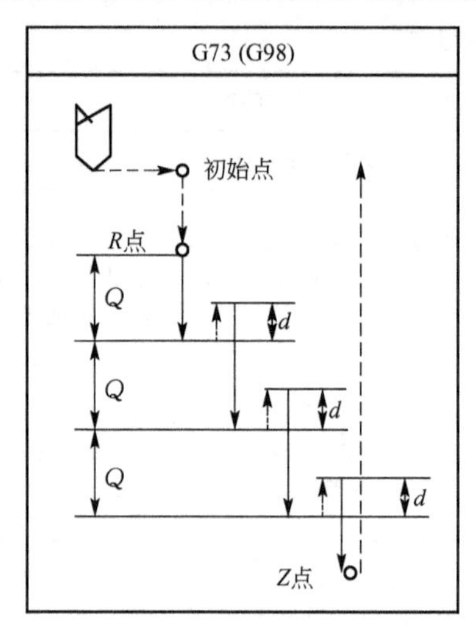

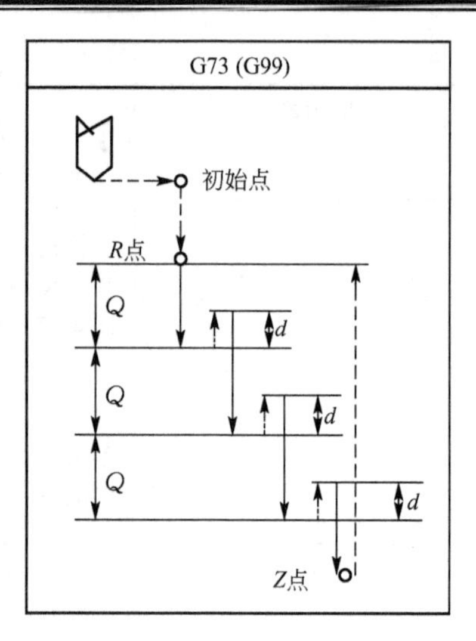

图 2.68　G73 循环示意

2) G74(左螺纹攻螺纹循环)

在使用左螺纹攻螺纹循环时，循环开始以前必须给 M04 指令使主轴反转，并且使 F 与 S 的比值等于螺距。另外，在 G74 或 G84 循环进行中，进给倍率开关和进给保持开关的作用将被忽略，即进给倍率被保持在 100%，而且在一个固定循环执行完毕之前不能中途停止(如图 2.69 所示)。

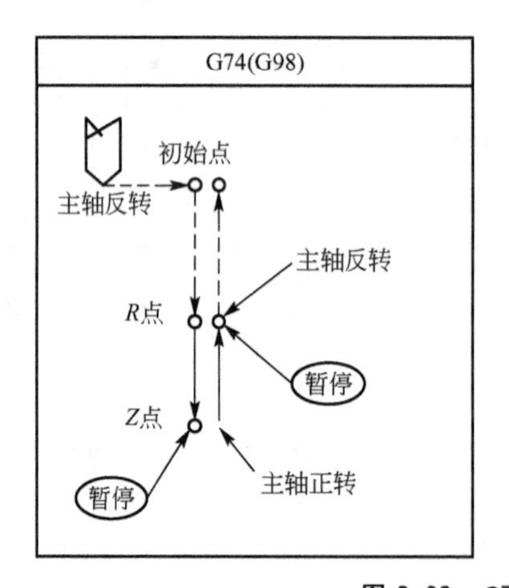

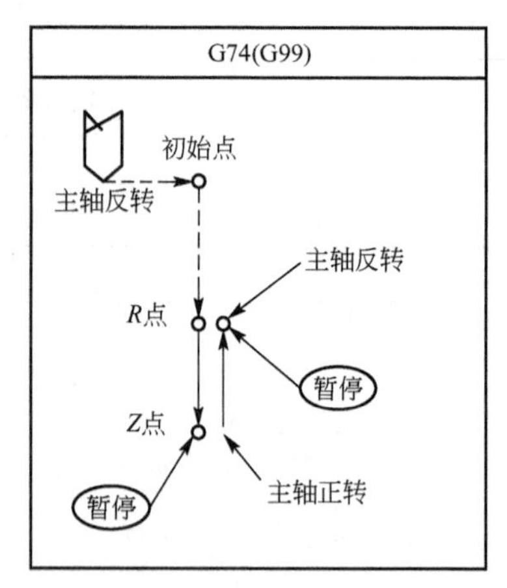

图 2.69　G74 循环示意

3) G76(精镗循环)

X、*Y* 轴定位后，*Z* 轴快速运动到 *R* 点，再以 F 给定的速度进给到 *Z* 点，然后主轴定向并向给定的方向移动一段距离，再快速返回初始点或 *R* 点，返回后，主轴再以原来的转速和方向旋转。在这里，孔底的移动距离由孔加工参数 *Q* 给定，*Q* 应始终为正值，移动的方向由 2# 机床参数的 4、5 两位给定。在使用该固定循环时，应注意孔底移动的方向是使主轴定向后，刀尖离开工件表面的方向，这样退刀时便不会划伤已加工好的工件表面，可以得到较好的精度和表面质量(如图 2.70 所示)。

注意：每次使用该固定循环或者更换使用该固定循环的刀具时，应注意检查主轴定向后刀尖的方

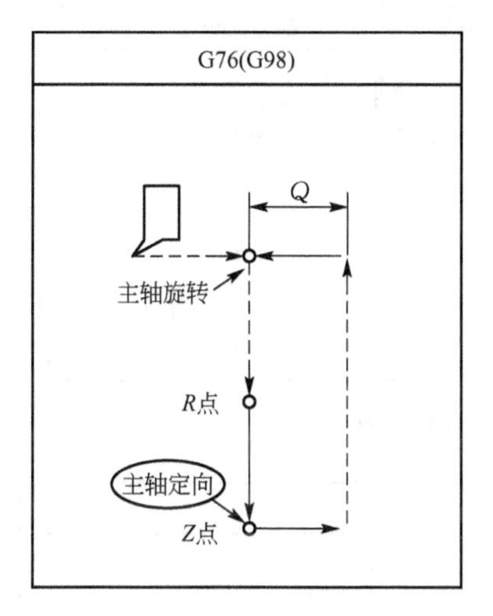

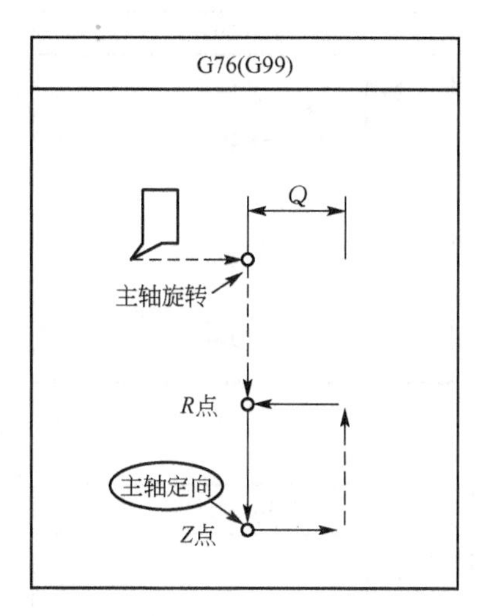

图 2.70　G76 循环示意

向与要求是否相符。如果加工过程中出现刀尖方向不正确的情况，将会损坏工件、刀具甚至机床！

4) G80(取消固定循环)

G80 指令被执行以后，固定循环(G73、G74、G76、G81～G89)被该指令取消，*R* 点和 *Z* 点的参数以及除 F 外的所有孔加工参数均被取消，另外 01 组的 G 代码 G00、G01、G02 和 G03 也会起到同样的作用。

5) G81(钻削循环)

G81 是最简单的固定循环，它的执行过程为：*X*、*Y* 定位，*Z* 轴快进到 *R* 点，以 F 速度进给到 *Z* 点，快速返回初始点(G98)或 *R* 点(G99)，没有孔底动作(如图 2.71 所示)。

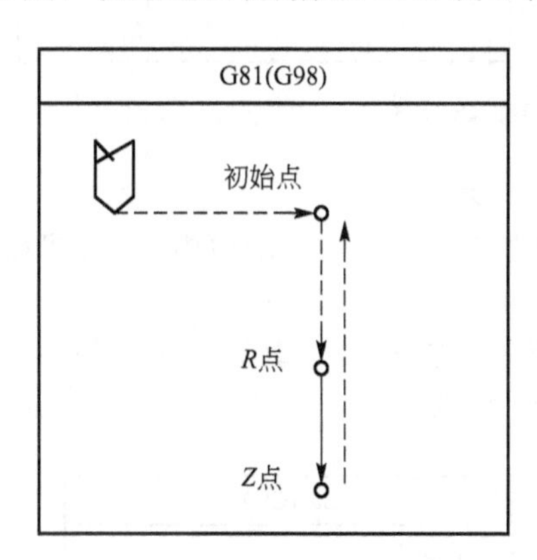

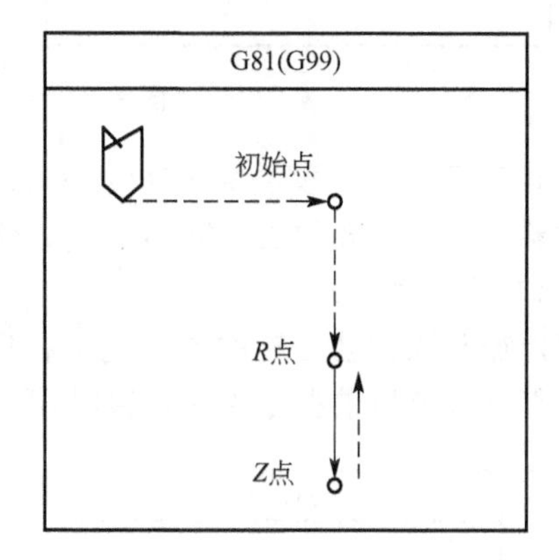

图 2.71　G81 循环示意

6) G82(钻削循环，粗镗削循环)

G82 固定循环在孔底有一个暂停的动作，除此之外和 G81 完全相同。孔底的暂停可以提高孔深的精度(如图 2.72 所示)。

7) G83(深孔钻削循环)

和 G73 指令相似，G83 指令下从 *R* 点到 *Z* 点的进给也分段完成；和 G73 指令不同的是，每段进给完成后，*Z* 轴返回的是 *R* 点，然后以快速进给速率运动到距离下一段进给起

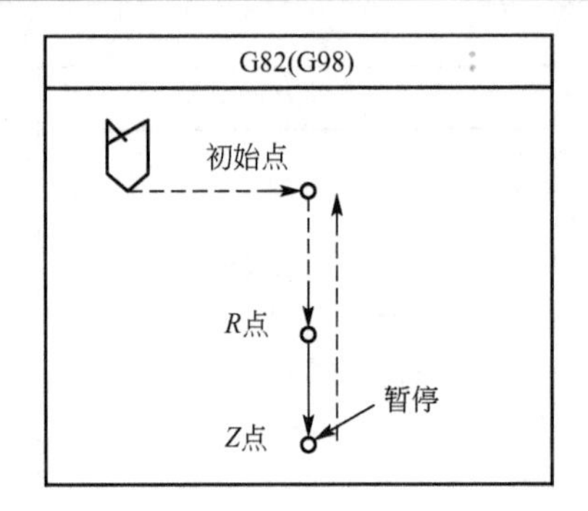

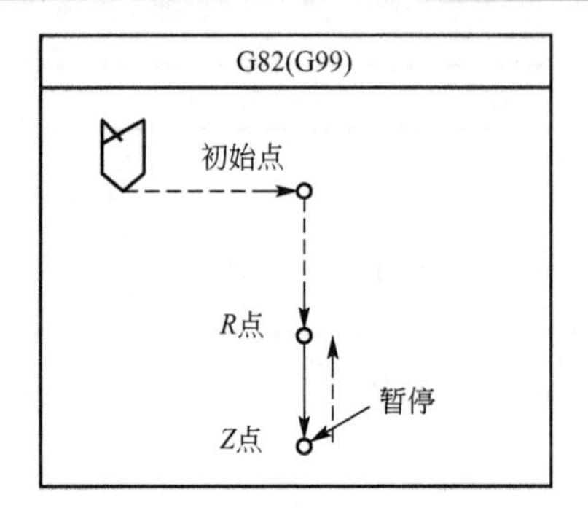

图 2.72 G82 循环示意

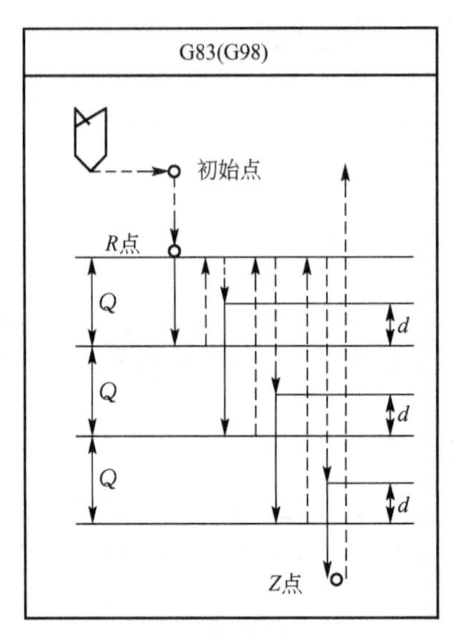

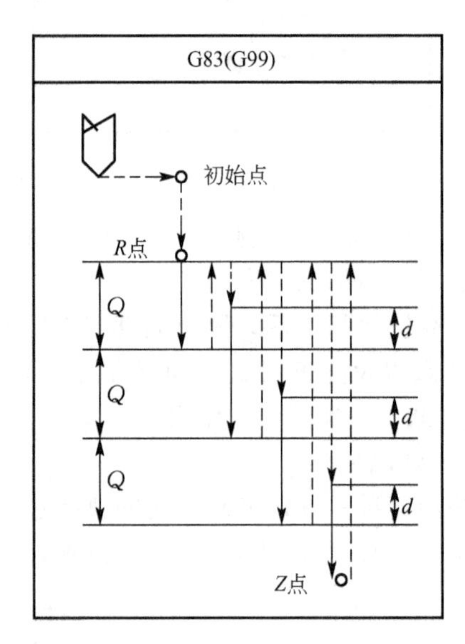

图 2.73 G83 循环示意

点上方 d 的位置开始下一段进给运动(如图 2.73 所示)。

每段进给的距离由孔加工参数 Q 给定，Q 始终为正值，d 的值由 532＃机床参数给定。

8) G84(攻螺纹循环)

G84 固定循环除主轴旋转的方向完全相反外，其他与左螺纹攻螺纹循环 G74 完全一样，注意在循环开始以前指令主轴正转(如图 2.74 所示)。

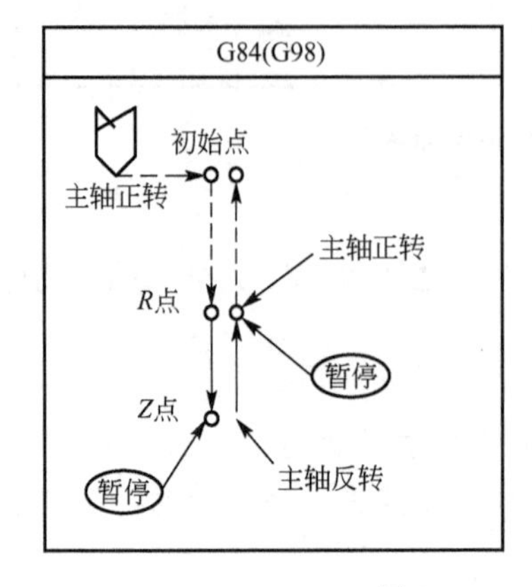

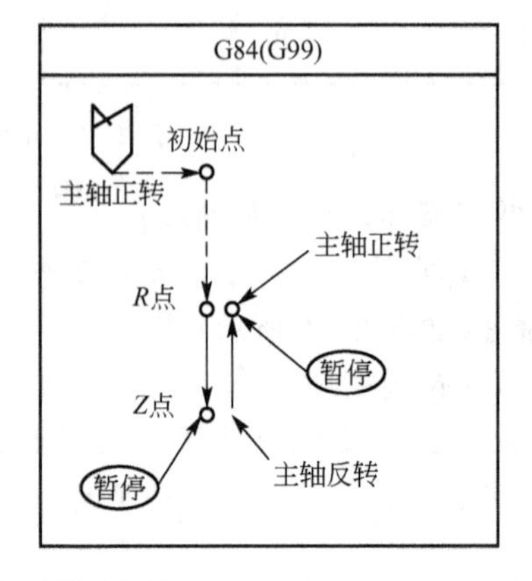

图 2.74 G84 循环示意

9）G85（镗削循环）

该固定循环非常简单，执行过程如下：*X*、*Y* 定位，*Z* 轴快速到 *R* 点，以 F 给定的速度进给到 *Z* 点，以 *F* 给定速度返回 *R* 点，如果在 G98 模态下，返回 *R* 点后再快速返回初始点（如图 2.75 所示）。

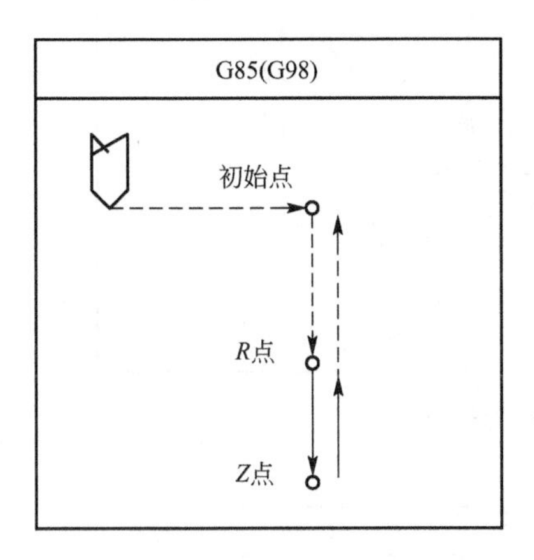

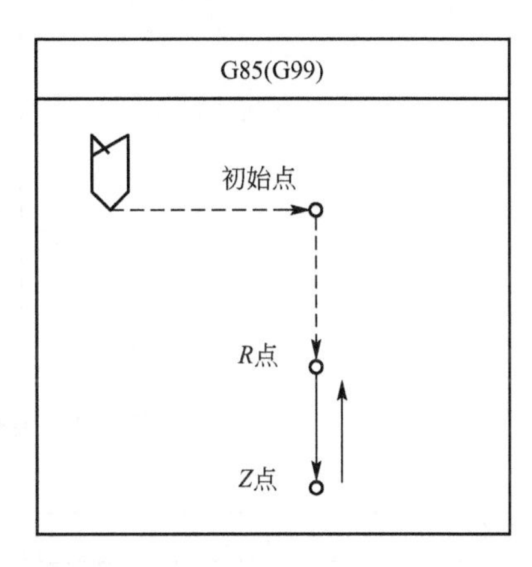

图 2.75　G85 循环示意

10）G86（镗削循环）

该固定循环的执行过程和 G81 相似，不同之处是 G86 中刀具进给到孔底时使主轴停止，快速返回到 *R* 点或初始点时，再使主轴以原方向、原转速旋转（如图 2.76 所示）。

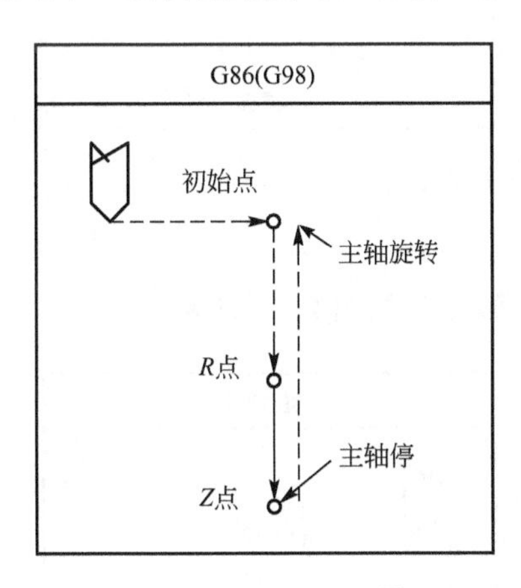

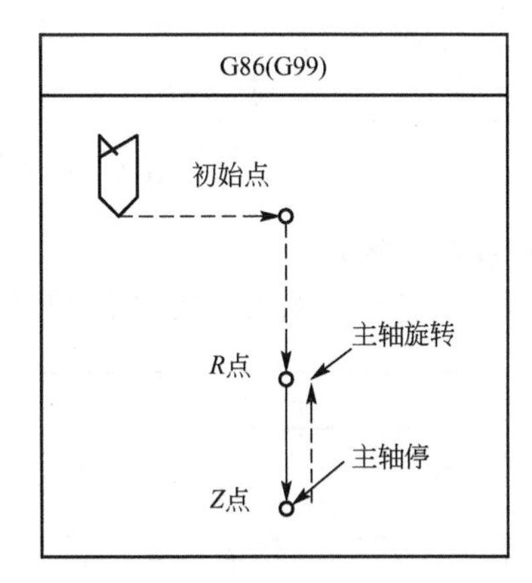

图 2.76　G86 循环示意

11）G87（反镗削循环）

G87 循环中，*X*、*Y* 轴定位后，主轴定向，*X*、*Y* 轴向指定方向移动由加工参数 Q 给定的距离，以快速进给速度运动到孔底（*R* 点），*X*、*Y* 轴恢复原来的位置，主轴以给定的速度和方向旋转，*Z* 轴以 F 给定的速度进给到 *Z* 点，然后主轴再次定向，*X*、*Y* 轴向指定方向移动 Q 指定的距离，以快速进给速度返回初始点，*X*、*Y* 轴恢复定位位置，主轴开始旋转。

该固定循环用于图 2.77 所示的孔的加工。该指令不能使用 G99，注意事项同 G76。

12）G88（镗削循环）

固定循环 G88 是带有手动返回功能的用于镗削的固定循环，如图 2.78 所示。

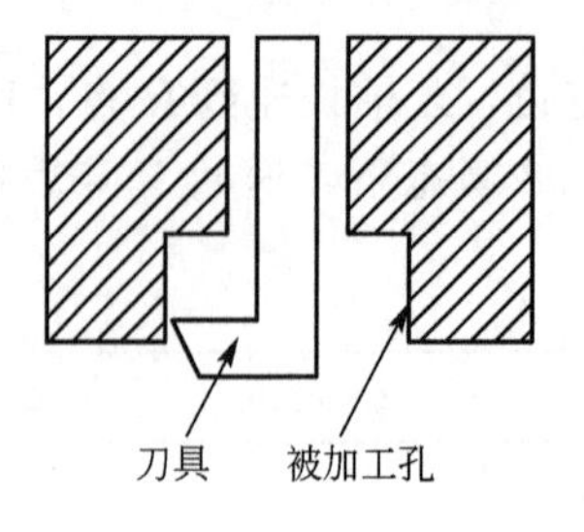

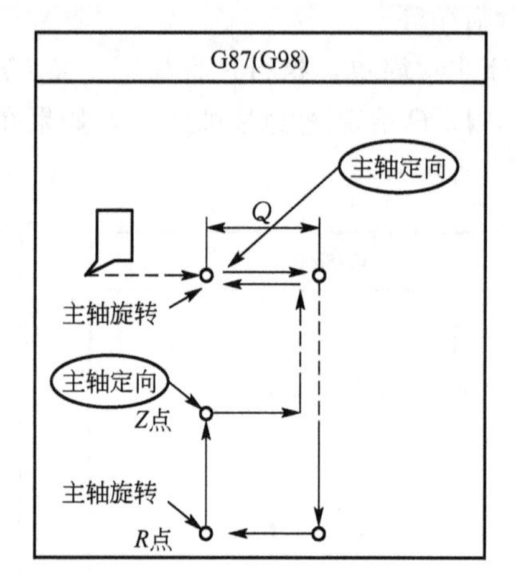

图 2.77　G87 循环示意

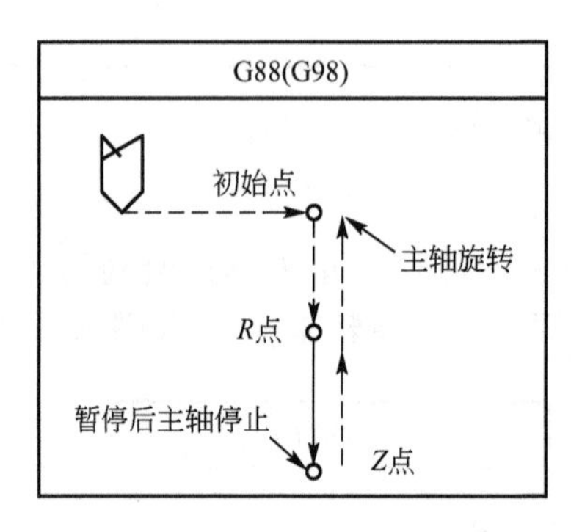

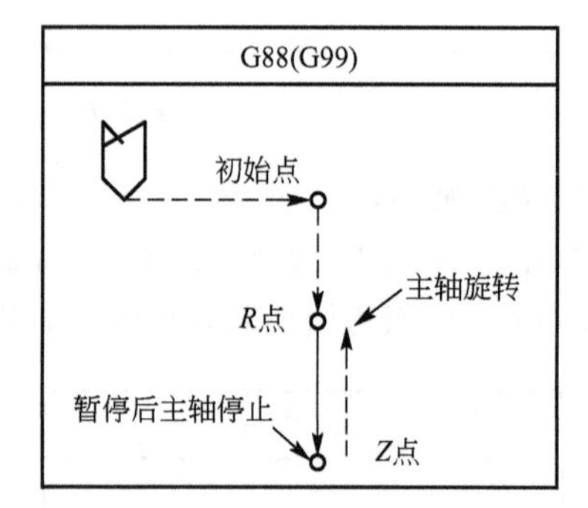

图 2.78　G88 循环示意

13) G89(镗削循环)

该固定循环在 G85 的基础上增加了孔底的暂停，如图 2.79 所示。

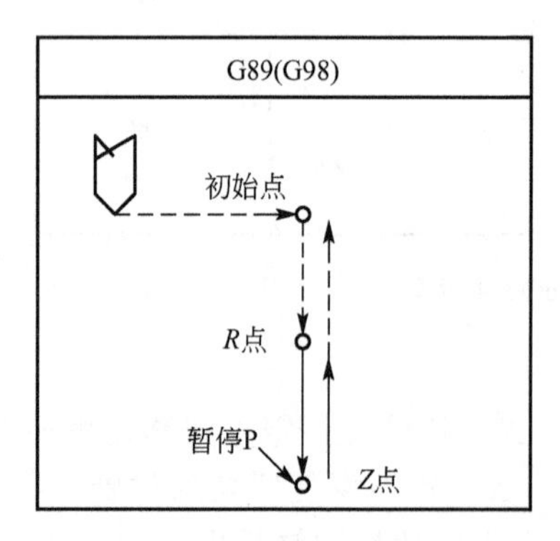

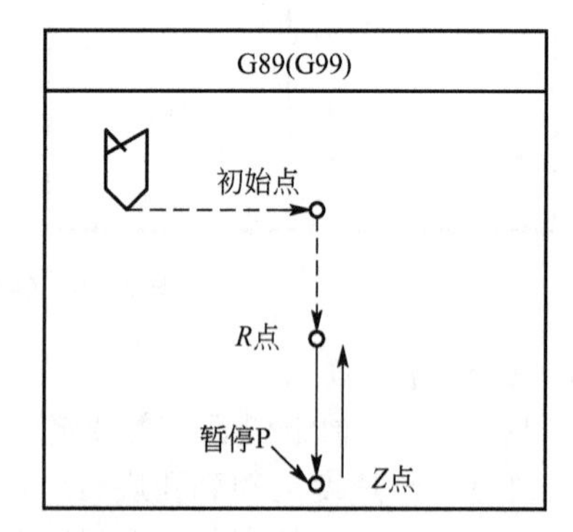

图 2.79　G89 循环示意

3. 使用孔加工固定循环的注意事项

(1) 编程时需注意在固定循环指令之前，必须先使用 S 和 M 代码指令主轴旋转。

(2) 在固定循环模态下，包含 X、Y、Z、A、R 的程序段将执行固定循环，如果一个程序段不包含上列的任何一个地址，则在该程序段中将不执行固定循环，G04 中的地址 X 除外。另外，G04 中的地址 P 不会改变孔加工参数中的 *P* 值。

(3) 孔加工参数 Q、P 必须在固定循环被执行的程序段中被指定，否则指令的 *Q*、*P* 值无效。

(4) 在执行含有主轴控制的固定循环(如 G74、G76、G84 等)过程中，刀具开始切削进给时，主轴有可能还没有达到指令转速。这种情况下，需要在孔加工操作之间加入 G04 暂停指令。

(5) 前面已经讲述过，01 组的 G 代码也起到取消固定循环的作用，所以不要将固定循环指令和 01 组的 G 代码写在同一程序段中。

(6) 如果执行固定循环的程序段中指令了一个 M 代码，M 代码将在固定循环执行定位时被同时执行，M 指令执行完毕的信号在 *Z* 轴返回 *R* 点或初始点后被发出。使用 K 参数指令重复执行固定循环时，同一程序段中的 M 代码在首次执行固定循环时被执行。

(7) 在固定循环模态下，刀具偏置指令 G45～G48 将被忽略(不执行)。

(8) 单程序段开关置上位时，固定循环执行完 *X*、*Y* 轴定位、快速进给到 *R* 点及从孔底返回(到 *R* 点或到初始点)后，都会停止。也就是说需要按循环启动按钮 3 次才能完成一个孔的加工。3 次停止中，前面的两次是处于进给保持状态，后面的一次是处于停止状态。

(9) 执行 G74 和 G84 循环时，*Z* 轴从 *R* 点到 *Z* 点和从 *Z* 点到 *R* 点两步操作之间如果按进给保持按钮的话，进给保持指示灯会立即亮，但机床的动作却不会立即停止，直到 *Z* 轴返回 *R* 点后才进入进给保持状态。另外 G74 和 G84 循环中，进给倍率开关无效，进给倍率被固定在 100%。

例 2-5　用 G76 精镗循环多孔加工(如图 2.80 所示)，程序如下。

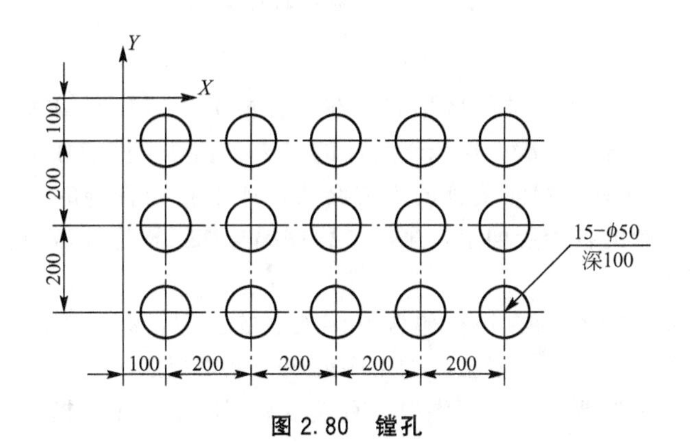

图 2.80　镗孔

```
O0160;
G90 G54 G17 G00 X0 Y0 S500 M03;
G43 Z100.0 H01;
G91 G99 G76 X100.0 Y-100.0 Z-102.0 R-98.0 Q0.1 F100;加工第 1 行第 1 列孔
X200.0 K4;                                           孔加工循环 4 次,加工第 1 行其他孔
Y-200.0;                                             加工第 2 行第 1 列孔
X-200.0 K4;                                          孔加工循环 4 次,加工第 2 行其他孔
Y-200.0;                                             加工第 3 行第 1 列孔
```

```
X200.0 K4;                  孔加工循环 4 次,加工第 3 行其他孔
G80 Z98.0;                  返回到 R 点,取消固定循环
G49 G90 X0 Y0 M05;
M30;
```

2.4.5　子程序

1. 子程序的概念

在一个加工程序中，如果其中有些加工内容完全相同或相似，为了简化程序，可以把这些重复的程序段单独列出，并按一定的格式编写成子程序。主程序在执行过程中如果需要某一子程序，通过调用指令来调用该子程序，子程序执行完后又返回到主程序，继续执行后面的程序段。型腔和凸台加工是数控铣床加工的主要内容，在编程过程中常常使用子程序，简化加工程序和提高编程的效率。

(1) 子程序的嵌套：为了进一步简化程序，子程序可以调用另一个子程序，这种程序的结构称为子程序嵌套。在编程中使用较多的是二重嵌套，其程序的执行情况如图 2.81 所示。

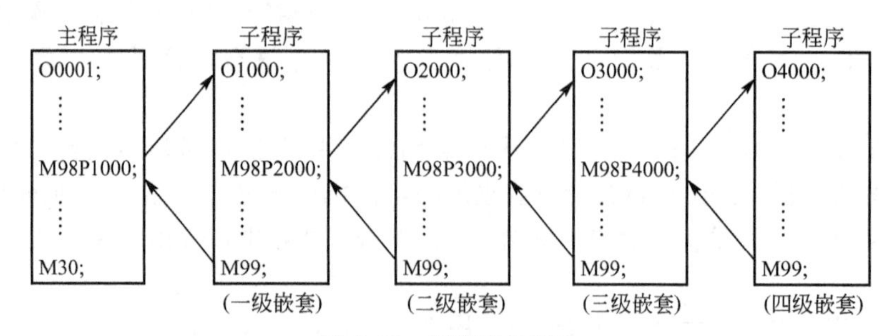

图 2.81　子程序的嵌套

(2) 子程序有如下应用。

① 零件上若干处具有相同的轮廓形状，在这种情况下，只要编写一个加工该轮廓形状的子程序，然后用主程序多次调用该子程序的方法完成对工件的加工。

② 加工中反复出现具有相同轨迹的走刀路线，如果相同轨迹的走刀路线出现在某个加工区域或在这个区域的各个层面上，采用子程序编写加工程序比较方便，在程序中常用增量值确定切入深度。

③ 在加工较复杂的零件时，往往包含许多独立的工序，有时工序之间需要适当的调整，为了优化加工程序，把每一个独立的工序编成一个子程序，这样形成了模块式的程序结构，便于对加工顺序的调整，主程序中只有换刀和调用子程序等指令。

2. 调用子程序 M98 指令

指令格式：M98 P×××□□□□。

指令功能：调用子程序。

指令说明：P×××为重复调用的子程序的次数，若只调用一次子程序可省略不写，系统允许重复调用次数为 1～999 次。□□□□为重复调用子程序的程序名(必须为 4 位)。

3. 子程序结束 M99 指令

指令格式：M99。

指令功能：子程序运行结束，返回主程序。

指令说明如下。

(1) 执行到子程序结束 M99 指令后，返回至主程序，继续执行 M98 P_××××程序段下面的主程序。

(2) 若子程序结束指令用 M99 P_格式时，表示执行完子程序后，返回到主程序中由 P_指定的程序段。

(3) 若在主程序中插入 M99 程序段，则执行完该指令后返回到主程序的起点。

(4) 若在主程序中插入 M99 程序段，当程序跳步选择开关为“OFF”时，则返回到主程序的起点；当程序跳步选择开关为“ON”时，则跳过 M99 程序段，执行其下面的程序段。

(5) 若在主程序中插入 M99 P _程序段，当程序跳步选择开关为“OFF”时，则返回到主程序中由 P_指定的程序段；当程序跳步选择开关为“ON”时，则跳过该程序段，执行其下面的程序段。

4. 子程序的格式

子程序的格式如下：

```
O(或“:”)××××
⋮
M99
```

格式说明：其中 O(或“:”)××××为子程序号，“O”是 EIA 代码，“:”是 ISO 代码。

例 2-6　使用子程序调用，加工工件外形，如图 2.82 所示。

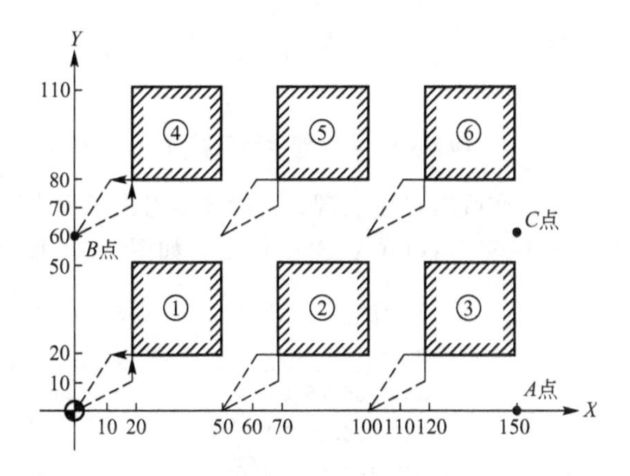

图 2.82　工件外形加工(一)

主程序	子程序
O1;	O100;
N1 S1000 M03;	N100 G91 Z-95.0;
N2 G90 G54 G00 G17 X0 Y0;	N101 G41 X20.0 Y10.0 D01;
N3 Z100.0;	N102 G01 Z-15.0 F200;
N4 M98 P0030100;	N103 Y40.0 F100;

```
N5 G90 G00 X0 Y60.0;          N104 X30.0;
N6 M98 P0030100;              N105 Y-30.0;
N7 G90 G00 X0 Y0 M05;         N106 X-40.0;
N8 M30;                       N107 G00 Z110.0;
                              N108 G40 X-10.0 Y-20.0;
                              N109 X50.0;
                              N110 M99;
```

(1) N3 主轴移动到距工件表面 100mm 处，它一般为安全高度，在此高度工件的移动不会发生碰撞，程序开始时，为安全起见，主轴一般在 Z 轴移动到安全位置，然后在 XY 平面进行移动。

(2) N4 子程序呼出，子程序 O100 呼出 3 次，对①、②、③个图形加工。加工结束时主轴在 A 点。

(3) N5 单节移动到 B 点。

(4) N6 子程序呼出，对④、⑤、⑥个图形加工。加工结束时主轴在 C 点。

(5) N7 单节，主轴回到原点。

(6) N109 单节表示，每次每个图形加工结束时，用 G91 使主轴沿 X 轴移动。

例如，使用子程序调用，加工工件外形，如图 2.83 所示。

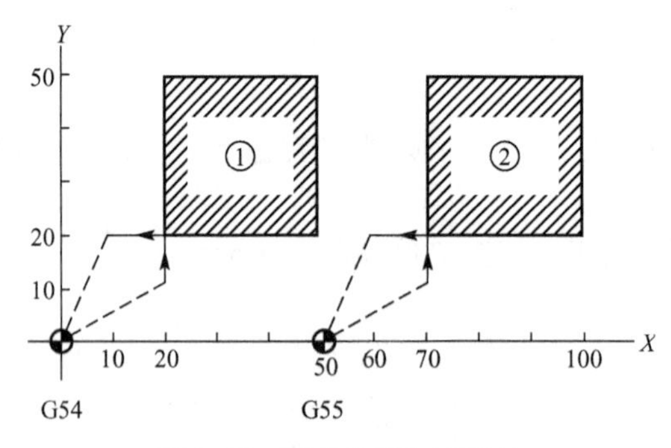

图 2.83 工件外形加工(二)

子程序一般用 G91 实现，亦可用 G90 实现，这时需要考虑子程序返回主程序时的操作。

例 2-7 下面介绍子程序使用 G90(ABS)的例子，如图 2.83 所示。

```
主程序                         子程序
O1;                            O10;
S1000 M03;                     G90 G00 Z5.0;
G90 G54 G00 X0 Y0;             G41 X20.0 Y10.0 D01;
Z100.0;                        G01 Z-10.0 F200;
M98P0010010;-----------①       Y50.0 F100;
G90 G55 G00 X0 Y0;             X50.0;
Z100.0;                        Y20.0;
M98P0010010;-----------②       X10.0;
M30;                           G00 Z100.0;
                               G40 X0 Y0;
                               M99;
```

2.5　数控铣和加工中心高级编程指令

FANUC 控制系统的功能分为标准和选择功能，机床的标准配置中一般不包含选择功能。在购置机床时，选择功能需要用户特别要求，不同的选择功能价格也不同。因此用户应当根据自己的需要进行选择。本节主要介绍与坐标和图形变换有关的一些指令，这些指令中有些为标准功能、有些为选择功能，用户在使用这些功能时，需要了解机床技术合同，清楚哪些功能在你的机床上能够使用，哪些功能在你的机床上不能够使用。但一般来说，低版本中的选择功能，在高版本中可能成为标准功能。对于 FANUC 系统来说，FANUC - 0i 系统是一款中端产品，它分为 FANUC - 0I - MA，MB，MC，其中尤以 MC 的版本最高。

2.5.1　机床坐标系选择 G53

机床坐标系选择 G53 的格式：

```
(G90)G53 IP_;
```

当这个指令被指定在机床坐标系中，刀具移动到 IP_坐标值位置，为暂态代码。G53 仅在 G53 指定的单段和绝对模式(G90)下有效，在增量模式(G91)下无效。由于机床坐标系必须在指定 G53 指令前设定，在电源接通(ON)后至少一次回零。

当刀具移动到机床特别指定位置，如换刀位置，可用 G53 来指定。而 G53 也常用来和 G92 配合使用，确保程序运行起点的一致性，如：

```
G90 G53 G00 X__ Y__ Z__;
G92 X__ Y__ Z__;
```

例 2 - 8　如图 2.84 所示，使用 G53 移动到机床指定的位置，程序代码如下。

```
P1:G90 G53 G00 X-340.0 Y-210.0;
P2:G90 G53 G00 X-570.0 Y-340.0;
```

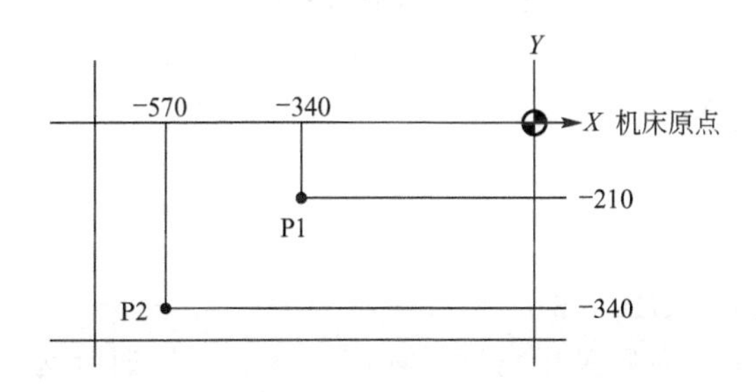

图 2.84　使用 G53 移动到机床指定的位置

2.5.2　子坐标系(G52)

在工件坐标系中制作程序，有时为了制作程序方便，需要在工件坐标系中建立子坐标系，这个子坐标系又称局部坐标系。

格式：G52 IP_；(IP_＝X_Y_Z_)。

G52 指令指定的子坐标系，即是所有工件坐标系(G54～G59)的子坐标系。每个子坐标系原点在对应的工件坐标系的坐标与 IP_相等。

当子坐标系用绝对(G90)模式设定时，该模式保持继续，在工件坐标系中移动的坐标值为子坐标系中的坐标值。

当需要取消子坐标系时，设置子坐标系的原点与工件坐标系的原点重合，即 G52 IP0。

数控机床的坐标系的关系如图 2.85 所示。

数控机床坐标系统
- 机床坐标系—G53(机床坐标系)
- 工件坐标系
  - G92(工件坐标系的设定、变更)
  - G54—G59(工件坐标系)—G52(子坐标系)

图 2.85　数控机床的坐标系的关系

例 2－9　子坐标系的使用，刀具轨迹如图 2.86 所示，其程序如下。

```
O1;
G90 G54 G00 X0 Y0;
N1 X50.0 Y150.0;
N2 G52 X100.0 Y50.0;          子坐标系设定
N3 G90 G54 X50.0 Y50.0;
N4 G55 X50.0 Y100.0;
N5 G52 X0 Y0;                 子坐标系原点移动
N6 G54 X0 Y0;
M30;
```

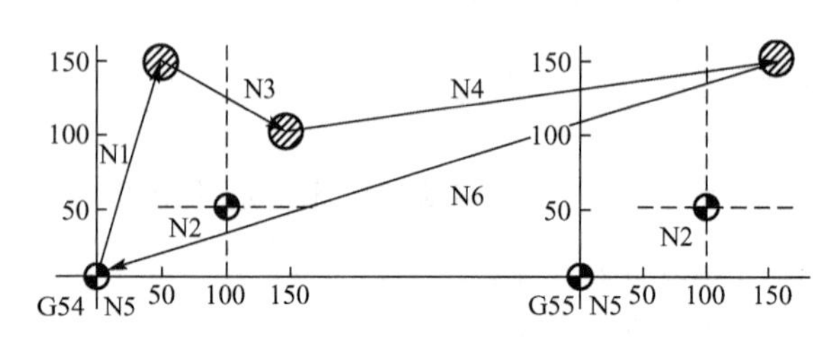

图 2.86　子坐标系使用

2.5.3　极坐标(G15、G16)

G15 极坐标模式取消。

G16 极坐标模式有效。

格式：(G17 G18 G19)G16 α β

其中，α 为极坐标半径；β 为极坐标角度，逆时针为正，顺时针为负。在极坐标模式下，且 G17 有效时(*XY* 平面)，两个字的含义截然不同，它们表示半径和角度：X 地址字表示螺栓圆周的半径；Y 地址字表示孔与 0°位置的夹角。

除了 X 值和 Y 值，极坐标还需要旋转中心，旋转中心是 G16 指令前的最后一个编程点。

半径和角度值都可以在绝对模式(G90)和增量模式(G91)下编写。

在各种极坐标加工中，共有 3 种不同平面，见表 2－4。

表 2－4　各极坐标下加工平面

G17	XY 平面选择	G19	YZ 平面选择
G18	ZX 平面选择	—	—

选择合适的平面对正确使用极坐标非常关键，编写程序中要编写所需的平面，甚至默认的 G17 平面也要编写出来。G17 为 XY 平面，如果在其他平面下工作，一定要遵循以下规则：将圆弧半径值编写在所选平面的第一根轴坐标位置；将孔的角度值编写在所选平面的第二根轴坐标位置。

表 2－5 列出了所有 3 种平面选择。如果程序中没有选择平面，控制系统默认为 G17 也是 XY 平面。

表 2－5　3 种平面选择

G 代码	选择平面	第一根轴	第二根轴
G17	XY	X＝半径	Y＝角度
G18	ZX	Z＝半径	X＝角度
G19	YZ	Y＝半径	Z＝角度

大多数的极坐标应用发生在 XY 平面上，所以通常使用 G17 指令。

例 2－10　如图 2.87 所示，用绝对编程 ABS 指令指定半径和角度，其程序如下。

```
N1 G17 G90 G16
N2 G81 X100.0 Y30.0 Z-20.0 R-5.0 F200.0;
N3 Y150.0;
N4 Y270.0;
N5 G15 G80;
```

用增量编程 INC 指令指定半径和角度，其程序如下。

```
N1 G17 G90 G16
N2 G81 X100.0 Y30.0 Z-20.0 R- 5.0 F200.0;
N3 G91 Y120.0;
N4 Y120.0;
N5 G15 G80;
```

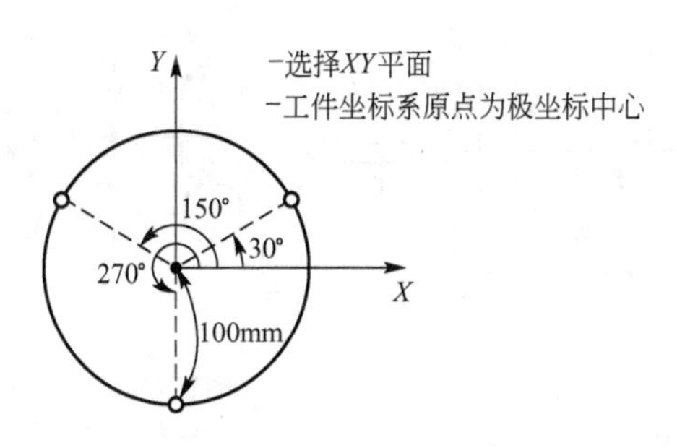

图 2.87　极坐标编程实例

2.5.4　缩放比例(G50、G51)

可在程序中指定形状缩放比例。在指定缩放比例的场合，先设定比例参数，缩放比例才有效。

1. 缩放比例 ON 格式

G51 X__ Y__ Z__ P__;

X、Y、Z：缩放中心的坐标值。

P：缩放比例(最小输入单位：0.001 或 0.00001…，与参数选择有关)。

2. 缩放比例 OFF 格式

G50;

G51 指令以下的移动指令以 P 指定的缩放比例，X、Y、Z 指定的缩放中心移动。

如果 X、Y、Z 省略，G51 指令点视为缩放中心。

相同的形状，缩放中心位置不同，缩放的结果不同。如图 2.88(a)、(b)所示的缩放中心均为 C，缩放比例为 1/2。

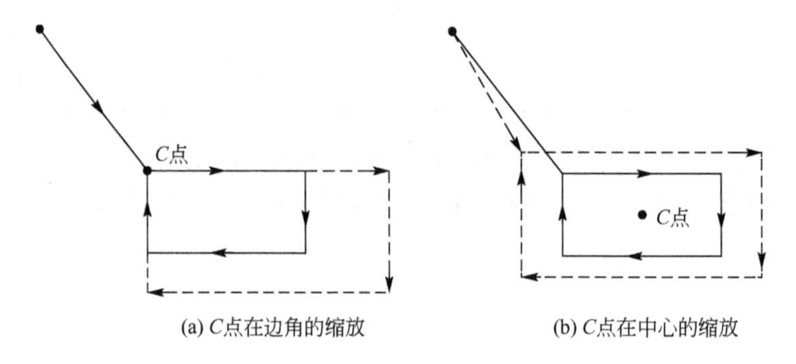

图 2.88　缩放比例的中心

缩放比例取值范围：0.00001～9.99999 或 0.001～999.999。

缩放比例不适用于补偿量(如图 2.89 所示)，如刀具的长度补偿值、刀具的半径补偿值和刀具偏置值。

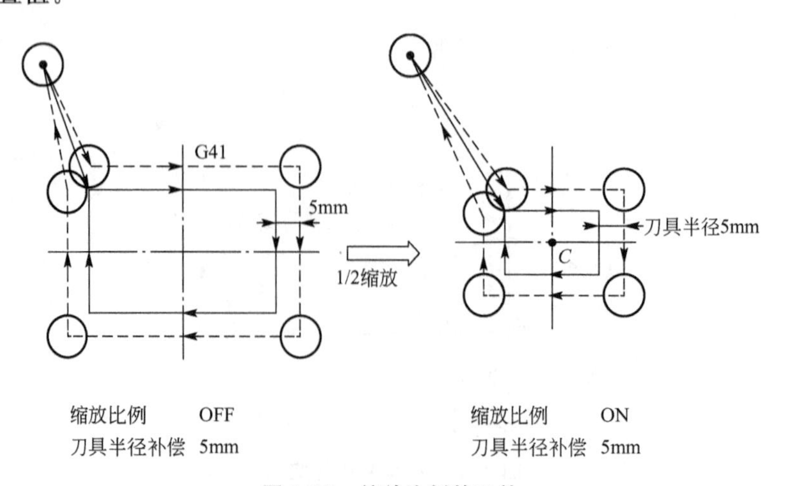

图 2.89　缩放比例的刀补

例 2－11　基本形状经缩放后加工，缩放比例为 1.1，切削深度为 10mm，刀具的径补偿为 D21(如图 2.90 所示)，其程序如下。

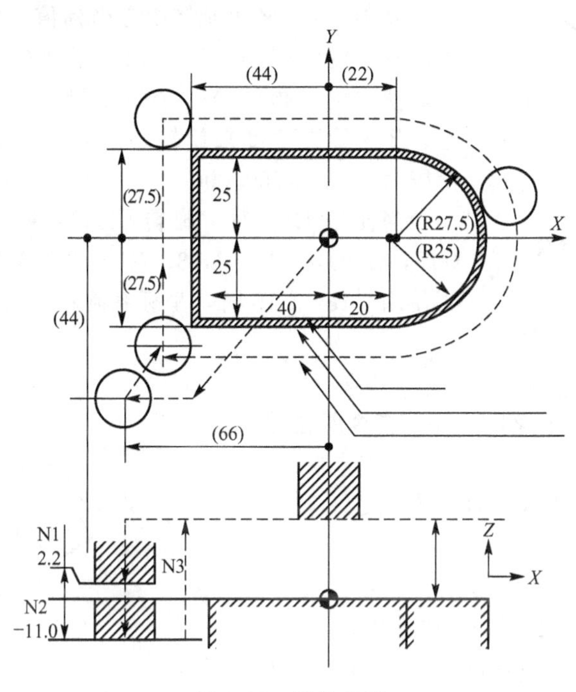

图 2.90　缩放编程

```
O100;
     G90 G00 G54 X0 Y0;
     Z100.0;
     G51(X0 Y0)Z0 P1100;
     X-60.0 Y-40.0;
N1   Z2.0;
N2   G01 Z-10.0 F100;
     G41 X-40.0 Y-30.0 D21
     F200;
     Y25.0;
     X20.0;
     G02 Y-25.0 J-25.0;
     G01 X-45.0;
     G40 X-60.0 Y-45.0;
N3   G50 G00 Z100.0;
     X0 Y0;
M30;
```

2.5.5　坐标系旋转(G68、G69)

当工件置于工作台上与坐标系形成一个角度时，可用旋转坐标系来实现。这样，程序制作的时间及程序的长度都可以减少。

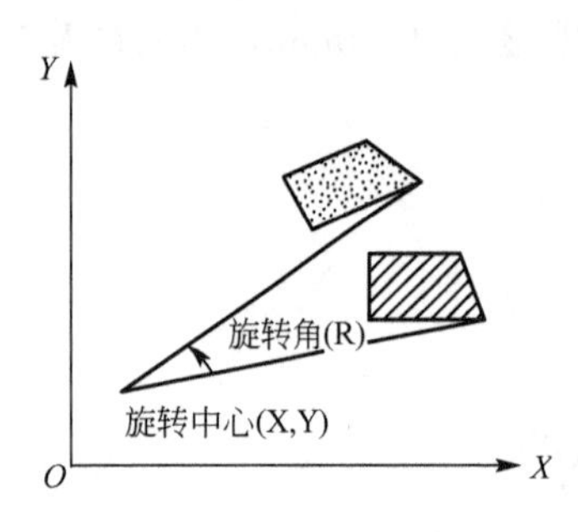

图 2.91　坐标系旋转

坐标系旋转格式：(如图 2.91 所示)

G17 G68 X＿ Y＿ R＿；

其中，X、Y 为旋转中心坐标值，(G90/G91 有效)；R 为旋转角度(＋是 CCW 方向，用绝对指令，使用参数亦可设定使用增量指令。)这个指令指定后，以(X、Y)点为中心，R 为旋转角度来旋转，角度的最小值为 0.001°，旋转范围为 $0 \leqslant R \leqslant 360.000°$

当使用 G68 时，旋转平面取决于所选的平面(G17，G18，G19)，G17，G18，G19 不需要与 G68 在同一段中。当使用 G18，G19 时，坐标系旋转的指令如下。

G18 G68 X＿ Z＿ R＿；

G19 G68 Y＿ Z＿ R＿；

当 X、Y、Z 坐标省略时，G68 指令所在的位置为旋转中心。

当 R 省略时，参数被视为旋转角度

坐标系旋转取消格式：

G69；

G69 可与其他指令在同一段中使用。

在坐标系被旋转前使用的刀具补偿，在坐标系旋转后，刀具的长、径补偿或刀具位置仍然被使用。

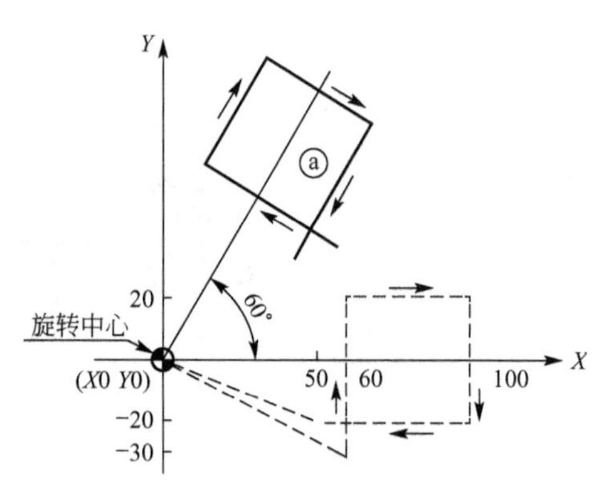

图 2.92　加工工件

例 2－12　刀具刀尖距工件表面 100mm(安全位置)，切削深度 5mm。加工的形状如图 2.92 所示，其程序如下。

```
O10;
G90 G54 G00 X0 Y0 S1000 M03;
G43 Z100.0 H01;
G68(X0 Y0)R60.0;
G41 X60.0 Y-30.0 D01;
Z-5.0;
G01 Y20.0 F100;
X100.0;
Y-20.0;
X50.0;
G00 Z100.0;
G40 X0 Y0;
G49;
G69;
M30;
```

G68 与 G69 指令中坐标点均为同一点($X0$ $Y0$)时，可省略。坐标系旋转平面必须与刀具补偿平面一致。在 G69 指令中不要改变所选择的平面。

例 2－13　坐标系旋转与刀具径补偿，在坐标系旋转之后，在刀具径补偿 C 中可指定 G68 及 G69，旋转平面必须与刀具补偿平面一致(如图 2.93 所示)。

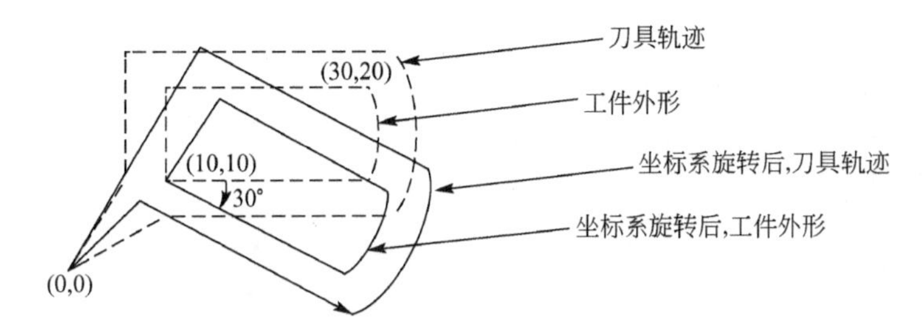

图 2.93　坐标系旋转与刀具径补偿

```
⋮
N1 G54 G90 X0 Y0 G69 G01;
N2 G42 G90 X10.0 Y10.0 F100 D01;
N3 G68 R-30.0;
N4 X30.0 Y10.0;
N5 G91 G03 Y10.0 I-10.0 J5.0;
N6 G01 X-20.0;
N7 Y-10.0;
N8 G69 G40 G90 X0 Y0;
⋮
```

2.5.6　可编程镜像

镜像加工功能又称轴对称加工功能，是将数控加工轨迹沿某坐标轴作镜像变换而形成加工轴对称零件的加工轨迹。对称轴(或镜像轴)可以是 X 轴、Y 轴。

M21，沿 X 轴镜像。

M22，沿 Y 轴镜像。

M23，取消镜像。

例 2－14　如图 2.94 所示，它的镜像加工程序如下。

```
主程序：
N05 G54 G90 G00 X0 Y0 Z5;
N10 M03 S600;
N15 M98 P200;        加工 A
N20 M21;             X 轴镜像
N25 M98 P200;        加工 B
N30 M22;             X、Y 轴镜像
N35 M98 P200;        加工 D
N40 M23;             取消镜像
M22;                 Y 轴镜像有效
N50 M98 P200;        加工 C
N55 M23;             取消镜像
```

```
G91 G28 Z0;
G28 X0 Y0;
N60 M30;
子程序：
O200
N005 G90  G00  X30  Y30;
     G01 Z-5;
N010 Y90 F120;
N015 X50  Y70;
N020 X90;
N025 G02  Y30 I0  J-20;
N030 G01  X30  Y30;
     G00 Z5;
X0 Z0;
N040 M99;
```

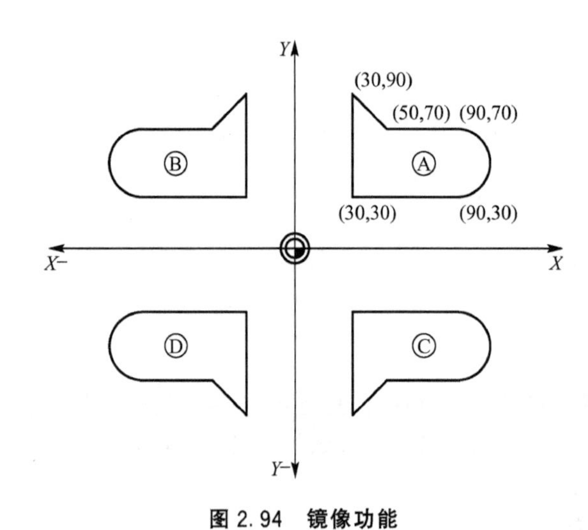

图 2.94 镜像功能

2.6 加工中心换刀编程指令

刀具交换的相关指令主要有以下几个。

1. 自动原点复归

机床参考点(R)是机床上一个特殊的固定点，该点一般位于机床原点的位置，可用G28指令很容易的移动刀具到这个位置。在加工中心上，机床参考点一般为主轴换刀点，使用自动原点复归主要用来进行刀具交换准备。

格式：G91/(G90) G28 X_Y_Z_；

X_Y_Z_是一个用绝对或增量值指定的中间点坐标。

G28 指令的动作过程如图 2.95 所示。

首先在指令轴将刀具以快速移动速度向中间点 B (X_Y_Z_)定位，然后从中间点以快速移动的速度移动到原点。如果没有设定机械锁定，原点复归后灯会亮。

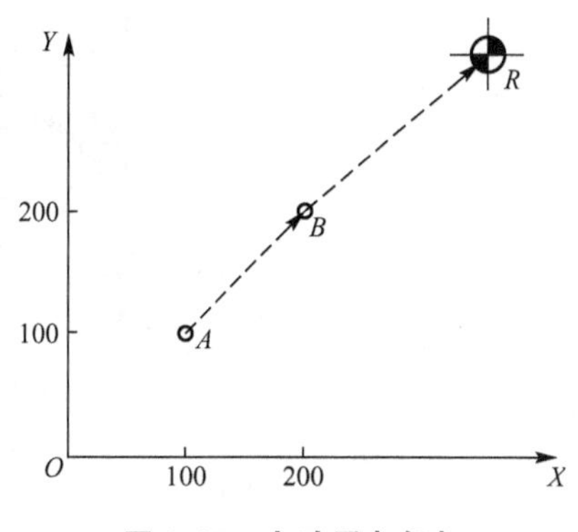

图 2.95　自动原点复归

(1) 增量指令(ABS)，A→B→R。

G91 G28 X100.0 Y100.0;

(2) 绝对指令，A→B→R。

G90 G28 X200.0 Y200.0;

例 2-15　如下的程序。

```
O0012;
…
G91 G28 X0 Y0;      X、Y 轴原点复归(机械原点)。
…
G91 G29 X0 Y0;      从原点复归到 G28 开始执行时的位置。
…
M30;
```

自动原点复归中的 Z0 表示了中间点，在 G91、G90 的情况下的意义如下。

"G91 G28 Z0"；表示主轴由当前 Z 坐标(中间点，X、Y 坐标保持不变)快速移动到原点。

"G90 G28 Z0"；表示主轴经快速移动到工件坐标系的 Z 轴零点(中间点，X、Y 坐标保持不变)，然后快速移动到原点。

使用相对当前坐标移动量为"0"(G91 G28 Z0；G91 G28 X0 Y0)的场合比较多。"G91 G28 X0 Y0 Z0"；可使 3 轴同动，较少使用。

在 G28 中指定的坐标值(中间点)会被记忆，如果在其他的 G28 指令中，没有指定坐标值，就以前 G28 指令中指定的坐标值为中间点。

G28 指令用于自动换刀，所以为了安全，刀具半径补偿，刀具长度补偿在执行 G28 指令前必须取消。

2. 刀具交换条件

机械手与主轴的换刀共有 5 个动作，如图 2.96 所示，分别是：机械手首先顺时针旋转抓刀(同时抓主轴换刀点和主轴上的刀具)；机械手臂向外移动，拔刀；机械手旋转 180° 换刀；机械手臂向内移动，将下一把刀具装入主轴(装刀)，将原主轴上的刀具装入主轴换刀点上的刀座中；机械手主臂旋转，返回至换刀前的初始位置，机械手复位。

加工中心在进行刀具交换之前，必须将主轴回到换刀点(由 G28 指令执行)；另外下一把刀应当处在主轴换刀点位置。

例如，卧式加工中心主轴可做 Y、Z 轴方向移动，刀具交换的条件如下。

Y 轴与 Z 轴完成机械原点的返回，X 轴与 B(工作台分度轴)轴可以是任意位置。

编程：G91 G28 Y0 Z0；

再例如，立式加工中心主轴可做 Z 轴移动，刀具交换的条件如下。

Z 轴完成机械原点的返回，X 轴与 Y 轴可以是任意位置。

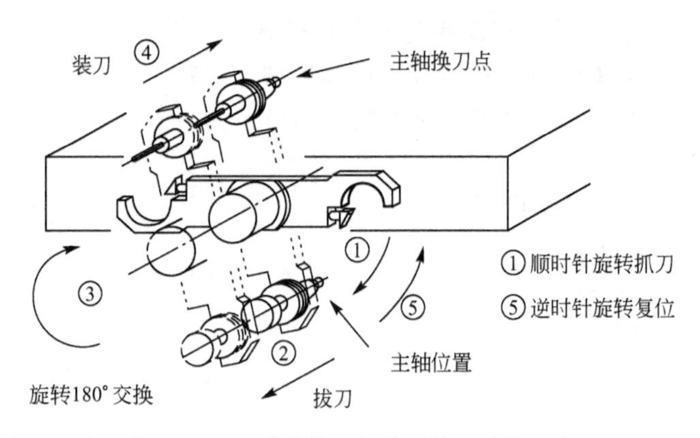

图 2.96 刀臂式换刀机械手换刀动作顺序

编程：G91 G28 Z0；

3. 刀具交换指令

刀具交换主要由两条指令完成分别为刀具准备指令 T 和换刀指令 M06。

(1) 刀具准备 T□□。□□表示刀具号，取值为 00～99。T□□表示需要交换的下一把刀具移动到机床的主轴换刀点，准备换刀。

加工中心常常需要没有任何刀具的空主轴，为此就要指定一个空刀位，需要用一个唯一的编号指定它。如果刀位或主轴上没有刀具，那么就必须使用一个空刀具号。

空刀的编号必须选择一个比所有最大刀具号还大的数。例如，如果一个加工中心有 24 个刀具刀位，那么空刀应该定为 T25 或者更大的数。一般将空刀号定为 T 功能格式内最大的值。例如，在两位数格式下，空刀应定为 T99，3 位数格式则定为 T999，这样的编号便于记忆，并且在程序中也很显眼。

空刀编号使用 T00 需要注意，在加工中心上，所有尚未编号的刀具都被登记为 T00。一般在不会造成任何歧义的情况下才使用 T00。

(2) 换刀指令 M06。M06 表示将主轴换刀点的刀具和主轴上的刀具进行交换。在使用 M06 指令前首先需要使用 T□□指令和自动原点复归。

加工中心的刀具交换主要有手动和自动两种方式。在手动模式下进行刀具的交换，首先是进行主轴返回至换刀点的操作；其次，移动其他坐标轴，使工作台及其工件与换刀动作不发生干涉，即可采用 M06 及 T 代码换刀。在加工过程中，由于加工工艺的要求需要换刀时，一般采用自动换刀方式。

例 2-16 在卧式加工中心上加工一个零件，需要换 3 把刀具 T01～T03，其编程如下。

```
O××××                   开始时,主轴上为任意刀具
T01;                    确定主轴刀具是 T01,当主轴刀具不是 T01 时,T01 刀具准备
G91 G28 Y0 Z0;          主轴快速返回 Y、Z 机械原点
M06;                    主轴刀具为 T01 时,刀具交换指令不执行,主轴刀具不是 T01 时,T01 换刀
(…T01 刀工作…)
T02;                    T02 准备,移送到主轴换刀点,准备换刀
G91 G28 G00 Y0 Z0;      主轴快速返回 Y、Z 原点,主轴回到换刀位置
M06;                    刀具交换,T02 安装到主轴上
```

```
(…T02 刀工作…)
T03;                    T03 准备,移送到主轴换刀点,准备换刀
G91 G28 G00 Y0 Z0;
M06;                    执行刀具交换指令,T03 安装到主轴上
(…T03 刀工作…)
G91 G28 Y0 Z0;
G28 B0;
M30;                    加工结束
```

2.7　用户宏程序

虽然子程序对编制相同的加工程序非常有用，但用户宏程序由于允许使用变量、算术和逻辑运算及条件转移，使得编制同样的加工程序更简便。例如型腔加工宏程序和用户开发固定循环。使用时，加工程序可用一条简单的指令调出用户宏程序，和调用子程序完全一样。

2.7.1　变量

使用用户宏程序时，数值可以直接指定或用变量指定。当用变量时，变量值可用程序或用 MDI 面板操作改变。

1. 变量的表示

变量用变量符号(＃)和后面的变量号(数字或表达式)指定。

例如：＃1；＃[＃1＋＃2－12]。

2. 变量的类型

变量根据变量号可以分成 4 种类型(见表 2－6)：空变量、局部变量、公共变量、系统变量。

表 2－6　变量类型

变量号	变量类型	功　能
＃0	空变量	该变量总是空，没有值能赋给该变量
＃1～＃33	局部变量	局部变量只能用在宏程序中存储数据，例如运算结果。当断电时，局部变量被初始化为空。调用子程序，自变量对局部变量赋值
＃100～＃199 ＃500～＃999	公共变量	公共变量在不同的宏程序中意义相同。当断电时，变量＃100～＃199 初始化为空。变量＃500～＃999 的数据保存，即使断电也不会丢失
＃1000～	系统变量	系统变量用于读写 CNC 的各种数据，例如，刀具的当前位置和补偿量

3. 变量值的范围

局部变量和公共变量可以为 0 值或下面范围中的值：$-10^{47}\sim-10^{-29}$或$10^{-29}\sim10^{47}$。

如计算结果超出有效范围，则发出 P/S 报警。

4. 变量的引用

在地址后面指定变量即可引用其变量值。

例如：x＃1(x 为地址，＃1 为变量)，＃1 引用该变量值。

5. 变量使用的规定

(1) 当用表达式指定变量时，要把表达式放在方括号［ ］中。

例如：G01 X［＃1＋＃2］F＃3；

(2) 被引用的变量值根据地址的最小设定单位自动的舍入。

例如：当系统的最小输入增量为 1/1000mm 单位，对于指令 G00X＃1，＃1＝12.3456；则实际指令为 G00 X12.346；

(3) 当改变引用变量的值的符号时，要把负号(—)放在＃的前面。

例如：G00X－＃1；

(4) 当引用未定义的变量时，变量及地址字都被忽略。

例如：当变量＃1 的值是 0，并且变量＃2 的值是空时(未定义)，G00X＃1Y＃2 执行的结果是 G00X0；当变量未定义时，这样的变量成为“空”变量，变量＃0 总是空变量，它不能写，只能读。

2.7.2 运算

1. 算术、逻辑和关系运算及函数

表 2－7 中列出的运算可以在变量中执行。运算符右边的表达式可以包含常量或由函数或运算符组成的变量。表达式中的变量＃j 和＃k 可以用常量代替。左边的变量也可以用表达式赋值。

表 2－7 运　算

功能		格式	备注
定义		＃i＝＃j	—
算术运算	加法	＃i＝＃j＋＃k	—
	减法	＃i＝＃j－＃k	
	乘法	＃i＝＃j＊＃k	
	除法	＃i＝＃j/＃k	
平方根		＃i＝SORT[＃j]	—
绝对值		＃i＝ABS[＃j]	—
舍入		＃i＝ROUND[＃j]	当算术运算或逻辑运算指令 IF 或 WHILE 中包含 ROUND 函数时，则 ROUND 函数在第 1 个小数位置四舍五入 当在 NC 语句地址中使用 ROUND 函数时，ROUND 函数根据地址的最小设定单位将指令值四舍五入

（续表）

功能		格式	备注
三角函数运算	正弦	#i=SIN[#j]	角度以度指定。例：90°30′表示为 90.5° ASIN[#j] 取值范围： 当参数(No.6004#0)NAT 位设为 0 时，270°～90° 当参数(No.6004#0)NAT 位设为 1 时，－90°～ 90° ATAN [#j] 的取值范围： 当(参数 No.6004，#0)NAT 位设为 0 时：0°～360° 当(参数 No.6004，#0)NAT 位设为 1 时：－180°～180°
	反正弦	#i=ASIN[#j]	
	余弦	#i=COS[#j]	
	反余弦	#i=ACOS[#j]	
	正切	#i=TAN[#j]	
	反正切	#i=ATAN[#j]	
逻辑运算	或	#i=#j OR #k；	逻辑运算一位一位地按二进制数执行
	异或	#i=#j XOR #k；	
	与	#i=#j AND #k；	
关系运算	等于	#j EQ #k	—
	不等于	#j NE #k	
	大于	#j GT #k	
	小于	#j LT #k	
	大于或等于	#j GE #k	
	小于或等于	#j LE #k	

2. 运算次序

在一个表达式中可以使用多种运算符。运算从左到右根据优先级的高低依次进行，在构造表达式时可用方括号重新组合运算次序。运算的优先级次序为(按依次降低排列)：方括号 [ ]；函数；乘和除运算(*、/、AND)；加和减运算(+、－、OR、XOR)；关系运算(EQ、NE、GT、LT、GE、LE)。

括号用于改变运算次序。括号可以使用 5 级，包括内部使用的括号。当超过 5 级时，出现 P/S 报警 No.118。

2.7.3　系统变量

系统变量用于读写 NC 内部数据，例如，刀具偏置量和当前位置数据。但是某些系统变量只能读。系统变量是自动控制和通用程序开发的基础。

1. 刀具补偿值

用系统变量可以读写刀具补偿值。可使用的变量数取决于刀补数，分为外形补偿和磨损补偿；刀长补偿和刀尖补偿。当偏置组数小于等于 200 时，也可使用 #2001～#2400。变量与刀具补偿值的关系见表 2-8。

2. 宏程序报警(#3000)

当变量 #3000 的值为 0～200 时，CNC 停止运行且报警。可在表达式后指定不超过 26

表 2-8　刀具补偿存储器 C 的系统变量

补偿号	刀具长度补偿(H)		刀具半径补偿(I)	
	外形补偿	磨损补偿	外形补偿	磨损补偿
1	＃11001(＃2201)	＃10001(＃2001)	＃13001	＃12001
⋮	⋮	⋮	⋮	⋮
200	＃11201(＃2400)	＃10201(＃2200)	⋮	⋮
⋮	⋮	⋮	⋮	⋮
400	＃11400	＃10400	＃13400	＃12400

个字符的报警信息。CRT 屏幕上显示报警号和报警信息，其中报警号为变量＃3000 的值上加上 3000。

例 2-17　＃3000＝1(TOOL NOT FOUND)，此时报警屏幕上显示“3001 TOOL NOT FOUND”(刀具未找到)。

3. 自动运行控制(＃3003，＃3004)

自动运行控制可以改变自动运行的控制状态，它主要与两个系统变量＃3003，＃3004 有关。运行时的单程序段是否有效取决于＃3003 的值(见表 2-9)，运行时进给暂停、进给速度倍率是否有效取决于＃3004 的值(见表 2-10)。

表 2-9　自动运行控制的系统变量(＃3003)

＃3003	单程序段	辅助功能的完成
0	有效	等待
1	无效	等待
2	有效	不等待
3	无效	不等待

表 2-10　自动运行控制的系统变量(＃3004)

＃3004	进给暂停	进给速度倍率	准确停止
0	有效	有效	有效
1	无效	有效	有效
2	有效	无效	有效
3	无效	无效	有效
4	有效	有效	无效
5	无效	有效	无效
6	有效	无效	无效
7	无效	无效	无效

使用自动运行控制的系统变量＃3003 时，应当注意以下几点。

(1) 当电源接通时，该变量的值为 0。

(2) 当单程序段停止无效时，即使单程序段开关设为 ON，也不能执行单程序段停止。

使用自动运行控制的系统变量＃3004 时，应当注意以下几点。

(1) 当电源接通时，该变量的值为 0。

(2) 当进给暂停无效时，有以下情况。

① 当进给暂停按钮被按下时，机床以单段停止方式停止。但是，当用变量＃3003 使单程序段方式无效时，单程序段停止不能执行。

② 当进给按钮压下又松开时，进给暂停灯亮，但是机床不停止，程序继续执行，并且机床停在进给暂停有效的第一个程序段。

③ 当进给速度倍率无效时，不管机床操作面板上的进给速度倍率开关如何设置倍率总为 100%。

④ 当准确停止检测无效时，即使那些不执行切削的程序段也不进行准确停止检测(位置检测)。

4. 模态信息(＃4001～＃4130)

正在处理的程序段之前的模态信息可以读出，对于不能使用的 G 代码，如果指定系统变量读取相应的模态信息，则发出 P/S 报警。模态信息与系统变量的关系见表 2－11。

表 2－11　模态信息的系统变量

模态信息	系统变量	组数
＃4001	G00，G01，G02，G03，G33	(组 01)
＃4002	G17，G18，G19	(组 02)
＃4003	G90，G91	(组 03)
＃4004		(组 04)
＃4005	G94，G95	(组 05)
＃4006	G20，G21	(组 06)
＃4007	G40，G41，G42	(组 07)
＃4008	G43，G44，G49	(组 08)
＃4009	G73，G74，G76，G80～G89	(组 09)
＃4010	G98，G99	(组 10)
＃4011	G50，G51	(组 11)
＃4012	G65，G66，G67	(组 12)
＃4013	G96，G97	(组 13)
＃4014	G54～G59	(组 14)
＃4015	G61～G64	(组 15)
＃4016	G68，G69	(组 16)
⋮	⋮	(组 22)
＃4022	B 代码	
＃4102	D 代码	
＃4107＃	F 代码	
＃4109	H 代码	
＃4111	M 代码	
＃4113	顺序号	
＃4114	程序号	
＃4115	S 代码	
＃4119	T 代码	
＃4120		
＃4130		

例如：当执行＃1＝＃4001 时，在＃1 中得到的值是组 01(00，01，02，03 或 33)的值，具体是哪一个值，由宏程序前的主程序的状态决定。

5. 当前位置

当前位置信息不能写，只能读。当前位置与系统变量的关系见表 2－12。

表 2－12　位置信息的系统变量

变量号	位置信息	坐标系	刀具补偿值	运动时的读操作
＃5001～＃5004	程序段终点	—	不包含	可能
＃5021～＃5024	当前位置	机床坐标系	包含	不可能
＃5041～＃5044	当前位置	工件坐标系	包含	不可能
＃5081～＃5084	刀具长度补偿值	—	—	不可能

说明：
(1) 第 1 位代表轴号(从 1 到 4)例如：#5003 当前工件坐标系的 Z 坐标。
(2) 变量＃5081～＃5084 存储的刀具长度补偿值是当前的执行值，不是后面程序段的处理值。
(3) 移动期间不能读取是指由于缓冲(预读)功能的原因，不能读期望值。

例 2－18　编写攻螺纹宏程序。

```
O0001
N1 G00 G91 X#24 Y#25;                     快速移动到螺纹孔中心
N2 Z#18 G04;                              快速移动到Z点,暂停
N3 #3003=3;                               单程序段无效、辅助功能的完成,不等待
N4 #3004=7;                               进给暂停、进给速度倍率、准确停止无效
N5 G01 Z#26 F#9;                          按螺距攻螺纹孔到Z点
N6 M04;                                   主轴反转
N7 G01 Z-[ROUND[#18]+ROUND[#26]];         丝锥从螺纹孔中退出到R点
G04;                                      暂停
N8 #3004=0;                               进给暂停、进给速度倍率、准确停止有效
N9 #3003=0;                               单程序段有效,辅助功能的完成,等待
N10 M03;                                  主轴正转
```

2.7.4 转移和循环

使用 GOTO 语句和 IF 语句可以改变控制的流向。有 3 种转移和循环操作可供使用：GOTO 语句(无条件转移)，IF 语句(条件转移 IF … THEN…)，WHILE 语句(当…时循环)。

1. 无条件循环(GOTO 语句)

无条件循环的格式：GOTOn；n：顺序号(1～99999)

转移到标有顺序号 *n* 的程序段。当指定 1～99999 以外的顺序时，出现 P/S 报警 No. 128。可用表达式指定顺序号。

例如：GOTO 1；转移到 N1 语句，执行该语句。

GOTO＃10；转移到＃10 所表示的语句，执行该语句。

2. 条件转移(IF 语句)

1) 条件转移(IF 语句) [<条件表达式>]

条件转移的格式：IF [<条件表达式>] GOTO n

如果指定的条件表达式满足时，转移到标有顺序号 n 的程序段。如果指定的条件表达式不满足，执行下个程序段。

例如，下面的程序计算数值 1 到 10 的总和。

```
O9500;
#1=0;……………………………………存储和变量的初值
#2=1;……………………………………被加数变量的初值
N1 IF[#2 GT 10]GOTO 2;………………当被加数大于 10 时转移到 N2
#1=#1+#2;………………………………计算和
#2=#2+1;…………………………………下一个被加数
GOTO 1;……………………………………转到 N1
N2 M30;……………………………………程序结束
```

2) 条件转移 IF [<条件表达式>] THEN

条件转移的格式：IF [<条件表达式>] THEN 表达式

如果条件表达式满足，执行预先决定的宏程序语句，注意，只执行一个宏程序语句。

例如：如果＃1 和＃2 的值相同，0 赋给＃3，其程序如下。

```
IF[#1 EQ #2]THEN #3= 0
```

3. 循环(WHILE 语句)

在 WHILE 后指定一个条件表达式。当指定条件满足时，执行从 DO 到 END 之间的程序，否则，转到 END 后的程序段。

例 2-19　下面的程序计算数值 1 到 10 的总和。

```
O0001;
#1=0;
#2=1;
WHILE[#2 LE 10]DO1;
#1=#1+#2;
#2=#2+1;
END 1;
M30;
```

2.7.5 宏程序调用

调用宏程序方法有以下几种方法：

(1) 非模态调用(G65)。

(2) 模态调用(G66，G67)。

(3) 用 G 代码调用宏程序。

(4) 用 M 代码调用宏程序。

(5) 用 T 代码调用宏程序。

在本书中只介绍常用的两种宏程序调用方法：非模态调用(G65)，模态调用(G66，G67)。

1. 非模态调用(G65)

当指定 G65 时，以地址 P 指定的用户宏程序被调用。数据(自变量)能传递到用户宏程序体中。

格式：G65 Pp L l <自变量>；

其中：P 为要调用的宏程序的程序号；L 为重复次数，省略 L 值时，默认值为 1。自变量即数据传送到宏程序，自变量的值被赋值到相应的局部变量。

自变量的指定，使用除了 G，L，O，N 和 P 以外的字母，每个字母指定一次，见表 2-13。

表 2-13　自变量指定

地址	变量号	地址	变量号	地址	变量号
A	#1	I	#4	T	#20
B	#2	J	#5	U	#21
C	#3	K	#6	V	#22
D	#7	M	#13	W	#23
E	#8	Q	#17	X	#24
F	#9	R	#18	Y	#25
H	#11	S	#19	Z	#26

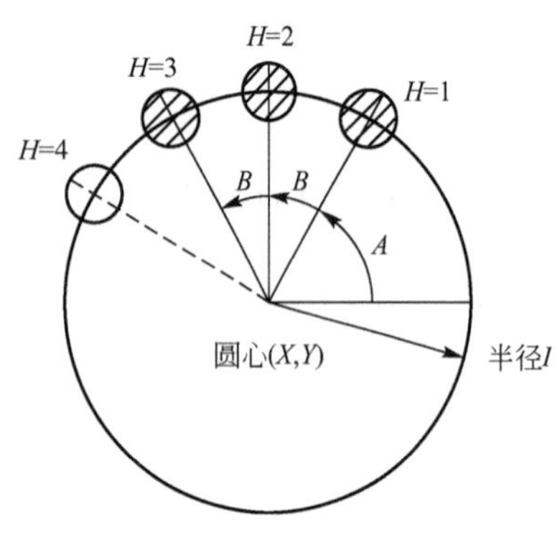

图 2.97　圆周螺栓孔

例如，要编制一个宏程序，加工圆周螺栓孔(如图 2.97 所示)。圆周的半径为 I，起始角为 A，间隔为 B，钻孔数为 H，圆的中心是(X，Y)。指令可以用绝对值或增量值指定，顺时针方向钻孔时 B 应指定负值。

宏程序调用格式：G65 P9100 Xx Yy Zz Rr Ff Ii Aa Bb Hh；

X：圆心的 X 坐标(绝对值或增量值指定)(#24)

Y：圆心的 Y 坐标(绝对值或增量值指定)(#25)

Z：孔点(#26)

R：R 点(#18)

F：切削进给速度(#9)

I：圆半径(#4)

A：第一孔的角度(#1)

B：增量角 (#2)

H：孔数(#11)

(1) 宏程序调用程序如下。

```
O0002;
…;
G65 P9100 X100.0 Y50.0 R30.0 Z-50.0 F500 I100.0 A0 B45.0 H5;
…
```

(2) 宏程序(被调用的程序)。

```
O9100;
#3=#4003;                储存 03 组 G 代码
G81 Z#26 R#18 F#9 K0;    钻孔循环
IF[#3 EQ 90]GOTO 1;      在 G90 方式转移到 N1
#24=#5001+#24;           计算圆心的 X 坐标
#25=#5002+#25;           计算圆心的 Y 坐标
N1 WHILE[#11 GT 0]DO 1;  直到剩余孔数为 0
#5=#24+#4*COS[#1];       计算 X 轴上的孔位
#6=#25+#4*SIN[#1];       计算 Y 轴上的孔位
G90 X#5 Y#6;             移动到目标位置之后,执行钻孔
#1=#1+#2;                更新角度
#11=#11-1;               孔数减 1
END 1;
G#3 G80;                 返回原始状态的 G 代码
M99;
```

2. 模态调用(G66)

G66 指定模态调用，G67 取消模态调用。调用可以嵌套 4 级，包括非模态调用(G65)和模态调用(G66)。

格式：G66 Pp L1＜自变量＞;

其中：P 为要调用的宏程序的程序号。L 为重复次数，省略 L 值时，默认值为 1。自变量即数据传送到宏程序。自变量其值被赋值到相应的局部变量。

例 2-20　用宏程序编制 G81 固定循环的操作。加工程序使用模态调用。为了简化程序，使用绝对值指定全部的钻孔数据。

(1) 调用格式：G66 P9100 Xx Yy Zz Rr Ff L1;

X：孔的 X 坐标(由绝对值决定)(#24)

Y：孔的 Y 坐标(由绝对值决定)(#25)

Z：Z 点坐标(由绝对值决定)(#26)

R：R 点坐标(由绝对值决定)(#18)

F：切削进给速度(#9)

L：重复次数

(2) 调用宏程序的程序。

```
O0001;
G28 G91 X0 Y0 Z0;
G92 X0 Y0 Z50.0;
G00 G90 X100.0 Y50.0;
G66 P9110 Z-20.0 R5.0 F500;
G90 X20.0 Y20.0;
X50.0;
Y50.0;
```

```
X70.0 Y80.0;
G67;
M30;
```

(3) 宏程序(被调用的程序)。

```
O9100;
#1=#4001;                储存 G00/G01
#2=#4003;                储存 G90/G91
#3=#4109;                储存切削进给速度
#5=#5003;                储存钻孔开始的Z 坐标
G00 G90 Z#18;            定位在R 点
G01 Z#26 F#9;            切削进给到Z 点
IF[#4010 EQ 98]GOTO 1;   返回到1 点
G00 Z#18;                定位在R 点
GOTO 2;
N1 GOO Z#5;              定位在1 点
N2 G#1 G#3 F#4;          恢复模态信息
M99;
```

习　题

1. 填空题

(1) 在数控编程时，使用________指令后，就可以按工件的轮廓尺寸进行编程，而不需按照刀具的中心线运动轨迹来编程。

(2) 在数控铣床上加工整圆时，为避免工件表面产生刀痕，刀具从起始点沿圆弧表面的________进入，进行圆弧铣削加工；整圆加工完毕退刀时，顺着圆弧表面的________退出。

(3) 在轮廓控制中，为了保证一定的精度和编程方便，通常利用刀具______和______补偿功能。

(4) 在精铣内外轮廓时，为改善表面粗糙度，应采用________的进给路线加工方案。

(5) 机床接通电源后的回零操作是使刀具或工作台回到________。

2. 判断题

(1) 固定循环功能中的 K 或者 L 指重复加工次数，一般在增量方式下使用。

(2) 固定循环只能由 G80 撤销。

(3) 加工中心与数控铣床相比具有高精度的特点。

(4) G00 和 G01 的运动轨迹都一样，只是速度不一样。

(5) 圆弧插补中，对于整圆，其起点和终点相重合，用 R 编程无法定义，所以只能用圆心坐标编程。

(6) 圆弧插补用半径编程时，当圆弧所对应的圆心角大于 180°时半径取负值。

(7) 在子程序中，不可以再调用另外的子程序，即不可调用二重子程序。

(8) 加工中心是一种带有刀库和自动刀具交换装置的数控机床。

(9) 刀具补偿功能包括刀补的建立、刀补的执行和刀补的取消三个阶段。

(10) 数控铣削机床配备的固定循环功能主要用于钻孔、镗孔、攻螺纹等。

3. 选择题

(1) 加工中心编程与数控铣床编程的主要区别______

A. 指令格式　　B. 换刀程序
C. 宏程序　　D. 指令功能

(2) 根据加工零件图样选定的编制零件程序的原点是______

A. 机床原点　　B. 编程原点
C. 加工原点　　D. 刀具原点

(3) 有些零件需要在不同的位置上重复加工同样的轮廓形状，应采用______。

A. 比例加工功能　　B. 镜像加工功能
C. 旋转功能　　D. 子程序调用功能

(4) 用来指定圆弧插补的平面和刀具补偿平面为 *XY* 平面的指令______。

A. G16　　B. G17　　C. G18　　D. G19

(5) 撤销刀具长度补偿指令是______。

A. G40　　B. G4　　C. G43　　D. G49

(6) 数控铣床的 G41/G42 是对______进行补偿。

A. 刀尖圆弧半径　　B. 刀具半径
C. 刀具长度　　D. 刀具角度

(7) 撤销刀具长度补偿指令是______。

A. G40　　B. G41　　C. G43　　D. G49

(8) 在 G54 中设置的数值是______。

A. 工件坐标系的原点相对于机床坐标系原点偏移量
B. 刀具的长度偏差值
C. 工件坐标系的原点
D. 工件坐标的原点

(9) 指令 G43 的含义是______。

A. 刀具半径右补偿　　B. 刀具半径补偿功能取消
C. 刀具长度补偿功能取消　　D. 刀具长度正补偿

(10) 数控机床的坐标系是由______建立的，______。

A. 设计者，机床的使用者不能修改　　B. 使用者，机床的设计者不能修改；
C. 设计者，机床的使用者可以修改　　D. 使用者，机床的设计者可以修改

(11) M98 P01000200 是调用______程序。

A. 0100　　B. 0200　　C. 0100200　　D. P0100。

(12) 在数控机床上铣一个正方形零件（外轮廓），如果使用的铣刀直径比原来小 1mm，则加工后正方形的尺寸差为______ mm。

A. 小 1　　B. 小 0.5　　C. 大 1　　D. 大 0.5

(13) 在钻孔加工时，刀具自快进转为工进的高度平面称为______。

A. 初始平面　　B. 抬刀平面
C. R 平面　　D. 孔底平面

(14) G90G99G83X _ Y _ Z _ R _ Q _ F _ 中 Q 表示______。

A. 退刀高度　　　　　　　　B. 孔加工循环次数

C. 孔底暂停时间　　　　　　D. 刀具每次进给深度

(15) G84 X100.0 Y100.0 Z−30.0 R10 F2.0 中的 2.0 表示______。

A. 螺距　　　　　　　　B. 每转进给速度

C. 进给速度　　　　　　D. 抬刀高度

(16) 铣削加工采用顺铣时，铣刀旋转方向与工件进给方向______。

A. 相同　　　　　　　　B. 相反

C. A、B 都可以　　　　D. 垂直

(17) G00 的指令移动速度值是______。

A. 机床参数指定　　　　B. 数控程序指定

C. 操作面板指定

(18) 在铣削内槽时，刀具的进给路线应采用______加工较为合理。

A. 行切法　　　　　　　B. 环切法

C. 综合行切、环切法　　D. 都不正确

(19) 刀尖半径左补偿方向的规定是______。

A. 沿刀具运动方向看，工件位于刀具左侧

B. 沿工件运动方向看，工件位于刀具左侧

C. 沿工件运动方向看，刀具位于工件左侧

D. 沿刀具运动方向看，刀具位于工件左侧

(20) 在数控铣床上用 ϕ20 铣刀执行下列程序后，其加工圆弧的直径尺寸是______。

N1 G90 G17 G41 X18.0 Y24.0 M03 H06

N2 G02 X74.0 Y32.0 R40.0 F180 (刀具半径补偿偏置值是 ϕ20.2)

A. ϕ80.2　　　　B. ϕ80.4　　　　C. ϕ79.8

(21) 在数控加工中，刀具补偿功能除对刀具半径进行补偿外，在用同一把刀进行粗、精加工时，还可进行加工余量的补偿，设刀具半径为 r，精加工时半径方向余量为 Δ，则最后一次粗加工走刀的半径补偿量为______。

A. r　　　　B. Δ　　　　C. $r+\Delta$　　　　D. $2r+\Delta$

(22) 主轴正转，刀具以进给速度向下运动钻孔，到达孔底位置后，快速退回，这一钻孔指令是______。

A. G8l　　　　B. G82　　　　C. G83　　　　D. G84

(23) 孔加工循环结束后，刀具返回参考平面的指令为：______。

A. G96　　　　B. G97　　　　C. G98　　　　D. G99

(24) 设 $H01=6$mm，则 G91 G43 G01 Z—15.0；执行后的实际移动量为______。

A. 9mm　　　　B. 21mm　　　　C. 15mm

4. 思考题

(1) 数控铣削适用于哪些加工场合？

(2) 在 FUNUC - OMC 系统中，G53 与 G54～G59 的含义是什么？它们之间有何关系？

(3) 加工中心的编程与数控铣床的编程主要有何区别？

(4) G90 X20.0 Y15.0 与 G91 X20.0 Y15.0 有什么区别？

(5) G00 与 G01 程序段的主要区别？

(6) 在数控加工中，一般固定循环由哪 6 个顺序动作构成？

(7) 什么是机床坐标系？什么是工件坐标系？两者之间有何联系？

(8) 刀具半径补偿的作用是什么？使用刀具半径补偿有哪几步？在什么移动指令下才能建立和取消刀具半径补偿功能？

第3章 数控车床编程

车床作为一种通用型的加工设备，几乎在每个机加工车间都可以找到它们。主要用来加工回转体类零件，即轴类、盘类、套类零件及螺纹等。当然，最为常见的是回转体的外表面及内表面加工。因此数控车床是数控机床中一种非常重要的加工设备。按照用户使用要求和经济承受能力的不同，数控车床也分为经济型数控车床、全功能数控车床和车削中心。那么到底数控车与普通车床在加工中有何不同，在数控车编程中需要注意什么样的问题，本章将详细的进行分析。

了解数控车主要加工范围
掌握数控车床编程的基本规则
掌握数控车编程的各类基本指令
掌握数控车削程序的基本编制方法

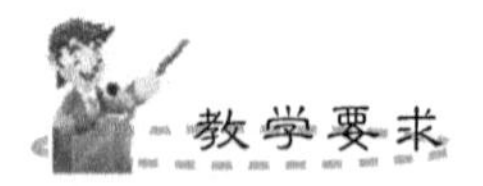

知识要点	能力要求	相关知识
数控车床编程基础	(1) 认识数控车床，了解它的基本特点 (2) 掌握数控车编程中一些基本的规则	数控车床的结构、车床加工的基本方法
数控车工件坐标系的建立	掌握数控车编程中建立工件坐标系的几种方法	机床坐标系、工件坐标系
数控车基本G指令	(1) 掌握数控车基本G指令的功能和使用方法 (2) 会使用相关指令编写加工程序	FANUC车削系统基本指令
螺纹切削编程	(1) 了解螺纹切削的基本工艺要求 (2) 掌握螺纹切削指令的编程格式和使用方法	螺纹参数、螺纹加工走刀特点
数控车削单一循环	掌握台阶轴单一循环相关指令的编程方法	车床纵车与端面切削的基本方法
复杂轴类零件的多重循环编程	(1) 了解各个复杂循环指令编程的基本格式 (2) 会使用相关指令进行实际问题的处理	阶梯轴的加工方法
断屑循环指令	了解深孔钻循环和径向切槽循环的基本功能和编程格式，会进行简单程序的编写	钻孔与切槽的工艺特点

导入案例

数控车床又称为 CNC 车床，是目前国内使用量最大，覆盖面最广的一种数控机床。在数控机床中占有非常重要的位置。我国数控车床的发展，始于 20 世纪 70 年代，通过 30 多年的发展，按照中国需求的特色，形成经济型卧式数控车床、普及型数控车床和中高档数控车床三种形式。经济型卧式数控车床，普遍采用平床身结构和四工位刀架，是在普通车床的基础上发展出来的一种适合我国国情需要的数控车床，以其优良的性价比受到了广大用户的欢迎。而普及型数控车床也就是 2 轴控制的卧式数控车床和立式数控车床，国产产品基本可以满足用户需要。车削中心等 3 轴控制以上的中高档数控车床，国产机床市场占有率较低。

近年来，我国通过技术引进和合作生产、自主创新已基本掌握了数控车床的设计和制造技术。从产品层次上来看，我国已经可以自行开发设计中高档数控车床，国际上最热门、水平最高的双主轴、双刀架车铣复合中心，我国已有企业开发试制成功。如沈阳数控机床有限公司的 HTM 系列车铣复合中心、大连机床集团有限责任公司的 CHD25 车铣复合中心、武汉重型机床集团有限公司的七轴五联动数控重型立式车铣复合中心等。

七轴五联动数控立式车铣复合中心

在数控车床中，占主体地位的是普及型数控车和经济型数控车床，二者是大多数机械加工企业所必需的加工设备。学习数控车削，我们也要从普通的 2 轴车床开始，去了解数控车床的编程规则、程序指令的使用方法等，这些是我们以后进一步学习数控车的基础。

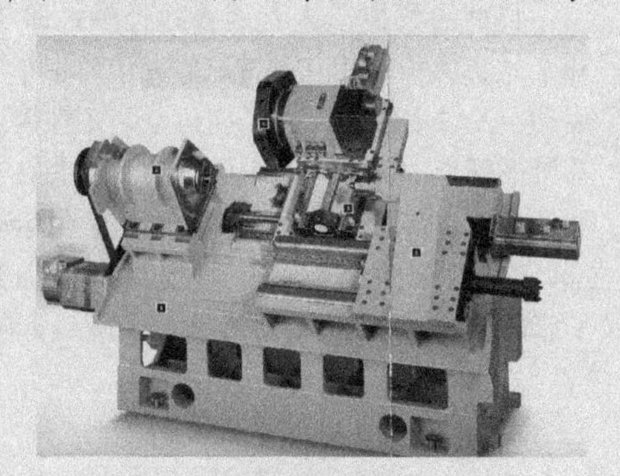

普及型数控车床

经济型数控车床

3.1 数控车床编程基础

3.1.1 概述

1. 数控车床的基本概念

常见的车床有传统的普通车床和转塔车床，几乎在每个机加工车间都可以看到它们。车床主要用来加工圆柱形和圆锥形的零件，例如轴类零件、盘套类零件、内外螺纹、孔等。通常车床在外圆加工中应用较多，但如果使用合适的切削刀具，车床也可以进行镗削、切槽等。

在工业生产中，由 CNC 系统控制运动和工作的车床称为 CNC 车床，也就是数控车床。数控车床可以在一次装夹中完成许多加工操作，例如车削、镗削、钻削、螺纹加工、槽加工、滚花等；也可以在不同模式下使用，比如卡盘工作、弹簧夹头工作、棒料进给器等。数控车床采用特殊的转塔刀架上装夹数把刀具，它们有可能拥有铣削装置、分度卡盘、辅助轴等许多普通车床不具备的特征，甚至 4 轴以上的车床也较为常见。

1）数控车床的种类

数控车床可以根据设计类型和轴的数目来进行分类。当然，卧式数控车床和立式数控车床是两种最基本的类型。其中，卧式数控车床在实际应用中更为广泛，而立式数控车床在大型零件加工中具有不可替代的作用。但就编程而言，两种车床并没有太大区别。

此外，也可以根据可编程的轴的数目区分不同的数控车床。常见的卧式车床通常设计有两根可编程轴，此外也可以使用 3 根、4 根轴等，这样就为复杂零件的加工创造了条件。立式数控车床往往为两根数控轴。对于卧式数控车而言，还可以进一步分为：前置刀架车床—普通车床类型和后置刀架车床—斜床身类型(图 3.1)。

图 3.1 后置刀架数控车床

由于倾斜床身排屑更为理想、机床刚度高，故斜床身后置刀架类型车床在实际应用中更受欢迎。

2）数控车床的轴

典型的数控车床有两根数控轴，即 *X* 轴和 *Z* 轴。两根轴相互垂直，并表示两轴车床的运动：*X* 轴表示刀具的径向运动，*Z* 轴表示刀具沿平行于主轴方向的纵向运动。所有在车床上使用的刀具(包括外表面加工刀具和内孔加工刀具)均安装在转塔刀架上，沿 *X* 轴和 *Z* 轴运动。

按照数控铣床和加工中心的运动标准，在车床上可以进行钻孔、镗削加工的轴为 *Z* 轴。在数控车床上，从操作者的位置看，卧式车床的轴方向如图 3.2 和图 3.3 所示，*X* 轴为前后运动，*Z* 轴为左右运动。

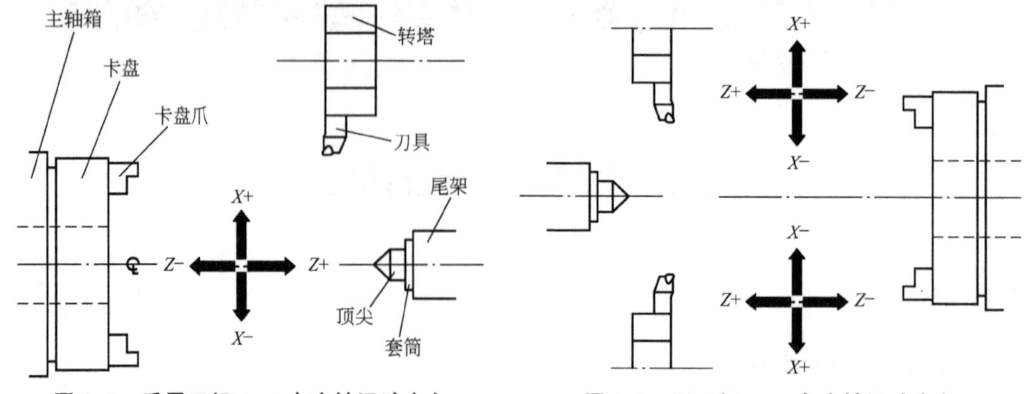

图 3.2 后置刀架 CNC 车床轴运动方向　　图 3.3 双刀架 CNC 车床轴运动方向

除了 X 和 Z 轴，多轴车床对每一个附加轴进行单独描述。例如，C 轴功能通常是用来进行铣削加工的第三轴，使用动力刀头。常用的多轴数控车床如下。

(1) 两轴数控车床：这是最常用的数控车床，工件通过卡盘或夹头安装在车床主轴上。床身通常为倾斜床身结构，对于一些大型数控车，则采用平床身更为合适。切削刀具安装在转塔刀架上，通常可以装夹 4 把、6 把、8 把、12 把甚至更多的刀具。

(2) 三轴数控车床：三轴车床是拥有一个附加轴的两轴车床。在绝对模式中通常为 C 轴(增量模式中为 H 轴)，该轴是可编程的。通常，第三轴用来进行铣削、六面体、切槽和螺旋槽加工等，它可以替代铣床上的一些简单操作并缩短工件的安装时间。但由于车床的结构，第三轴的铣削和钻削只能在刀具中心线和主轴中心线的延长线上进行。第三轴的动力由于转塔刀架的结构限制，其功率较低。

(3) 四轴数控车床：从设计上，四轴车床和三轴车床不同，编写一个四轴车床程序只不过是同时编写两个两轴车床程序。在四轴车床上，有两组 XZ 设置，每一对 XZ 轴设置需要一个控制器。两组轴可以独立进行工作，因此可以一组程序进行外表面加工，而另一组程序进行内孔加工。但是在有些条件下，由于四轴车床加工工件的成本更高，所以在两轴车床上进行同样的工作效果反而更好。

除了四轴数控车床之外，还有特殊设计的六轴数控车床，它有两个转塔刀架，每三根轴对应一个转塔刀架。它的编程相当于编写两次三轴数控车床的程序。

2. 数控车削加工的主要对象

1) 精度、表面质量要求高的回转体零件

数控车床可以加工在尺寸精度、形状精度和位置精度方面要求较高的零件。由于数控车床具有恒线速度切削功能，能加工出表面粗糙度 Ra 值小而均匀的零件。数控车削还适合于车削各部位表面粗糙度要求不同的零件，表面粗糙度 Ra 值要求大的部位选用大的进给量，要求小的部位选用小的进给量。

2) 表面形状复杂的回转体零件

数控车床可以车削任意直线和曲线组成的形状复杂的回转体零件。

3) 带螺纹的回转体零件

数控车床能车削增导程、减导程以及要求等导程和变导程之间平滑过渡的螺纹。数控车床车削螺纹时，主轴转向简单，它可以不停顿地进行循环，直到完成，所以车削螺纹的效率很高；而且车削出来的螺纹精度高、表面粗糙度 Ra 值小。

4) 淬硬工件的加工

在大型模具加工中，有不少尺寸大而形状复杂的零件。这些零件热处理后的变形量较大，磨削加工有困难，因此可以用陶瓷车刀在数控机床上对淬硬后的零件进行车削加工，以车代磨，提高加工效率。

3.1.2 前置刀架和后置刀架车床坐标系

按刀座与机床主轴的位置来看，数控车床具有前置刀架和后置刀架之分：刀架布局在操作者和主轴之间位置，称为前刀架；刀架布局在操作者和主轴外侧位置，称为后刀架。传统的普通车床就是前置刀架车床的一个例子，所有斜床身类型车床都属于后置刀架车床。

1. 数控车床的机床坐标系

1）坐标轴的定义

数控车削的主运动是工件的旋转运动，辅助运动为刀具的平面移动。在国家标准规定的坐标轴定义中，Z 坐标的运动由传递切削力的主轴决定，与主轴轴线平行，远离工件为正。对于工件旋转的机床，垂直于工件旋转轴线的方向为 X 轴，而刀架上刀具远离工件旋转中心的方向，为 X 轴正方向。因此，数控车床或车削中心的 Z 轴，无论是前刀架还是后刀架，均平行于车床主轴，向尾架方向为正。X 轴对应工件的径向，前后刀架正方向呈镜像关系，具体情况如图 3.4 和图 3.5 所示。

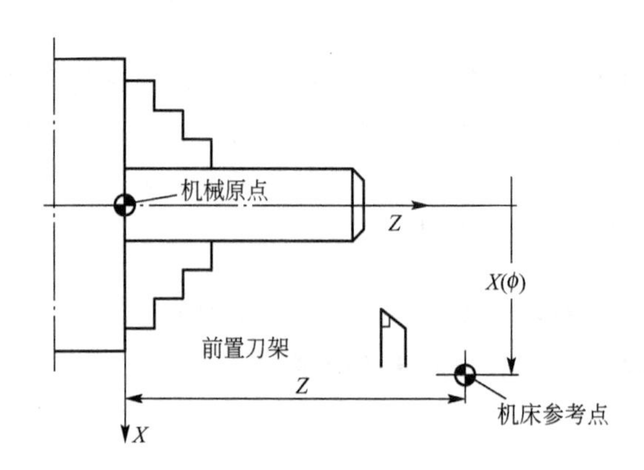

图 3.4　前置刀架数控车床机床坐标系

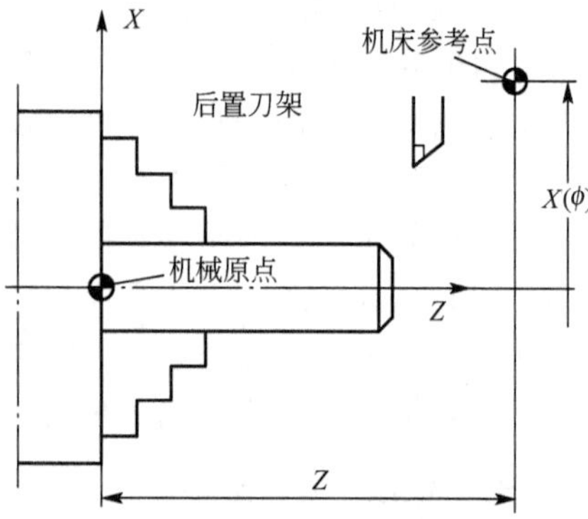

图 3.5　后置刀架数控车床机床坐标系

2）数控车床的机床原点

对于数控车床或者车削中心而言，机床原点(第 2 章介绍)一般设置在卡盘端面与主轴中心线的交点处，如图 3.4 和图 3.5 所示。

3）机床参考点

在数控车床或车削中心上，机床参考点设置在每根轴行程范围的正半轴的末端，即 X 轴和 Z 轴运动正方向的极限位置上，它与机床原点之间的坐标关系已知。前后刀架具体情况如图 3.4 和图 3.5 所示。

在机床设置过程中，尤其是打开电源时，所有轴的预先设置位置应该始终一样，不随日期和工件的改变而改变。F 和许多其他控制系统在执行回零指令之前不允许机床的自动操作，通过参考点的确认，从而确认了机床原点，为数控车床刀架的移动提供基准。如图 3.4 和图 3.5 所示，机床参考点与机床原点之间的 X、Z 方向的偏移值，均存放在机床参数中。

2. 数控车床的工件坐标系(工件参考点)

机床加工之前，工件首先应该通过夹具安装在机床上，然后使用工件参考点以确定它与机床参考点、刀具参考点及图纸尺寸的关系，即建立工件坐标系。

工件坐标系是确定零件图上各几何要素的位置而建立的坐标系。编程人员可以在工件坐标系中描述工件形状，计算程序数据。工件坐标系合理与否，直接影响到编程计算量、程序繁简程度和零件的加工精度。

(1) 工件参考点又称程序原点或工件原点，如图 3.6 所示，程序原点处于工件右端面与轴心线的交点处。由于可以在任何地方选择表示程序原点的坐标点，所以它不是一个固定的点，而是一个可以移动的点。虽然从理论上这个点可以在工件上的任意地方选择，但由于实际机床操作中的限制，有3个因素决定了如何选择工件参考点：加工精度、调试和操作的安全性。

① 加工精度：工件加工必须符合图样的技术要求，尤其对于批量生产而言，所有后续的工件也必须相同。

② 调试：在保证加工精度的前提下，必须定义一个方便在机床上进行调试和检查的程序原点，这将大大提高工作效率。

③ 操作的安全性：安全性是个非常重要的指标，程序原点的选择对加工操作的安全性影响极大。

数控车床的工件坐标系应与机床坐标系的坐标方向一致，X 轴垂直于工件旋转轴线，且远离工件回转中心为正，Z 轴平行于工件旋转轴线，远离工件为正。本书中除了特别进行说明外，使用的工件坐标系均为后置刀架坐标系。

(2) 数控车床上的工件参考点选择较为简单，一般只需要考虑两根轴，因为车床设计的缘故，X 轴工件参考点(程序原点)通常选择在主轴中心线上。对于 Z 轴参考点的选择，有3种常用的方法。

① 卡盘表面：即卡盘的主平面，如图3.7所示。使用卡盘表面很容易和切削刃接触，可使用传感器来防止刀具碰撞。除非工件紧靠在卡盘表面上，否则需要对坐标数据进行额外计算，而且不能轻易使用图样尺寸。

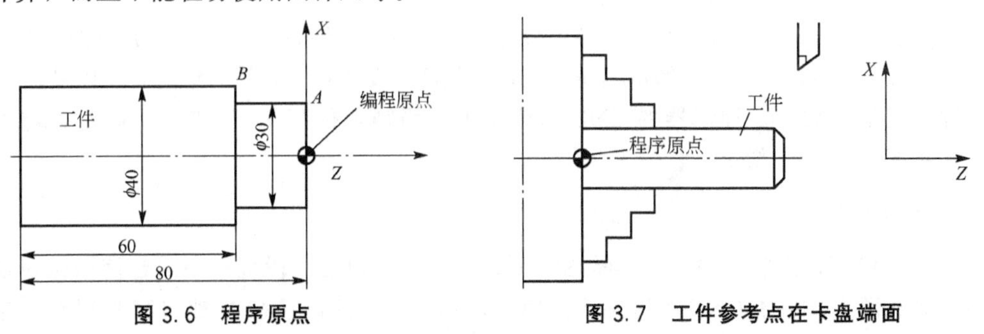

图3.6 程序原点　　图3.7 工件参考点在卡盘端面

② 卡爪表面：即卡爪的定位面，如图3.8所示。在不规则零件表面加工时比较有利，例如铸件、锻件等。

③ 工件表面：即加工工件的右端前表面，这是目前使用最多的方式，如图3.9所示。设置在工件表面，沿着 Z 轴的许多绘图尺寸可以直接转换到程序里，只是在正负号上进行区别。刀具运动的负 Z 值表明刀具处于工作区域，而正 Z 值表明刀具处于非工作区域。在

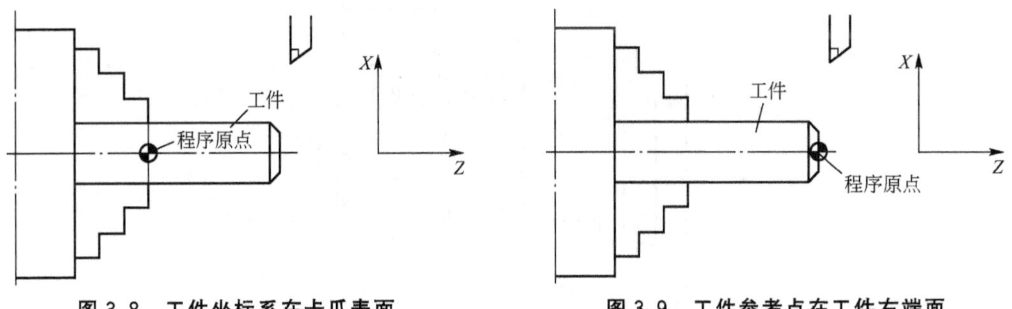

图3.8 工件坐标系在卡爪表面　　图3.9 工件参考点在工件右端面

程序开发过程中，很容易忘记 Z 轴切削运动负号。这种错误如果不及时发现，可能会将刀具定位在远离工件的位置，此时由于尾座的影响，可能发生碰撞问题。

3.1.3　绝对坐标编程和相对坐标编程

以任意单位输入的尺寸必须有指定的参考点。例如，假如在程序中输入 X20.0，且单位是毫米(mm)，但这里并未指出 20mm 的起点，数控系统需要更多的信息来正确编写尺寸值。

编程中有两种尺寸输入方式：以零件上一个公共点作为参考即绝对输入的原点；以零件上的当前点作为参考即增量输入的上一刀具位置。

1. 绝对坐标编程

绝对编程模式下，原点即程序参考点(程序原点)，所有的尺寸都从原点开始测量。机床的实际运动是当前绝对位置与前一位置的差。坐标值的正负号并不表示运动方向。绝对编程的主要优点就是 CNC 程序员可以方便地进行修改，改变一个尺寸并不会影响程序中的其他尺寸。

对于使用 FANUC 控制器的 CNC 车床来说，用轴名称 X 和 Z 来表示绝对模式，它并不使用 G90 指令。

2. 相对坐标编程(增量编程)

相对编程模式下，所有尺寸都是指定方向上的间隔距离。机床的实际运动就是沿每根轴移动指定的数值，方向由数值的正负号控制。

相对坐标编程的主要优点是程序各部分之间具有可移植性，可以在工件的不同位置，甚至在不同的程序中，调用一个增量程序，它在子程序开发和重复相等的距离时使用最多。

对于使用 FANUC 控制器的 CNC 车床来说，用轴名称 U 和 W 来表示相对(增量)模式，它并不使用 G91 指令。

3. 混合编程

许多 FANUC 控制器中，为了特殊编程的目的，可以在一段程序中混合使用绝对模式和相对增量模式。由于 CNC 车床并不使用 G90 和 G91，所以只在 X 轴和 U 轴以及 Z 轴和 W 轴之间切换，X 和 Z 包含绝对值，U 和 W 则是相对值，二者坐标方向定义相同。正负方向判断如图 3.10 所示。可以在一段程序中使用上述两种类型。

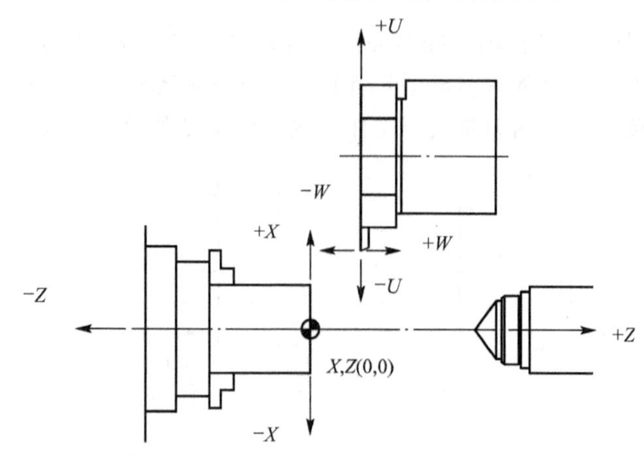

图 3.10　相对坐标方向判断

如图 3.11 和图 3.12 所示，实现图中所示刀具的移动过程，分别用 3 种方式编程分别如下。

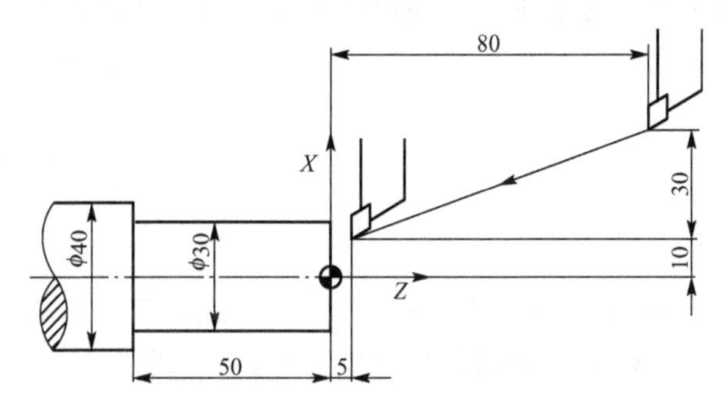

图 3.11　3 种不同尺寸输入方式

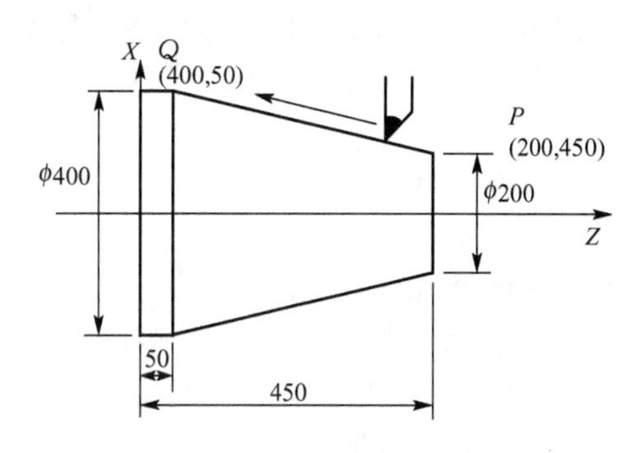

图 3.12　锥面切削中的尺寸输入

对图 3.11 所示，其编程如下：

绝对方式编程：X20.0 Z5.0；

相对增量方式编程：U－60.0 W－75.0；

混合方式编程：X20.0 W－75.0；

U－60.0 Z5.0；

对图 3.12 所示编程如下。

绝对方式编程：X400.0 Z50.0；

相对增量方式编程：U200.0 W－400.0；

混合方式编程：X400.0 W－400.0；

U200.0 Z50.0；

3.1.4　恒表面线速度切削

CNC 车床上的加工工艺和铣削工艺不同，车刀不考虑刀具直径的影响，但在车削工件时，工件直径不断改变，例如，表面切削或粗加工操作中，以转速 r/min 模式为主轴编程就不够理想了，因此就需要在车床编程中使用表面线速度。

选择表面线速度，控制器必须设置表面速度模式，由于车床定尺寸刀具加工中依然使用转速 r/min 模式，例如钻削、铰削等，在车床上区分两种选择方式，由准备功能 G96 和 G97 来完成，它们的优先级比主轴功能高。G96 和 G97 的指令格式如下：

G96 S；

其中 S 后面数字的单位为 m/min

该模式中，实际的主轴转速将根据正在车削的当前直径，自动增加或减少。大多数的 CNC 车床控制器中，都有恒表面线速度，该功能不仅可以节省编程时间，也允许刀具始终以恒切削量切除材料，从而避免刀具的额外磨损，获得良好的加工表面质量。

设置恒切削速度后，如果不需要时可以取消，其方式如下。

G97 S；

其中 S 后面数字的单位为 r/min

例如：G96 S300；表示主轴切向速度(圆周线速度)300m/min

G97 S300；表示主轴转速 300r/min

CNC车床在恒表面线速度模式下运行时，主轴转速和当前工件直径有关，工件直径越小，主轴转速越大。因此，当刀具靠近主轴中心线时，其速度通常会非常大，此时无法确保操作的安全性，因此在设置恒表面线速度之前，必须设置最大主轴转速或称为最大主轴转速限制。切削过程中当执行恒切削速度时，主轴最高转速将被限制在这个最高值。

设置方法如下。

G50 S;

其中S的单位为r/min

例3-1　在刀具T01切削外表面时用G96设置恒切削速度为150m/min，而在钻头T02钻中心孔时用G97取消恒表面线速度，并设置主轴转速为1000r/min。

这两部分的程序如下。

```
G50 S2000 T0101;          G50限定最高主轴转速为2000r/min,选择01号刀具
G96 S150 M03;             G96设置恒切削速度为150m/min,主轴正转
G00 X45.0 Z2.0;           快速运行到点(45.0,2.0)
G01 Z-30.0 F0.3;          车削外表面
G00 X45.0 Z2.0;           快速退回
…
T0202;                    调02号刀具
G97 S1000 M03;            G97取消恒切削速度,设置主轴转速为1000r/min
G00 X0 Z5.0 M08;          快速走到点(0,5.0),冷却液打开
G01 Z-6.0 F0.12;          钻中心孔
…
```

例3-2　设置恒线速度程序如下。

```
O1000
N10 G20 T0100;                       选择英制单位
N20 G50 X10.0 Z6.0 S1700;            限制最高转速为1700r/min
N30 M42;                             选择主轴齿轮传动范围
N40 G96 S400 M03;                    设定恒表面速度,主轴正转
N50 G00 G41 X5.5 Z0 T0101 M08;       在快速运动中激活刀具半径偏置和冷却液功能
N60 G01 X-0.07 F0.012;               端面切削
N70 G00 Z0.1;                        刀具离开端面
N80 G40 X10.0 Z6.0 T0100;
……
```

3.1.5　切削进给(G98/G99、F指令)

CNC程序中使用两种进给率类型：每分钟进给和每转进给。车床操作中极少使用每分钟进给，因为对于CNC车床，进给率不是以时间来衡量的，而是由刀具在主轴旋转一周的时间内所走过的实际距离来确定，如图3.13所示。

(1) 进给率，单位为mm/r，其指令如下。

G99；每转进给指令

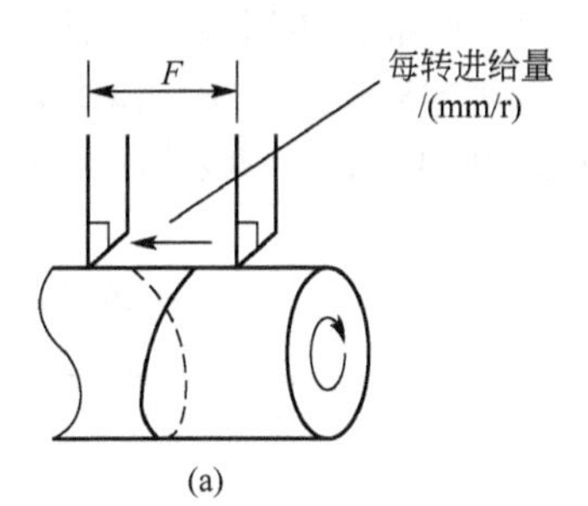

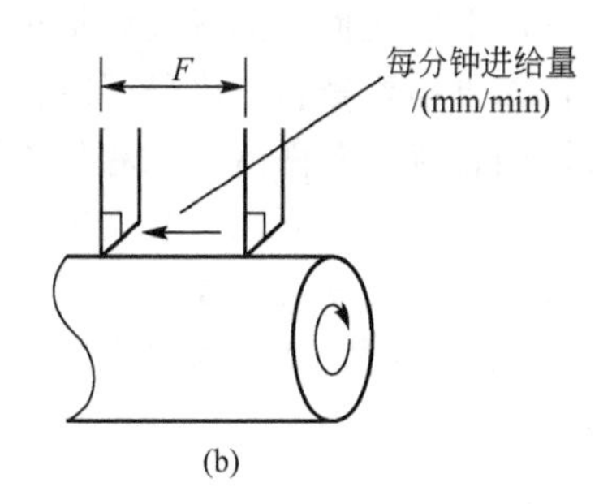

图 3.13　数控车削中进给速度模式

G01 X _ Z _ F _ ；*F* 的单位为 mm/r

(2) 进给速度，单位为 mm/min，其指令如下。

G98；每分钟进给指令

G01 X _ Z _ F _ ；*F* 的单位为 mm/min

CNC 车床在采用自动进料装置进行工件装夹时往往使用每分钟进给 G98 方式。G98 和 G99 都是模态指令，且可以相互取消。

3.1.6　刀具功能(T 指令)

一般的斜床身车床使用多边形转塔上的刀架来实现外部加工刀具和内孔加工刀具的夹持。刀架可以装夹 8 把、10 把、12 把甚至更多的刀具，如图 3.14 所示。由于所有的刀具均装夹在一个转塔上，所以被选择的刀具将带动所有的刀具到工作区域。此时刀具可能和机床或工件发生干涉现象，为了避免可能出现的碰撞问题，必须同时关注目前正在使用的刀具和在转塔上的其他刀具。

图 3.14　数控车床刀架

CNC 车床上使用 T 地址对所选刀具号进行编程，车削与铣削控制器之间的一个主要区别就是 CNC 车床上的 T 地址可以进行实际换刀，而铣削不是如此，故在 CNC 车床上不适用 M06 功能。

要将刀具更换到当前加工位置，必须根据 T 功能的正确格式来进行编写。对 CNC 车床，其格式为：T□□□□，其中前两位代表刀具安装到转塔上对应的刀位编号(也是几何尺寸偏置号)，后两位对应刀具的补偿寄存器号码，即刀具磨损偏置号。通常情况下，两组数字成一一对应关系。例如 T0101 将选择一号刀具、一号几何尺寸偏置以及相应的一号刀具磨损偏置。这样可以使操作人员的工作变得简单些。如果同一把刀具使用两种或多种不同磨损偏置，必须为同一刀具编号编写两种或多种不同磨损偏置。

例如，G00 T0110；01 号刀具，磨损偏置 10

　　　G00 T0214；02 号刀具，磨损偏置 14

　　　G00 T0303；03 号刀具，磨损偏置 03

从理论上来讲，上述几种选择方式均是正确的，但推荐使用最后一种。当同一程序中使用多把刀具时，如果偏置号和刀位号不对应，非常容易引起混淆。除非对同一把刀具使用两个以上的磨损偏置时，允许出现二者的不同。例如 T0101 表示 01 号刀具的第一个磨损偏置，T0105 表示该刀具的第二个磨损偏置。

所以一般而言，采用的标准格式为：T0202，第一组 02 为刀具号(选择 2 号刀具)，第二组 02 为刀具补偿值组号(调用第 2 号刀具补偿值)。T0200 表示调用第 2 把刀，取消它的刀补。

3.1.7　直径和半径编程

CNC 车床上，所有沿着 X 轴的尺寸都可以采用直径编程，这样可简化车床编程，使程序易读。通常，大多数 FANUC 控制器的默认值为直径编程，当然也可以通过改变控制系统参数将输入的 X 值作为半径值。对于实际操作而言，直径编程易于理解，因为一般情况下图纸中的回转体工件使用直径尺寸，而且车床上直径测量也更为普遍。需要注意的是，使用直径编程，所有 X 轴的刀具磨损偏置必须应用在工件直径上。

1. 直径编程

采用直径编程时，数控程序中 X 轴的坐标值即为零件图上的直径值。

2. 半径编程

采用半径编程，数控程序中 X 轴的坐标值为零件图上的半径值。

考虑加工测量上的方便，一般采用直径编程。CNC 系统默认的编程方式为直径编程。图 3.15 所示工件，A、B 点采用直径编程为：A(30.0，80.0)，B(40.0，60.0)；

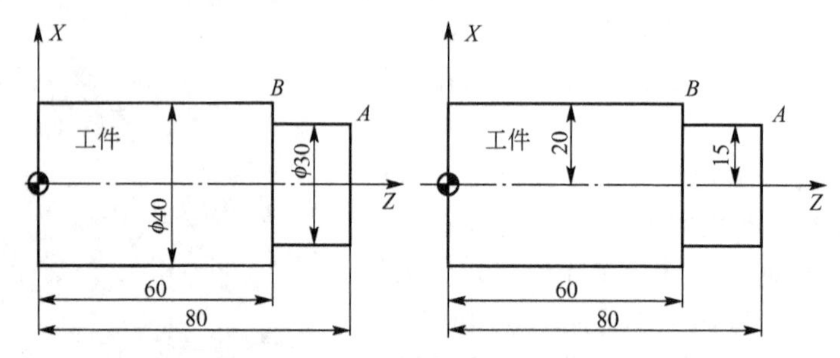

图 3.15　工件的直径编程与半径编程

A、B 点采用半径编程为：A(15.0，80.0)，B(20.0，60.0)。

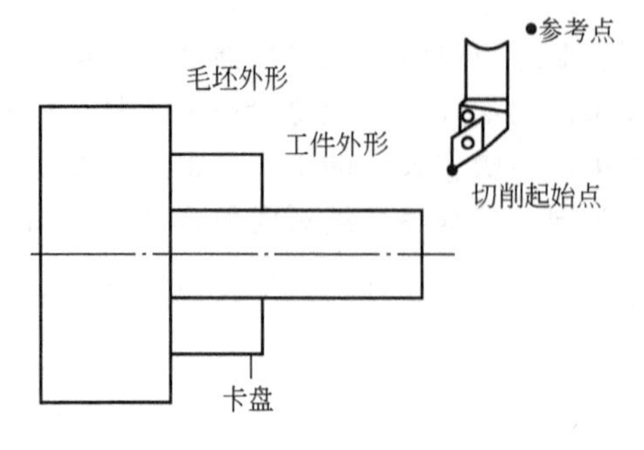

图 3.16　数控车床的进刀和退刀

3.1.8　进、退刀方式

对于车削加工，刀具进给时首先采用快速走刀接近工件切削起点附近的某个点，之后使用切削进给方式进行切削加工，以减少空走刀的时间，提高加工效率。切削起点的确定和工件毛坯余量的大小有关，应以刀具快速走到该点时刀尖不与工件发生碰撞为原则，如图 3.16 所示。退刀时，沿轮廓延长线工进退出至工件附近，再快速退刀。一般先退 X 轴，后退 Z 轴。

3.2 数控车床工件坐标系的建立

数控车床工件坐标系的建立通常有3种方法：试切对刀法、G50设定工件坐标系和G54～G59设定工件坐标系。

3.2.1 试切对刀法

(1) 对刀过程如图3.17所示。

① 先让转塔刀架回机床参考点，选择相应的刀具，快速移动刀具趋近工件前方。

② 启动主轴旋转。

③ 用车刀先试切外圆表面 A，测量外圆直径 ϕA 后，按"OFFSET"→"补正"→"形状"键输入"外圆直径值 ϕA"，按"测量"键，刀具"X 方向几何形状补偿值 $X(\phi)$"即自动输入机床对应的几何形状寄存器里。

④ 用车刀再试切 B 外圆端面，按"OFFSET"→"补正"→"形状"键输入"z0"，按"测量"键，刀具"Z 方向几何形状补偿值 ΔZ"即自动输入机床对应的几何形状寄存器里。

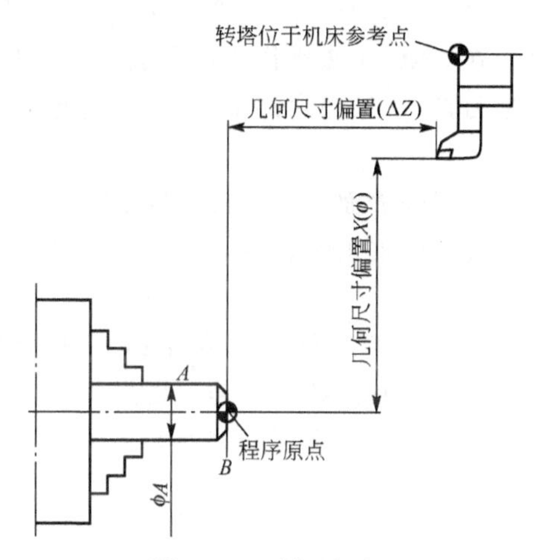

图3.17 试切法对刀

用同样的方法可以完成其他刀具的对刀(建立工件坐标系)。

(2) 对刀过程的实质是确认转塔位于机床参考点时，相应刀具的刀尖与程序原点之间的坐标关系，相当于对建立在机床参考点的坐标系进行偏移，偏移距离即为 X 和 Z 两个方向的几何尺寸偏置值。试切对刀建立工件坐标系的方法特点如下。

① 通过对刀，将刀具的几何形状偏置值写入机床参数，从而建立工件坐标系。

② 方法简单，可靠性高，而且每把刀独立坐标系，互不干扰。

③ 只要不断电，不更改刀偏置，工件坐标系就会存在且固定不变，即使断电，重启后回参考点，工件坐标系依然存在且不变。

鉴于上述的优点，在数控车削加工中，推荐使用试切对刀法建立工件坐标系。

3.2.2 G50设定工件坐标系

在使用刀具前，必须利用某些方法告诉控制系统每把刀具在机床工作区域内的确切位置，如果在整个程序中，将刀具当前位置登记到控制系统的存储器中，这一方法需要利用位置寄存器指令来建立。该指令将刀具位置设置为从程序原点到刀具当前位置的轴向距离和方向，而且只能用在绝对模式编程中。

G50设定工件坐标系的编程格式：

G50 X(A)Z(B)；

其中，X、Z 的值为起刀点相对于程序原点的位置。即 G50 表示从程序原点到当前刀具位置的轴向距离。在数控车床编程时，所有 X 坐标值均使用直径值。

注意：包含 G50 指令的程序段将不会发生任何机床运动。

指令 G50 和 G92 功能是一样的，虽然它们属于不同的 G 代码组别。在车床中编写位置寄存器和为铣刀编写 G92 相似，但由于 CNC 车床的设计中将所有的刀具均安装在转塔刀架上，所以必须考虑每一刀具从转塔刀架上的伸出部分，而且转塔上所有刀具与正在使用的刀具是同时移动的，所以还要避免任何可能发生的干涉现象。

应用 G50 指令设定工件坐标系，是通知系统起刀点相对于工件原点的位置。执行 G50 指令后，系统内部对坐标 X(A)Z(B)进行记忆并显示，即相当于在 CNC 内部系统建立了以程序原点为原点的工件坐标系，一般作为一条指令放在整个程序之前。

在 CNC 车床操作中使用的刀具按照工作类型可以分为：工件外部工作的刀具(外表面切削刀具)，工件内部工作刀具(内孔加工刀具)，在工件中心线工作的刀具(钻削类刀具)3 种。

对于外表面切削刀具，例如粗加工和精加工外圆直径，锥面加工、车槽、滚花、车削螺纹及切断加工等，G50 的值就是从程序原点到刀片的假想刀尖之间的距离，如图 3.18 所示。

CNC 车床上使用的麻花钻、中心钻、可转位硬质合金钻、铰刀等都属于对中刀具，这些刀具的共同特点就是：切削时，这些刀具的刀尖始终位于主轴中心线上，因此这些刀具在安装时必须平行于 Z 轴，其 G50 工件坐标系的设置如图 3.19 所示。

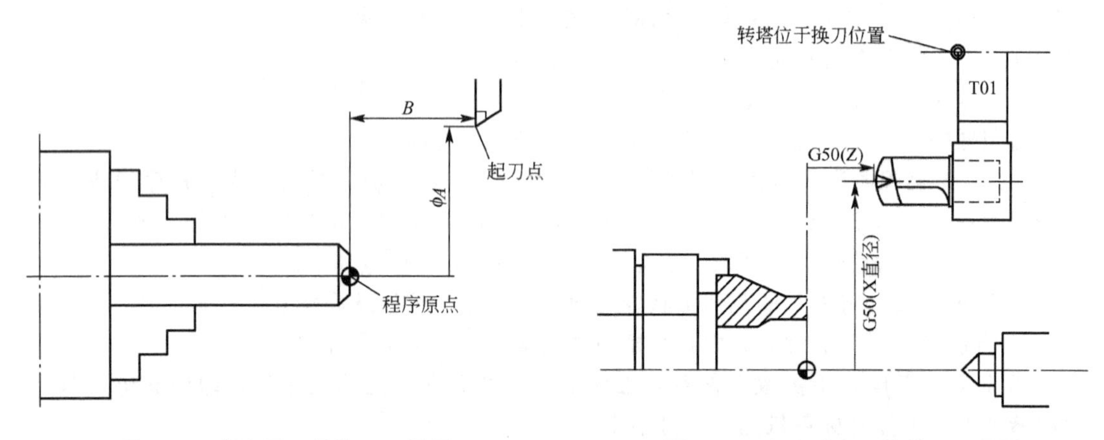

图 3.18　外表面刀具的 G50 设置　　　　图 3.19　车床对中刀具的 G50 设置

内孔加工刀具主要是指在车床上对预制孔进行切削的刀具，例如内孔车刀、镗刀、内孔螺纹加工及内孔槽加工等，其 G50 设置如图 3.20 所示。

值得注意的是：对刀后必须将刀移动到 G50 设定的位置才能加工。对刀时先对基准刀，其他刀的刀偏都是相对于基准刀的；刀具完成加工后，必须回到 G50 程序段中指定的同一绝对位置。

如图 3.21 所示，若选择工件左端面中心 O 点为程序原点，G50 坐标系设定为：G50 X150 Z120；

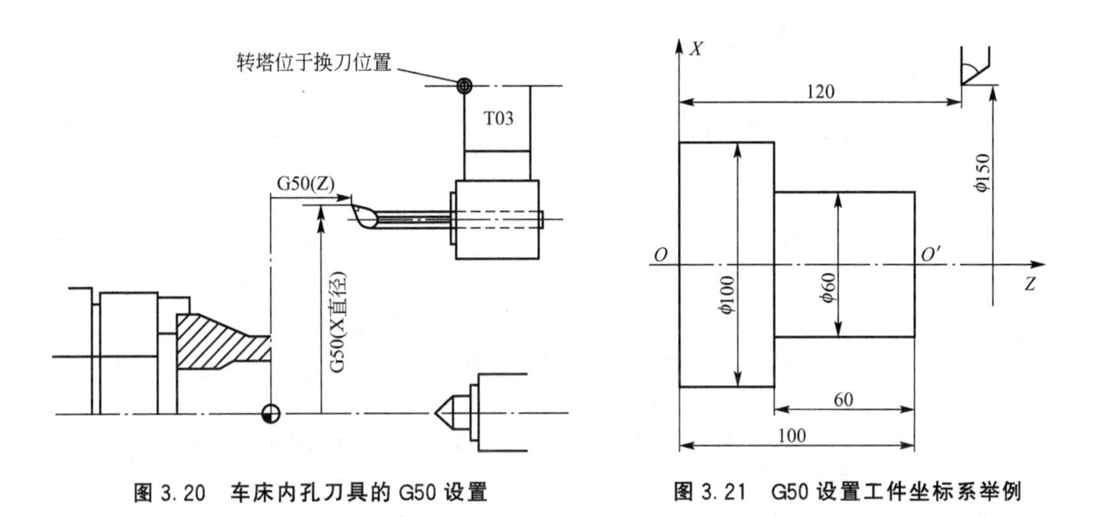

图 3.20　车床内孔刀具的 G50 设置　　图 3.21　G50 设置工件坐标系举例

若选择工件右端面中心 O' 点为工件原点，则 G50 坐标系设定为：G50 X150 Z20；

3.2.3　G54～G59 设定工件坐标系

FANUG 控制器中的 G54～G59 又称工作区偏置。工作区偏置比使用 G50 位置寄存器指令要有效得多。它是用来调整机床原点参考位置和程序原点参考点之间关系的最先进的方法。工作区偏置是一种编程方法，它使得操作者可以在不知道工件在机床工作台上的确切位置情况下，远离 CNC 机床编程。在工作区偏置系统中，可以在机床上安装 6 个工件，操作者可以便利地将刀具从一个工件上移动到另一个工件上，图 3.22 所示为默认的工作区偏置关系。这种位置关系也同样可以应用到 G55～G59 中去。储存在控制系统中的值通常是机床原点位置到工件程序原点之间的实际测量值。

对于 CNC 车床而言，使用工作区偏置 G54～G59 避免了使用 G50 带来的麻烦。在车床上使用工作区偏置的主要特点是很少需要多个工作区偏置，通常只依赖默认的 G54 进行设置。根据在车床上使用的 3 类刀具设置相应的 G54 工作区偏置，如图 3.23～图 3.25 所示。

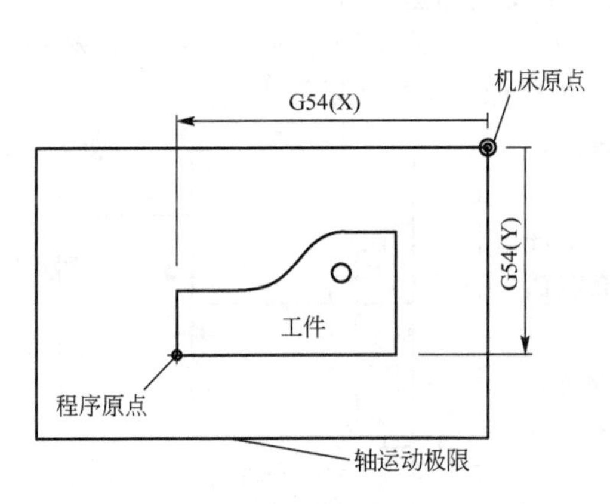

图 3.22　G54 设置工件坐标系的位置关系

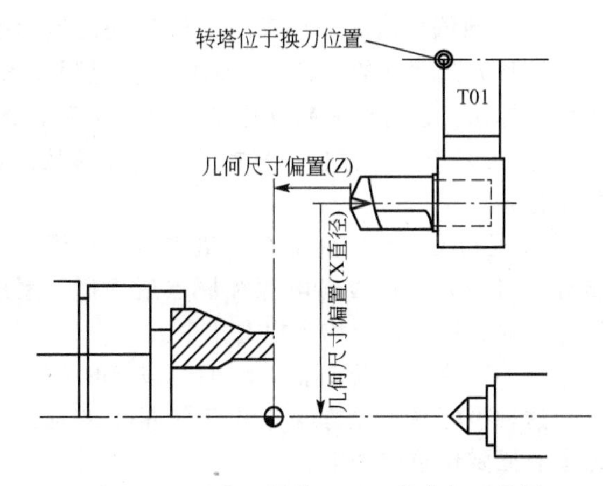

图 3.23　对中刀具的 G54 工件坐标系设置

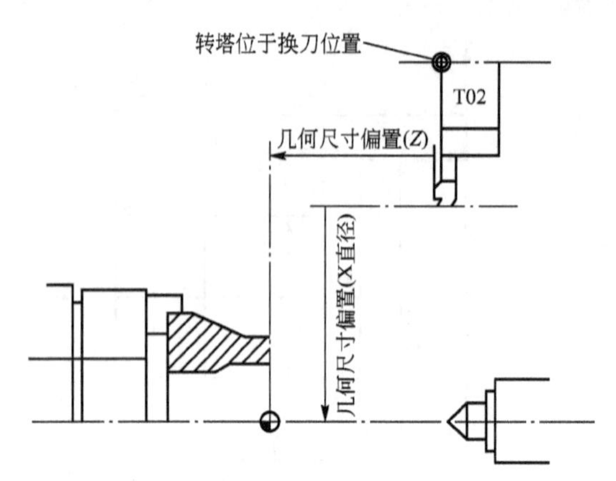

图 3.24　车床外表面加工刀具的 G54 工件坐标系设置

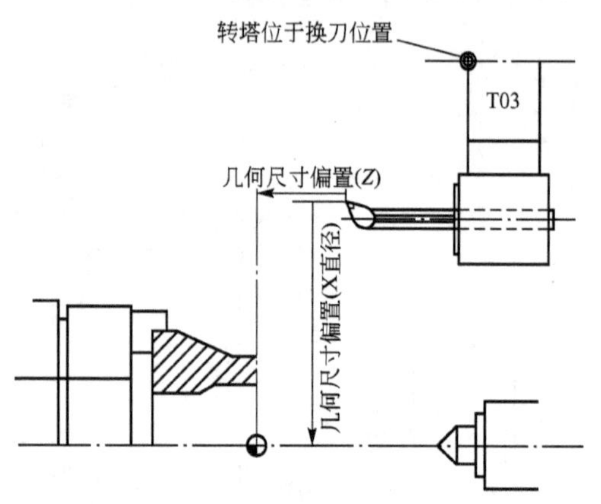

图 3.25　车床内孔加工刀具的 G54 工件坐标系设置

如图 3.24 所示，钻削刀具沿 X 轴测量从刀具中心线到主轴中心线的距离，沿 Z 轴测量从刀尖到程序原点的距离。

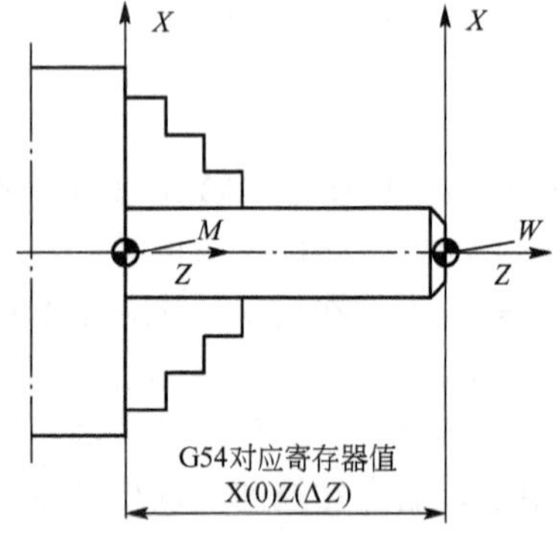

图 3.26　G54 建立工件坐标系

如图 3.25 所示，外表面加工刀具沿 X、Z 轴测量从假想刀尖到程序原点的距离，需要注意的是刀尖半径如果发生变化，虽然这种变化的值非常小，但在输入数据时也必须做出相应的改变，否则容易产生废品。

如图 3.26 所示，内孔加工刀具的 G54 偏置尺寸为假想刀尖到程序原点的距离，与外表面切削刀具相同，在孔加工过程中，需要注意刀尖圆弧半径的变化，否则非常容易产生废品。

G54 设置工件坐标系的具体操作方法如下。

(1) 机床通电开机后，回零复位。

(2) 刀具快速趋近工件前方，启动主轴旋转。

(3) 试切外圆端面 A 到工件回转中心，按“OFFSET”→“坐标系”键，选择 G54～G59 其中之一，如 G54，输入 X0、Z0，按“测量”键，工件坐标零点坐标(相对于机床原点的 Z 方向偏移值 ΔZ)即存入 G54 对应的坐标系偏置寄存器里。

这种方法建立的工件坐标系的具体过程如图 3.26 所示，图中 M 指机床坐标系，W 指工件坐标系，该方法和铣床中的 G54～G59 指令功能类似，主要有以下特点。

① 在 Z 方向，对机床坐标系进行偏移从而建立工件坐标系。

② 通过 G54～G59 命令，最多可以设置 6 个工件坐标系(1～6)。在接通电源和原点返回后，系统默认选择 G54。这些指令均为模态指令。

③ G53 指令可以清除 G54～G59 设定的工件坐标系。

这种坐标系建立方法适用于批量生产且工件在卡盘上有固定位置的加工。

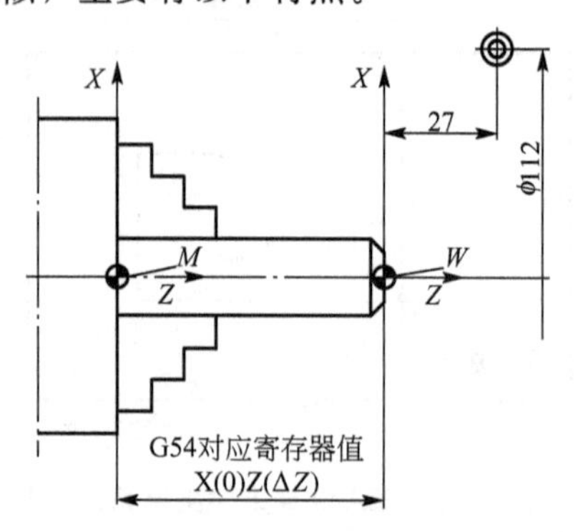

图 3.27　G54 工件坐标系的调用

G54 建立工件坐标系以后，参见如图 3.27 所示点的坐标，程序可以直接调用为：G54 X112.0 Z27.0。

3.2.4　CNC 车床编程格式

程序的连续性对于程序的开发、修改及编译非常的重要，虽然每个人在编写数控程序的时候都有自己的风格和格式，但程序从逻辑上有自身一些基本的格式方法。在 CNC 车床程序中，首先以程序起始句开始，设置程序的数据输入格式、进给率方式等，在接下来的程序段中进行刀具选择、主轴转速设置等，然后是根据零件特征的走刀过程。切削完成后，返回出发点，依次完成取消刀具、主轴停转、程序停止。通常并不改变这样的做法，它遵循了程序的连续模式，形成了编程的基本模式。

例 3-3　有如下所示程序。

```
O□□□□                          程序名称
N10 G99 G21 G40…;              程序开始
N20 T□□□□□;                    选择相应的刀具
N30 G97 S…M03;                 确定主轴转速
N40 G00 X…Z…M08;               快速趋近工件,打开冷却液
N50 G96 S…;                    确定恒线速度(选择使用)
N60 G01…F…;                    第一次切削运动
N70…
…
…
N…G00X…Z…T□□00;                返回换刀位置,取消当前使用的刀具补偿
N…M05;                         停主轴
N…M30;                         程序结束
%
```

这种结构在大多数车床加工程序中可以使用，当然还要根据零件加工的实际要求进行调整。例如 G96 功能并不是所有的车削加工都需要，有时候也不需要使用 G97 功能来稳定转速等。

在程序中，完成程序初始化后，在切削加工之前，有一个重要的工作就是刀具合理的趋近工件，趋近工件运动的设置是为了保证安全，避免刀具与工件之间发生碰撞。对于轴类零件，可以采用图 3.28(a)所示的趋近方法，刀具以快速运动方式直接趋近工件。图中 SP 为加工起点位置，该方法可以在外圆纵车、端面切削以及镗削加工中采用。要确保起点位置在直径上方，如果工件的直径不确切，则起点和直径之间的安全间隙应该至少大于 2mm。图 3.28(b)所示趋近方式一次只移动一根轴，可以先沿 Z 轴运动，然后沿 X 轴方向到达切削起点，也可以选择先沿 X 轴运动，然后沿 Z 轴方向到达切削起点。图 3.28(c)所示趋近方式先以两轴方式运动到起点附近，此时 X 轴坐标到达起点，然后沿 Z 轴方向运动到起点 SP 位置，当然也可以以两轴方

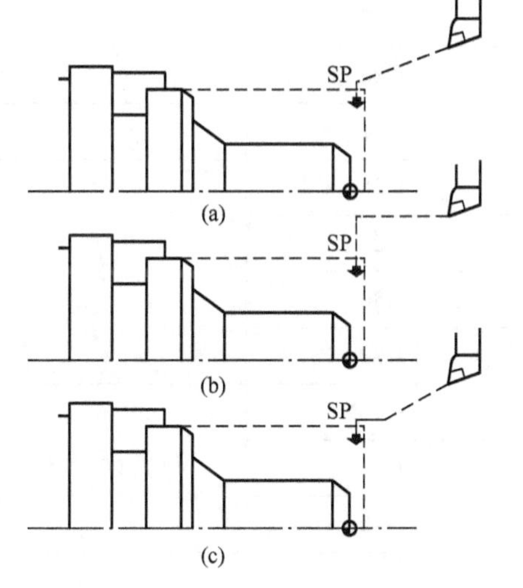

图 3.28　合理趋近工件的方式

式运动到起点附近后，沿 X 轴最终运动到起点 SP 位置。当然，如果需要细分的话，可以将趋近运动进一步分为快速运动阶段和直线插补阶段。在刀具趋近工件过程中，还可以有其他的一些趋近方式，只要保证安全就可以。

3.3　基本的 G 指令

CNC 车床准备功能与铣床同样，将控制系统预先设置为某种预期的状态或者某种加工模式和状态，为数控系统的插补运算等做好准备。所以它一般都位于程序段中尺寸字的前面，而紧跟在程序段序号字之后。准备功能字由地址码 G 及其后续 2 位数字组成，从G00～G99 共 100 种。G 代码功能，其中一部分代码未规定其含义，等待将来修订标准时再指定。另一部分“永不指定”的代码，即便将来修订标准时也不再指定其含义，而由机床设计者自行规定其含义。表 3－1 是 FANUC0－TD 系统常用的 G 指令表。

表 3－1　FANUC0－TD 数控车削系统 G 代码

G 代码	组别	解释
G00	01	快速定位
G01		直线插补
G02		顺时针圆弧插补(CW，顺时针)
G03		逆时针圆弧插补(CCW，逆时针)
G04	00	暂停(作为单独程序段使用)
G09		准确停检查
G20	06	英制单位输入
G21		公制单位输入
G22	04	内部行程限位(有效)
G23		内部行程限位(无效)
G27		机床参考点位置检查
G28	00	返回参考点
G29		从参考点返回
G30		回到第二参考点
G32		车螺纹(固定导程)
G40	07	取消刀尖圆弧半径偏置
G41		刀尖圆弧半径偏置（左侧）
G42		刀尖圆弧半径偏置（右侧）

（续表）

G 代码	组别	解释
G50	00	刀具位置寄存；设置主轴最大转速(r/min)
G52		设置局部坐标系
G53		选择机床坐标系
G54	12	工件坐标系偏置 1
G55		工件坐标系偏置 2
G56		工件坐标系偏置 3
G57		工件坐标系偏置 4
G58		工件坐标系偏置 5
G59		工件坐标系偏置 6
G70	00	轮廓精加工循环
G71		*Z* 轴方向粗车循环(内外径)
G72		*X* 轴方向粗车循环
G73		模式重复循环
G74		端面钻孔循环
G75		切槽循环
G76		车螺纹循环
G80		取消固定钻循环
G83	10	平面钻孔循环
G84		平面攻螺纹循环
G85	10	正面镗孔循环
G87		侧面钻孔循环
G88		侧面攻螺纹循环
G89		侧面镗孔循环
G90	01	(内外直径)切削循环
G92		螺纹切削循环
G94		端面车循环
G96	12	恒表面速度控制
G97		恒表面速度控制取消
G98	05	每分钟进给率
G99		每转进给率

FANUC 车床控制器使用 3 种 G 代码组类型——A、B、C，表 3-1 只提供了最常用

的A类。G代码分为下列两类，见表3-2。

表3-2　G代码分类

类型	意义
模态G代码	在指令该组其他G代码前，该G代码一直有效
非模态G代码	只在指令它的程序段有效

1. 模态、非模态

1）模态

观察左边文本框中程序O0001中快速移动指令G00和直线定位指令G01的出现次数。G00只在N1、N7程序段中出现，而G01只在N5程序段中出现。在实际编程过程中，G00和G01指令不需要在每个程序段都重复，原因就是G00在N1程序段出现时就一直有效，直到N5程序段被另一种模式G01取消。而G01在N5程序段中出现就一直有效，直到N7程序段被G00模式取消。这一特征可用术语“模态”来表示。左边文本框的程序等同于右边文本框的程序，程序中的G00和G01属于01组的模态G代码。

大多数G代码指令都是模态的，所以不需要在每一个程序段中重复使用。模态值的目的就是避免不必要的重复。在控制系统说明书中，准备功能有模态和非模态之分。

而G00和G01属于01组指令，它们之间可以相互取消。事实上，任何G代码都将自动取代同组的另一个G代码，如图3.29所示。

2）非模态

在表中，00组中所有的准备功能都不是模态的。它们只在所在的程序段中有效，如果需要在连续几个程序段中使用，则必须在每个程序段中编写它们。所幸的是，非模态指令的使用并不频繁。

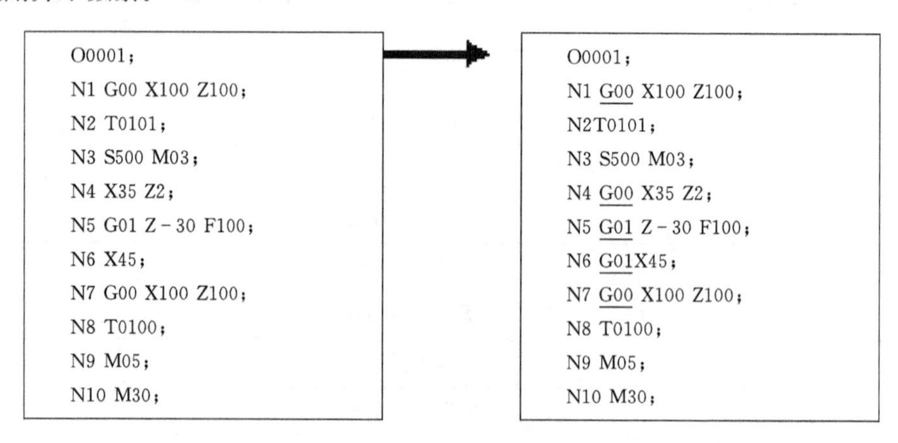

图3.29　G00和G01间的取代

如下面的3个程序段，包含同一种功能，就是一个接一个地暂停。

```
N5 G04 P2000;
N10 G04 P1000;
N15 G04 P3000;
```

这样一来，在单个程序段输入总的暂停时间有效得多，避免了非模态指令的重复使用。此外，每一种数控系统在系统上电复位之后，默认的各组 G 代码指令选择情况不同(默认模式不同)，把这个默认状态称之为初态。例如对 FANUC0－TD 系统来说，默认状态为快速定位 G00、恒表面速度取消 G97、每分钟进给率 G98、刀补取消 G40、工件坐标系偏置 G54、公制输入 G20 等，具体情况详见数控系统说明书。认识数控系统初态，对于机床操作和编程都有比较重要的作用。

2. 指令字的省略输入

在实际编程过程中，除了上述的模态 G 代码，若在同一个程序中，在前面程序段中使用，对后续程序段保持有效，此时在后续程序段中该指令可以省略不写，直到需要改变工作状态时，通过指令同组其他 G 指令使之失效。另外所有的 F、S、T 指令、部分 M 代码和所有的坐标轴指令字都属模态指令。如图 3.30 所示两个文本框的程序等同。

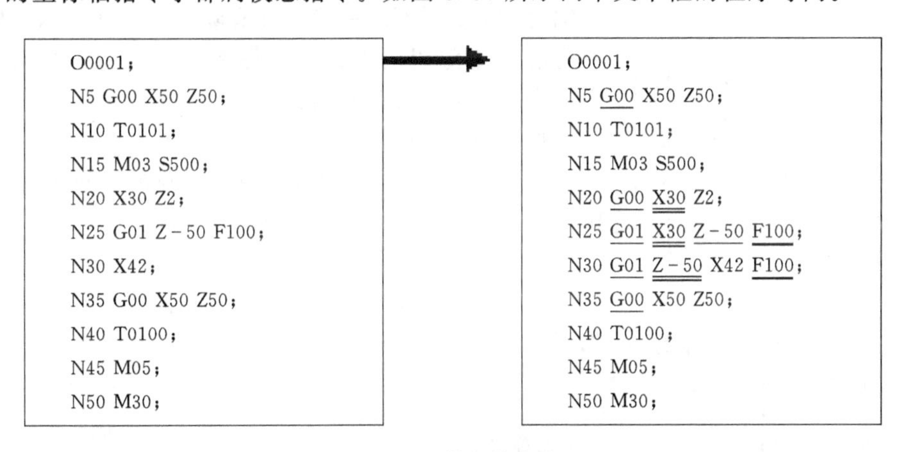

图 3.30　代码的省略

在编程过程中指令字的省略主要有以下几种情况。

(1) 各程序段中，重复模态 G 代码的省略。

(2) 各程序段中，相同坐标轴指令字(X、Z、U、W 等)、进给速度指令字 F 等的省略。

(3) 开机复位后，机床默认模态 G 代码的书写省略。为了编程的可靠起见，这种情况不推荐使用。

3.3.1　快速移动指令 G00

G00 指令是在工件坐标系中以快速移动速度移动刀具到达由绝对或相对指令指定的位置。在绝对指令中，用终点坐标值编程，在相对指令中用刀具移动的距离编程。该指令的主要作用是进行刀具的准确定位，缩短非切削操作的时间。

快速运动操作通常包括 4 种类型的运动。

(1) 从换刀位置到工件的运动。

(2) 从工件到换刀位置的运动。

(3) 工件上不同位置之间的运动。

(4) 绕过障碍物的运动。

最大快速移动速度由CNC机床生产厂家确定，每根轴的运动速度可以是相同或不同的，其运动轨迹不一定是直线。CNC程序中需要用G00来启动快速运动模式。G00并不需要进给率功能，如果编写F功能，在G00模式中会被忽略。该进给率将被储存到存储器中，并且在任何切削运动第一次出现时有效，例如：

```
N10 G00 X30.0 F100.0;
N20 Z2.0;
N30 G01 Z-40.0;
```

程序段N10只执行快速运动，而F100.0将被忽略，但N30为直线插补运动，由于该程序段中没有指定进给率，所以将使用上一个进给率，即N10中的F100.0。

由于快速运动的唯一目的就是节省非生产时间，刀具路径本身与加工工件的形状无关。所以一定要考虑快速运动刀具路径的安全性，尤其是程序中同时使用两根或两根以上的轴时，刀具路径上一定不能有障碍物。在车床上常见的有可能产生障碍的有：车床尾座、卡盘、中心架、活顶尖、夹具、刀具和工件等。

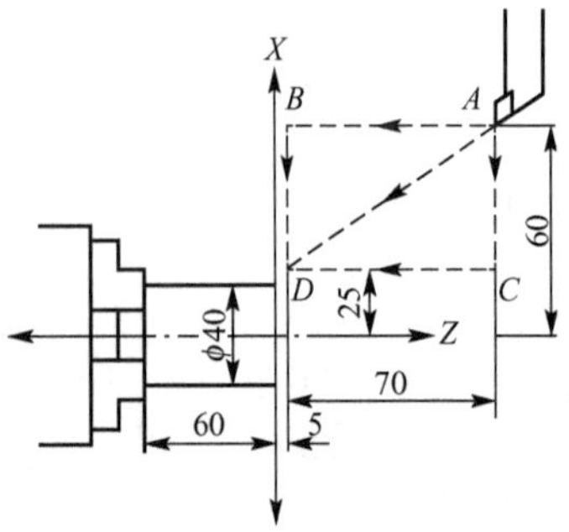

指令格式：G00 X(U)____ Z(W)____；

其中：X、Z为要求移动目标终点的绝对坐标值。U、W为要求移动目标终点的相对坐标值。

注意：同一程序段内，可以使用M，S，T功能。

例3-4　如图3.31所示，几种路径的快速移动编程如下所示。

图3.31　快速移动编程示例

由A点至D点

```
G00 X50.0 Z5.0;                (绝对指令)
G00 U-70.0 W-70.0;             (增量指令)
G00 X50.0 W-70.0;              (混合使用)
G00 U-70.0 Z5.0;
G00 W-70.0;或 G00 Z5.0;        由A点至B点
    X50.0;或 U-70.0;           由B点至D点
G00 X50.0;或 G00 U-70.0;       由A点至C点
    W-70.0;或 Z5.0;            由C点至D点
```

3.3.2　直线插补G01

直线插补模式是为实际材料切削设计的，在编程中使用G01使刀具从起点到终点作直线插补运动，通常使切削刀具路径最短。这是一个非常重要的编程功能，主要应用在轮廓加工和成型加工中，任何斜线运动必须以这种模式进行编程，以精确运动。直线插补模式产生3种类型的运动。

(1) 导轨方向水平运动——只有Z轴参与插补。

(2) 导轨方向垂直运动——只有X轴参与插补。

(3) XZ平面内斜线运动——X轴、Z轴同时参与插补。

在车削加工中可以实现外圆柱面、锥面和端面切削以及倒角等切削动作。直线插补表示控制系统可以计算切削起点和终点之间的非常多的中间坐标点，这一计算结果就是两点间的最短路径。

在 G01 模式中，进给率功能 F 必须是有效的。开始直线插补的第一个程序段必须包含有效的进给率，否则在开机后的首次运行中将报警。G01 和进给率都是模态指令，因此如果在程序中保持进给率不变，则在后面的直线插补程序段中可以省略，只需要改变程序段中指定轴的坐标位置。

要使用直线插补模式编写刀具运动，可以沿刀具运动的单轴或两轴使用 G01，同时在程序段中指定当前工作的切削进给率 F。

指令格式：G01 X(U)____ Z(W)____ F ____；

其中：X、Z 为要求移动目标终点的绝对坐标值。

U、W 为要求移动目标终点的相对坐标值。

注意：

①F 代码指定的进给率。

② 通常 F 值是每转进给率，例 F0.2 即每转进给 0.2mm。

③ 在 G01 的指令，一般在同一单节有 X、Z 或 U、W 是通常为锥度切削。

④ CNC 车床上直线插补的最低进给率取决于 X、Z 两轴的最小坐标增量。

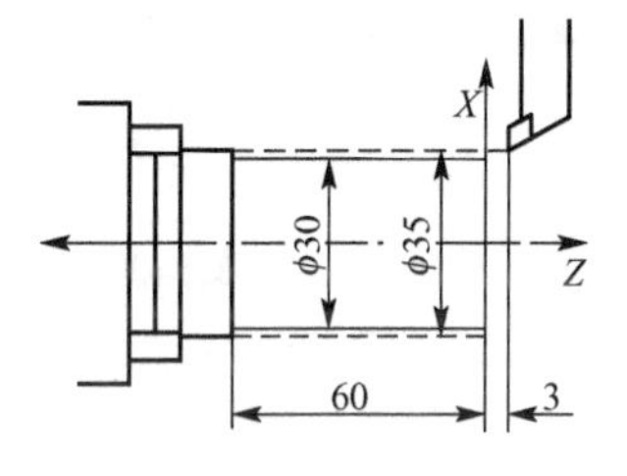

图 3.32 G01 外圆柱面单轴切削

例 3－5 图 3.32 所看到的是沿 Z 轴的直线切削，其程序如下。

```
G01 Z-60.0 F0.1;
或 G01 W-63.0 F0.1.
```

而如图 3.33 所示是 X、Z 轴插补运动进行外圆锥面切削，其程序如下。

```
G01 X50.0 Z-35.0 F0.2;
或 G01 U25.0 Z-35.0 F0.2;
或 G01 X50.0 W-35.0 F0.2;
或 G01 U25.0 W-35.0 F0.2.
```

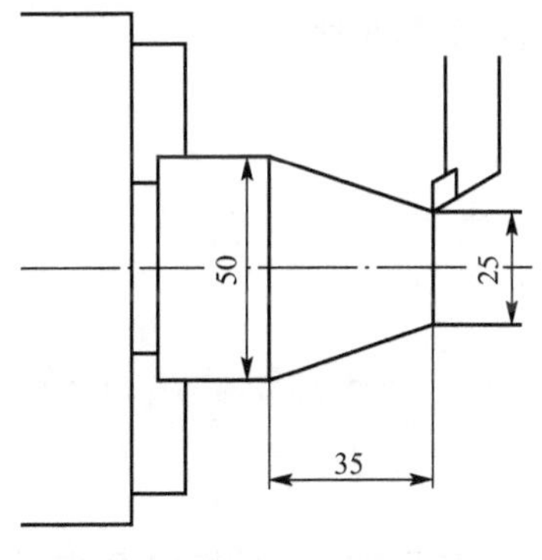

图 3.33 G01 外圆锥面切削

注意： 两点之间(两个程序段之间)没有改变的坐标位置，不需要在后续程序段中重复编写。

在 CNC 车削加工中，从轴肩到外圆或者相反的切削过程中，通常需要拐角过渡，通常是 45°的倒角和倒圆角。许多工程图中都会指定所有需要过渡的直角拐角，但并不给尺寸，此时就要由程序员来决定。倒角加工主要出于以下 3 种因素：外观，加工后的工件外观更好；功能，方便装配，考虑尖角处的强度；安全，尖角比较危险。

在 FANUC 控制系统中有两种与倒角有关的编程方法：45°倒角和 90°倒圆角。

1. 45°倒角

倒角通常在 G01 模式下进行，需要使用两个向量 $\boldsymbol{I}$ 和 $\boldsymbol{K}$，有些控制器使用 $\boldsymbol{C}$ 向量。向

量 I 表示倒角值和运动方向，倒角前沿 Z 轴运动，倒角方向只能由 Z 轴指向 X 轴。I 的正负是根据倒角向 X 轴正向还是负向来确定，如图 3.34(a)所示。其编程格式为：G01 Z(W)____ I(C)____ F ____；

例 3-6

```
G01 Z-1.75 I0.125 F0.1;          沿 Z 轴方向加工
    X4.0;                        倒角后沿 X 轴方向加工
```

刀具运动为轴肩-倒角-外圆时，由端面切削向轴向切削倒角。向量 K 表示倒角值和运动方向，倒角前沿 X 轴运动，倒角方向只能由 X 轴指向 Z 轴。K 的正负根据倒角是向 Z 轴正向还是负向，如图 3.34(b)所示。编程格式为：G01 X(U)____ K(C)____ F ____。

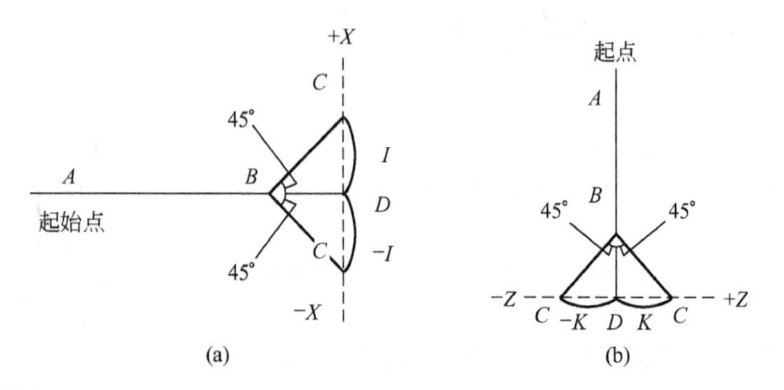

图 3.34 45°倒角

例 3-7

```
G01 X2.0 K-0.125 F0.1;           沿 X 轴方向加工
    Z-3.0;                       倒角后沿 Z 轴方向加工
```

注意：

① I 或 K 向量的正值表示倒角方向为该程序段中未指定轴的正方向。

② I 或 K 向量的负值表示倒角方向为该程序段中未指定轴的负方向。

许多更新的控制系统使用 C 向量来代替 I 或 K 向量，这样更加简便。

例 3-8

```
G01 Z-1.75 C0.125;               沿 Z 轴方向加工
    X4.0;                        倒角后沿 X 轴方向加工
G01 X2.0 C-0.125;                沿 X 轴方向加工
    Z-3.0;                       倒角后沿 Z 轴方向加工
```

2. 倒圆角

倒圆角的加工编程方法与倒角加工类似，也只能在 G01 模式下进行，只使用 R 向量，指定半径的方向和大小。刀具运动为轴肩-圆角-外圆时，圆角前刀具沿 X 轴运动。如果刀具运动为外圆-圆角-轴肩时，在圆角前刀具沿 Z 轴运动。如图 3.35(a)和(b)所示。其编程格式为

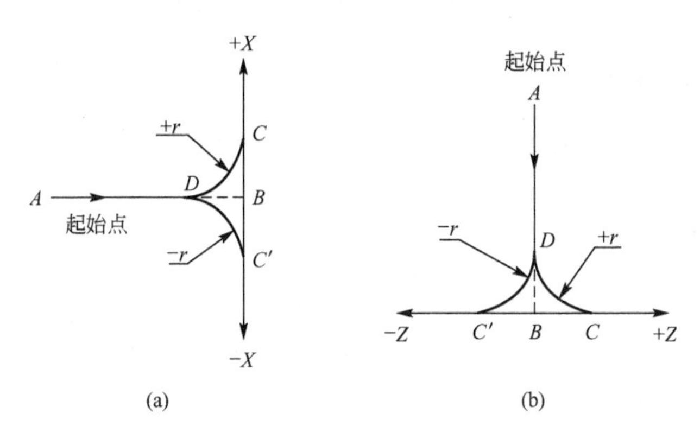

图 3.35　倒圆角

```
G01 Z(W)L____ R____ F____;
G01 X(U)____ R____ F____;
```

两种情况下，R 的符号决定了半径的加工方向。R 向量为正值表示倒角方向为该程序段中未指定轴的正方向；R 向量为负值表示倒角方向为该程序段中未指定轴的负方向。

例 3-9

```
G01 X2.0 R-0.125;        沿X 轴方向加工
    Z-3.0;               倒圆角后沿Z 轴方向加工
G01 Z-1.75 R0.125;       沿Z 轴方向加工
    X4.0;                倒圆角后沿 X 轴方向加工
```

注意：

① 向量 I、K、C 通常都是单边值，而不是直径值。

② 倒角或倒圆角前、后的切削方向必须相互垂直。

③ 倒角或倒圆角后的切削方向必须只沿一根轴，长度大于等于倒角的长度或圆角半径。

例 3-10　加工如图 3.36 所示零件，程序如下。

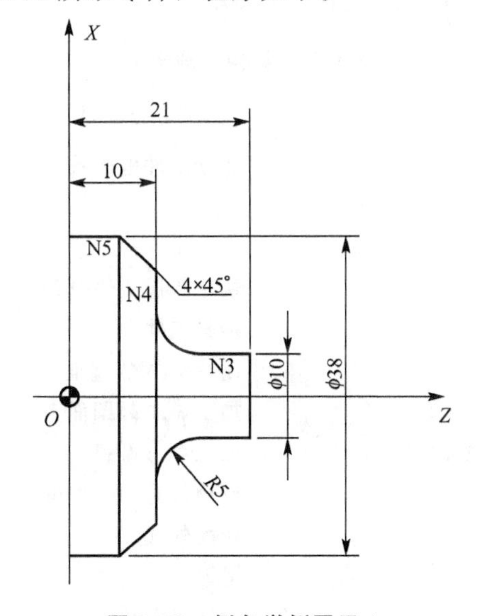

图 3.36　倒角举例图示 1

```
O0001;
N10 G99 G00 X50.0 Z50.0;
N20 S500 M03;
N30 T0101;
N40 G00 X10.0 Z22.0;
N50 G01 Z10.0 R5.0 F0.2;
N60 X38.0 K-4.0;
N70 Z0;
N80 X40.0;
N90 G00 X50.0 Z50.0;
N100 T0100;
N110 M05;
N120 M30;
```

例 3-11　如图 3.37 所示，数控程序如下。

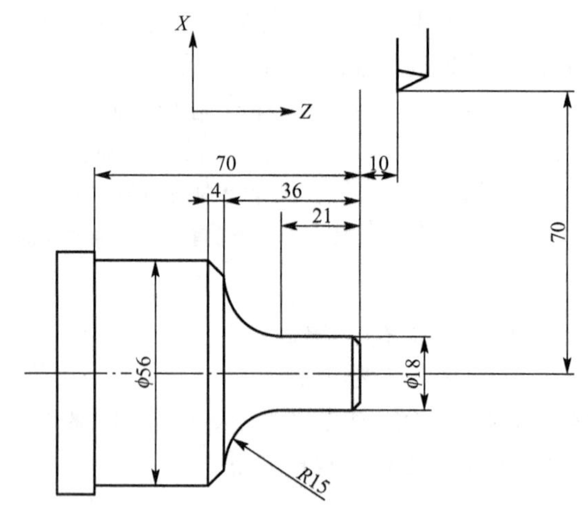

图 3.37　倒角举例图示 2

```
O0005
N10 G99 G50 X70.0 XZ10.0;          建立工件坐标系
N20 T0101;
N30 S600 M03;
N20 G00 X0 Z3.0;                   快速趋近工件中心
N30 G01 W-3.0 F0.5;                接触工件
N40 X18.0 K3.0;                    倒 3×45°的直角
N50 Z-21.0;                        加工φ18 外圆面
N60 G02 U30.0 W-15.0 R15.0;        加工R15 圆弧
N70 G01 X56.0 K4.0;                倒边长为 4 的直角
N80 G01 Z-70.0;                    切削外圆
N90 G00 U10.0;                     退刀
N100 X70.0 Z10.0;                  返回出发点
N110 T0100;
```

```
N120 M05;
N130 M30;
```

3.3.3　圆弧插补 G02、G03

在大部分的 CNC 编程应用中，只有两类刀具运动和轮廓加工相关，一类是 3.32 中提到的 G01 直线插补，另一类就是本节的圆弧插补。圆弧插补主要用在圆柱型腔、凹槽、外部和内部半径、圆球或圆锥、圆弧拐角加工等方面。

圆弧插补编程格式包括几个参数，即圆弧插补方向、圆弧的起点和终点、圆弧的圆心和半径，此时切削进给率也必须是有效的。刀具沿圆弧有两个插补方向，即顺时针(CW)和逆时针(CCW)。G02 和 G03 均为模态指令，当 CNC 程序激活该指令后，系统将自动取消当前有效的任何刀具运动指令，例如 G00、G01 等。所有圆弧刀具路径必须与有效的切削进给率编写在一起，它的规则与直线插补相同，如果在圆弧切削程序段中没有制定进给率，控制系统将自动搜索前面最近的编程进给率，这样不容易保证圆弧的加工精度和表面质量。

指令格式：

$$\begin{Bmatrix} \mathrm{G02} \\ \mathrm{G03} \end{Bmatrix} \mathrm{X(U)}\_\_\_\_ \ \mathrm{Z(W)}\_\_\_\_ \begin{Bmatrix} \mathrm{R}\_\_\_\_ \\ \mathrm{I}\_\_\_\_ \ \mathrm{K}\_\_\_\_ \end{Bmatrix} \mathrm{F}\_\_\_\_;$$

其中：X、Z 为绝对方式编程时，圆弧终点在工件坐标系中的坐标。

U、W 为增量方式编程时，圆弧终点相对于圆弧起点的位移量。

I 为圆弧起点到圆心之间的距离在 X 轴上的分量。

K 为圆弧起点到圆心之间的距离在 Z 轴上的分量(等于圆心的坐标减去圆弧起点的坐标，如图 3.38 所示)。不管用绝对方式还是增量方式编程，都是以增量方式指定；在直径、半径编程时 I 都是半径值。

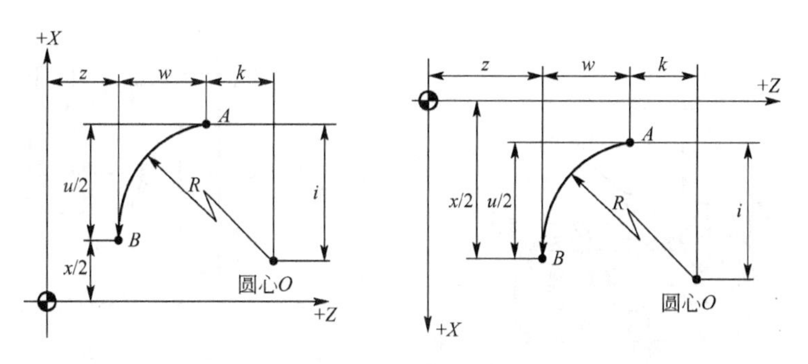

图 3.38　圆弧插补参数

R 为圆弧半径。

F 为被编程的两个轴的合成进给速度；

注意：

① G02 为顺时针圆弧插补，G03 为逆时针圆弧插补。

② CNC 车床中，前后刀架顺时针和逆时针圆弧插补的判断方法如图 3.39 所示。后置刀架中，G02 为顺时针圆弧插补，G03 为逆时针圆弧插补。前置刀架中，G03 为顺时针圆弧插补，G02 为逆时针圆弧插补。前后刀架的圆弧插补方向呈镜像关系。

③ 同时编入 R 与 I、K 时，R 有效。

④ 圆弧插补时，圆心角不大于 180°时，R 取正值。圆心角大于 180°时，R 取负值。

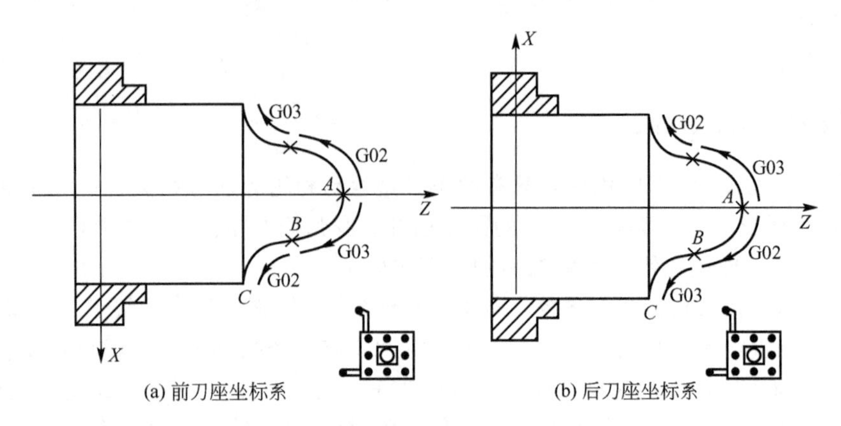

图 3.39　前后刀架圆弧插补方向判断

例 3－12　如图 3.40 所示，其数控程序如下。

```
   G02 X50.0 Z30.0 I25.0 F0.2;
或 G02 U20.0 W-20.0 I25.0 F0.2;
或 G02 X50.0 Z30.0 R25.0 F0.2;
或 G02 U20.0 W-20.0 R25.0 F0.2;
```

例 3－13　如图 3.41 所示，其数控程序如下。

```
G03 X44.0 Z-12.0 R12.0 F0.15;              A→B
(或 G03 X44.0 Z-12.0 K12.0 F0.15;)
G01 Z-25.0;                                B→C
X50.0;                                     C→D
```

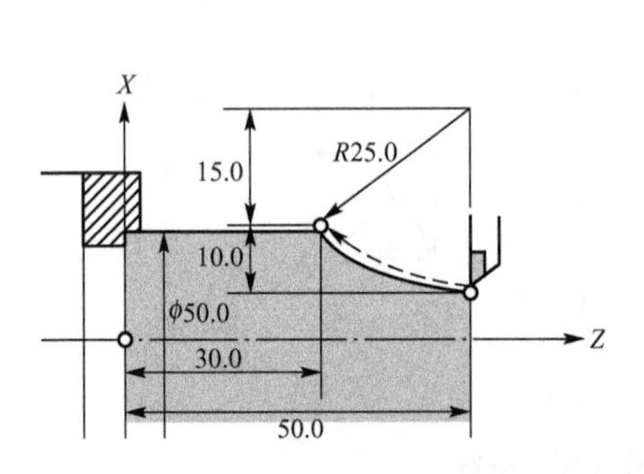

图 3.40　圆弧插补实例 1

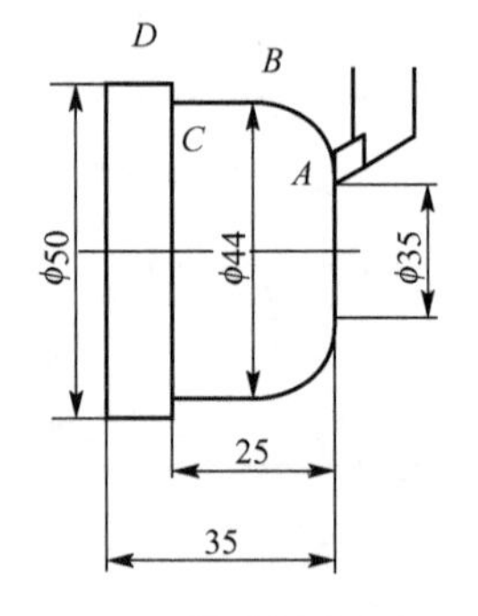

图 3.41　圆弧插补实例 2

再例如，如图 3.42 所示，程序如下。

```
     G02 X63.06 Z-20.0 R19.26 F0.25;
或者 G02 U-17.81 W-20.0 R19.26 F300;
     G02 X63.06 Z-20.0 I35.36 K-6.37 F300;
或者 G02 U17.81 W-20.0 I35.36 K-6.37 F300;
```

此外，由于车床的工作类型不允许进行整圆加工，所以车床上的整圆加工只在理论上可行，而实际中无法完成。

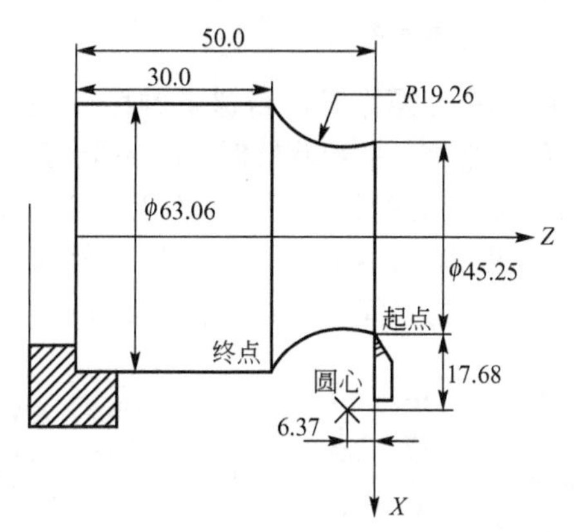

图 3.42　前刀架圆弧编程示例

注意：在圆弧插补模式下不能开始或者结束刀具半径补偿。

3.3.4　暂停指令 G04

暂停指令应用在程序处理过程中有目的地时间延迟，在暂停时间内，机床各轴的运动都将停止，但不影响所有其他的程序指令和功能。在暂停时间结束后，控制系统将从包含暂停指令程序段的下一个程序段开始执行。从功能上来说，暂停指令主要有下述用途。

1. 操作机床附件

暂停指令在一些辅助功能后，用于控制机床附件，例如车床棒料进给器、尾座的伸缩、工件夹紧等。此外，在主轴换向时有时候也需要使用该指令。

2. 切削过程中的需要

从使用场合来讲，暂停指令主要用于钻孔、扩孔、凹槽加工等的排屑，在高速进给加工斜面的时候，暂停指令可以控制切削进给的减速等。

G04 指令必须与其他指令一起使用，同时指定暂停时间，指令格式如下。

G04 X ____；（单位为 s，在长暂停中使用）

或者 G04 U ____；（单位为 s，只能用于车床）

或者 G04 P ____；（单位为 ms，不允许使用小数点，在短或中等暂停时间中使用）

说明：

(1) G04 在前一程序段的进给速度降到零之后才开始暂停动作。在执行含 G04 指令的程序段时，先执行暂停功能。

(2) G04 为非模态指令，仅在其被规定的程序段中有效。

例 3-14　CNC 车床的主轴调试或预热，程序如下。

```
G97 S100 M03;              指定初始转速 100r/min
G04 X300.0;                暂停 5min
    S800;                  转速增加到 800r/min
G04 X600.0;                暂停 10min
    S1500;                 转速增加到 1500r/min
G04 X900.0;                暂停 15min
```

M05;　　　　　　　　主轴停转

例如，车床卡盘控制应用，手工操作时，当踩下脚踏开关时，安装在机床上的卡盘、夹头等松开或者夹紧。出于安全考虑，主轴旋转时卡盘不能打开。卡盘通过按键开关来选择夹紧方式，如图 3.43 所示。而在有些情况下，例如棒料进给时，需要在程序的控制下松开和夹紧卡盘，这时可以使用相应的 M 功能来控制卡盘或夹头的夹紧和松开。此时，暂停时间是棒料到达最后位置所需的时间。常见的程序如下。

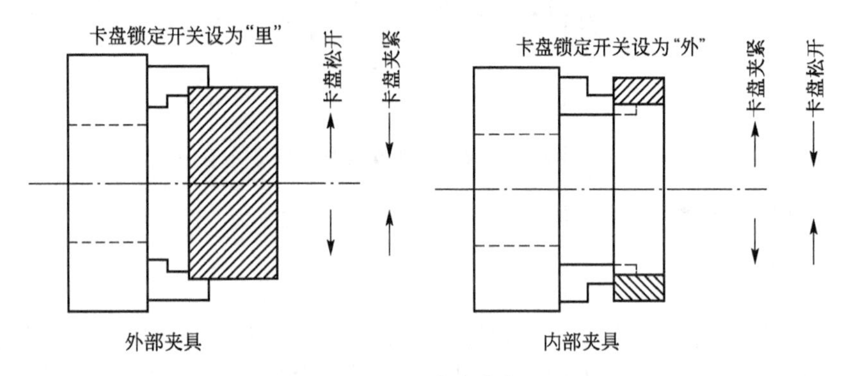

图 3.43　卡盘夹紧

```
M05          主轴停止
M10          松开卡盘
G04 U2.0     暂停 2s
M11          夹紧卡盘
M03          主轴正转
```

注意：暂停功能可以使操作人员在程序运行过程中完成一些手动的操作，但例如手工清理毛刺、工件反转、更换刀具、检查和润滑等工作则最好不要使用暂停，否则容易发生危险。

3.4　螺纹切削编程

3.4.1　概述

螺纹加工是在圆柱上加工特殊形状螺旋槽的过程，螺纹主要用在紧固件、传动机构、增力机构和测量工具上。在 CNC 车床上加工螺纹是与主轴旋转同步进行的加工特殊形状螺旋槽的过程。螺纹形状主要由切削刀具的形状(螺纹加工刀片的形状和尺寸必须与所加工螺纹的形状和尺寸一致)和安装位置决定，加工速度由编程进给率控制。CNC 编程中使用最多的螺纹形状是 60°的 V 形螺纹，生产中用的 V 形螺纹有公制和英制螺纹。螺纹加工中常用的参数如下。

(1) 螺距：从螺纹指定点到相邻螺纹对应点之间平行于机床轴的距离。

(2) 大径：螺纹的最大直径。

(3) 中径：直螺纹上的节圆直径，中径圆柱面通过螺纹，该圆柱的母线上牙型沟槽和凸起宽度相等。

(4) 小径：螺纹的最小直径。

(5) 螺纹牙顶：连接两侧面的螺纹顶面。

(6) 螺纹深度：齿顶和齿根之间的轴向距离。

(7) 螺旋升角：中径上螺纹螺旋线的切线与垂直于轴线的平面之间的夹角。

(8) 导程：螺纹刀具在主轴旋转一周内沿一根轴方向前进的距离。

螺纹刀与其他类型刀具不同，它不仅仅是一把普通的车刀，而且还是形成螺纹的成型刀具，螺纹刀片的形状通常跟螺纹加工后的形状一样。就刀具几何特征来看，螺纹刀刀尖半径远小于普通粗加工车刀。而从切削用量来看，螺纹刀具的进给率要远大于普通车削刀具，切削深度相对于普通车削加工是比较小的。无论加工何种螺纹，刀塔中安装的螺纹刀都可以垂直或平行于机床主轴的中心线，具体如何安装，取决于螺纹相对于主轴中心线的角度。

一般在 CNC 车床上加工螺纹，需要采用多次切削进给来完成。另外，由于螺纹切削是在主轴上的位置编码器输出一转信号时开始的，所以螺纹切削是从固定点开始且刀具在工件上的轨迹不变而重复切削螺纹，需要主轴转速从粗加工到精加工必须保持恒定，每次切削开始时的机床主轴旋转必须是同步的，以使每次切削深度都在螺纹圆柱的同一位置上，最后一次走刀加工出合适的螺纹尺寸、形状、表面质量，得到合格的螺纹。

3.4.2　螺纹切削时的运动

螺纹加工编程中，每次走刀的结构均相同，只是每次走刀的螺纹数据有所变化，每次螺纹加工时走刀对于直螺纹而言至少需要 4 次基本运动。

第一次运动：将螺纹刀具从加工起始位置快速移动到螺纹直径处。

第二次运动：加工螺纹(进给率等于导程)。

第三次运动：从螺纹快速退刀。

第四次运动：快速返回到起始位置。

只有第二次螺纹加工运动是在螺纹加工模式下使用合适的 G 指令进行编程，其余加工运动均在 G00 模式下进行，如图 3.44 所示。

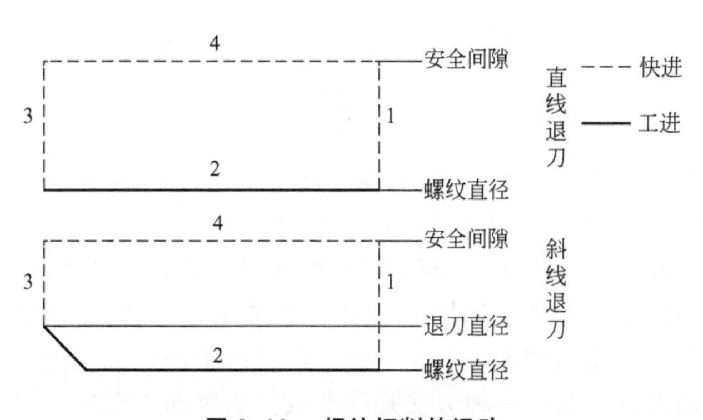

图 3.44　螺纹切削的运动

在进行第一次运动之前，首先要将螺纹刀从换刀位置快速移动到靠近工件的地方。这个点通过准确的计算来保证它的坐标。这个点称为螺纹加工的起始位置。这个点定义了螺纹加工的起点和最终返回点。对于直圆柱螺纹而言，X 轴方向单侧比较合适的最小间隙一般可以取 2～3mm，如果是粗牙螺纹，这个间隙可以适当放大一些。Z 轴方向的间隙不同，由于螺纹加工中，进给率要求和螺纹导程相同，所以需要一定的时间使刀具达到编程进给率，即螺纹刀在接触材料之前要达到指定的进给率。确定工件在 Z 轴方向安全间隙时必须考虑加速的影响，一般情况下起始位置在 Z 轴方向的间隙应该是螺距长度的 3～4 倍。如果没有足够的空间保证 Z 轴间隙，则只能采用降低主轴转速的方法来保证进给率。

螺纹加工的 4 个基本步骤在程序中各占 1 个程序段，如果螺纹加工使用斜线退刀，则需要 5 个程序段。因此当加工粗牙螺纹时，这样做会导致程序比较长。

螺纹切削结束时，刀具在退出螺纹切削模式时，通常会沿螺纹切削路径末端多运动一定距离，称为螺纹加工的导出长度，如图 3.45 所示。相关的距离参数计算如下。

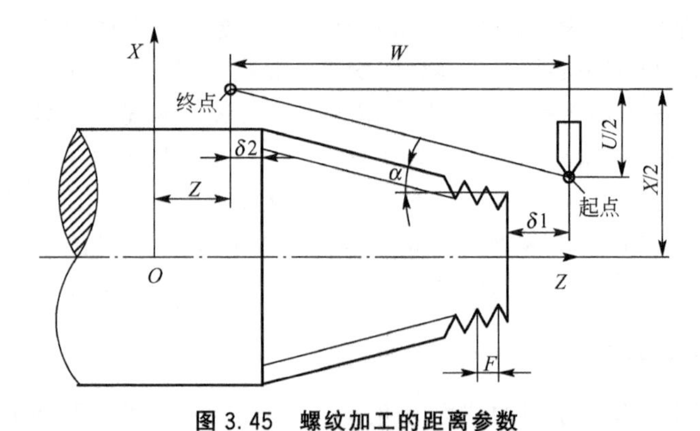

图 3.45　螺纹加工的距离参数

F——螺纹导程。

α——锥螺纹倾角，若 $\alpha=0$，则为直螺纹。

δ_1、δ_2——螺纹加工导入导出长度(不完全螺纹长度)，这两个参数是由于数控机床伺服系统在车削螺纹的起点和终点的加减速引起的，这两段的螺纹导程小于实际的螺纹导程，其简易确定方法如下：

$$\delta_2=\frac{Fn}{1800}$$

$$\delta_1=\frac{Fn}{1800}(-1-\ln\alpha)=\delta_2(-1-\ln\alpha)$$

$$\alpha=\frac{\Delta L}{L}$$

式中，F 为螺纹导程，单位是 mm；n 为主轴转速，单位是 r/min；ΔL 为允许螺纹导程误差；常数 1800 是基于伺服系统数为 0.033s 时得出的。

例如，主轴转速为 500r/min，螺纹导程为 2mm，$\alpha=0.015$ 时，经计算 $\delta_1=1.779$mm，$\delta_2=0.556$mm。当然在选择 δ_1 时，还要考虑上边提过的安全间隙。

螺纹加工随着切削深度的增加，刀片上的切削载荷越来越大。为此需要保持刀片上的恒定载荷。通常使用两种方法：一种方法是逐渐减少螺纹加工深度，另一种方法是采用适当的横切方法，这两种方法经常同时使用。所有的螺纹加工循环都在控制系统中建立了自动计算切削深度的算法，编程人员需要确定的是螺纹的总深度、切削次数以及最后切削深度，在确定这 3 个参数后，必须分配包括最后加工深度在内的各次螺纹加工深度。常用螺纹加工走刀次数及切削用量见表 3-3。

表3-3　螺纹加工常用切削用量

米制螺纹　牙深 $h_1=0.6495P$　$P=$牙距								
螺距		1	1.5	2.0	2.5	3.0	3.5	4
牙深		0.694	0.974	1.229	1.624	1.949	2.273	2.598
切削量及切削次数	1次	0.7	0.8	0.9	1.0	1.2	1.5	1.5
	2次	0.4	0.6	0.6	0.7	0.7	0.7	0.8
	3次	0.2	0.4	0.6	0.6	0.6	0.6	0.6
	4次		0.16	0.4	0.1	0.4	0.6	0.6
	5次			0.1	0.4	0.4	0.4	0.4
	6次				0.15	0.4	0.4	0.4
	7次					0.2	0.2	0.4
	8次						0.15	0.3
	9次							0.2
英制螺纹　牙深 $h_1=0.6403P$　$P=$牙距								
牙数/in		20牙	18牙	16牙	14牙	12牙	10牙	8牙
螺距		1.27	1.4111	1.5875	1.8143	2.1167	2.5400	3.1750
牙深		0.8248	0.904	1.016	1.162	1.355	1.626	2.033
切削量及次数	1次	0.8	0.8	0.8	0.8	0.9	1.0	1.2
	2次	0.4	0.6	0.6	0.6	0.6	0.7	0.7
	3次	0.16	0.3	0.5	0.5	0.6	0.6	0.6
	4次		0.11	0.14	0.3	0.4	0.4	0.5
	5次				0.13	0.21	0.4	0.5
	6次						0.16	0.4
	7次							0.17

常见的螺纹加工切削进刀方式如图3.46所示。其中径向进刀方式，由于两侧刃同时工作，切削力较大，而且排削困难，因此在切削时，两切削刃容易磨损。在切削螺距较大的螺纹时，由于切削深度较大，刀刃磨损较快，从而造成螺纹中径产生误差；但是其加工的牙形精度较高，因此一般多用于螺距小于或者等于1.5mm的螺纹加工。

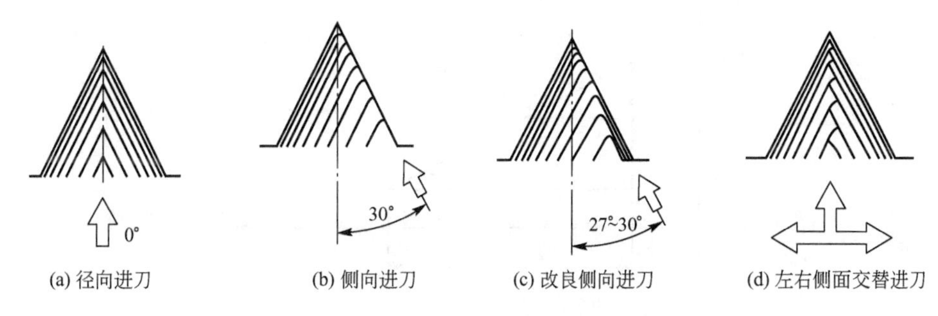

图3.46　螺纹车削常见的进刀方式

侧向进刀式切削方法，这种方法使刀具成一定角度向螺纹加工直径方向进刀。产生的切屑形状与车削产生的切屑形状相似。螺纹刀只有一侧切削刃进行实际切削，加工刀刃容易损伤和磨损，使加工的螺纹面不直，刀尖角发生变化，而造成牙形精度较差。但由于其为单侧刃工作，刀具负载较小，排屑容易，切削深度为递减式，此外，散热也较快。因此，此加工方法一般适用于大螺距螺纹加工。由于此加工方法排屑容易，刀刃加工工况较好，在螺纹精度要求不高的情况下，此加工方法更为方便。但采用侧向进刀方式加工时，其中一个切削刃始终与螺纹壁接触，并不产生切削运动，而仅仅是不期望的摩擦，为了提高螺纹表面质量，编程时可使进给角度略小于牙形角，这就是改良的侧向进刀方式。在加工较高精度螺纹时，可采用两刀加工完成，即先用侧向进刀加工方法进行粗车，然后用径向进刀加工方法进行精车。

左右侧面交替进刀方式切削方法，一般用来螺距大于 3mm 的螺纹和常见的梯形螺纹。其加工程序通常采用宏程序编写。

螺纹加工的主轴转速直接使用 r/min 编程，而不是恒表面速度，主要是因为每次加工路径起点处的主轴转速和进给率必须完全一致，这种一致性只能在直接转速下准确得到，而不是恒表面速度。

3.4.3　螺纹切削指令 G32

采用上述螺纹基本运动进行切削的指令是准备功能 G32，因此 G32 称为单行程螺纹切削指令，切削时，车刀进给运动严格按照规定的螺纹导程进行。该指令可以用于车削等导程的直螺纹、锥螺纹等。每次螺纹加工至少需要 4 个程序段，若螺纹加工使用斜线退刀，则需要 5 个程序段。

指令格式：G32 X(U)____ Z(W)____ F ____；

指令说明：

(1) X(U)、Z(W)为螺纹加工终点坐标，F 为进给速度，大小等于螺纹的导程。

(2) 圆柱螺纹切削加工时，X、U 值可以省略，格式为 G32 Z(W)____ F ____；

(3) 端面螺纹切削加工时，Z、W 值可以省略，格式为 G32 X(U)____ F ____；

注意：

① F 表示螺纹导程，对于锥螺纹(如图 3.47 所示)，当其斜角 α 在 45°以下时，螺纹导程以 Z 轴方向指定；斜角 α 在 45°～90°时，导程以 X 轴方向指定。

② 螺纹切削时不能指定倒角或者倒圆角。

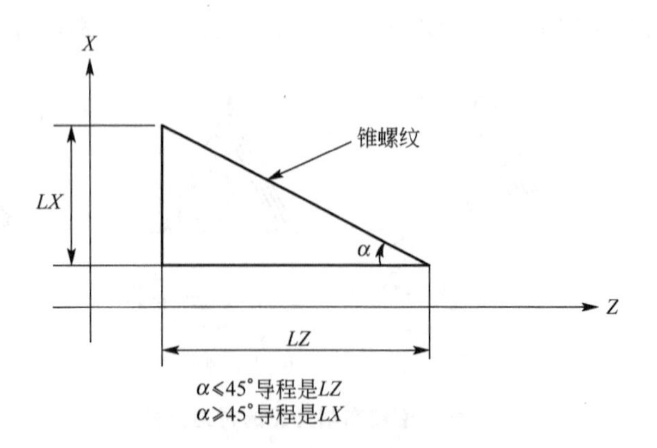

图 3.47　锥螺纹切削方向

例 3-15　如图 3.48 所示，直螺纹切削，导程 4mm，引入距离 3mm，引出距离

1.5mm，切削深度 1mm。

```
G00 U-62.0;
G32 W-74.5 F4.0;
G00 U62.0;
    W74.5;
    U-64.0;
G32 W-74.5;
G00 U64.5;
    W74.5;
```

例 3-16　G32 指令切削图 3.49 所示的直螺纹。

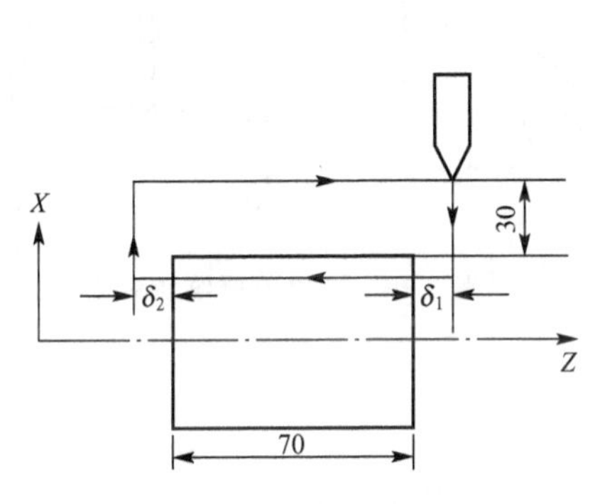

图 3.48　G32 直螺纹切削 1

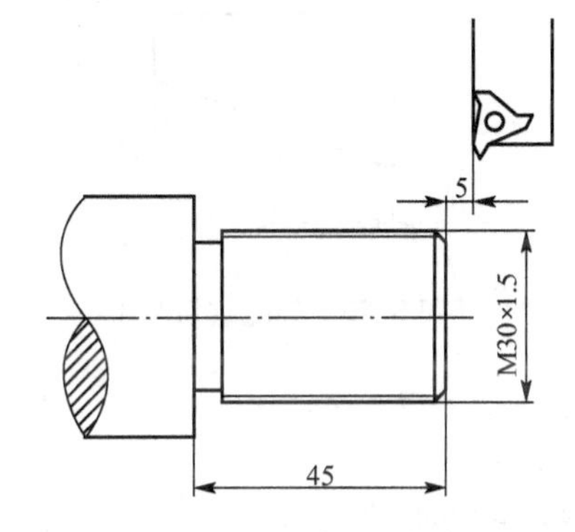

图 3.49　G32 直螺纹切削 2

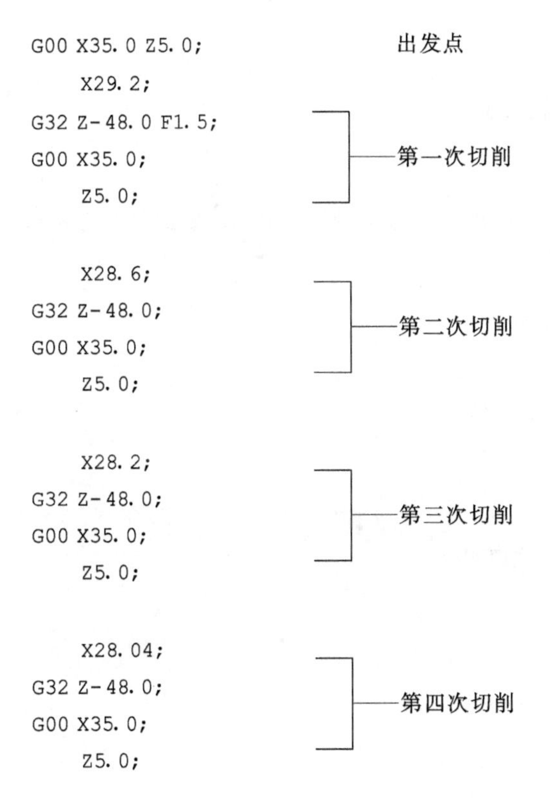

例 3－17　加工图 3.50 所示的锥螺纹。

切削锥螺纹，应查询锥螺纹标准，因其出发点不在工件端面，而是在安全位置，故其底径必须以出发点进行计算。相关螺纹参数的计算也是如此。

如图 3.51 所示，螺纹切削引入距离为 2mm，引出距离为 1mm，螺纹导程 3.5mm，切削深度 1mm，切削 2 次。

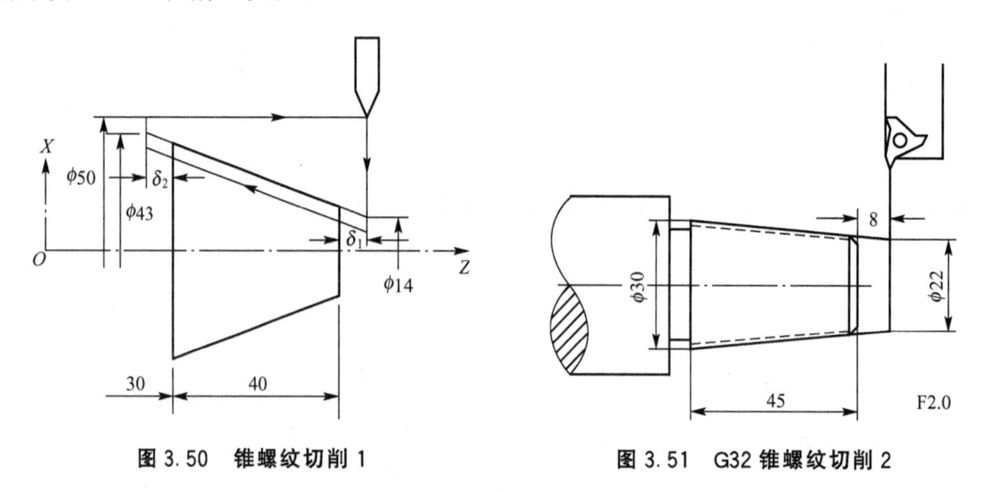

图 3.50　锥螺纹切削 1　　　　图 3.51　G32 锥螺纹切削 2

```
G00 X100.0 Z72.0;              出发点
    X12.0;                     ┐
G32 X41.0 Z29.0 F3.5;          ├─第一次切削
G00 X50.0;                     ┘
    Z72.0;
    X10.0;                     ┐
G32 X39.0 Z29.0;               ├─第二次切削
G00 X50.0;                     ┘
    Z72.0;
```

例 3－18　图 3.51 所示锥螺纹，引入距离 8mm，引出距离 1mm，螺纹导程 2mm，分 5 次切削。

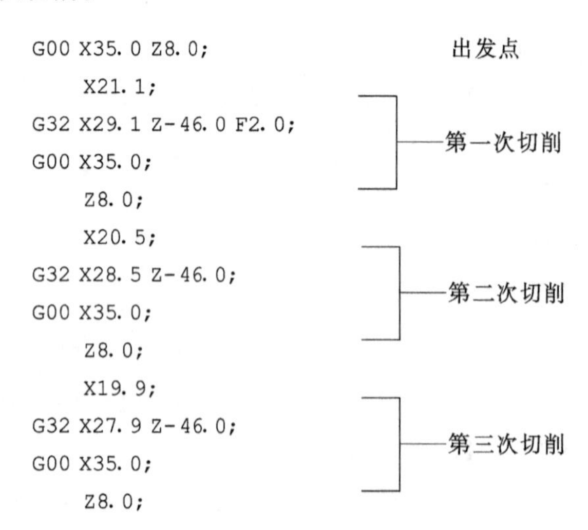

```
G00 X35.0 Z8.0;                出发点
    X21.1;                     ┐
G32 X29.1 Z-46.0 F2.0;         ├─第一次切削
G00 X35.0;                     ┘
    Z8.0;
    X20.5;                     ┐
G32 X28.5 Z-46.0;              ├─第二次切削
G00 X35.0;                     ┘
    Z8.0;
    X19.9;                     ┐
G32 X27.9 Z-46.0;              ├─第三次切削
G00 X35.0;                     ┘
    Z8.0;
```

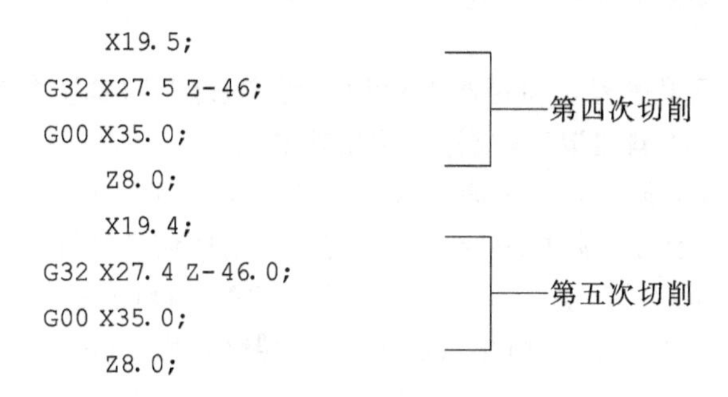

```
    X19.5;
G32 X27.5 Z-46;      ┐
G00 X35.0;           ├——第四次切削
    Z8.0;            ┘
    X19.4;
G32 X27.4 Z-46.0;    ┐
G00 X35.0;           ├——第五次切削
    Z8.0;            ┘
```

注意：

① 在螺纹切削期间进给速度倍率是无效的。

② 不允许不停主轴而停止螺纹刀具进给，这样将会突然增加切削深度，因此螺纹切削时进给暂停也是无效的。如果使用了暂停功能，刀具将在执行了非螺纹切削的程序段后停止。

使用 G32 指令，对于需要多次走刀加工的螺纹，重复次数非常多，这样逐段进行螺纹加工的程序编写，主要是方便了操作者对于程序的控制，可以调整螺纹数和每次走刀深度，也可以添加横切方法和螺纹的斜线退刀。但程序编写完成后，后续的实际程序编辑比较困难。

3.4.4　基本螺纹切削循环指令 G92

G92 指令用于简单螺纹循环，每指定一次，螺纹车削自动循环一次，其加工过程分别如图 3.52 所示。与 G32 相比，螺纹刀具定位在第一次加工直径处，加工完后，从螺纹退出并返回至起始位置，后面的 3 个程序段在每次走刀中都需要重复，但 G92 避免了这种数据重复，使程序更容易进行编辑。在循环路径中，除螺纹车削为切削进给外，其余均为快速运动。图中，用 F 表示切削进给，R 表示快速进给。

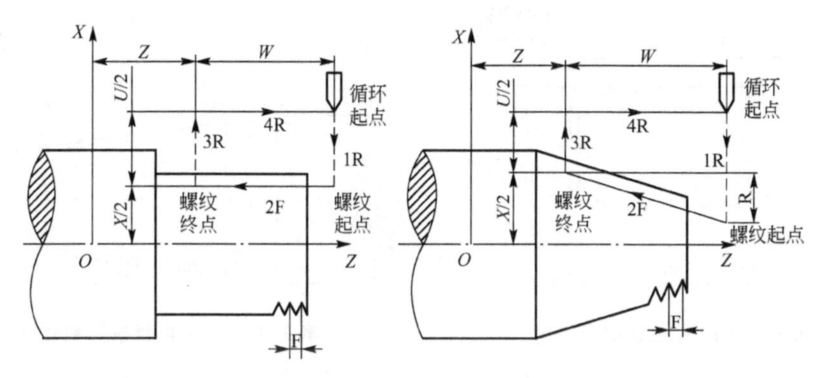

图 3.52　G92 加工过程

G92 为模态指令，指令的起点和终点相同，径向（*X* 轴）进刀、轴向（*Z* 轴或者 *X*、*Z* 轴同时）螺纹切削，实现等螺距的直螺纹、锥螺纹的切削循环。

指令格式：G92X(U)__ Z(W)__ R __ F __；

指令说明：

(1) X、Z 表示螺纹终点坐标值。

(2) U、W 表示螺纹终点相对循环起点的坐标分量。

(3) R 表示锥螺纹始点与终点在 *X* 轴方向的坐标增量(半径值)，圆柱螺纹切削循环时 R 为零，可省略。

(4) F 表示螺纹导程。

G92 指令在螺纹加工结束前有螺纹退尾过程：在距离螺纹切削固定长度处(称为螺尾的退尾长度，由 CNC 系统参数设定)，产生斜线退刀(或称为倒角功能)。

G92 指令可以分刀多次完成一个螺纹的加工，但不能实现两个连续螺纹的加工，亦不能加工涡形螺纹。G92 功能比较简单，没有任何附加参数，也不需要采用横切进给方式。

例 3－19　用 G92 指令编写图 3.53 所示的直螺纹，分 3 次车削，切削深度(直径值)分别是：0.8mm、0.6mm、0.2mm，引入长度 5mm，引出长度 1mm，螺纹导程 2mm。

```
G97 S1000 M03;
T0101;
G00 X35.0 Z5.0;
G92 X28.4 Z-44.0 F2.0;
X27.2;
X26.8;
G00 X200.0 Z100.0;
T0100;
M05;
M30;
```

例 3－20　编写如图 3.54 所示锥螺纹程序，分 5 次车削，单边切削深度分别是：1mm、0.8mm、0.6mm、0.2mm、0.2mm。

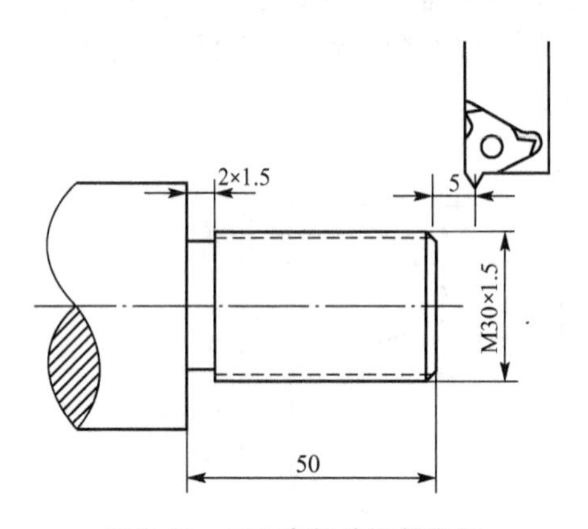

图 3.53　G92 直螺纹切削实例

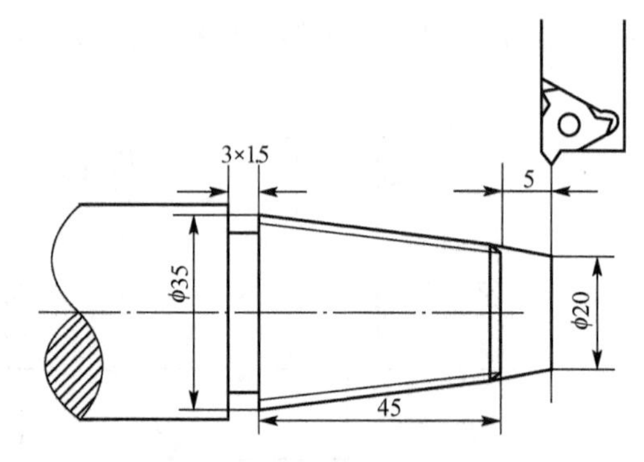

图 3.54　G92 锥螺纹切削实例

```
O0001
G97 S1000 M03;                启动主轴旋转,转速 1000r/min
T0101;                        调用螺纹切削刀具
G00 X35.0 Z5.0;               确定螺纹切削起始位置
G92 X33 Z-46.0 I-4.0 F2.0;    单一循环开始
    X31.4;                    第二次切削
    X30.2;                    第三次切削
    X29.8;                    第四次切削
    X29.4;                    第五次切削
    G00 X100.0 Z100.0;        返回换刀点
```

```
T0100;          取消刀补
M05;            主轴停转
M30;            程序结束
```

3.4.5　多重螺纹切削循环 G76

随着数控技术的发展，为机床提供了更多新的功能，其中就有用于螺纹加工的另一种功能强大的车削循环——G76。使用 G32 切削螺纹时，每次螺纹加工需要 4～5 个程序段，使用 G92 循环每次螺纹加工需要一个程序段，但 G76 可以在 1 个或 2 个程序段中完成螺纹的加工。

G76 属于侧向进刀加工螺纹。工艺性比较合理，编程效率较高，它可以加工带螺尾退尾的直螺纹和锥螺纹，但不能加工涡卷螺纹。在车削过程中，除第一次车削深度需指定外，其余各次车削深度自动计算。根据不同系统，G76 有两种编程格式，即单程序段格式和双程序段格式。

单程序段格式：G76 X __ Z __ I __ K __ D __ F __ A __ P __；

指令说明：

(1) X：螺纹的最后加工直径。

(2) Z：螺纹末端位置。

(3) I：锥度增量值。

(4) K：螺纹单侧深度。(正值)

(5) D：第一次螺纹加工深度。(正值)

(6) A：刀尖角。(正值)

(7) P：横切进刀。

从目前经常使用的系统来看，双程序段 G76 指令格式更为常见，其指令格式为

G76　P(m)(r)(α)Q(Δdmin)R(d)；

G76　X(U)__ Z(W)__ R(i)P(k)Q(Δd)F(f)；

指令说明：

(1) 第一个程序段中指令说明如下。

① P：分成三组共 6 位数据输入：第一、二位数字，精加工次数；第三、四位数字，斜线退出的导程数(为导程的 0.0～9.9 倍)，即为 0.1 的整数倍，不使用小数点(00～99)。第五、六位数字，刀尖角度(螺纹牙形角)，从 0°、29°、30°、55°、60°、80°中进行选取。例如：P031560，表示精加工次数 3 次，斜线退刀长度为 1.5 倍的导程，螺纹牙形角 60°。

② Q：最小螺纹加工深度(正半径值，不使用小数点)。

③ R：固定的精加工余量，用半径编程指定，单位 0.001mm。

(2) 第二个程序段中指令说明如下。

① X(U)：螺纹终点直径坐标值或者是螺纹切削终点的直径坐标增量。

② Z(W)：Z 轴方向的螺纹终点坐标或者螺纹切削终点的 Z 轴坐标增量。

③ R：螺纹加工起点和终点位置的半径差，直螺纹则 R 为 0。

④ P：螺纹高度，为正的半径值，不使用小数点，单位 0.001mm。

⑤ Q：第一次走刀深度，为正的半径值，不使用小数点，单位 0.001mm。

⑥ F：螺纹加工进给率。

在这里需要注意的是不能混淆第一个程序段中 P、Q、R 地址和第二个程序段中的 P、Q、R 地址，它们都有其特定的含义，只在自身所在的程序段中有效。其走刀路径如图 3.55 所示。

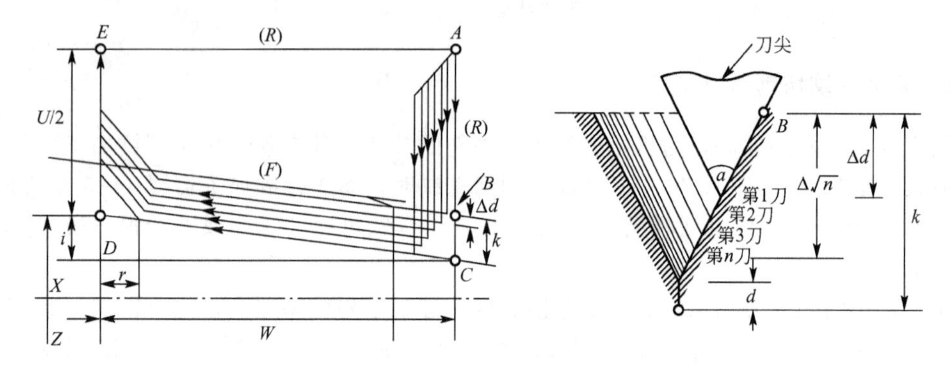

图 3.55　G76 走刀路线及其进刀

例 3－21　对图 3.56 所示直螺纹采用 G76 多重循环指令进行编程。精加工次数为 1 次，退刀量等于螺纹加工进给率，螺纹牙形角 60°，最小切削深度 0.1mm，精加工余量 0.2mm，螺纹高度 3.68mm，第一次走刀深度 1.8mm，螺纹进给率 6mm。

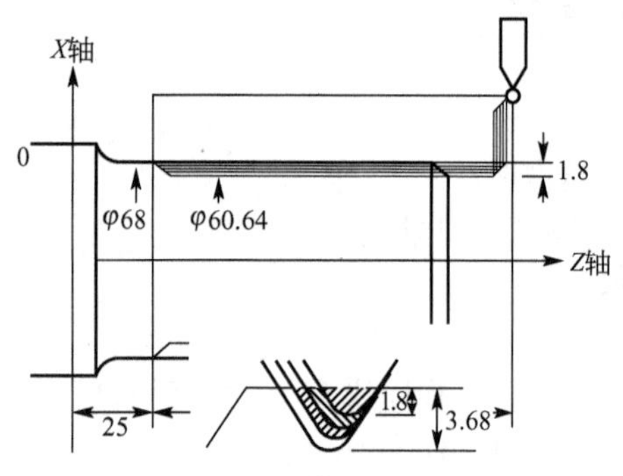

图 3.56　G76 循环切削举例

编程如下。

```
G97 S1000 M03;
T0100;
G00 X75.0 Z110.0 T0101;
G76 P011060 Q100 R200;
G76 X60.64 Z25.0 P3680 Q 1800 F6.0;
G00 X250.0 Z200.0;
T0100;
M05;
M30;
```

3.5　简单台阶轴的单一循环编程

在 CNC 车床编程中，毛坯余量的去除占用了大量的时间，即粗加工中的外圆粗车和内孔的粗镗。手工编程粗加工刀具路径需要一系列刀具路径上的坐标点，如果工件轮廓复杂，则非常容易出错且浪费时间。在粗加工去除中，CNC 车床可以使用特殊的循环功能来自动处理粗加工刀具路径。

FANUC 一直使用 3 个简单的循环，在本质上与 CNC 铣床和加工中心的钻孔固定循环类似，在这 3 个简单循环中，2 个用来进行车削和镗孔，1 个用于螺纹加工，即 G92 指令。由于 G92 已在前文讲过，因此在这里主要介绍前 2 个循环。这 2 个循环中，每一个程序段相当于普通程序中的 4 个程序段。

3.5.1 直线切削循环 G90

首先需要注意一个问题：在车削系统中，G90 为简单车削循环，而铣削系统中 G90 为数据的绝对输入方式。

由 G90 指定的简单循环，主要的任务是去除刀具起始位置与指定的 *X*、*Z* 坐标位置之间的多余材料，通常为平行于主轴中心线的直线车削或镗削，*Z* 轴为主要的切削轴。例如，在零件的外圆柱面(圆锥面)或者内孔面(内锥面)上毛坯余量较大或者直接从棒料车削零件时进行精车前的粗车。

G90 循环有两种编程格式：

(1) 第一种用于沿 *Z* 轴方向的直线切削，如图 3.57 所示。

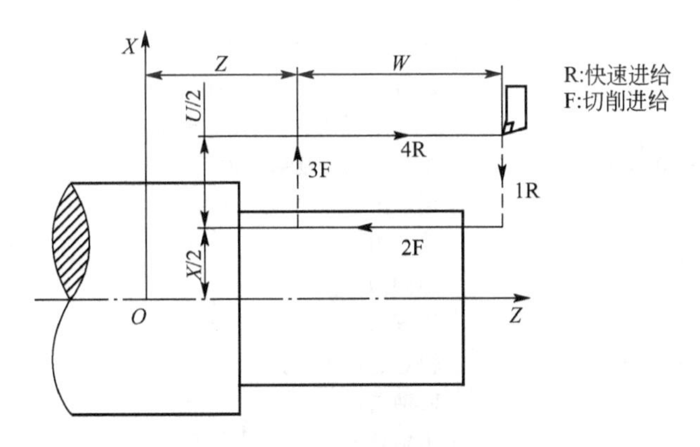

图 3.57 G90 直线切削循环

其指令格式如下：

G90 X(U)__ Z(W)__ F __；

其中，X(U)、Z(W)表示车削循环中车削进给路径的终点坐标，可以是绝对坐标，也可以是增量坐标，在增量编程中，地址 U 和 W 后面的数值的符号取决于轨迹 1 和 2 的方向。对于图 3.58 而言，U 和 W 的符号为负。F 为进给速度。此外，从图 3.58 可以看出，在 G90 循环中，沿 *Z* 轴的切削和沿 *X* 向退刀为工作进给，其余为快速运动。运动过程如下。

① 从换刀点快速趋近工件至起始位置。

② *X* 轴方向快速移动到切削位置。

③ 沿 *Z* 轴以给定进给速度切削至终点。

④ *X* 轴以切削进给速度退刀，返回到与起点 *X* 轴绝对坐标相同处。

⑤ 沿 *Z* 轴快速返回至起始位置，结束循环。

例 3-22　如图 3.58 所示，如果毛坯棒料从 ϕ50mm 切削到 ϕ20mm，加工总长 40mm，加工单边余量 15mm。余量较大，因此在精车之前，可以采用 G90 去除大部分余量，单边切削深度分别为：5mm、4mm、3mm、2mm、1mm。使用 G96 保证加工表面质量，最高限速为 2500r/min。

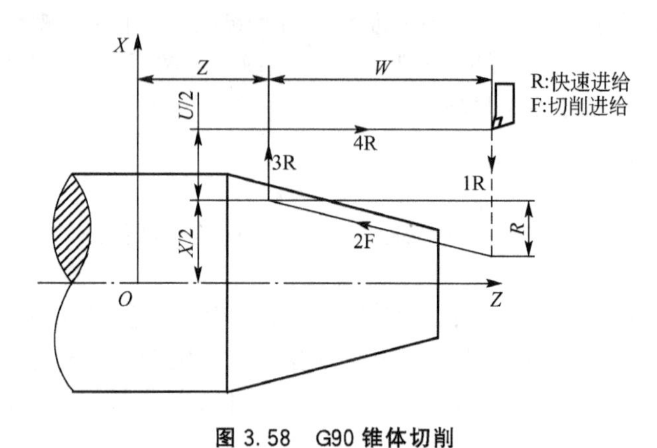

图 3.58　G90 锥体切削

编写数控程序如下：

```
O0006
N10G50 X100.0 Z80.0 S2500;       建立工件坐标系,限制最高转速 2500r/min
N20G99 G96 S150 M03;             设置恒线速度 150m/min
N30G00 X50.0 Z5.0 T0101;         快速趋近工件,调用 1 号刀具
N40G90 X40.0 Z-40.0 F0.3;        G90 循环切削第一刀
       X32.0;                    第二刀
       X26.0;                    第三刀
       X22;                      第四刀
       X20;                      第五刀
N90G00 X100.0 Z80.0;             快速返回安全点
N100 T0100;                      取消刀补
N110 M05;                        主轴停转
N120 M30;                        程序结束
```

(2) 第二种格式增加了参数 I 或 R，主要用于锥体加工，以 *Z* 轴切削运动为主，如图 3.59 所示。其指令格式如下：

G90 X(U)____ Z(W)____ R(I)____ F ____;

其中，X(U)、Z(W)表示车削循环中车削进给路径的终点坐标，可以是绝对坐标，也可以是增量坐标，R(I)表示沿水平方向的锥体切削，它的值为锥体起点和终点处直径差值的一半，R 地址在较新的控制器中替代 I 地址使用，有正负号。F 为进给速度。其循环方式如图 3.58 所示，与图 3.57 类似。

注意：

① 使用任何运动指令(G00、G01、G02、G03)都可以取消 G90 循环，最常用 G00 指令。

例如：

```
G90 X(U)____ Z(W)____ R____ F____;
```

```
…
G00…
```

② G90 为粗加工循环，首先需要选择每次的切削深度，要确定深度，先求出外圆上实际去除的毛坯量是多少，实际毛坯量是沿 *X* 轴方向的单侧(半径)值；考虑精加工余量后，选择切削次数，确定每次的切削余量。循环时只需按车削深度依次改变 *X* 坐标值，其余参数为模态量。

③ 安全间隙的选择：柱体切削时，工件直径以及前端面的间隙通常为 3mm 左右；锥体切削时，终点加工空间宽阔，两段均需要加的安全间隙。否则，至少要在起点处增加 3mm 左右的安全间隙。

④ 为了保证表面加工质量，G90 固定循环可以和 G96 恒表面线速度切削指令结合使用。

⑤ 如果采用增量编程，与绝对坐标相比，不容易跟踪程序进程，故建议多采用绝对坐标进行编程。

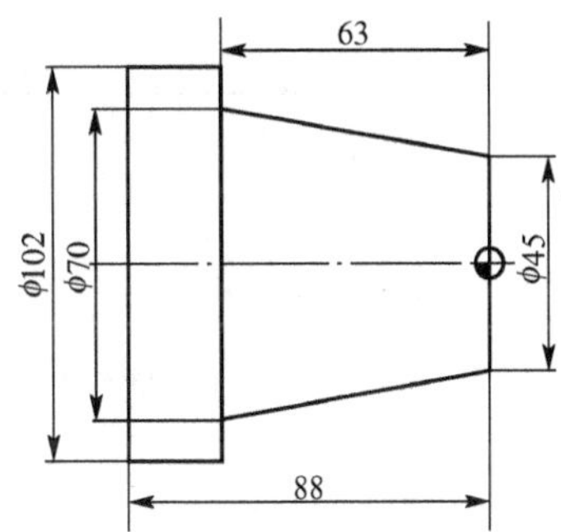

图 3.59　锥体切削举例 2

例 3－23　如图 3.59 所示，直径 102mm 棒料，使用 G90 粗车循环，首先做直线切削，单边切削深度为 5mm、5mm、3mm、2mm、1mm。然后做锥体切削，使用恒线速度控制保证表面质量，单边切削深度为 5mm、4mm、2mm、1.5mm。其程序如下。

```
O0008
N10 G99 G00 X80.0 Z100.0;
N20 T0101;
N30 G00 X102.0 Z3.0;
N40 G90 X92.0 Z-63.0 F0.5;
        X82.0;
        X76.0;
        X72.0;
        X70.0;
N50 G00 X70.0 Z3.0;
N60 G50 S2000;
N70 G96 S150 M03;
N80 G90 X70.0 Z-25.0 R5.0 F0.3;
              Z-45.0 R9.0;
              Z-55.0 R11.0;
              Z-63.0 R12.5;
N90 G00 X80.0 Z100.0;
N100 T0100;
N110 M05;
N120 M03;
```

锥体加工与直线切削不一样的地方就是在循环中使用参数 R 或 I 来指定锥体每一侧的锥度值和方向。该值是基于总的行程距离和在起点位置的第一次运动方向计算出来的半径值，具体情况如图 3.60 所示。

例 3－24　如图 3.61 所示的内圆锥螺纹，加工时先用 T01 刀、G90 循环加工出内螺纹

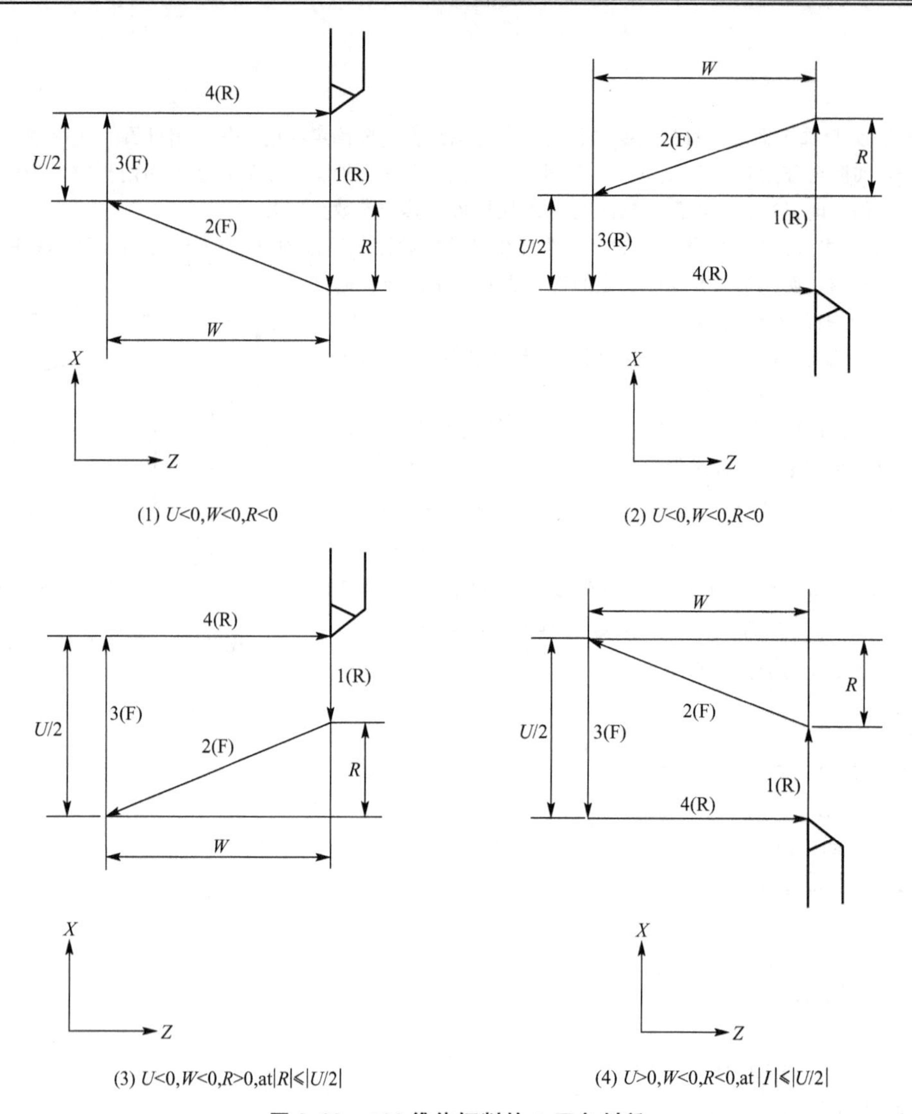

(1) $U<0, W<0, R<0$　　(2) $U<0, W<0, R<0$

(3) $U<0, W<0, R>0$, at $|R| \leqslant |U/2|$　　(4) $U>0, W<0, R<0$, at $|I| \leqslant |U/2|$

图 3.60　G90 锥体切削的 R 正负判断

底孔，然后再用 T02 刀、G92 循环加工出内螺纹。牙深 1.3mm，螺距 2mm，编写的程序如下。

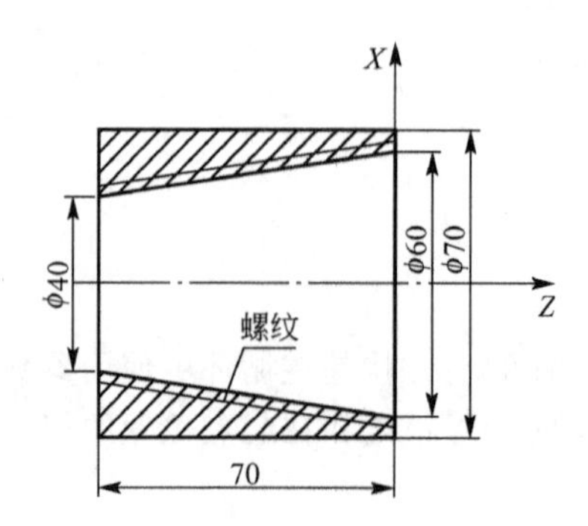

图 3.61　G90 和 G92 加工内锥螺纹

```
G00 X100.0 Z150.0;                换刀位置
G99 M03 S400;
T0101;                            换1号刀
G00 X30.0 Z10.0;                  快速趋近工件附近
G90 X35.0 Z-70.0 R10. 0F0.2;      内圆锥面循环
X40.0;
G00 X100.0 Z150.0;                回到换刀位置
T0100;                            取消1号刀刀补
T0202;                            换2号刀
G00 X30.0 Z10.0;                  快速趋近工件附近
G92 X40.9 Z-70.0 R10.0 F2.0;      内锥螺纹循环
X41.5;                            二次切深0.6mm
X42.1;                            三次切深0.6mm
X42.5;                            四次切深0.4mm
X42.6;                            完成螺纹加工
G00 X100.0 Z150.0;                退回换刀位置
T0200;                            取消2号刀刀补
M05;
M30;
```

3.5.2 径向切削循环 G94

与G90功能非常相似的一个简单循环为G94端面切削循环，G94主要用来去除零件的垂直端面或者锥形端面上大量的毛坯余量。*X*轴为其主切削方向，因此G94主要进行端面或轴肩的粗加工。这是G94和G90的主要区别。

(1) 直线端面加工的循环格式为：G94 X(U)__ Z(W)__ F __；

式中，X(U)、Z(W)表示车削循环中车削进给路径的终点坐标，可以是绝对坐标，也可以是增量坐标，F为进给速度。

如图3.62所示，循环过程中沿*X*轴方向车削零件和*Z*轴方向退刀为进给运动，其余为快速运动，循环过程如下。

① 快速趋近工件。

② 沿*Z*轴快速运动到切削位置。

③ 沿*X*轴以指定进给率进行切削。

④ 沿*Z*轴以指定进给率退刀。

⑤ 沿*X*轴快速回退至出发位置。

(2) 圆锥面车削循环，指令格式：G94 X(U)__ Z(W)__ R __ F __；

式中，X(U)、Z(W)表示车削循环中车削进给路径的终点坐标，可以是绝对坐标，也可以是增量坐标，R表示沿*X*轴方向的锥体切削，它的值为锥体起点和终点处直径差值的一半，有正负号。F为进给速度。其循环方式如图3.63所示。

注意：

① 使用任何运动指令(G00、G01、G02、G03)都可以取消G90循环，最常用G00指令。

② G94为粗加工循环，首先需要选择每次的切削深度，要确定深度，先求出端面上实际去除的毛坯

量是多少，实际毛坯量沿 Z 轴方向；考虑精加工余量后，选择切削次数，确定每次的切削余量。循环时只需按车削深度依次改变 Z 坐标值，其余参数为模态量。

③ 为了保证表面加工质量，G94 固定循环可以和 G96 恒表面线速度切削指令结合使用。

④ 在增量编程中，地址 U、W 和 R 后面的数值符号和刀具轨迹之间的关系如图 3.64 所示。

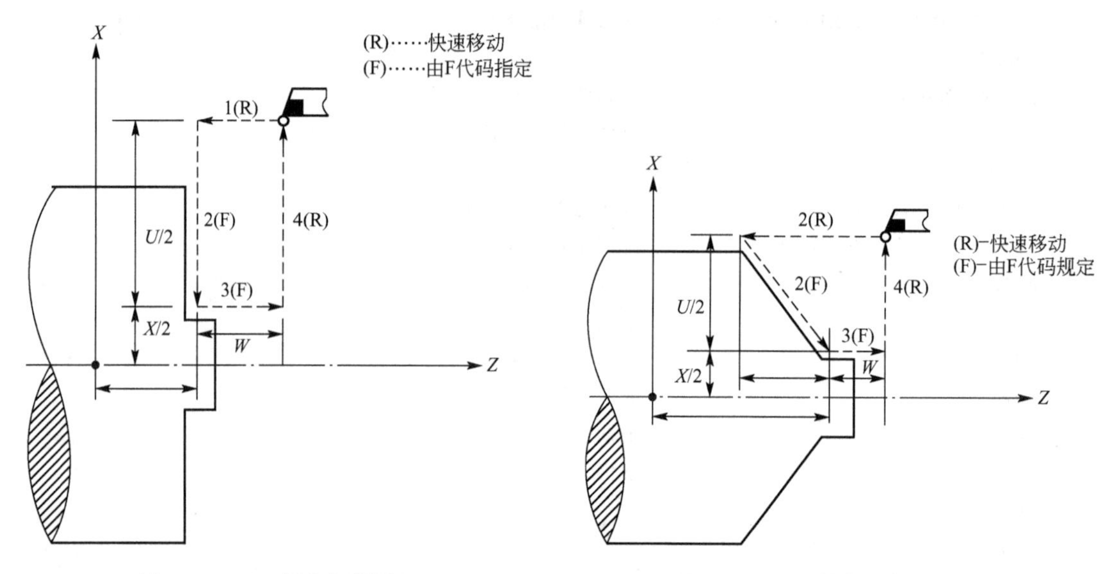

图 3.62　G94 径向切削循环　　　图 3.63　G94 锥体切削循环方式

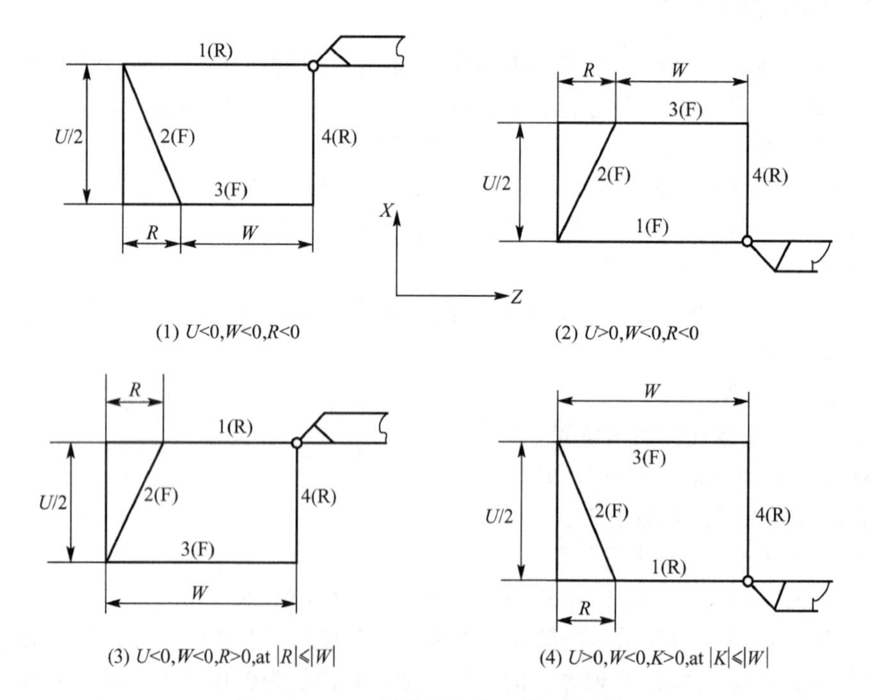

图 3.64　G94 循环指令中 R 值正负判断

例 3-25　垂直端面粗车示例，如图 3.65 所示，零件右段小端面直径 ϕ20mm，相邻段零件的外径为 ϕ60mm，台阶长度为 9mm，用 G94 车削循环指令编写粗车程序，每次车削深度为 3mm，X(半径值)和 Z 方向各留 0.2mm 的精车余量，则粗车加工程序编写如下。

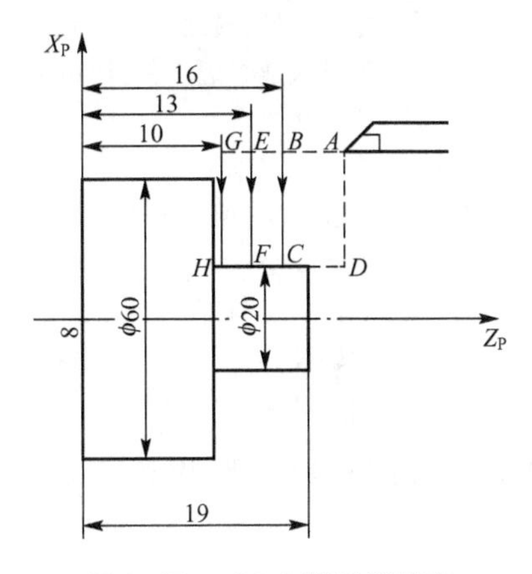

图 3.65　G94 车削垂直端面

```
G00 X100.0 Z100.0;            回换刀点
G99 M03 S200;                 主轴正转,转速 200r/min,进给率切换为 r/min;
G00 X65.0 Z5.0 T0101;         刀具快速趋近工件,调用第 1 把刀及刀补
G94 X20.4 Z16.0 F0.2;         第一次粗车
Z13.0;                        第二次粗车
Z10.2;                        完成加工,留精加工余量
G00 X100.0 Z100.0;            退回安全点
T0100;                        取消 1 号刀刀补
M05;                          主轴停转
M30;                          程序结束
```

例 3-26　锥形端面粗车示例，如图 3.66 所示，零件右段小端面直径 ϕ20mm，相邻段零件的外径为 ϕ60mm，台阶长度为 5mm，R=−4mm，用 G94 车削循环指令编写粗车程序，车削深度分别为 2mm、3mm，X(半径值)和 Z 方向各留 0.2mm 的精车余量，则粗车加工程序编写如下。

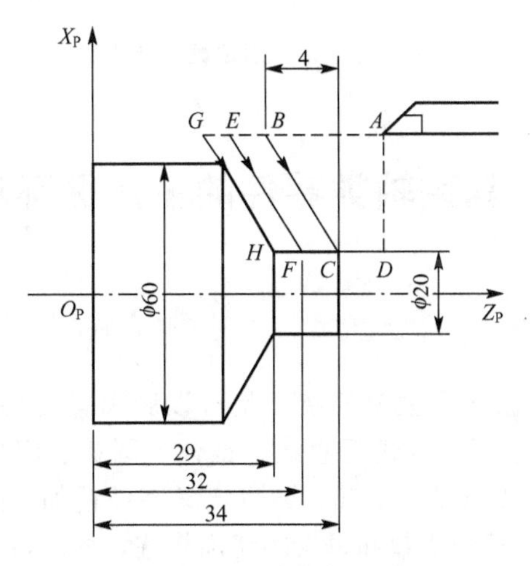

图 3.66　G94 车削锥形端面

```
G00 X100.0 Z100.0;             回换刀点
G99 M03 S200;                  主轴正转,转速 200r/min,进给率切换为 r/min;
G00 X65.0 Z5.0 T0101;          刀具快速趋近工件,调用第 1 把刀及刀补
G94 X20.4 Z34 R-4.0 F0.2;      第一次粗车
Z32.0;                         第二次粗车
Z29.2;                         完成加工,留精加工余量
G00 X100.0 Z100.0;             退回安全点
T0100;                         取消 1 号刀刀补
M05;                           主轴停转
M30;                           程序结束
```

在 G90 和 G94 的使用上，要根据材料的形状和产品的形状进行选择，如图 3.67 所示。

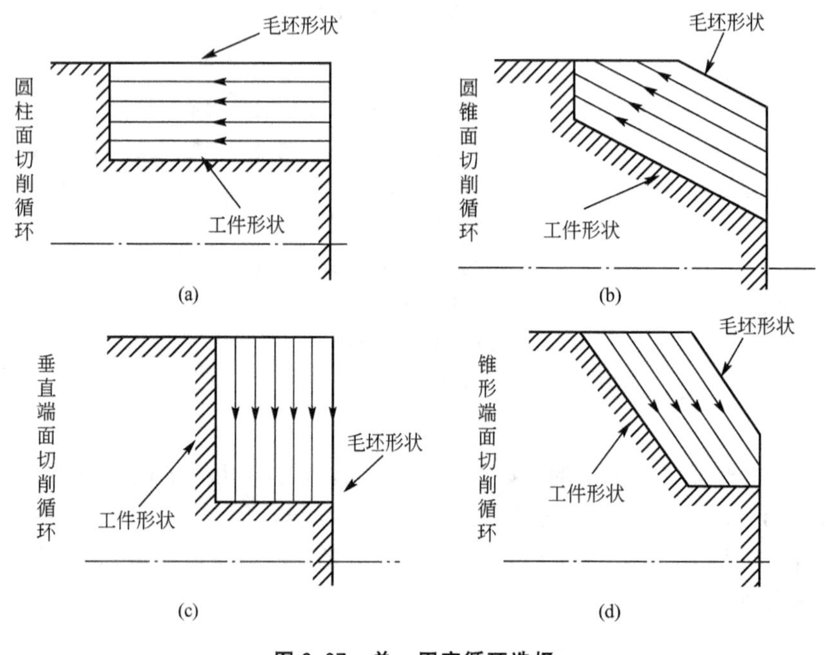

图 3.67　单一固定循环选择

3.6　复杂轴类零件的多重循环编程

3.6.1　概述

在 CNC 车床上的多重循环最主要的特征是可以脱离重复的操作顺序从而简化程序。对于复杂轴类零件，这些循环可以进行直线、锥体、圆弧、倒角、凹槽等的加工。CNC 车床总共有 7 个多重循环，即 G70～G76。通过定义零件精加工路径、进刀量、退刀量和加工余量等数据，自动计算切削次数和每次的切削轨迹，机床可以自动实现多次进刀、切削、退刀、再进刀的加工循环，自动完成工件毛坯的粗加工到精加工全过程。

1. 各指令的循环

1）轮廓粗加工循环

G71：主要沿 Z 轴方向的粗车循环。

G72：主要是沿 X 轴方向的粗车循环。

G73：重复粗加工循环。

2）轮廓精加工循环

G70：在上述3个粗车循环结束后，采用该指令完成精加工。在编写粗加工循环之前，必须首先指定精加工后的零件轮廓，只有这样才可以使用粗加工循环。

3）钻削循环

G74：沿 Z 轴方向进行。

4）切槽循环

G75：沿 X 轴方向进行。

G74 和 G75 有时又称为断屑循环，即沿 Z 轴方向和 X 轴方向进行间歇式加工。G74 循环可以在 CNC 车床上进行深孔钻，而 G75 由于加工出的槽精度不高，在实际中使用的并不多。

由于 G76 螺纹切削多重循环已经在螺纹加工指令中已经介绍，因此这里不再赘述。多重循环在普通的 FANUC 控制系统中和高级 FANUC 控制系统中的编程格式及数据输入方法有所不同，前者为单程序段编程格式而后者为双程序段编程格式。

2. 轮廓加工循环

轮廓加工循环首先要确定毛坯的外形，然后确定最后工件的轮廓尺寸。通过毛坯外形和工件外形就确定了总的切削余量，按照需要的循环方式完成切削。

1）轮廓切削循环的起点

多重循环中的起点是调用轮廓切削循环前刀具的最后 X、Z 坐标位置，通常设置在最接近粗加工开始的工件拐角，这个点的位置必须选择恰当，因为它控制所有趋近安全间隙以及首次粗加工的实际切削深度。

2）切削中的关键点

即图 3.68 中所看到的 B 点和 C 点，B 点用程序中的 P 来表示，指定精加工轮廓的第一个 X、Z 轴坐标的程序段号。C 点用程序中的 Q 来表示，指定精加工轮廓最后一个 X、Z 轴坐标的程序段号。

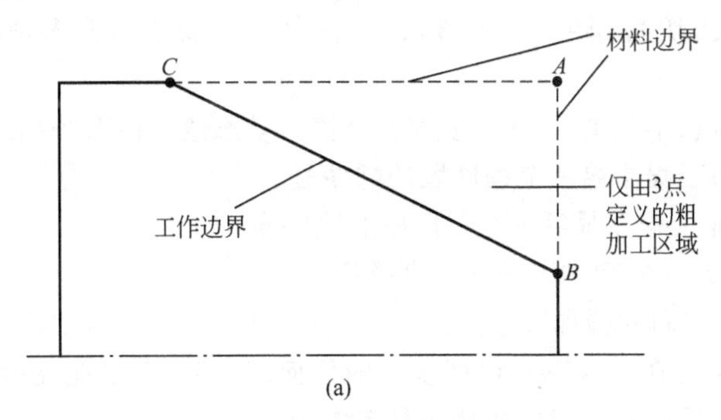

图 3.68　多重循环中的关键点

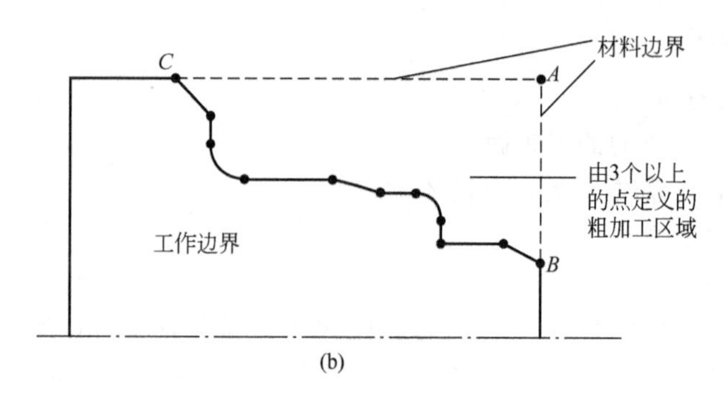

图 3.68　多重循环中的关键点(续)

注意：

① 编程中使用带有进给率的 G01、G02 和 G03 指令。

② 由起点和 B 点、C 点定义的轮廓加工区域必须包括必要的安全间隙。

③ 在 P 点和 Q 点之间不能包括刀尖半径补偿，如果需要，则应在调用循环前编写刀尖半径补偿，例如在换刀后，从换刀点趋近工件过程中进行指定。

④ 刀具在 P 点和 Q 点之间运动，对于回转体外表面加工其坐标是增加的，对于内表面加工其坐标是递减的。

3.6.2　轴向粗车循环 G71

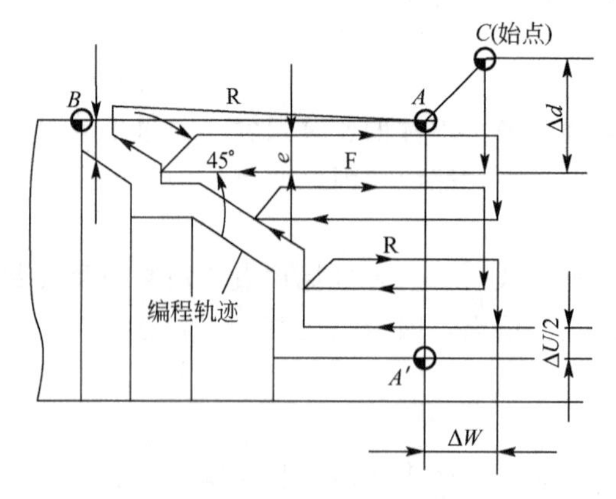

图 3.69　轴向粗车循环 G71

轴向粗车循环 G71 主要用于沿 Z 轴方向的毛坯内外表面的粗车。外表面粗车时的刀具路径如图 3.69 所示。图中 C 点是粗加工循环的起点，A 是毛坯外径与端面轮廓的交点。只要在程序中，给出 $A \rightarrow A' \rightarrow B$ 之间的精加工形状及径向精车余量 $\Delta U/2$、轴向精车余量 ΔW 及每次切削深度 Δd 即可完成 $AA'BA$ 区域的粗车工序。

指令格式：G71 U(Δd)R(e)；

G71 P(ns)Q(nf)U(Δu)W(Δw)F(f)S(s)T(t)；

指令介绍：

(1) Δd 表示每次切削深度(半径值)，无正负号；该值为模态值，切削方向决定于 AA' 的方向。

(2) e 表示退刀量(半径值)，无正负号；该值为模态值，由系统相关参数指定。

(3) ns 表示精加工程序第一个程序段的顺序号。

(4) nf 表示精加工程序最后一个程序段的顺序号。

(5) Δu 表示 X 方向的精加工余量，直径值。

(6) Δw 表示 Z 方向的精加工余量。

(7) f、s、t：包含在 ns 和 nf 程序段中的任何 F、S、T 功能在循环中被忽略，而在 G71 程序段中或前面程序段中相应的功能是有效的。

注意区分两个程序段中的U，第一个程序段中U表示每次的切削深度，第二个程序段中的U则表示直径方向的毛坯余量。

G71指令首先给定粗车的进刀量、退刀量；然后定义精加工轨迹的程序段区间、精车余量、切削进给速度、主轴转速、刀具功能；需要说明的是精车轨迹（*ns*～*nf*）程序段，在执行G71时，这些程序仅用于粗车时计算刀路轨迹，实际并不被执行。控制系统根据精车轨迹、精车余量、进刀量、退刀量等数据自动计算粗加工路线，沿与*Z*轴平行的方向切削，通过多次切削循环完成工件的粗加工，G71的起点与终点相同。

注意：

① *A*和*A'*之间的刀具轨迹是在包含G00或G01顺序号为*ns*的程序段中指定，并且在这个程序段中不能指定*Z*轴运动指令，即以P定义的精加工第一句程序中只能指定*X*轴运动指令。

② G71只用于粗加工内外圆柱面，即毛坯为棒料的工件。

③ G71中存在Ⅰ类循环和Ⅱ类循环，Ⅰ类循环在轮廓切削过程中不允许改变加工方向，对于外表面加工，*X*轴方向单调增加，即径向不能有凹面。对于内表面加工，*X*轴方向单调减小。Ⅱ类循环运行从*P*点到*Q*点之间逐渐增加或减小轮廓，沿*X*轴的外形轮廓不必单调递增或单调递减，并且最多可以有10个凹面，如图3.70所示。但沿*Z*轴的外形轮廓必须单调递增或递减，例如图3.70所示的轮廓无法进行加工。

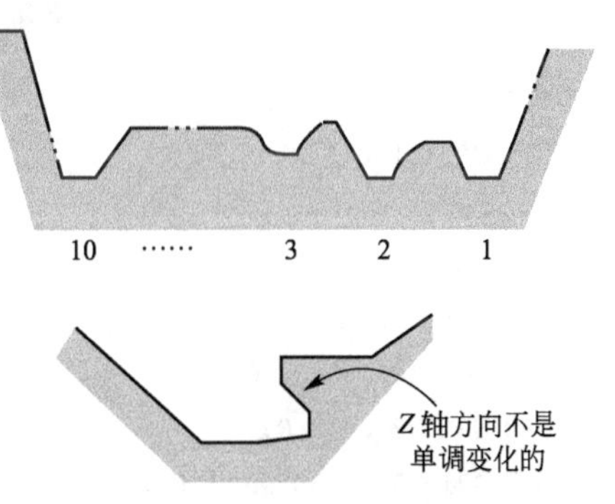

图3.70　*Z*轴方向无单调的曲面

④ 当采用恒表面切削速度进行编程时，在*P*点到*Q*点之间的运动指令中指定的G96或G97无效，而在G71程序段或之前的程序段中指定的G96或G97有效。

⑤ 精车预留余量的符号与刀具轨迹的移动方向有关，即沿刀具移动轨迹移动时，如果*X*方向坐标值单调增加，*U*为正，反之为负；*Z*坐标值单调减小，则*W*为正，反之为负。如图3.71所示。图中*A*-*B*-*C*为精加工轨迹，*A'*-*B'*-*C'*为粗加工轨迹。

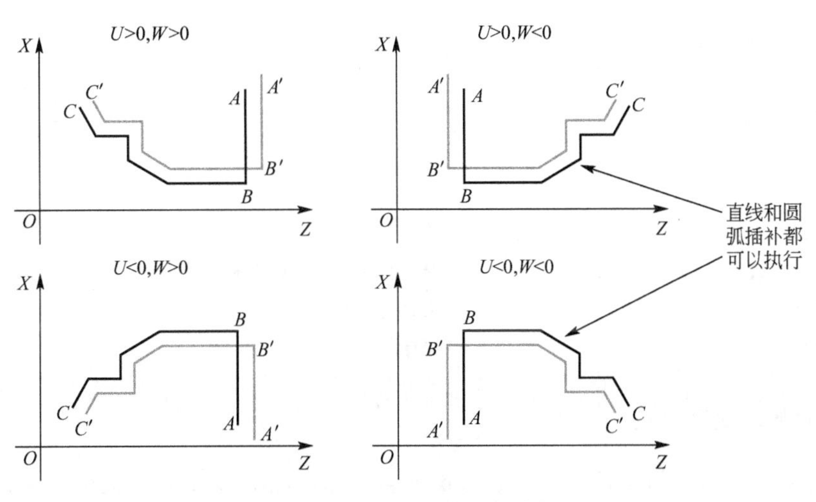

图3.71　$\Delta U \Delta W$的正负判断

⑥ 在*ns*～*nf*程序段中，不能调用子程序。

⑦ 在车削循环期间，刀尖补偿功能无效，需提前进行补偿。

⑧ 从起点 A 到 A' 的 X 轴方向为负，则说明控制系统将该循环作为外部切削处理；如果从起点到 A' 点的 X 轴方向为正，说明控制系统将该循环作为内部切削处理。

例 3－27 如图 3.72 所示，要进行外圆粗车的轴，粗车切削深度定义为 3mm，退刀量定义为 1mm，精车预留量 X 方向为 0.5mm，Z 方向为 0.3mm，粗车进给率为 0.5mm/r，表面恒线速度为 200m/min，用 G71 数控程序编写如下。

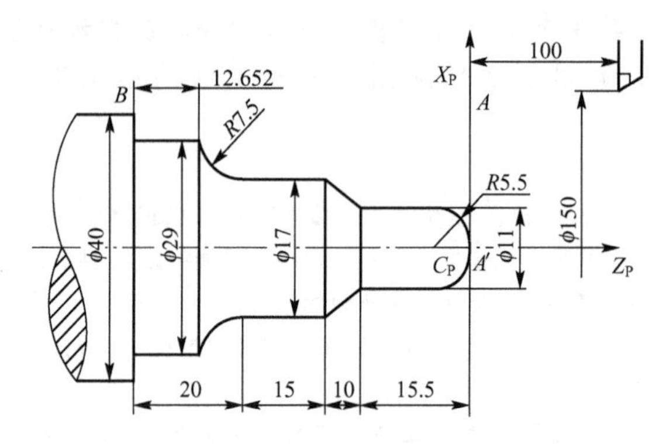

图 3.72　G71 外圆粗车循环

```
O0010
N10 G00 X150.0 Z150.0;              快速返回换刀点
N20 T0100;
N30 G50 S1500;                      限定最高转速 1500r/min
N40 G96 S200 M03;                   恒定线速度 200m/min 主轴正转
N50 G00 X41.0 Z0 T0101;             快速趋近工件,调用 1 号刀及刀补
N60 G71 U3.0 R1.0;                  定义粗车循环
N70 G71 P80 Q150 U0.5 W0.3F0.5;
N80 G01 X0;                         定义精加工轨迹
N90 G03 X11.0 W-5.5 R5.5;
N100 G01 W-10.0;
N110 X17 W-10.0;
N120 W-15.0;
N130 G02 X29.0 W-7.348 R7.5;
N140 G01 W-12.652;
N150 X41.0;                         精加工轨迹结束
N160 G00 X150.0 Z150.0 T0100;       退回换刀点,取消刀补
N170 M05;                           主轴停转
N180 M30;                           程序结束
```

3.6.3　径向粗车循环 G72

G72 又称为平端面粗车循环，在各方面而言与 G71 循环类似，不同的是它是从较大直径向主轴中心线进行垂直切削，以去除端面上的多余材料，如图 3.73 所示。与该组内的其他循环相同，根据控制系统的不同，也有两种编程格式，即单程序段格式和双程序段格式。其刀具路径如图 3.74 所示。

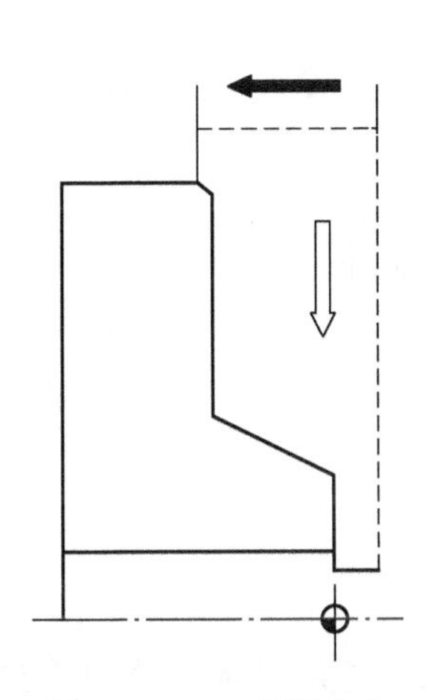

图 3.73　G72 切削方向

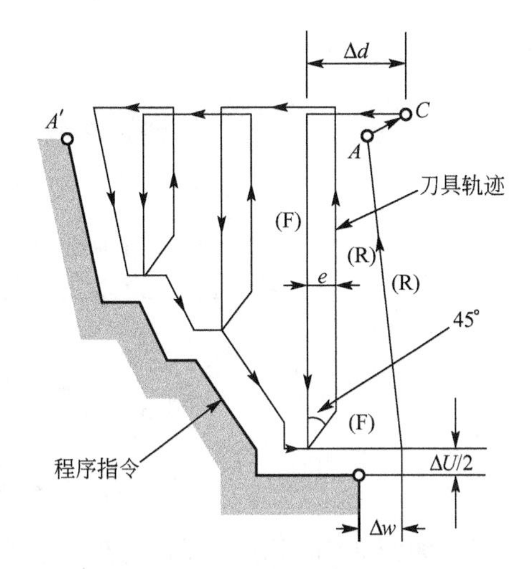

图 3.74　径向粗车循环 G72

指令格式：G72 W(Δ*d*)R(*e*)；

G72 P(*ns*)Q(*nf*)U(Δ*u*)W(Δ*w*)F(*f*)S(*s*)T(*t*)；

指令介绍：

(1) Δ*d* 表示每次 *Z* 轴方向切削深度，无正负号，该值为模态值。

(2) *e* 表示 *Z* 轴单次退刀量，无正负号，该值为模态值，由系统相关参数指定。

(3) *ns* 表示精加工程序第一个程序段的顺序号。

(4) *nf* 表示精加工程序最后一个程序段的顺序号。

(5) Δ*u* 表示 *X* 方向的精加工余量，直径值。

(6) Δ*w* 表示 *Z* 方向的精加工余量。

(7) *f*、*s*、*t*：包含在 *ns* 和 *nf* 程序段中的任何 F、S、T 功能在循环中被忽略，而在 G71 程序段中或前面程序段中相应的功能是有效的。

在 G71 循环的双程序段中有两个 U 地址，在 G72 循环的双程序段中定义了两个 W 地址。同样的，在 G72 中不能混淆两个 W 的含义，第一个 W 表示切削深度，第二个 W 则表示端面的精加工余量。

注意：

① *A* 和 *A*′之间的刀具轨迹是在包含 G00 或 G01 顺序号为 *ns* 的程序段中指定，并且在这个程序段中不能指定 *X* 轴运动指令，即以 P 定义的精加工第一句程序中只能指定 *Z* 轴运动指令。

② G72 只用于粗加工毛坯为棒料的工件。

③ 零件轮廓必须符合 *X* 轴、*Z* 轴方向单调增大或者单调减小的要求。

④ 当采用恒表面切削速度进行编程时，在 *ns* 到 *nf* 程序段之间的运动指令中指定的 G96 或 G97 无效，而在 G72 程序段或之前的程序段中指定的 G96 或 G97 有效。

⑤ 精车预留余量的符号与刀具轨迹的移动方向有关，以下 4 种切削模式，所有切削循环都平行于 *X* 轴，*U* 和 *W* 的符号如图 3.75 所示。

⑥ 在 *ns*～*nf* 程序段中，不能调用子程序。

⑦ 在车削循环期间，刀尖补偿功能无效，需提前进行补偿。

⑧ 从起点 *A* 到 *A*′的 *Z* 轴方向为负，则说明控制系统将该循环作为外部切削处理；如果从起点到 *A*′点的 *Z* 轴方向为正，说明控制系统将该循环作为内部切削处理。

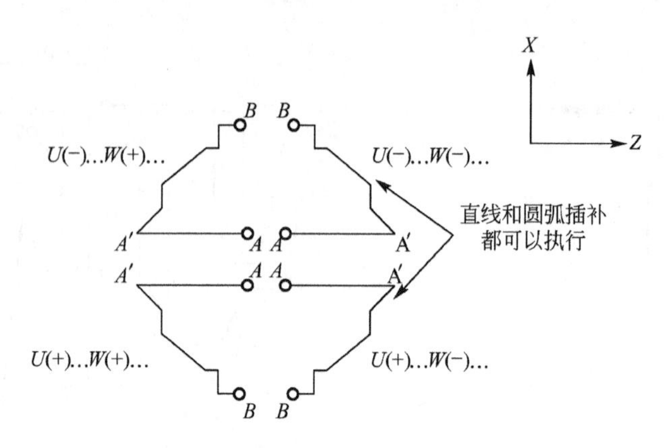

图 3.75　U 和 W 的符号

例 3－28　如图 3.76 所示，要进行外圆粗车的轴，粗车切削 Z 轴单次进刀量定义为 3mm，退刀量定义为 1mm，精车预留量 X 方向为 0.5mm，Z 方向为 0.3mm，粗车进给率为 0.5mm/r，用 G72 数控程序编写如下。

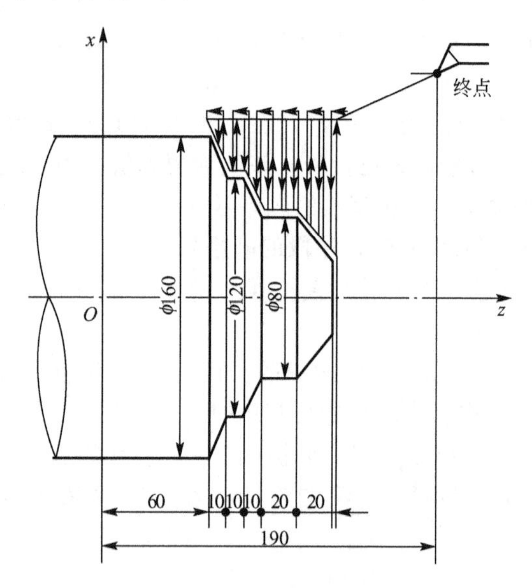

图 3.76　G72 径向粗车循环实例

```
O0012
N10 G99 G50 X220.0 Z190.0;                以刀具当前位置建立工件坐标系
N20 S800 M03;                             主轴正转,转速 800r/min,进给率切换为 mm/r
N30 T0101;                                调用 1 号刀及刀补
N40 G00 X176.0 Z132.0;                    快速趋近工件附近
N50 G72 W3.0 R1.0;                        定义粗车循环
N60 G72 P70 Q120 U0.5W0.3F0.5;
N70 G00 Z58.0;                            定义精车轨迹
N80 G01 X120.0 W120.0 F0.2;
N90 W10.0;
N100 X80.0 W10.0;
```

```
N110 W20.0;
N120 X36.0 W22.0;                   精车轨迹结束
N130 G00 X220.0 Z190.0;             回换刀位置
N140 T0100;                         取消 1 号刀补
N150 M05;                           主轴停转
N160 M30;                           程序结束
```

例 3-29　如图 3.77 所示，粗车零件内孔。切削深度为 1.2mm，退刀量为 1mm。*X* 方向精车余量 0.2mm，*Z* 方向的精车余量 0.5mm，零件毛坯内孔直径为 8mm。编制数控加工程序。

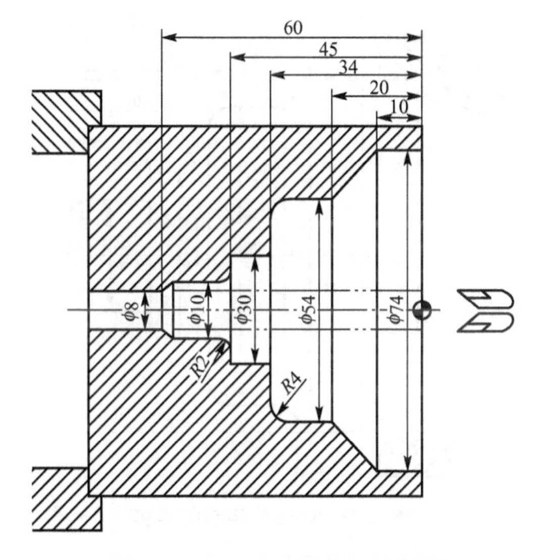

图 3.77　G72 内孔粗车切削实例

```
O0015
N10 G99 G50 X100.0 Z100.0;          建立工件坐标系
N20 T0101;                          选择 1 号刀具
N30 S600 M03;                       主轴正转,转速 600r/min
N40 G00 X6.0 Z3.0;                  快速趋近工件
N50 G72 W1.2 R1.0;                  定义 G72 粗车循环
N60 G72 P70 Q170 U-0.2 W0.5 F0.5;
N70 G00 Z-61;                       定义精加工轮廓
N80 G01 X10.0 W3.0 F0.2;            精加工 2×45°倒角
N90 W10.0;                          精加工 φ10mm 外圆
N100 G03 U4.0 W2.0 R2.0;            精加工 R2 圆弧
N110 G01 X30.0;                     精加工 Z45 处端面
N120 W11;                           精加工 φ30mm 外圆
N130 X46.0;                         精加工 Z34 处端面
N140 G02 U8.0 W4.0 R4.0;            精加工 R4 圆弧
N150 G01 Z-20.0;                    精加工 φ54mm 外圆
N160 U20.0 W10.0;                   精加工锥面
```

```
N170 Z3.0                              精加工φ74mm外圆,精加工轨迹结束
N180 G00 X100.0 Z100.0;                返回换刀点
N190 T0100;
N200 M05;
N210 M30;
```

例 3-30　如图 3.78 所示，图示零件外径相差较大，ϕ10mm 处有 $R2$ 的圆弧，ϕ54mm 处有 $R4$ 的圆弧，零件右端面有 2×45°。采用 G72 进行外径粗加工，切削深度 1.2mm，退刀量为 1mm，X 方向精车余量为 0.2mm，Z 方向精车余量为 0.5mm。毛坯为 ϕ74mm 棒料，材料为 45# 钢，编制其加工程序。

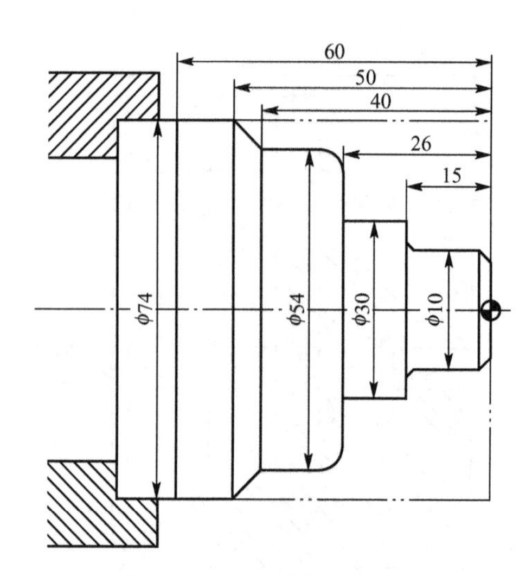

图 3.78　G72 外径切削实例

```
O0016
N10 G99 G00 X100.0 Z100.0;
N20 T0202;                             调用 2 号刀具
N30 S600 M03;                          主轴正转,转速 600r/min
N40 X78.0 Z2.0;                        快速趋近工件,定义循环起点
N50 G72 W1.2 R1.0;                     定义粗车循环
N60 G72 P90 Q180 U0.2 W0.5 F0.5;
N70 G00 X100.0 Z100.0;                 快速返回换刀点
N80 G42 X78.0 Z2.0;                    加刀尖圆弧半径补偿
N90 G00 Z-52.0;                        定义精加工轨迹,运动至锥面延长线上
N100 G01 X54.0 Z-40.0 F0.2;            锥面精加工
N110 W10.0;                            精车φ54mm外圆
N120 G02 U-8.0 W4.0 R4.0;              精车R4圆弧
N130 G01 X30.0;                        精车 Z-26 处端面
N140 Z-15.0;                           精车φ30mm外圆
N150 X14.0;                            精车 Z-15 处端面
N160 G03 X10.0 Z-13.0 R2.0;            精车R2圆弧
N170 Z-2.0;                            精车φ10mm外圆
```

```
N180 U-8.0 W4.0;                  倒角 2×45°
N190 G00 X100.0;
N200 G40 Z100.0;                  取消刀尖半径补偿
N210 T0200;
N220 M05;
N230 M30;
```

3.6.4　模式重复切削循环 G73

G73 也称为轮廓复制循环，其目的是将材料或不规则形状的切削时间限制在最低限度。这种切削循环，可以有效地切削铸件、锻件或已成型的工件。其刀路轨迹如图 3.79 所示。

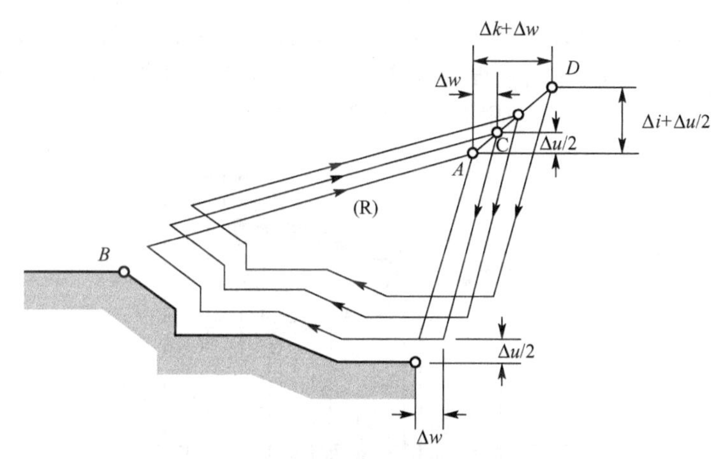

图 3.79　G73 循环刀具切削轨迹

指令格式：G73 U(Δi)W(Δk) R(d)；

G73 P(ns)Q(nf)U(Δu)W(Δw)F(f)S(s)T(t)；

指令介绍：

(1) Δi：表示 X 轴向总退刀量(半径值，mm)，该值为模态值。

(2) Δk：表示 Z 轴向总退刀量(mm)，该值为模态值。

(3) d：切削等分次数，表示重复循环次数，该值为模态值。

(4) ns：表示精加工路线第一个程序段的顺序号。

(6) nf：表示精加工路线最后一个程序段的顺序号。

(6) Δu：表示 X 方向的精加工余量(直径值)。

(7) Δw：表示 Z 方向的精加工余量。

(8) f、s、t：顺序号 ns 和 nf 之间的程序段中所包含的任何 F、S 和 T 功能都被忽略，而在 G73 程序段或之前的 F、S 和 T 功能有效。

注意：

① 背吃刀量通过 Δi 和 Δk 除以循环次数求得。

② 总退刀量 Δi 与 Δk 值的设定与工件的最大切削深度有关。

③ G73 循环精加工轮廓的第一句 P 除了 G00、G01 之外，还可以采用 G02、G03 指令。

④ G73 不像 G71、G72 一样要求零件轮廓必须符合 X 轴、Z 轴方向单调增大或者单调减小的要求，

但零件轮廓需满足连续性。

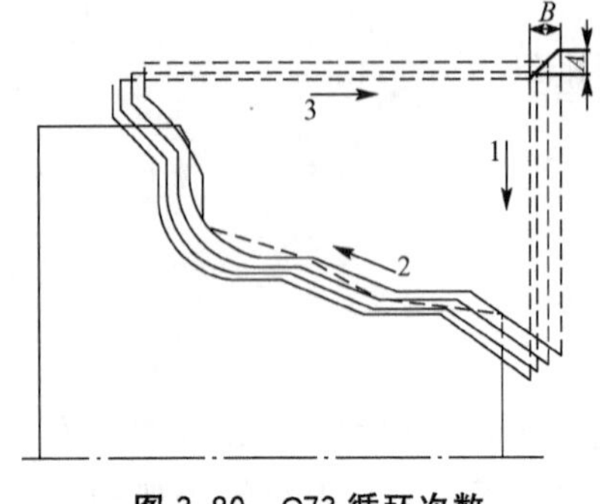

图 3.80　G73 循环次数

⑤ G73 循环的外部粗加工和内部粗加工，若 X 轴方向精加工余量 Δu 为正值，控制系统将循环作为外部循环处理，反之，按内部循环处理。

⑥ 在车削循环期间，刀尖补偿功能无效，需提前进行补偿。

⑦ 在 $ns\sim nf$ 程序段中，不能调用子程序。

⑧ 在 $ns\sim nf$ 程序段中，指定的 G96、G97 及 T、F、S 对车削循环均无效，而在 G73 指令中或者之前的程序段里制定的这些功能有效。

⑨ 为了减少铸造件或者锻造件的误差复映现象，旋转时获得更小的偏心量，切削的重复次数一定要合理选择，例如，图 3.80 中为 3 次。

例 3-31　如图 3.81 所示的零件，其毛坯为锻件。粗加工分三次走刀，单边加工余量(Z 向和 X 向)均为 14mm，进给速度为 0.2mm/r，主轴转速 600r/min；精加工余量 X 向为 4mm(直径值)，Z 向为 2mm，用 G73 切削循环编写程序如下。

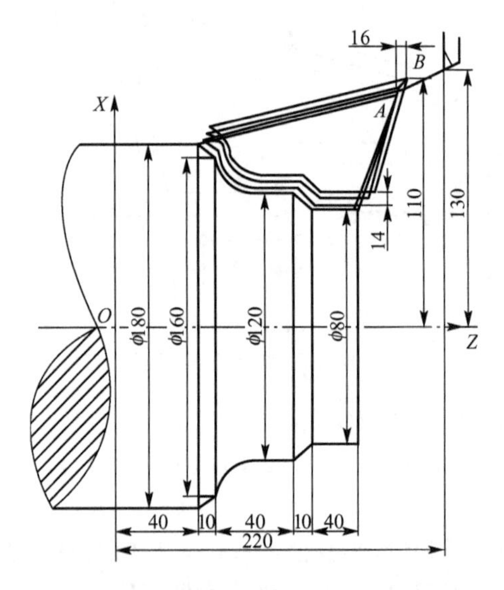

图 3.81　封闭切削循环 G73 编程实例

```
O0020
N10 G99 G50 X260.0 Z220.0;          用 G50 建立工件坐标系
N20 S600 M03;                       主轴正转,转速 600r/min
N30 T0101;                          调用 1 号刀及刀补
N40 G00 X220.0 Z160.0;              快速趋近工件
N50 G73 U14.0 W14.0 R0.003;         定义粗车循环
N60 G73 P70 Q120 U4.0 W2.0 F0.2;
N70 G00 X80.0 Z123.0;               定义精车轨迹
N80 G01 Z100.0;
N90 X120.0 Z90.0;
N100 Z70.0;
N110 G02 X160.0 Z50.0 R20.0;
```

```
N120 G01 X180.0 Z40.0;          精车轨迹结束
N130 G00 X260.0 Z220.0;         回换刀位置
N140 T0100;                     取消 1 号刀补
N150 M05;                       主轴停转
N160 M30;                       程序结束
```

3.6.5　精加工循环 G70

在使用 G71、G72 或 G73 完成粗车循环后，采用 G70 指令实现精加工。G70 循环接受由 3 个粗加工循环中任何一个定义的轮廓，精加工轮廓已经分别由 3 个粗车循环中的 P 和 Q 完成定义，只是使用 G70 来执行。

指令格式：G70 P(*ns*) Q(*nf*)；

ns 为粗车循环 G71、G72、G73 指定的精车轨迹的第一个程序段号；*nf* 为精车轨迹的最后一个程序号。

注意：

① 出于安全考虑，G70 循环使用粗加工循环中的起点。虽然粗加工已经结束，但精加工依然需要在最初直径上方开始编程并且远离端面，对于孔加工而言也有同样的要求。

② 在粗加工循环中定义的进给率，在粗加工中并不执行，只有到 G70 精加工循环开始后才会有效。

③ G70 指令执行时，中的指令有效；当 *ns*～*nf* 程序段未指定 T、F、S 时，在粗车循环 G71、G72、G73 之前指定的 T、F、S 仍然有效。

④ 在 G70 指令执行过程中，可以停止自动运行或手动移动，但要再次执行 G70 循环时，必须返回到手动移动前的位置。如果不返回，后边的运行轨迹将会出错。

⑤ 当 G70 循环加工结束的时候，刀具返回到起点并执行 G70 之后的下一个程序段。

⑥ 在精加工中，可以使用另一把刀具来完成。但换刀并执行 G70 循环指令时，刀具从换刀位置必须回到 G71、G72、G73 循环的起点，否则程序不执行。

⑦ *ns*～*nf* 程序段中不能调用子程序。

在图 3.82 中在 G73 粗车循环结束后，可以利用 G70 来完成如下。

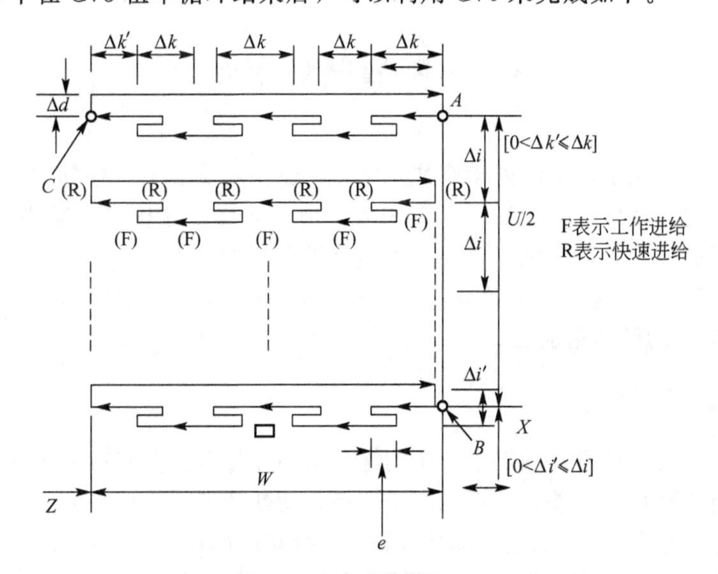

图 3.82　深孔钻循环 G74

```
G99 G50 X260.0 Z220.0;
S600 M03;
T0101;
G00 X220.0 Z160.0;
G73 U14.0 W14.0 R0.003;
G73 P70 Q120 U4.0 W2.0 F0.2;
N70 G00 X80.0 Z123.0;
G01 Z100.0;
X120.0 Z90.0;
Z70.0;
G02 X160.0 Z50.0 R20.0;
N120 G01 X180.0 Z40.0;
G70 P50 Q100;
G00 X260.0 Z220.0;
T0100;
M05;
M30;
```

通过对G70～G73的了解，有些细节问题是不能被忽略的，否则会导致程序运行出错或者延长加工时间。

(1) 调用刀尖半径补偿一定要在粗车循环之前进行，循环结束后应取消补偿。

(2) 返回起点是循环指令的自带功能，不需要单独进行编程。

(3) 注意在G71循环和G72循环中，精加工轮廓用P指定的第一个程序段只能指定*X*轴(G71)或*Z*轴(G72)。

(4) 粗加工时将忽略在P和Q之间指定的精加工进给率。

(5) 在粗车循环中，*X*轴方向的精车余量是直径值，而在G71中指定的*X*轴方向的切削深度和G73中指定的*X*轴方向总退刀量则是半径值。

3.7 断屑循环指令

对于轴类零件，除了常见的外轮廓加工之外，往往需要加工一些轴向、径向的深槽和孔，但由于其结构的特殊性，从工艺角度来看，由于切屑不易排出，需要不断重复进刀、切削进给、退刀的过程，即间歇式运动，来达到顺利排屑的目的。G74和G75循环类似，用于粗加工中。用G74循环指令来实现沿*Z*轴方向的深孔及凹槽粗加工，G75循环指令来实现沿*X*轴方向的凹槽粗加工。

3.7.1 深孔钻循环G74

G74循环指令与数控铣及加工中心中的深孔钻循环相似，但G74在车床上的应用范围较广。除了进行深孔加工之外，还可以用于凹槽、切断及镗削等许多场合。

G74循环指令为径向(*X*轴)进刀循环和轴向断续切削循环的组合：从起点沿轴向(*Z*轴)进给、回退、再进给直至切削终点，然后径向退刀、轴向回退至与起点*Z*轴坐标相同的位置，完成一次轴向切削循环；径向再次进刀后，进行下一次轴向切削循环；切削到切削终点后，返回起点(G74 的起点和终点相同)，多次反复加工直至循环完成。G74 的径向进刀和轴向进刀方向由切削终点 $X(U)$、$Z(W)$与起点的相对位置决定。其加工路线如图 3.82 所示。

指令格式：G74 R(e)；

G74 X(U)Z(W)P(Δi)Q(Δk)R(Δd)F(f)；

指令介绍：

(1) e：每次轴向进刀后，沿轴向的回退量，该值为模态值。

(2) X、Z：切削终点坐标值。

(3) U：从 A 点到 B 点的增量。

(4) W：从 A 点到 C 点的增量。

(5) Δi：每次切削完成后径向(X 方向)的位移量(不带符号，单位 0.001mm)。

(6) Δk：每次钻削深度(Z 轴方向的进刀量，不带符号，单位 0.001mm)。

(7) Δd：每次切削完成以后的径向退刀量，符号一般为正。

注意：

① 省略 X(U)和 P，则只沿 Z 方向进行加工(深孔钻)。

② Δd 和 e 均用同一地址 R 指定，其意义由地址 X(U)决定。当指定 X(U)时，就使用 Δd。

③ 在 G74 指令执行过程中，可以停止自动运行或者手动移动，如需再次执行 G74 循环时，必须返回到手动移动前的位置。如果不返回就执行，后边的运行轨迹将出错。

例 3-32　图 3.83 所示零件，使用 G74 指令进行深孔钻切削。

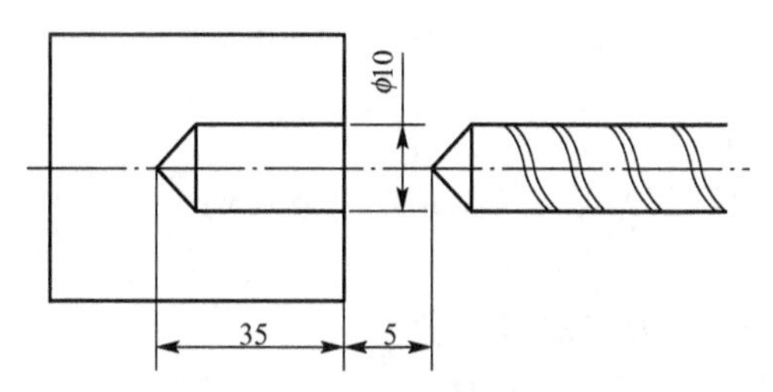

图 3.83　G74 深孔钻循环实例

```
O0021
N10 G99 G00 X200.0 Z80.0;          回换刀点
N20 T0202;
N30 G97 S1200 M03;                 主轴正转,转速 1200r/min
N40 G00 X0.0 Z5.0 T0202;           用 2 号刀及刀补,快速趋近工件
N50 G74 R1000;                     定义钻孔循环
N60 G74 Z-35.0 Q5000 F0.15;
N70 G00 X200.0 Z80.0;              返回换刀位置
N80 T0200;                         取消 4 号刀补
N90 M05;                           主轴停转
M30;                               程序结束
```

3.7.2　径向切槽多重循环 G75

G75 与 G74 指令一样，除了用 Z 代替 X 以外。该循环实现 X 轴方向的切槽、排屑钻

孔(忽略 Z、W 和 Q)等。

G75 循环示轴向(Z 轴)进刀循环和径向断续切削循环的组合：从起点 A 轴向进刀，径向(X 轴)进给、回退、再进给直至切削到终点，然后径向回退至起点，完成一次径向切削循环；轴向再次进刀后，进行下一次径向切削循环；完成切削后，返回起点。G75 的轴向进刀和径向进刀方向由切削终点 X(U)、Z(W)与起点的相对位置决定。循环路径如图 3.84 所示。

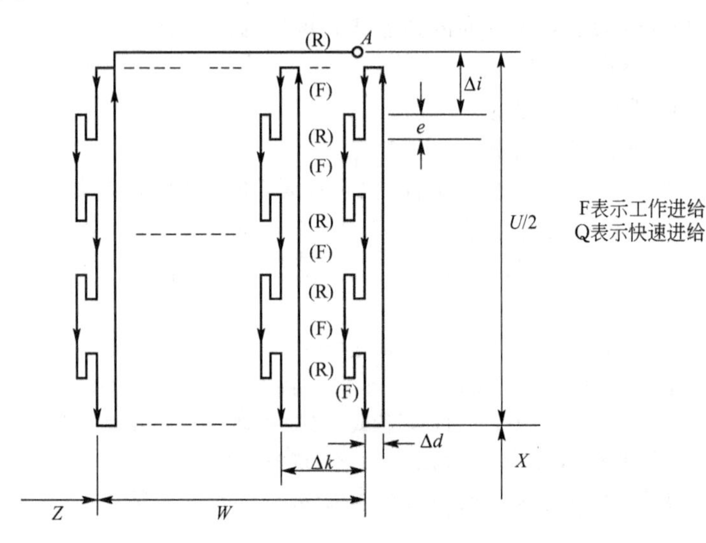

图 3.84　G75 径向切槽循环

指令格式：G75 R(e)；

G75 X(U)Z(W)P(Δi)Q(Δk)R(Δd)F(f)；

指令介绍：

(1) e：退刀量(每次沿 X 方向的退刀量)。

(2) X(U)：需要切削的凹槽最终直径。

(3) Z(W)：最后一个凹槽的 Z 位置。

(4) Δi：每次切削深度(无符号，半径值，单位 0.001mm)。

(5) Δk：各槽之间的距离(每次切削完成后 Z 方向的进刀量，不加符号，单位 0.001mm)。

(6) Δd：每次切削完成以后 Z 轴方向的退刀量(单位 mm)。

G75 循环指令需要注意的细节问题基本和 G74 相同，这里不再赘述。

例 3－33　如图 3.85 所示，利用 G75 加工单个凹槽。

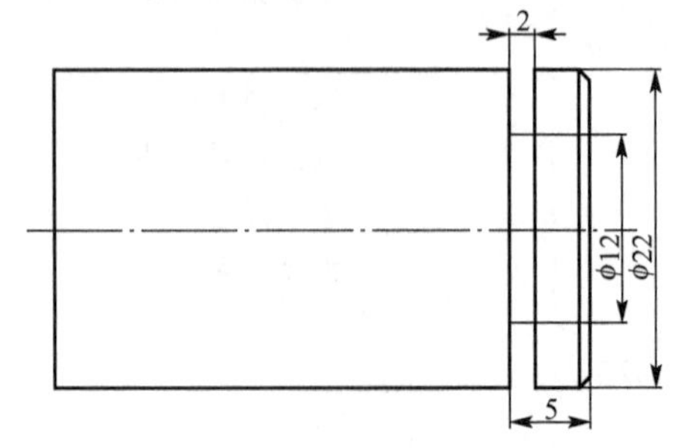

图 3.85　G75 单个凹槽加工

```
O0025
N10 G99 G00 X50.0 Z100.0;
N20 T0303;
N30 G50 S1500;
N40 G96 S200 M03;
N50 G00 X25.0 Z-5.0 M08;
N60 G75 R500;
N70 G75 X12.0 Z-5.0 P2500 F0.2;
N80 G00 X50.0 Z100.0 M09;
N90 T0300;
N100 M05;
N110 M30;
```

例 3-34　G75 循环指令径向切槽，如图 3.86 所示，对台阶轴进行切槽，每次 X 轴方向的切深 2.5mm，Z 轴方向进给量 3.5mm，进给速度 0.12mm/r，用 G75 循环指令编写程序如下。

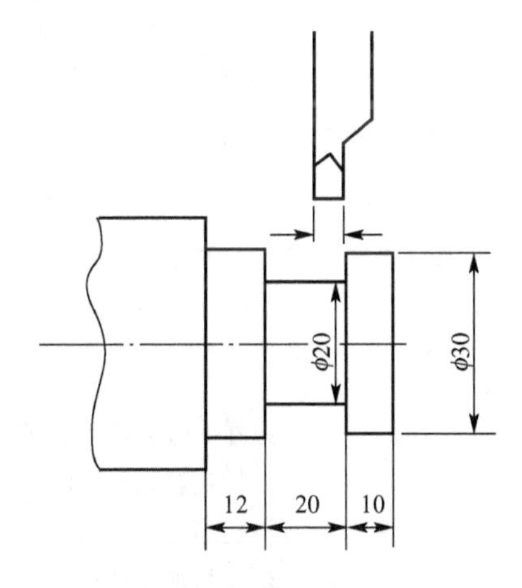

图 3.86　G75 循环指令实例

```
O0022
N10 G00 X250.0 Z100.0;
N20 G99 S1000 M03;
N30 T0505;
N40 G00 X35.0 Z5.0 T0505;
N50 Z-14.0;
N60 75 R500;                          定义切槽循环
N70 G75 X20.0 Z-30.0 P2500 Q3500 F0.12;
N80 G00 X250.0 Z100.0;
N90 T0500;
N100 M05;                             主轴停转
N110 M30;                             程序结束
```

3.8　程序举例

例 3-35　利用外径粗车复合循环加工图 3.87 所示零件。循环起点位置为 $A(46，2)$，切削深度 1.5mm，退刀量 1mm，X 方向精加工余量 0.4mm，Z 方向精加工余量 0.1mm，编程如下。

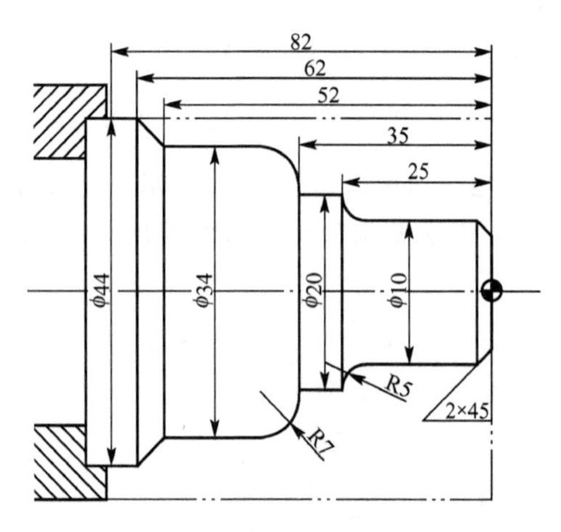

图 3.87　G71＋G70 循环实例

```
O0001
N10 G99 G00 X100. 0Z100. 0;
N20 T0101;                              选择 1 号刀具及其刀补
N30 S1000 M03;                          主轴正转,转速 1000r/min
N40 G00 X46. 0 Z2. 0;                   快速趋近循环起点
N50 G71 U1. 5 R1. 0;                    定义粗加工轨迹
N60 G71 P70 Q150 U0. 4 W0. 1 F0. 3;
N70 G00 X4. 0 Z1. 0;                    定义精加工轮廓,到倒角延长线
N80 G01 X10. 0 Z-2. 0 F0. 1;
N90 Z-18. 0;
N100 G02 X20. 0 W-5. 0 R5. 0;
N110 W-10. 0;
N120 G03 X34. 0 W-7. 0 R7. 0;
N130 G01 Z-52. 0;
N140 X44. 0 Z-62. 0;
N150 Z-82. 0;                           精加工轮廓结束
N160 X50. 0;                            退刀
N170 G00 X100. 0 Z100. 0;               刀具返回
N180 M05;                               主轴停转
N190 M30. 0;                            程序结束并复位
```

例 3－36　如图 3.88 所示，毛坯为棒料，粗加工切削深度为 7mm，进给量 0.5mm/r，主轴转速 600r/min。精加工余量 X 方向为 4mm，Z 方向为 2mm，进给量 0.1mm/r，主轴转速 1000r/min。编制其加工程序。

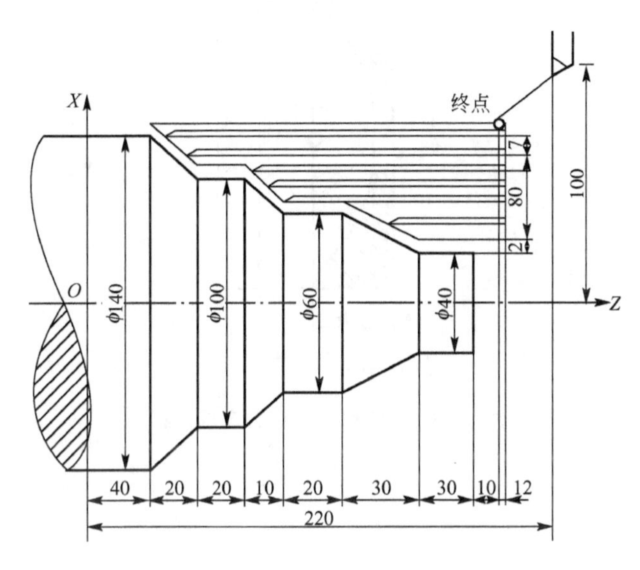

图 3.88　外圆粗车循环实例

```
O0045
N10 G50 X200.0 Z220.0;              建立工件坐标系
N20 T0101;
N30 G00 X160.0 Z180.0;              快速运动至循环起点
N40 S600 M03;
N50 G71 U7.0 R2.0;                  定义粗车循环
N60 G71 P70 Q130 U4.0 W2.0 F0.5;
N70 G00 X40.0 S800;                 定义精加工轨迹
N80 G01 W-40.0 F0.1;
N90 X60.0 W-30.0;
N100 W-20.0;
N110 X100.0 W-10.0;
N120 W-20.0;
N130 X140.0 W-20.0;                 精加工轨迹结束
N140 G70 P70 Q130;                  调用精加工指令进行精车
N150 G00 X200.0 Z220.0;
N160 T0100;
N170 M05;
N180 M30;
```

例 3－37　如图 3.89 所示的零件，其毛坯为铸件。粗加工分 5 次走刀，单边退刀量(Z 向和 X 向)均为 10mm，而 U 为负值，所以为内孔加工循环。进给速度为 0.2mm/r，主轴转速 200r/min；精加工余量 X 向为 1mm(直径值，U 为负值)，Z 向为 0.5mm；精加工用进给速度为0.1mm/r，主轴转速100r/min。粗加工用1号刀，精加工用2号刀。编写程序如下。

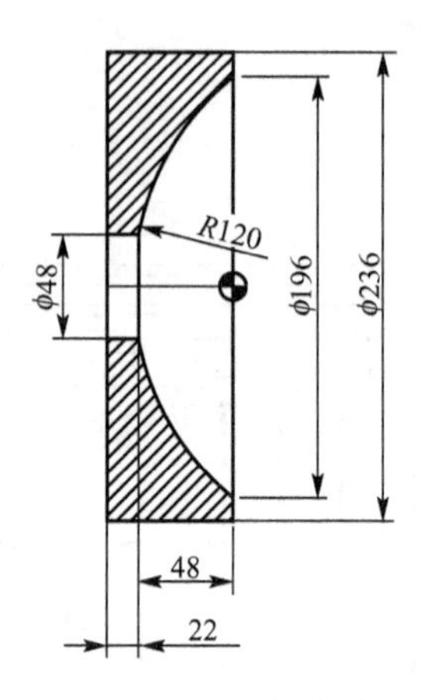

图3.89　G73和G70综合应用实例

```
O0030
N10 G00 X300.0 Z50.0;
N20 G99 M03 S200;
N30 T0101;                          调用粗车刀及刀补
N40 G00 X40.0Z1.0;                  快速趋近G73循环起点
N50 G73U-10.0W10.0R0.005;           定义粗车循环
N60 G73 P70 Q100 U-1.0 W0.5 F0.2;
N70 G00 X47.0Z-49.0S100;            定义精车轨迹
N80 G01 X48.0F0.1;
N90 G02 X196.0 Z-1.0 R120.0;
N100 G01 X237.0;                    精车轨迹结束
N110 G00 X300.0Z50.0;
N120 T0100;
N130 T0202;                         调用精车刀及刀补
N140 G00 X40.0Z1.0;                 快速趋近G73循环起点
N150 G70 P70 Q100;                  执行精加工循环
N160 G00 X300.0Z50.0;
N170 T0200;
N180 M05;
N190 M30;
```

例3-38　图3.90所示零件为棒料毛坯，余量较大。在进行外圆精车之前采用粗车指令去除大部分毛坯余量，切削深度1mm，退刀量1mm，精车余量X方向为0.4mm，Z轴方向为0.2mm。同时根据零件的加工要求，需要使用外圆粗车刀、外圆精车刀具、螺纹刀具和切槽刀具共4把车刀。其数控车削程序如下。

```
O0002
N10 G50 X80.0 Z20.0;                以1号刀具当前位置设置工件坐标系
```

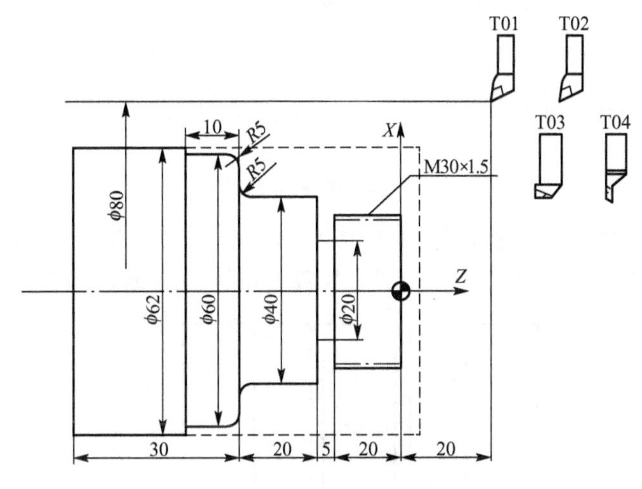

图 3.90　多刀切削实例

```
N20 T0101;                              选择 1 号粗车刀具及其刀补
N30 S1000 M03 M08;                      主轴正转,转速 1000r/min,打开冷却液
N40 G00 X70.0 Z10.0;                    快速趋近工件
N50 G71 U1.0 R1.0;                      定义粗车循环
N60 G71 P70 Q150 U0.4 W0.2 F0.2;
N70 G00 X35.0 F0.1;                     定义精加工轮廓
N80 G01 G42 X30.0 Z0;
N90 G01 Z-25.0;
N100 X40.0;
N110 W-15.0;
N120 G02 X50.0 Z-45.0 R5.0;
N130 G03 X60.0 Z-50.0 R5.0;
N140 Z-55.0;
N150 G40;                               取消刀尖半径补偿
N160 G00 X80.0 Z20.0;
N170 G50 S1500;                         限制最高转速 1500r/min
N180 G96 S200 T0202;                    设定恒线速度 200m/min,换外圆精车刀
N190 G70 P70 Q150;                      精加工轮廓
N200 G00 X62.0 Z0;
N210 X32.0;
N220 G01 X-2.0;                         精车端面
N230 G00 X80.0 Z20.0;
N240 T0404;                             调用切槽刀
N250 G00 X42.0 Z-25.0;
N260 G01 X20.0 F0.15;                   切退刀槽
N270 G00 X60.0;
N280 X80.0 Z20.0;
N290 G97 S1500 T0303;
N300 G00 X32.0 Z5.0;
```

```
N310 G92 X29.0 Z-23.0 F0.15;            切削螺纹
N320 X28.4;
N330 X28.2;
N340 G00 X80.0 Z20.0 M09;               返回出发点,停冷却液
N350 M05;                               主轴停转
N360 M30;                               程序结束并复位
```

例 3-39　子程序编程举例，如图 3.91 所示，已知毛坯直径 32mm，长度为 77mm，外圆车刀为一号刀具，切断刀为二号刀具，宽度 2mm，加工程序如下。

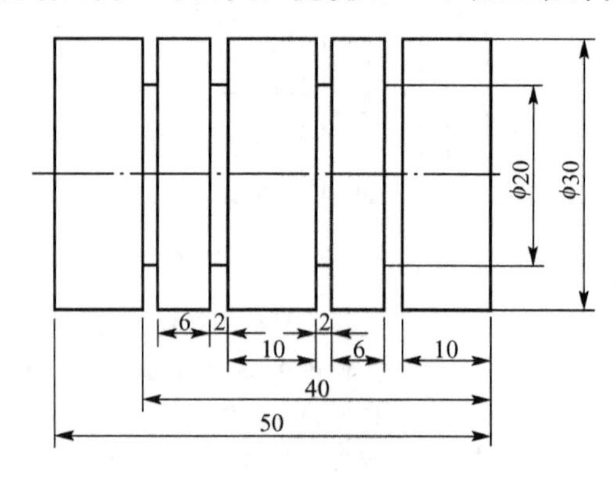

图 3.91　子程序调用实例

```
O0004
N1 G50 X150.0 Z100.0;
N2 T0101;
N3 S800 M03 M08;
N4 G00 X35.0 Z0;
N5 G01 X0 F0.2;
N6 G00 X30.0 Z2.0;
N7 G01 Z-55.0 F0.2;
N8 G00 X150.0 Z100.0;
N9 T0100;
N10 X32.0 Z0 T0202;
N11 M98 P20105;
N12 G00 X150.0 Z100.0 M09;
N13 T0200;
N14 M05;
N15 M30;

O 0105
N10 G00 W-12.0;
N20 G01 U-12.0 F0.15;
N30 G04 X1.0;
N40 G00 U12;
N50 W-8.0;
```

```
N60 G01 U-12.0 F0.15;
N70 G04 X1.0;
N80 G00 U12.0;
N90 M99;
```

3.9 刀尖半径补偿 G40，G41，G42

对于铣削刀具而言，其刀刃都在圆周上，其半径就是偏置值。而车刀常用的焊接车刀只有一个刀尖，机夹刀具则为多面硬质合金镶刀片，这些刀片有一个或多个切削刃，考虑到刀具的强度和寿命，其切削刃的圆弧半径比较小。对于车刀而言，切削刃也被称为刀尖，所以考虑其刀尖圆弧半径时就出现了车刀的刀尖半径偏置的问题。

刀尖通常是刀具的拐角，两个切削刃可以形成一个刀尖，车削加工中的刀尖参考点有时又称为虚构点，它是沿工件轮廓移动的点。

刀具偏置是用来补偿实际刀具和编程中的假想刀具的偏差，如图 3.92 所示。刀具几何偏置可分为补偿刀具形状的刀具几何偏置和补偿刀具安装位置的刀具几何偏置，刀具磨损偏置用于补偿刀尖磨损，如图 3.93 所示。关于车刀的 T 功能结构已在相关小节里做过讲解，这里不再赘述。

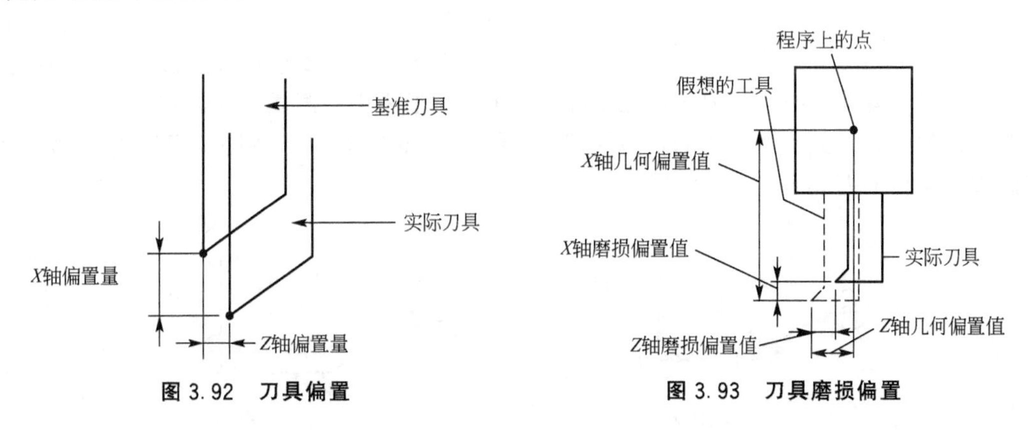

图 3.92 刀具偏置　　　　图 3.93 刀具磨损偏置

数控车床编程，其刀具的刀位点位于车刀刀尖，即刀具的运动轨迹沿刀尖进行。而刀尖通常为理想状态下的假想刀尖点(假想刀尖点实际并不存在，使用假想刀尖点编程时可以不考虑刀尖半径)或者刀尖圆弧圆心 O 点。如图 3.94 所示，是车刀和镗刀的假想刀尖点。但实际加工中，为了提高刀尖的强度，满足工艺或者其他要求，刀尖处会加工有一小段圆弧。切削加工时，如果只编写一根轴的运动，则没有必要使用偏置。但在包含半径、倒角、锥面的切削中，由于是两轴联动插补，如果不使用刀尖圆弧补偿，则所有的半径、倒角和锥度都会发生错误。即出现少切或过切现象，造成加工精度下降，如图 3.95 所示。

需要注意的问题如下。

(1) 考虑到刀尖半径，在轴类零件加工时，设置切削开始和结束时的最小安全间隙，一定要保证安全间隙为刀尖半径的两倍以上。

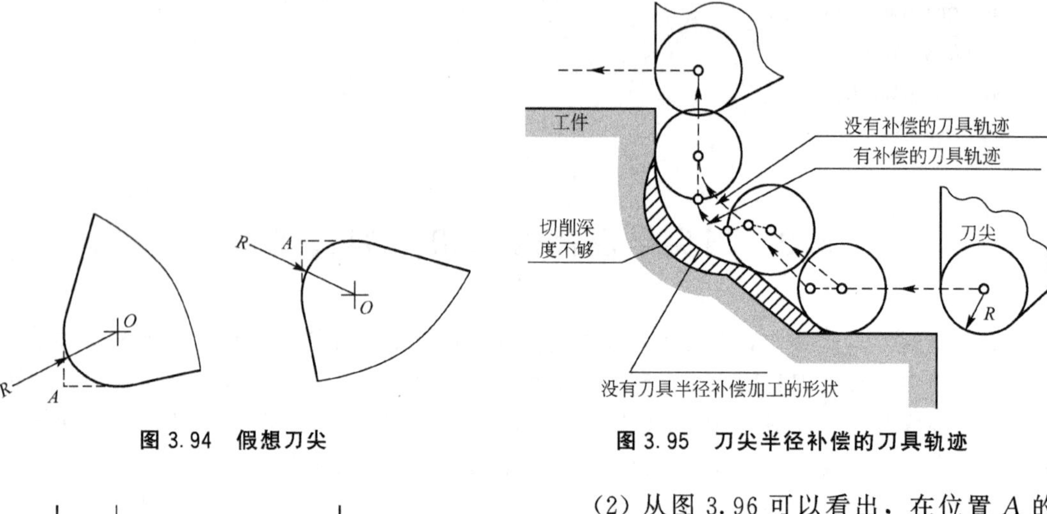

图 3.94　假想刀尖　　　　图 3.95　刀尖半径补偿的刀具轨迹

起始位置　　起始位置

使用刀尖中心编程时　　使用假想刀尖编程时

图 3.96　刀尖起始位置

(2) 从图 3.96 可以看出，在位置 A 的刀尖实际上并不存在。把实际的刀尖半径中心设在起始位置要比把假想刀尖设在起始位置困难，因此需要采用假想刀尖，可以在编程时不考虑刀尖半径的影响。

(3) 把基准位置到刀尖半径中心的距离设定为偏置值等同于把刀尖半径中心放在起始位置上，而把基准位置到假想刀尖的距离设定为偏置值等同于把假想刀尖放在基准位置上。一般来讲，测量从基准位置到假想刀尖的距离比测量到刀尖半径中心的距离要容易。图 3.97 和图 3.98 分别是以刀具中心编程和假想刀尖编程的刀具轨迹。

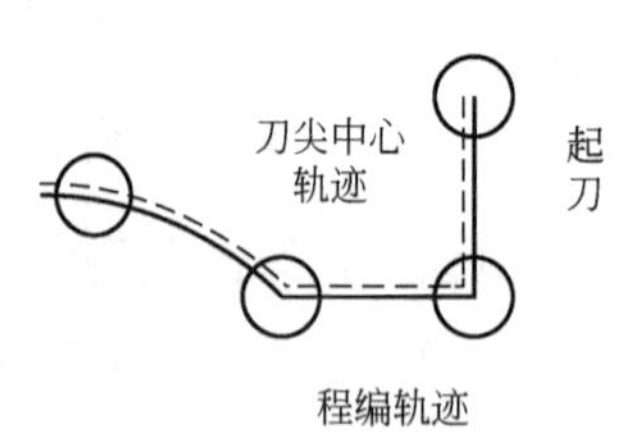

(a) 如果不采用刀尖半径补偿,刀尖中心轨迹同于程编轨迹

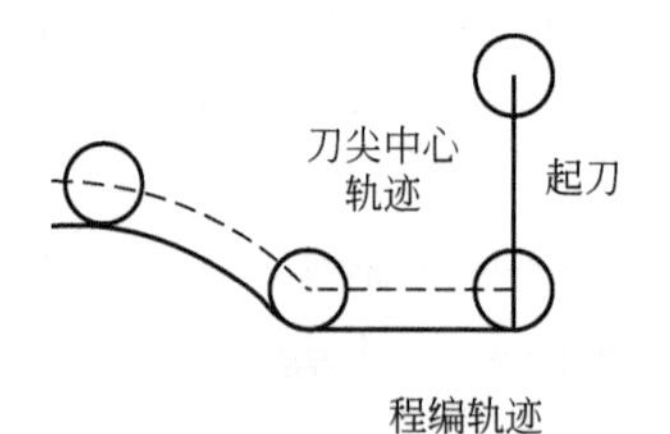

(b) 如果采用刀尖半径补偿,将实现精密切削

图 3.97　以刀具中心编程的刀具轨迹

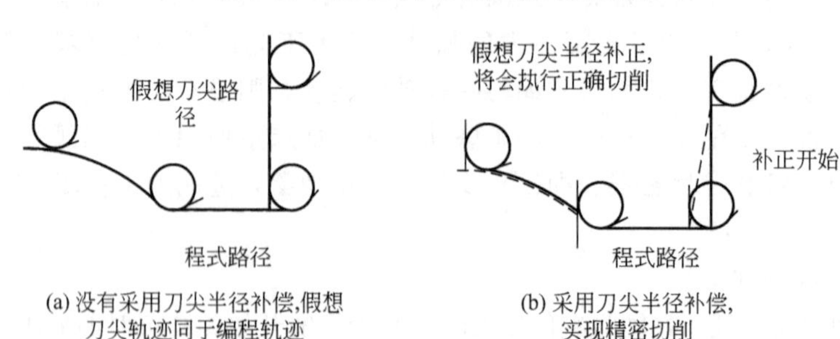

(a) 没有采用刀尖半径补偿,假想刀尖轨迹同于编程轨迹　　(b) 采用刀尖半径补偿,实现精密切削

图 3.98　以假想刀尖编程的刀具轨迹

(4) 从刀尖中心观察刀尖方位由加工时刀具的方向决定，必须同补偿值一起提前设定。假想刀尖的方位可以从图 3.99 和图 3.100 的各种方式中选择，该图显示了刀具和起始位置之间的关系。假想刀尖号码定义了假想刀尖点与刀尖圆弧中心的位置关系，假想刀尖号码共有 10(0～9)种设置，表达了 9 个位置方向的位置关系。当刀架为后置刀架时，假想刀尖与刀尖圆弧中心位置编码如图 3.99 所示，当刀架为前置刀架时，假想刀尖与刀尖圆弧中心位置对各刀尖圆弧半径编码如图 3.100 所示。当刀尖中心与起点一致时，使用假想刀尖号码 0～9，如图 3.101 所示，前后刀架的刀尖位置编码成镜像关系。补偿设定假想刀尖号码，并存储在 OFT 寄存器中。

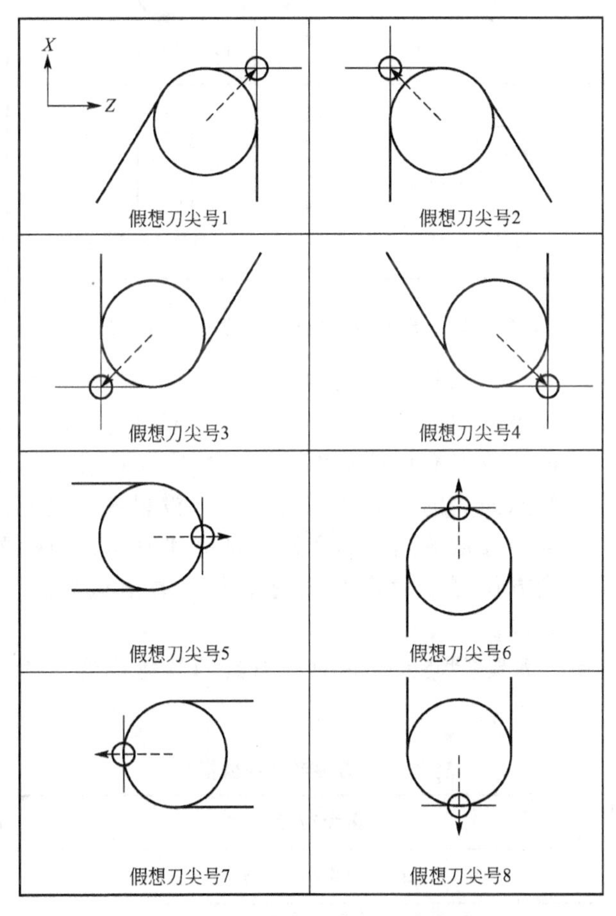

图 3.99　后置刀架假想刀尖方位

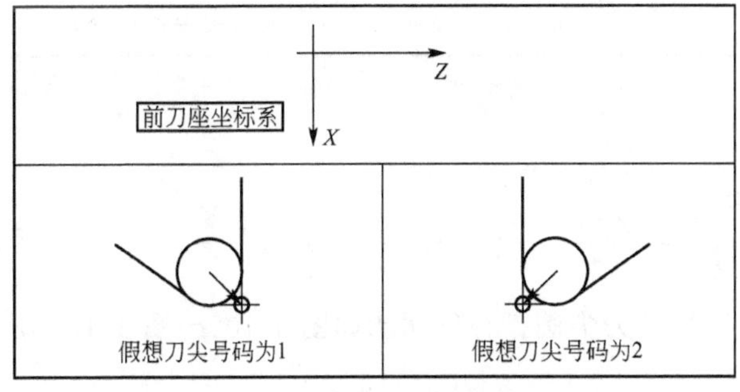

图 3.100　前置刀架坐标系假想刀尖号

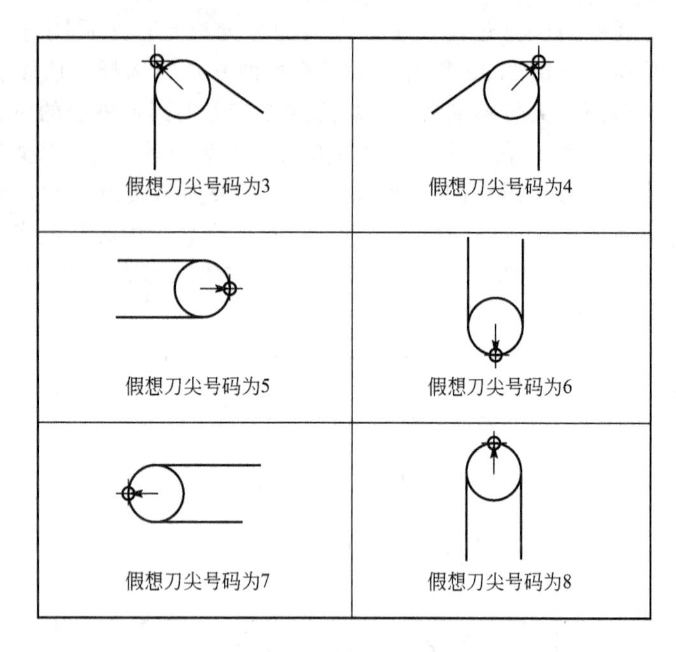

图 3.100 前置刀架坐标系假想刀尖号(续)

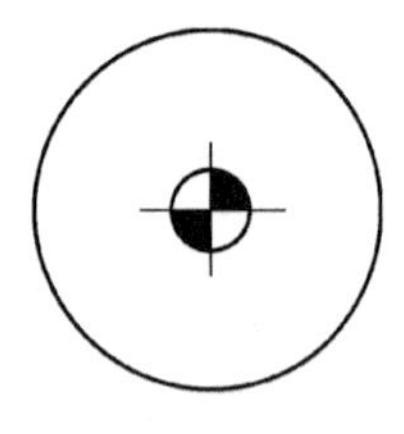

图 3.101 假想刀尖号码 0～9

(5) 对于车刀来说，需要设定假想刀尖的方向 T 和刀尖圆弧半径 R。车床上的 G 代码并不使用地址，偏置值存储在几何尺寸或者磨损偏置中。对应补偿寄存器中，定义了刀具半径和假想刀尖的方向号，用参数 T 设置各刀具的假想刀尖号。刀尖半径补偿值是刀具几何偏置值和刀具磨损偏置值之和。假想刀尖方位可以设定为几何偏置或磨损偏置，以最后设定的方位为准。

在刀尖半径补偿中，需要指定工件相对于刀具的具体位置，使用的指令及其功能见表 3-4。

表 3-4 刀尖半径补偿指令

刀尖半径指令	指令功能	刀具轨迹
G40	取消刀尖半径补偿	沿编程轨迹运动
G41	后置刀架刀尖半径左补偿，前置刀架刀尖半径右补偿	在编程轨迹左侧
G42	后置刀架刀尖半径右补偿，前置刀架刀尖半径左补偿	在编程轨迹右侧

指令格式：

$$\begin{Bmatrix} G\quad 40 \\ G\quad 41 \\ G\quad 42 \end{Bmatrix}\begin{Bmatrix} G\quad 00 \\ G\quad 01 \end{Bmatrix} X\_\_\ Z\_\_;$$

前置刀架和后置刀架的刀尖圆弧补偿功能如图 3.102～图 3.104 所示。

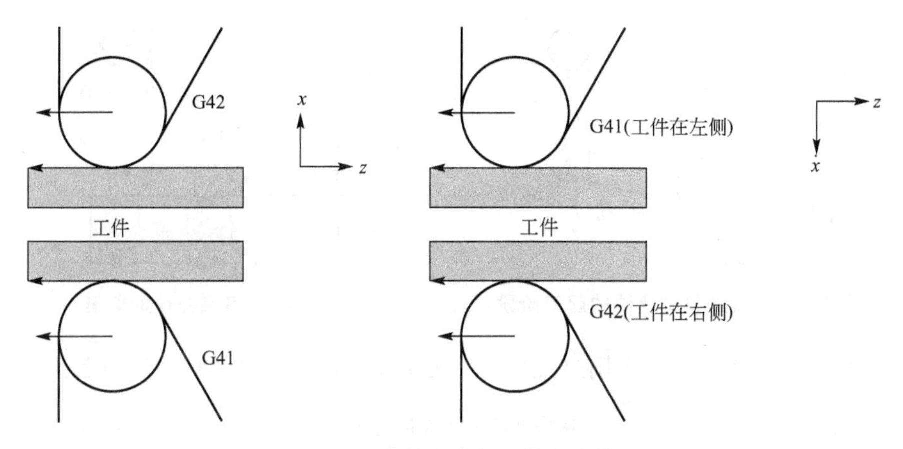

图 3.102 补偿指令与工件位置关系

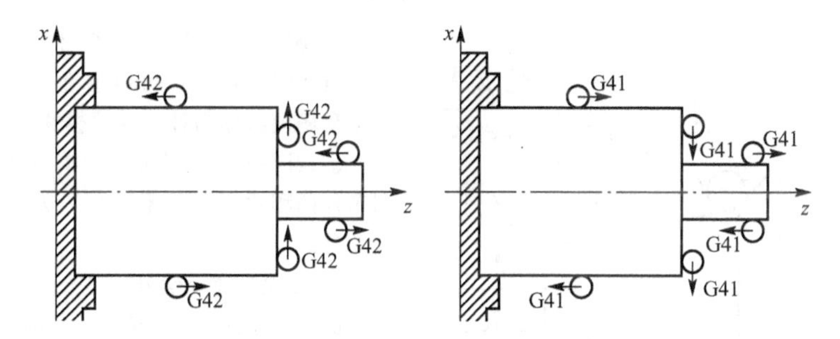

图 3.103 后置刀架补充指令运动方向

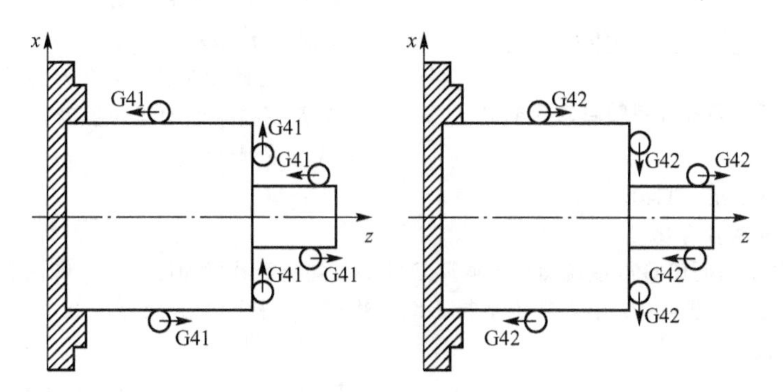

图 3.104 前置刀架补充指令运动方向

注意：

① G40、G41 和 G42 指令都是模态指令。

② 如果刀尖半径补偿值为负值，则工件方位会改变，刀尖半径补偿指令功能互换。

③ 刀尖半径补偿的建立和取消只能使用运动指令 G00 或 G01，不能使用圆弧插补指令 G02 和 G03。

④ 建立刀尖半径补偿有时称为起刀阶段，如图 3.105 所示。在该程序段中执行刀具偏置过渡运动，在起刀程序段的下一个程序段的起点位置，刀尖中心定位于编程轨迹的垂线上。而由 G41 或 G42 方式改变为 G40 方式的程序段称为补偿取消程序段。在取消程序段之前的程序段中刀尖中心运动到垂直于编程轨迹的位置。刀具定位于补偿值取消程序段的终点坐标，如图 3.106 所示。

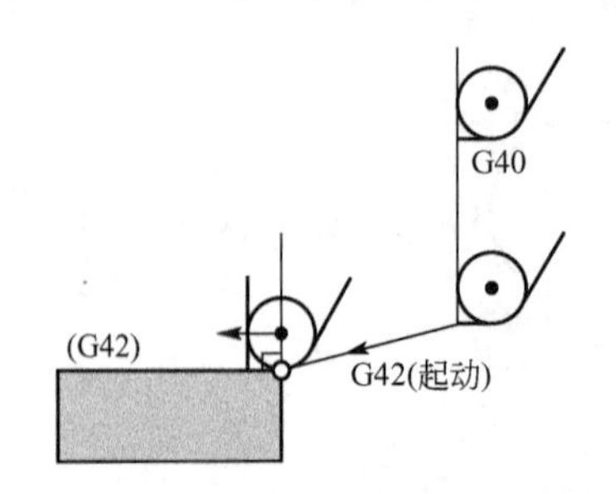

图 3.105　建立刀尖补偿的起刀阶段

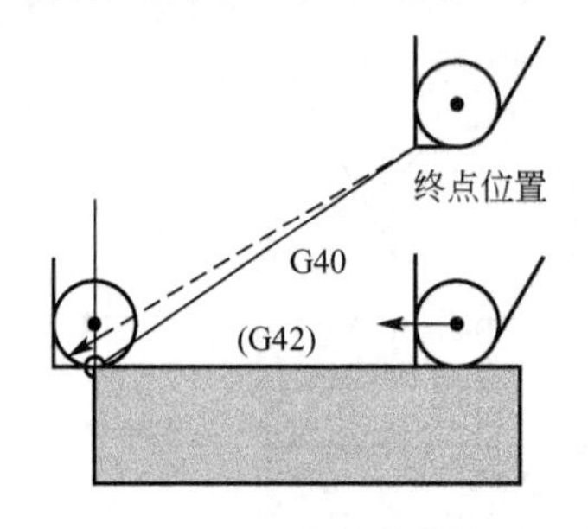

图 3.106　刀尖补偿的取消

例 3-40　图 3.107 中在车削过程中，刀尖半径补偿和取消的程序段表示。

G42 G00 X60.0;	在快速趋近工件的过程中建立 G42 刀尖半径右补偿
G01 X120.0 W150.0 F0.2;	直线插补切削到终点
G40 X300.0 W200.0;	在刀具退刀过程中取消刀尖半径补偿

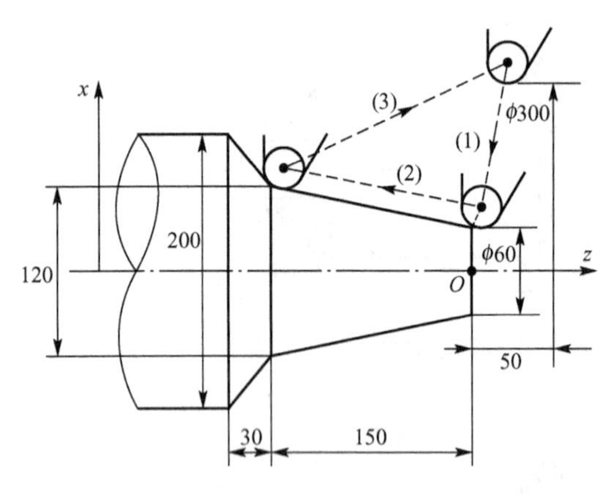

图 3.107　刀尖补偿的建立与取消

⑤ 调用子程序时，系统必须在补偿取消模式下。进入子程序后，可以启动补偿模式，但在返回主程序前必须为补偿取消模式。

⑥ 当在刀尖半径补偿取消方式下执行满足下列条件的程序段时，系统进入刀具补偿方式有下列 3 种。

a. 刀尖半径补偿号不是 0。

b. 程序段中有 X 或 Z 方向的运动指令，且运动距离不为 0。

c. 程序段中包含有 G41 或 G42 或者已经设置系统进入补偿方式。

⑦ 与此相对应，当在刀尖半径补偿方式下执行满足下列条件的程序段时，系统进入取消补偿方式有下列两种。

a. 程序段中存在指令 G40。

b. 刀尖半径补偿号为 0。

⑧ 外径/内径切削循环 G90 或端面切削循环 G94 的刀尖半径补偿如图 3.108 和图 3.109 所示。对于循环中的每一个轨迹，通常刀尖中心轨迹平行于编程轨迹。而补偿的方向如图 3.110 和图 3.111 所示，与 G41 或 G42 无关。

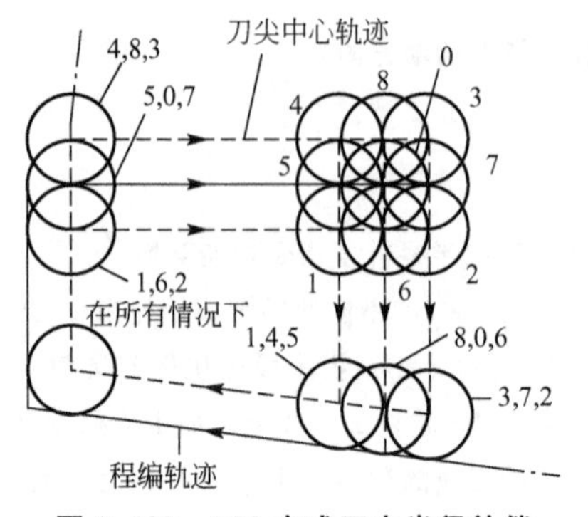

图 3.108　G90 方式刀尖半径补偿

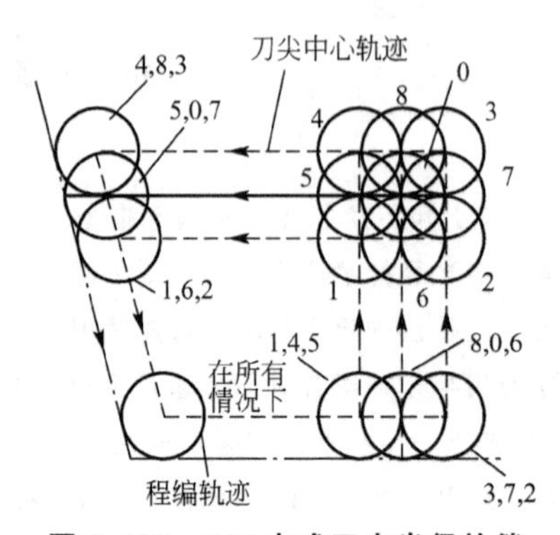

图 3.109　G94 方式刀尖半径补偿

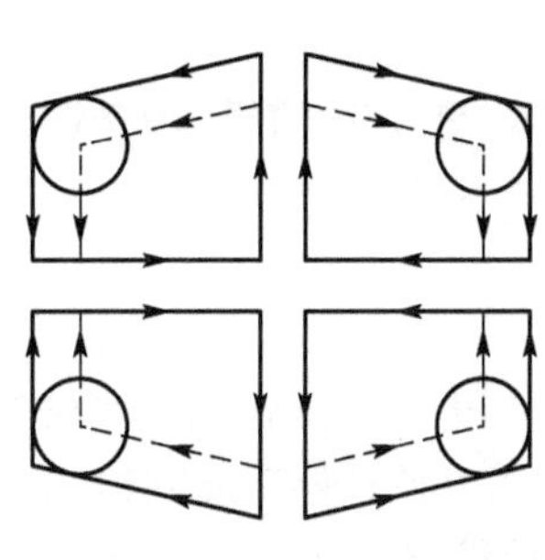

图 3.110 G90 补偿方向

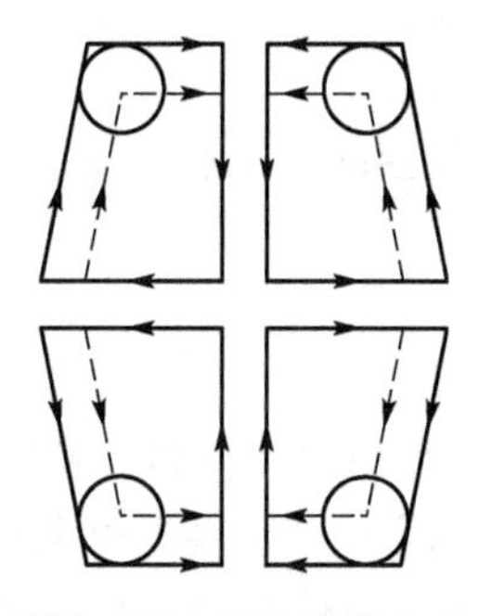

图 3.111 G94 补偿方向

⑨ 刀尖半径补偿在多重循环中偏离一个刀尖半径的补偿量，且必须在循环开始之前执行 G41 或 G42 指令。

例 3－41 如图 3.112 所示工件，为了保证加工尺寸精度，防止过切或者少切，采用刀尖圆弧补偿。图示刀具假想刀尖号为 2，刀尖圆角半径 $R=0.5\text{mm}$。根据图示的走刀路线，采用刀尖圆弧半径右补偿。

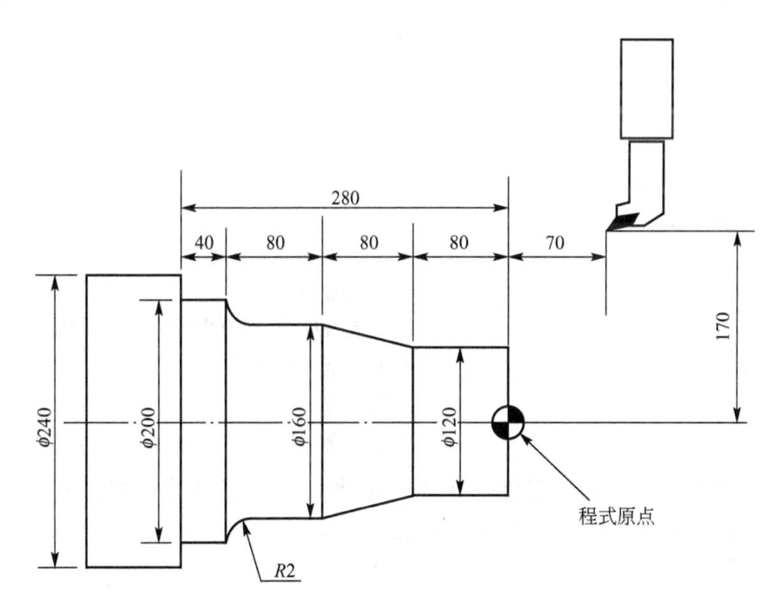

图 3.112 刀尖圆弧半径补偿实例一

```
O0001
N10 G99 G00 X300.0 Z70.0;          回到换刀点
N20 G50 S1500;                     限制最高转速 1500r/min
N30 G96 S150 M03;                  启动主轴正转,恒线速度为 150m/min
N40 G00 G42 X120.0 Z5.0 T0202;     调用 2 号刀及刀补,采用刀尖半径右补偿
N50 G01 Z0. F0.35;                 切削加工开始
N60 Z-80.0 F0.25;
N70 X160.0 Z-160.0;
N80 Z-220.0;
N90 G02 X200.0 Z-240.0 R20;
```

```
N100 G01 Z-280.0;
N110 X245.0;                      加工结束
N120 G40 G00 X300.0 Z70.0;        返回换刀点,取消刀尖圆弧半径补偿
N130 T0200;                       取消 2 号刀的刀补
N140 M05;                         主轴停转
N150 M30;                         程序结束
```

若上述的零件原料为棒料，从零件形状来看，采用 G71 复合循环来进行粗加工，G70 来进行精加工。因为 G71 循环过程中不执行刀尖圆弧半径补偿功能和恒线速切削功能，所以需要在循环之前进行设定。其余同上个程序，数控编程如下。

```
N10 G00 X300.0 Z70.0;             回到换刀点
N20 G50 S1500;                    限制最高转速 1500r/min
N30 G99 G96 S150 M03 T0300;       启动主轴正转,恒线速度为 150m/min
N40 G00 G42 X125.0 Z5.0 T0202;    调 2 号刀及刀补,施加刀尖半径右补偿
N50 G71 U2.0 R0.5;                定义复合加工循环
N60 G71 P70 Q130 U1.0 W0.5 F0.4;
N70 G01 X120.0;                   定义精加工轨迹
N80 Z-80.0 F0.25;
N90 X160.0 Z-160.0;
N100 Z-220.0;
N110 G02 X200.0 Z-240.0 R20;
N120 G01 Z-280.0;
N130 X245.0;                      精加工轨迹定义结束
N140 G70 P70 Q130;                精加工循环
N150 G40 G00 X300.0 Z70.0;        返回换刀点,取消刀尖圆弧半径补偿
N160 T0300;                       取消 3 号刀的刀补
N170 M05;                         主轴停转
N180 M30;                         程序结束
```

例 3-42　在图 3.113 所示零件加工中，考虑刀尖半径补偿，编制其加工程序。*R*15 的圆弧与 *R*5 的圆弧连接处点坐标为 X24，Z24。

```
O0035
N10 G99 G00 X50.0 Z100.0;
N20 T0101;                        选择 1 号刀具
N30 S500 M03;                     主轴正转,转速 500r/min
N40 G00 X36.0 Z3.0;               快速趋近工件
N50 X0;                           刀具运动到X轴中心线
N60 G01 G42 Z0 F0.5;              加入刀尖半径补偿
N70 G03 X24.0 Z-24.0 R15.0;       车削R15 圆弧
N80 G02 X26.0 Z-31.0 R5.0;        车削R5 圆弧
N90 G01 Z-40.0;                   车削φ26mm 外圆
N100 G00 X30.0;                   刀具离开工件
N110 G40 X36.0 Z3.0;              返回安全点,取消半径补偿
N120 T0100;                       取消刀具
```

```
N130 M05;        主轴停转
N140 M30;        程序结束
```

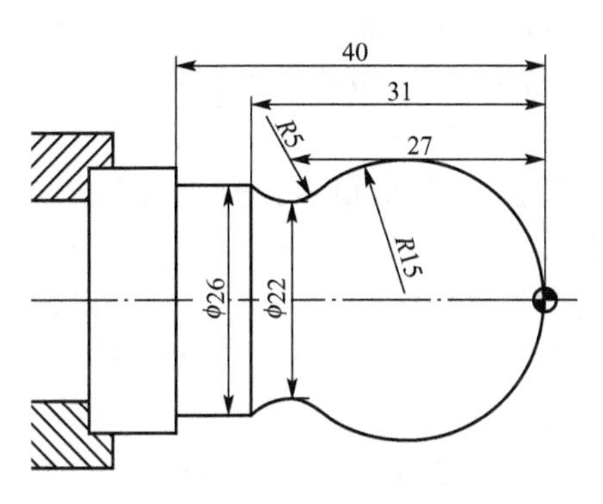

图 3.113 刀尖半径补偿实例二

习 题

1. 选择题

(1) G00 的指令移动速度值是______。

A. 机床参数指定　　B. 数控程序指定

C. 操作面板指定　　D. 手动操纵指定

(2) 刀尖半径左补偿方向的规定是______。

A. 沿刀具运动方向看，工件位于刀具左侧

B. 沿工件运动方向看，工件位于刀具左侧

C. 沿工件运动方向看，刀具位于工件左侧

D. 沿刀具运动方向看，刀具位于工件左侧

(3) 判断数控车床(只有 *X*、*Z* 轴)圆弧插补的顺逆时，观察者沿圆弧所在平面的垂直坐标轴(*Y* 轴)的负方向看去，顺时针方向为 G02，逆时针方向为 G03。通常，圆弧的顺逆方向判别与车床刀架位置有关，如图 3.114 所示，正确的说法如下______。

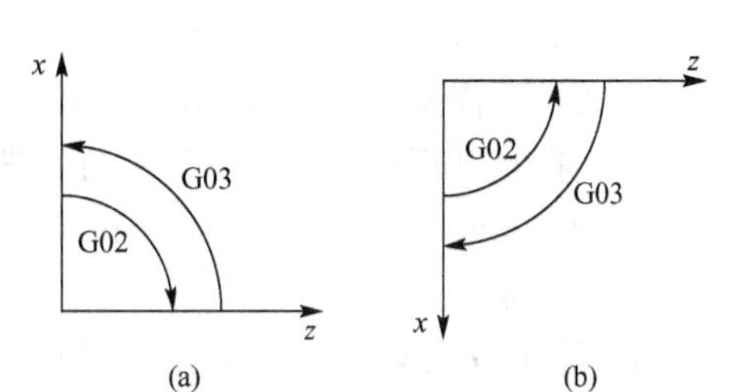

图 3.114 圆弧的顺逆方向与刀架位置的关系

A. 图 1a 表示刀架在机床内侧时的情况

B. 图 1b 表示刀架在机床外侧时的情况

C. 图 1b 表示刀架在机床内侧时的情况

D. 以上说法均不正确。

(4) 在 G41 或 G42 指令的程序段中不能用______指令。

A. G00 或 G01　　B. G02 或 G03　　C. G01 或 G02　　D. G01 或 G03。

(5) 暂停 5 秒，下列指令正确的是：______。

A. G04P5000　　B. G04P500　　C. G04P50　　D. G04P5。

(6) FANUC 数控车床的 Z 轴相对坐标表示为______。

A. X　B. Z　C. U　D. W

(7) G96 S150 表示切削点线速度控制在______。

A. 150m/min　B. 150r/min　C. 150mm/min　D. 150mm/r。

(8) 从提高刀具耐用度的角度考虑，螺纹加工应优先选用______。

A. G32　B. G92　C. G76　D. G85

(9) 影响数控车床加工精度的因素很多，要提高加工工件的质量，有很多措施，但______不能提高加工精度。

A. 将绝对编程改变为增量编程　B. 正确选择车刀类型

C. 控制刀尖中心高误差　D. 减小刀尖圆弧半径对加工的影响

(10) 准备功能字 G90 表示______。

A. 预置功能　B. 固定循环　C. 混合尺寸　D. 增量尺寸

(11) 数控系统中 G54 与下列哪一个 G 代码的用途相同______。

A. G03　B. G50　C. G56　D. G01

(12) 影响数控车床加工精度的因素很多，要提高工件质量，有很多措施，但______不能提高加工精度。

A. 将绝对编程改变为增量编程　B. 正确选择车刀类型

C. 控制刀尖中心高误差　D. 减小刀尖圆弧半径对加工的影响

(13) 应用刀具半径补偿功能时，如果刀补值设置为负值，则刀具轨迹是______。

A. 左补　B. 右补

C. 不能补偿　D. 左补变右补，右补变左补

(14) 影响刀尖半径补偿值最大的因素是______。

A. 切削速度　B. 切削深度

C. 进给量　D. 刀尖半径

(15) 数控车削螺纹时，为保证加工出合格的螺纹，应______。

A. 增加刀具引入/引出长度　B. 减小螺纹长度

C. 不需要刀具引入/引出长度　D. 增加螺纹长度

(16) 在车削螺纹过程中，F 所指的进给速度单位是______。

A. mm/min　B. mm/r　C. r/min

2. 问答题

(1) 试述数控车床的机床原点、机床参考点、刀位点、编程原点之间的关系。

(2) 数控车床有哪些常用对刀方法？各有何不同？

(3) 什么是数控车床加工的恒线速度功能？有哪一组指令进行控制？

(4) 试写出普通螺纹 M48 * 2 复合螺纹切削循环指令。

(5) 数控车床加工时，螺纹切削指令有哪几种？各有何特点？

(6) 简述 G71、G73 复合循环的使用方法。

(7) 简述刀尖圆弧半径补偿的作用

3. 编程

(1) 如图 3.115 所示，用 G01 指令编程。

(2) 如图 3.116 所示，用圆弧指令编程。

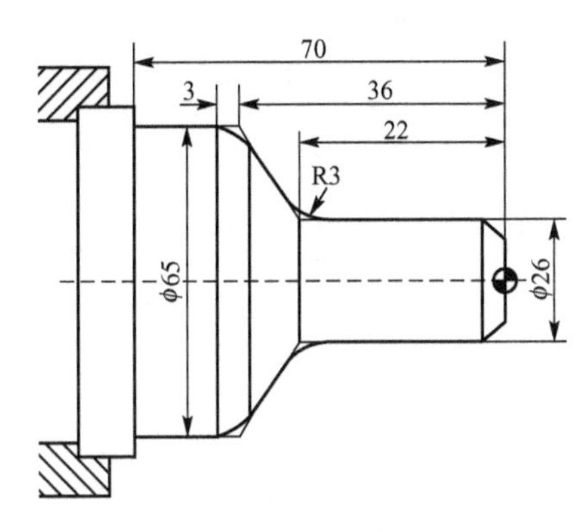

图 3.115　倒角编程

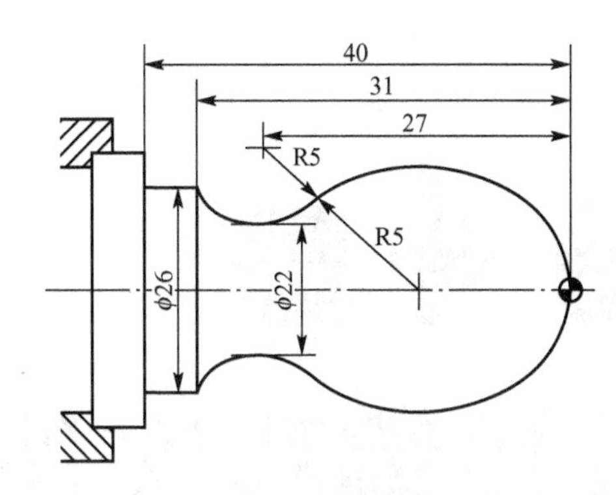

图 3.116　圆弧编程

(3) 如图 3.117 所示，螺纹导程为 1.5mm，引入距离为 1.5mm，引出距离为 1mm。每次的切削深度分别为 0.8mm，0.6mm，0.4mm，0.16mm，编写螺纹切削程序。

(4) 采用简单循环指令编写图 3.118 零件加工程序。

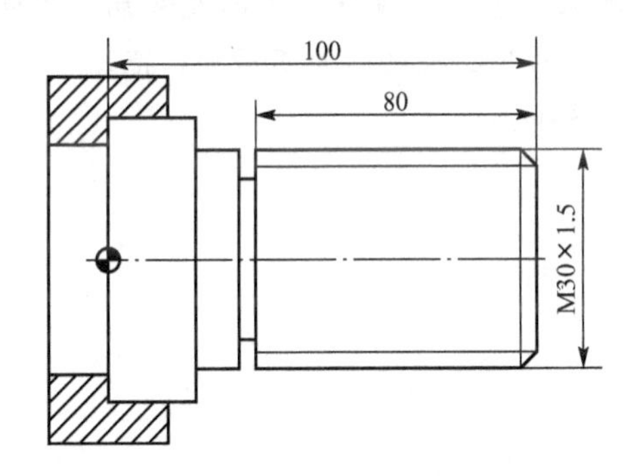

图 3.117　螺纹车削编程

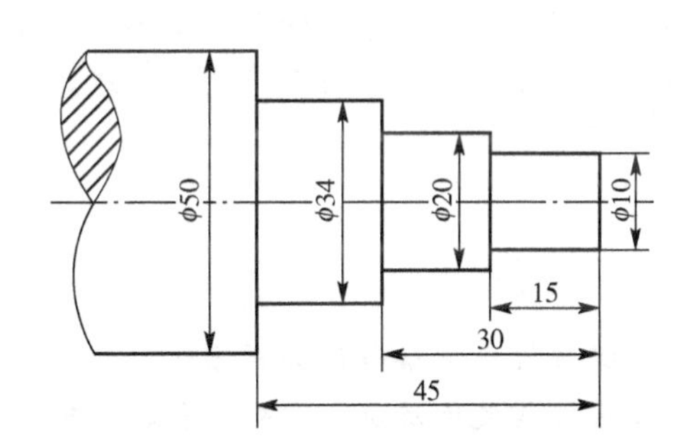

图 3.118　外圆车削编程

(5) 用多重循环指令编制图 3.119 所示零件加工程序，循环起点 A(46.3)，切削深度为 1.5mm（半径值）。退刀量为 1mm。X 方向精加工余量为 0.4mm，Z 方向精加工余量为 0.1mm。毛坯为图中点划线部分棒料。

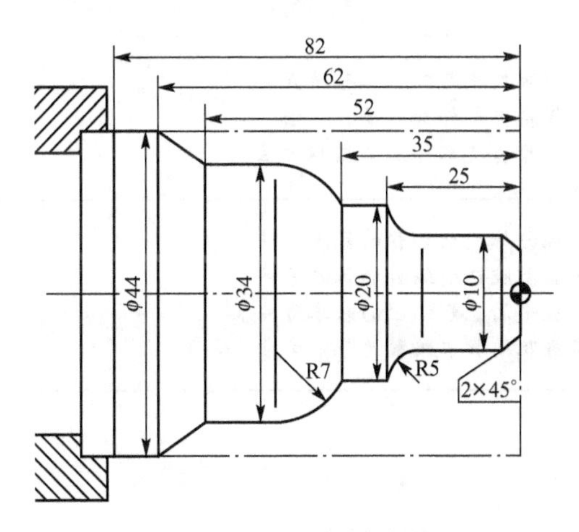

图 3.119　复合循环车削编程

第4章 数控编程实例

在前三章，我们学习了数控编程的基本指令和详细的编程规则。但在程序指令的具体应用中，我们要综合考虑零件结构和加工的工艺要求，合理地设计走刀路线和切削用量，正确地编制程序。本章将结合具体实例，按照数控车削和数控铣削的不同加工范围，针对各种类型的零件进行分析和讨论，合理地编制加工程序。

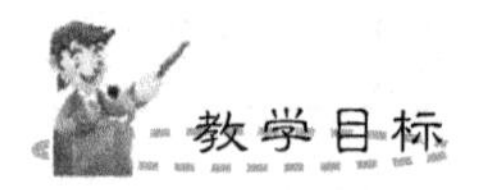

教学目标

掌握数控车削编程的分析方法

掌握数控铣削及加工中心编程的分析方法

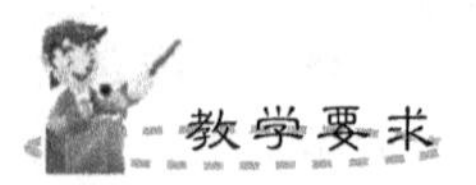

教学要求

知识要点	能力要求	相关知识
数控车削编程实例	(1) 了解数控车削加工工艺特点 (2) 掌握轴类零件加工编程方法 (3) 掌握盘套类零件加工编程方法	轴类、盘套类零件工艺特点、装夹方法及使用刀具
数控铣及加工中心编程实例	(1) 掌握轮廓铣削编程的基本方法。 (2) 掌握型腔铣削编程的基本方法。 (3) 掌握平面铣削编程的基本方法。 (4) 掌握孔的加工编程的基本方法。	各类零件的加工工艺特点，铣刀的类型，零件的装夹方式

导入案例

手工编程是准备程序的最常见的方法。通过使用多重加工循环（车削）或固定循环、图形仿真和标准的数学输入及其他省时的功能，新的数控系统使得手工编程更为容易。手工编程需要编程人员全身心的投入，它也使得编程人员可以随意地构建程序结构，对程序的编写进行严格的训练和组织，使编程人员对编程技术进行最详细的了解。实际上，通过手工编程得到的基本技能可以直接应用到 CAD/CAM 编程中，编程人员必须始终知道发生了什么以及它们发生的原因是什么。

虽然就实际应用而言，手工编程正在被自动编程所取代，任何有关编程的计算机技术，都是基于已经很完善的手工编程基础之上。现今手工编程的使用在某种程度上已经不像过去那样频繁，但是我们很好的而且真正地了解它，将是掌握 CAM 软件功能的关键。计算机并不能做所有的事情，有些 CAM 软件的编程工作不论其成本高低，也不能达到绝对满意的程度。如果控制系统可以处理手工编程，那么当其他方法都不适用时，最终还是要用手工方法来解决。

手动数据输入

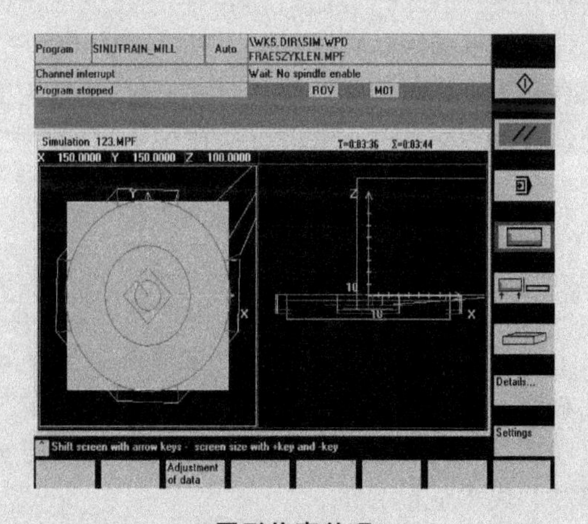

图形仿真处理

作为初学者，初学数控编程，最容易出现的问题就是编程随意性大，不能全面的考虑加工对象的实际状况，造成程序出现各种各样的错误，而且往往这些错误在运行之前并不容易检查出来。所以通过本章的实例讲解，来说明如何对具体的加工零件进行分析，如何正确的使用编程指令。

通过前 3 章的介绍，已经了解了数控编程的基本概念和编程方法，本章将通过一些具体的实例来介绍数控车、铣编程过程。

4.1　数控车床编程实例

4.1.1　数控车削加工工艺特点

数控车床是目前使用最广泛的数控机床之一。主要用来加工轴类、盘类等回转体零件。它能自动完成内外圆柱面、圆锥面、圆弧面、螺纹，端面、槽等加工，并能进行车槽、钻孔、扩孔、铰孔等工作。

1. 确定工件的加工部位和具体内容

确定被加工工件需在机床上完成的工序内容及其与前后工序的联系。

(1) 工件在本工序加工之前的情况，例如铸件、锻件或棒料、形状、尺寸、加工余量等。

(2) 前道工序已加工部位的形状、尺寸，或本工序需要前道工序加工出的基准面、基准孔等。

(3) 本工序要加工的部位和具体内容。

(4) 为了便于编制工艺及程序，应绘制出本工序加工前毛坯图及本工序加工图。

2. 确定工件的装夹方式与设计夹具

根据已确定的工件加工部位、定位基准和夹紧要求，选用或设计夹具。数控车床多采用三爪自定心卡盘夹持工件；轴类工件还可采用尾座顶尖支持工件。由于数控车床主轴转速极高，为便于工件夹紧，多采用液压高速动力卡盘，因它在生产厂已通过了严格的平衡，具有高转速(极限转速可达4000～6000r/min)、高夹紧力(最大推拉力为2000～8000N)、高精度、调爪方便、通孔、使用寿命长等优点。还可使用软爪夹持工件，软爪弧面由操作者随机配制，可获得理想的夹持精度。通过调整油缸压力，可改变卡盘夹紧力，以满足夹持各种薄壁和易变形工件的特殊需要。为减少细长轴加工时的受力变形，提高加工精度，可采用液压自动定心中心架，定心精度可达0.03mm，在加工带孔轴类工件内孔时，也可采用此种方式。

3. 确定加工方案

1) 确定加工方案的原则

加工方案又称工艺方案，数控机床的加工方案包括制定工序、工步及走刀路线等内容。

在加工过程中，由于加工对象复杂多样，特别是轮廓曲线的形状及位置千变万化，加上材料、批量不同等多方面因素的影响，在对具体零件制定加工方案时，应该进行具体分析和区别对待。只有灵活进行处理，才能使所制定的加工方案合理，从而达到质量优、效率高和成本低的目的。

制定加工方案的一般原则为：先粗后精，先近后远，先内后外，程序段最少，走刀路线最短以及特殊情况特殊处理。

(1) 先粗后精：为了提高生产效率并保证零件的精加工质量，在切削加工时，应先安排粗加工工序，在较短的时间内，将精加工前大量的加工余量去掉，同时尽量满足精加工的余量均匀性要求。

当粗加工工序安排完后，应接着安排换刀后进行的半精加工和精加工。其中，安排半精加工的目的是：当粗加工后所留余量的均匀性满足不了精加工要求时，则可安排半精加工作为过渡性工序，以便使精加工余量小而均匀。

在安排可以一刀或多刀进行的精加工工序时，其零件的最终轮廓应由最后一刀连续加工而成。这时，加工刀具的进退刀位置要考虑妥当，尽量不要在连续的轮廓中安排切入、切出、换刀及停顿，以免因切削力突然变化而造成弹性变形，致使光滑连接轮廓上产生表面划伤、形状突变或滞留刀痕等疵病。

(2) 先近后远：这里所说的远与近，是按加工部位相对于对刀点的距离大小而言的。在一般情况下，特别是在粗加工时，通常安排离对刀点近的部位先加工，离对刀点远的部位后加工，以便缩短刀具移动距离，减少空行程时间。对于车削加工，先近后远有利于保持毛坯件或半成品件的刚性，改善其切削条件。

(3) 先内后外：对既要加工内表面(内型和内腔)，又要加工外表面的零件，在制定其加工方案时，通常应安排先加工内表面，后加工外表面。这是因为控制内表面的尺寸和形状较困难，刀具刚性相应较差，刀尖(刃)的耐用受切削热影响而降低以及在加工中清除切屑较困难等。

(4) 走刀路线最短：确定走刀路线的工作重点，主要用于确定粗加工及空行程的走刀路线，因精加工切削过程的走刀路线基本上都是沿其零件轮廓顺序进行的。

走刀路线泛指刀具从对刀点(或机床固定原点)开始运动起，直至返回该点并结束加工程序所经过的路径，包括切削加工的路径及刀具引入、切出等非切削空行程。

在保证加工质量的前提下，使加工程序具有最短的走刀路线，不仅可以节省整个加工过程的执行时间，还能减少一些不必要的刀具消耗及机床进给机构滑动部件的磨损等。

优化工艺方案除了依靠大量的实践经验外，还应善于分析，必要时可辅以一些简单计算。

上述原则并不是一成不变的，对于某些特殊情况，则需要采取灵活可变的方案。如有的工件就必须先精加工后粗加工，才能保证其加工精度与质量。这些都有赖于编程者实际加工经验的不断积累与学习。

2) 加工路线与加工余量的关系

在数控车床还未达到普及使用的条件下，一般应把毛坯件上过多的余量，特别是含有锻、铸硬皮层的余量安排在普通车床上加工。如必须用数控车床加工时，则要注意程序的灵活安排。安排一些子程序对余量过多的部位先作一定的切削加工。

(1) 对大余量毛坯进行阶梯切削时的加工路线。

(2) 分层切削时刀具的终止位置。

4. 确定切削用量与进给量

在编程时，编程人员必须确定每道工序的切削用量。选择切削用量时，一定要充分考虑影响切削的各种因素，正确地选择切削条件，合理地确定切削用量，可有效地提高机械加工质量和产量。影响切削条件的因素有：机床、工具、刀具及工件的刚性；切削速度、切削深度、切削进给率；工件精度及表面粗糙度；刀具预期寿命及最大生产率；切削液的种类、冷却方式；工件材料的硬度及热处理状况；工件数量；机床的寿命。

上述诸因素中以切削速度、切削深度、切削进给率为主要因素。

(1) 切削速度快慢直接影响切削效率。若切削速度过小，则切削时间会加长，刀具无法发挥其功能；若切削速度太快，虽然可以缩短切削时间，但是刀具容易产生高热，影响刀具的寿命。决定切削速度的因素很多，概括起来有如下 3 点。

① 刀具材料。刀具材料不同，允许的最高切削速度也不同。高速钢刀具耐高温切削速度不到 50m/min，碳化物刀具耐高温切削速度可达 100m/min 以上，陶瓷刀具的耐高温切削速度可高达 1000m/min。

② 工件材料。工件材料硬度高低会影响刀具切削速度，同一刀具加工硬材料时切削速度应降低，而加工较软材料时，切削速度可以提高。

③ 刀具寿命。刀具使用时间(寿命)要求长，则应采用较低的切削速度。反之，可采用较高的切削速度。

④ 切削深度与进刀量。切削深度与进刀量大，切削抗力也大，切削热会增加，故切削速度应降低。

⑤ 刀具的形状。刀具的形状、角度的大小、刃口的锋利程度都会影响切削速度的选取。

⑥ 冷却液使用。机床刚性好、精度高可提高切削速度；反之，则需降低切削速度。

上述影响切削速度的诸因素中，刀具材料的影响最为主要。

(2) 切削深度主要受机床刚度的制约，在机床刚度允许的情况下，切削深度应尽可能大，如果不受加工精度的限制，可以使切削深度等于零件的加工余量，这样可以减少走刀次数。

主轴转速要根据机床和刀具允许的切削速度来确定。可以用计算法或查表法来选取。

(3) 进给量 f(mm/r)或进给速度 F(mm/min)要根据零件的加工精度、表面粗糙度、刀具和工件材料来选。最大进给速度受机床刚度和进给驱动及数控系统的限制。

编程人员在选取切削用量时，一定要根据机床说明书的要求和刀具的耐用度，选择适合机床特点及刀具最佳耐用度的切削用量。当然也可以凭经验，采用类比法去确定切削用量。不管用什么方法选取切削用量，都要保证刀具的耐用度能完成一个零件的加工或保证刀具耐用度不低于一个工作班次，最小也不能低于半个班次的时间。

4.1.2　数控车削实例

1. 轴类零件加工

(1) 常用轴类零件的装夹方法：轴类零件是车床加工中最主要的一种零件，主要进行内外轮廓的直线、圆弧、螺纹切削以及切槽加工等。轴类零件的中心孔就是轴的设计基准、加工基准和测量基准，因此，中心孔一般在外圆加工前，使用钻中心孔机加工两端的中心孔，保证中心孔的同轴度。若在车床上采用夹外圆打中心孔的方法，则应加工外圆，保证调头打另一端的中心孔时，可以夹持已加工外圆，保证中心孔的同轴度。

数控车床加工轴类零件时，使用三爪自定心卡盘进行装夹。它具有装夹工件方便、省时、自动定心好的特点，但夹紧力较小，所以适用于装夹外形规则的中、小型工件。一般短轴可用三爪自定心卡盘夹外圆。夹持方式如图 4.1 所示，在这几种情况中，图(a)中三爪卡盘只限制工件在 X 和 Y 方向移动的自由度，夹持面太短，导致安装不稳定。图(b)在

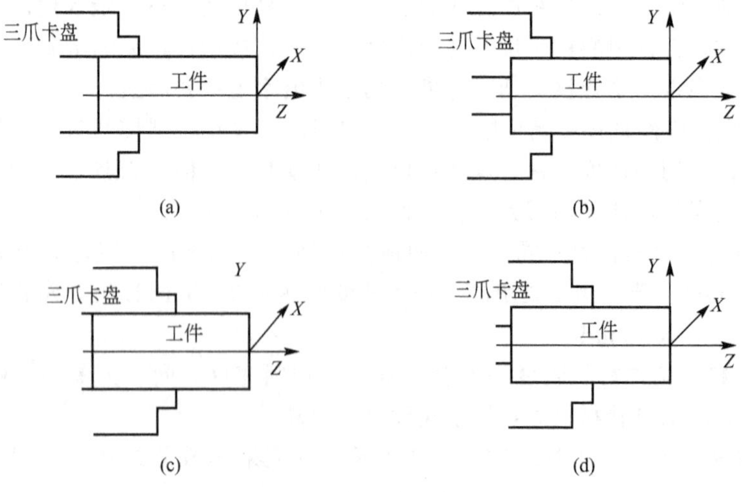

图 4.1　三爪卡盘定位

图(a)的基础上增加了在 Z 方向的限制，即限制了 X、Y、Z 方向的移动自由度，但同样夹持面较短，容易夹偏。图(c)中三爪卡盘的夹持面较大，可以限制 X 和 Y 方向的移动和转动自由度，但在 Z 向没有限制。图(d)在图(c)基础上将卡盘做成阶梯形，增加了对 Z 向移动的限制，因此对于短轴而言，这种方式较为合理。

对于较长轴件，单独使用三爪卡盘无法保证工件加工时的刚性，进而影响加工精度，因此需要采用三爪卡盘和顶尖配合的一夹一顶方式，如图 4.2 所示。图(a)中，采用三爪卡盘与顶尖对工件进行定位，限制工件在 X、Y 方向的移动和转动自由度及 Z 向移动自由度。图(b)的定位情况与图(a)类似，但有重复定位现象。图(c)限制了 X、Y 方向的移动和转动自由度及 Z 向移动自由度，但在 Z 向存在重复限制，对工件端面和外圆的位置精度要求较高。图(d)存在过定位现象。因此在长轴加工中，根据零件的具体要求可以选择图(a)和图(c)及 4.1 中的图(c)。

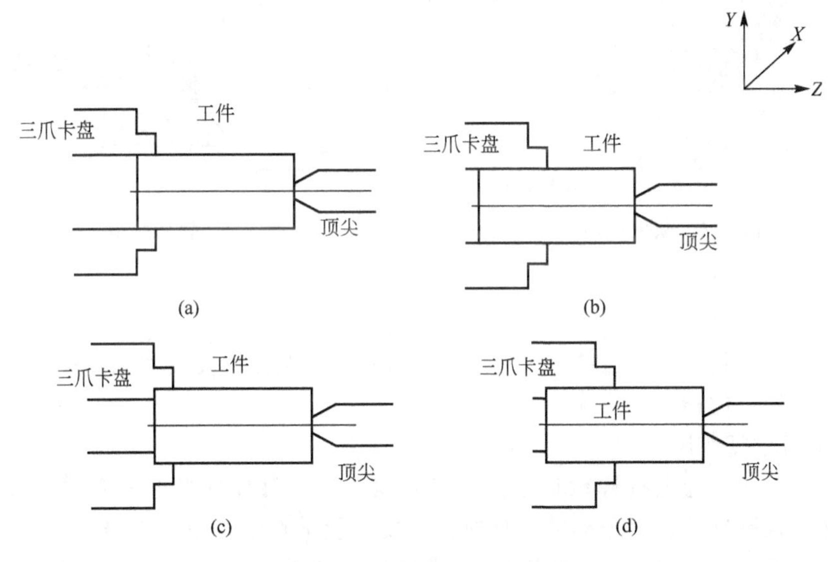

图 4.2　三爪卡盘与后顶尖定位

如果工件同轴度要求较高，需要进行精加工来达到技术要求，例如使用磨削加工。此时采用顶两端中心孔方式装夹工件，如图 4.3 所示。前后顶尖限制工件在 X、Y 方向的移动和转动自由度及 Z 向移动自由度，但由于中心孔的锥度大小不一，Z 轴定位实际为浮动定位，定位不可靠。因此在批量生产中，不采用此种定位方法，而是用在单件加工中。如果该工件轴向尺寸较大，还必须考虑使用中心架或跟刀架以提高工件刚性。

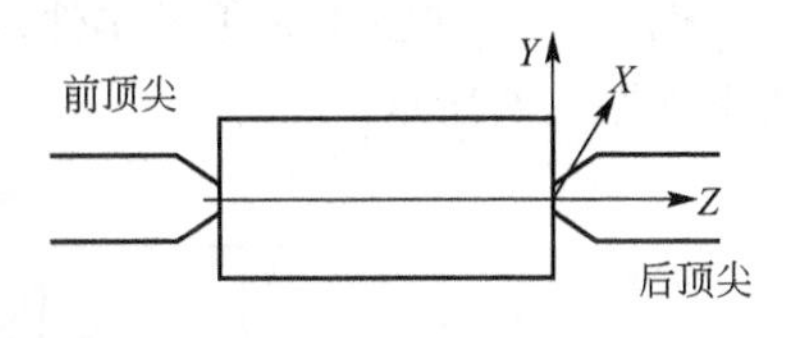

图 4.3　两顶尖定位

(2) 软爪的使用：自定心卡盘装夹精加工之后的表面时，工件表面应包一层铜皮，以免夹伤工件表面。但在实际加工过程中，因为三爪卡盘的三个爪表面较硬，在轴向又不限制工件自由度，装夹工件需要的夹紧力也相应加大。这样就容易夹伤工件。同时，三爪卡盘的 3 个爪的夹持面与工件表面不匹配，而卡盘又是一种自动定心夹具，一般不容易找正，装夹精度不高。因此，在精密加工中，难以保证零件配合所要达到的各项位置精度和接触精度等。

① 软爪的结构。为了弥补数控加工中三爪卡盘的不足，可以采用如图 4.4 所示的软爪结构进行夹持。软爪通过端面锯齿和 T 型键，定位在液压卡盘上，用螺钉将软爪固定。

软爪为 45 号钢。每次更换加工零件时，根据要夹持或反撑工件的尺寸、形状、定位方式对软爪进行车削。通过在机床上对软爪的车削，可以保证 3 个软爪与主轴的同轴度。轴套类零件经常需要调头加工工件两端的孔，两端孔的同轴度要求，可通过使用软爪来保证。

② 软爪的车削及特点。车削软爪的方法是：先将三爪卡盘的 3 个爪退出，选用一圆柱度好的同心圆块夹紧。如图 4.5 所示。然后切削所需的夹持直径，且预留一定的余量(例如 0.5m)。粗车至夹持尺寸，刀具退出后，松开夹头取下同心夹块。软爪切成直径若大于工件直径则较容易造成切削时工件与软爪夹持面之间的滑动，使夹持作用不稳固；软爪切成直径若小于工件直径，则容易造成夹持时软爪两边锐角面本身的变形，夹伤工件表面。在以上两种情况下，通常工作时采用第一种情况比较理想。

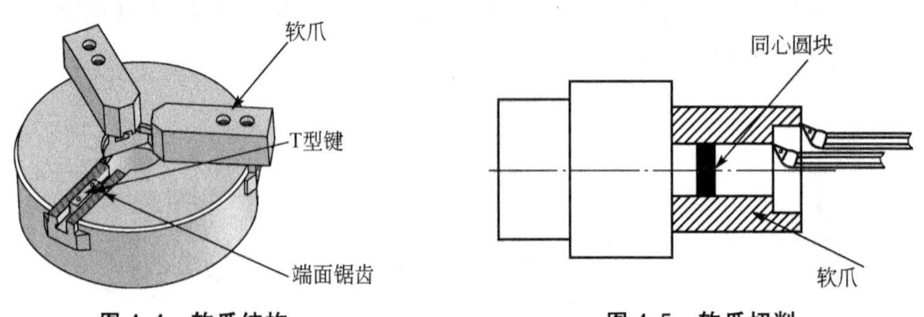

图 4.4　软爪结构　　**图 4.5　软爪切削**

采用软爪的优点如下。

a. 软爪具有良好的加工精度和高的定位精度。

经过车削后，软爪可以保持与工件的良好接触，也保证了安装的稳定性，因此具有较好的加工精度和定位精度。

b. 软爪可重复使用

加工结束后从卡盘上拆卸软爪之前，只要注意记住每件软爪上的安装位置并进行标记，再次使用这副软爪加工同样的工件时，只要将软爪在卡盘上“对号入座”，并按原齿位置啮合，就可以大大减小软爪的修复量，缩短数控车床上的加工准备时间。

2. *数控加工实例*

例 4-1　如图 4.6 所示零件，毛坯为 ϕ25mm×65mm 的棒料，材料为 45 号钢，具体要求如图 4.6 所示。

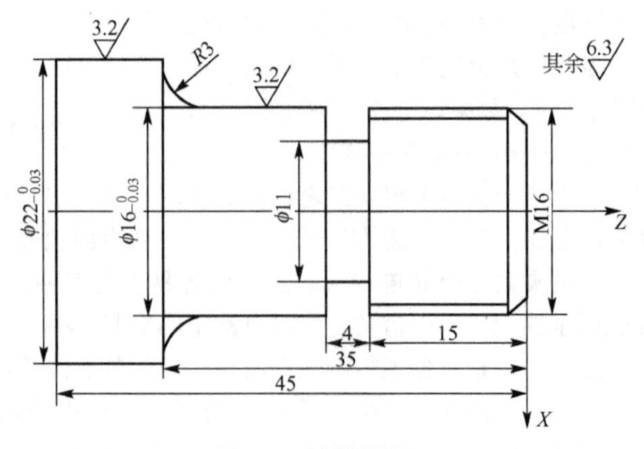

图 4.6　轴类零件一

(1) 工艺分析及加工路线的确定：图4.6所示零件为一短轴，因此以轴心线为工艺基准，采用三爪自定心卡盘进行装夹，一次装夹完成粗精加工。其加工顺序见表4-1。

表4-1 短轴加工顺序

工步顺序	加工内容
粗车	粗车棒料外圆，采用阶梯切削走刀
精车	精车右端面及各外圆表面
切槽	切4mm退刀槽
车螺纹	车削M16螺纹
切断	按照零件尺寸切断

(2) 机床设备选择：根据零件尺寸精度和表面粗糙度的要求，选用普通经济型数控车床即可进行加工。

(3) 选择切削刀具：根据零件加工要求，分别使用粗车刀具、精车刀具、切断刀和螺纹刀具，见表4-2。

表4-2 数控刀具选择

序号	刀具号	刀具名称	加工内容	刀具数量
1	T01	90°外圆车刀	外圆粗车	1
2	T02	尖头精车刀	外圆精车	1
3	T03	4mm切断刀	切退刀槽、切断	1
4	T04	60°螺纹刀	切削M16×1.5螺纹	1
5	T03	4mm切断刀	切断	1

粗车刀必须满足粗车时切削深度大、进给速度快的特点。主要要求车刀有强度，一次进给可以去除较多余量。为了增加刀头强度，应选择较小的前角(γ_o)和后角(α_o)，例如采用0°～3°角。为增加切削刃强度和刀尖强度，主偏角(k_r)应选用90°。切削刃上应磨有倒棱(其宽度=(0.5～0.8)f，倒棱前角=-(5°～10°)，刀尖处磨有过渡刃，可采用直线型或圆弧型。为保证切削过程中断屑顺利，应该在前刀面上磨有断屑槽。

精车金属切除量少，主要要求达到图纸各项技术要求，因此要求车刀锋利。所以前角(γ_o)和后角(α_o)一般应大些，切削刃应平直光洁，刀尖处必要时还可磨修光刃，切削轻快，可以减小工件表面粗糙度，提高表面质量。改用较小副偏角(k_r'或在刀尖处磨修光，其长度=(1.2～1.5)f。可用正值刃倾角(0°～3°)，并应要有狭窄的断屑槽。

切断刀为4mm宽，对刀点为左刀点，在编程时要左移4mm以保持总长63mm。

(4) 确定切削用量：根据选择的机床、刀具及零件要求，选择切削用量见表4-3。

表4-3 切削用量选择

工步	刀具号	主轴转速	进给速度
粗车	T01	500r/min	100mm/min
精车	T02	800m/min	40mm/min
切槽	T03	400m/min	60mm/min

（续表）

工步	刀具号	主轴转速	进给速度
加工螺纹	T04	300mm/min	1.5mm/r
切断	T03	200r/min	30mm/min

（5）建立工件坐标系：以零件右端面与轴心线的交点作为工件坐标系原点，建立工件坐标系。采用试切法对刀。换刀点设置在 X80、Z150 位置。

按照上述确定的工艺原则，编制数控程序如下。

```
O0001
N10 G98 G00 X80.0 Z150.0;                 快速移动到换刀点
N20 T0101;                                换粗车刀
N30 X22.5 Z2.0 S500 M03;                  趋近工件
N40 G01 Z-50.0 F100;                      粗车
N50 X30.0;
N60 G00 Z2.0;
N70 X19.0;                                粗车第二刀
N80 G01 Z-32.0;
N90 G02 U1.5 W-1.5 R1.5;
N100 G00 X30.0;
N110 Z2.0;
N120 X17.0;                               粗车第三刀
N130 G01 Z-32.0;
N140 G02 U2.5 W-2.5 R2.5;
N150 G00 X30.0;
N160 X80.0 Z150.0 T0100;
N170 T0202;                               换精车刀
N180 G00 X14.0 Z2.0 S800 M03;
N190 G01 X16.0 Z-1.0 F40;
N200 Z-32.0
N210 G02 U3.0 W-3.0 R3.0;
N220 G01 X22.0 Z-50.0;
N230 X30.0;
N240 G00 X80.0 Z150.0 T0200;
N250 T0303;                               换切断刀切槽
N260 G00 X20.0 Z-19.0 S400 M03;
N270 G01 X11.0 F60;
N280 X20.0;
N290 G00 X80.0 Z150.0 T0300;
N300 T0404;                               换螺纹刀
N310 G00 X18.0 Z5.0 S300 M03;
N320 G92 X15.4 Z-16.0 F1.5;
N330 X14.9;
N340 X14.7;
```

```
N350 G00 X80.0 Z150.0 T0400;
N360 T0303;                         换切断刀切断工件
N370 G00 X30.0 Z-45.0 S200 M03;
N380 G01 X0 F30;
N390 X30.0
N400 G00 X80.0 Z150.0;
N410 T0300;
N420 M05;
N430 M30;
```

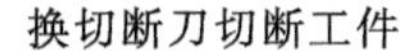

例 4-2　零件如图 4.7 所示，该零件材料为 45 号圆钢棒料，无热处理要求，毛坯直径选用 $\phi55$。编制其数控加工程序。

(1) 零件结构简单，也属于短轴，采用三爪卡盘夹紧，使用外圆车刀一次完成粗、精加工零件外形，最后用切断刀切断。

(2) 刀具的切削用量选择，见表 4-4。

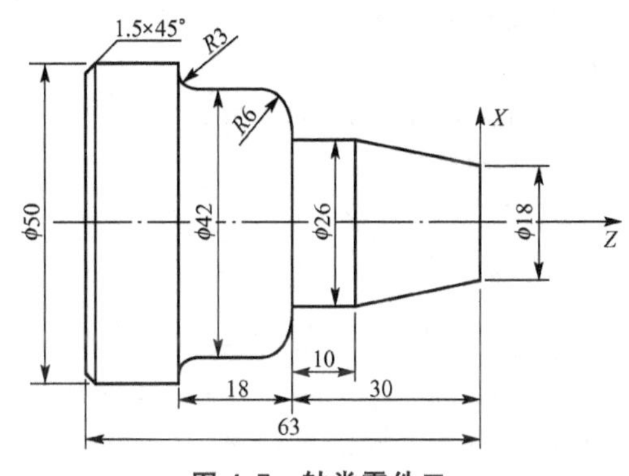

图 4.7　轴类零件二

表 4-4　刀具切削用量

工步	工步内容	刀具号	刀具类型	切削用量	
				主轴转速/(r/min)	进给速度/(mm/r)
1	平端面粗车外型	T01	93°菱形外圆刀 $R=0.8$	800	0.2
2	精车外型	T03	93°菱形外圆刀 $R=0.4$	1200	0.1
3	切断并倒角	T04	刀宽 4mm	600	0.05

(3) 确定加工方法。

① 零件毛坯为棒料，毛坯余量较大(最大处 52－18＝34mm)，需多次进刀加工。采用 G71 复式循环指令，完成粗加工，留精车余量，然后精车，最后在切断前完成 1.5×45°的倒角。

② 刀具半径补偿的使用。刀尖半径 $R=0.4$，精加工时，使用 G42 进行刀具半径圆弧补偿，R0.4，刀尖方位号 3。

③ 精加工刀具起点的计算。最左端为锥面，当加工起点离端面 5mm，锥体小径需计算获得。如图 4.8 所示，锥体延长线上利用两个三角形相似，计算出 $H=0.8$，那么刀具起点锥体小径为：$18-2\times0.8=16.4$mm。

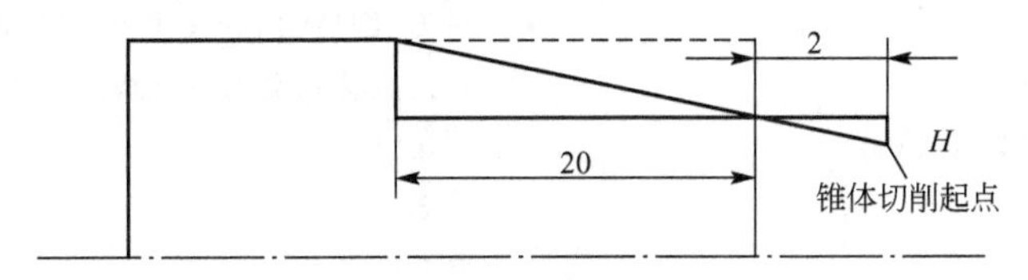

图 4.8　锥体切削起点

(4) 建立工件坐标系：以零件右端面与轴心线的交点作为工件坐标系原点，建立工件坐标系。编制数控程序如下。

```
O0002
N10 G28.0 U0;                          回参考
N20 T0101;                             换 1 号粗车刀
N30 G00 X80.0 Z150.0 S1000 M03;        回换刀点
N40 G96 S80 G00 X58.0 Z0;              快速到右端面起点
N50 G01 X-1.6 F0.1;                    平端面
N60 G00 X58.0 Z2.0 S800;               回循环起点
N70 G71 U2.0 R0.5;                     G71 粗车循环
N80 G71 P90 Q170 U0.5 W0.25;           外圆、端面各留 0.25 余量
N90 G00 X16.4;                         精车开始
N100 G01 X26.0 Z-20.0;
N110 Z-30.0;
N120 X30.0;
N130 G03 X42.0 Z-36.0 R6.0;
N140 G01 Z-45.0;
N150 G02 X48.0 Z-38.0 R3.0;
N160 G01 X50.0;
N170 Z-70.0;                           精车结束
N180 G00 X80.0 Z150.0 S1200;           返回换刀点
N190 T0303;                            换 2 号精车外圆刀
N200 G00 X16.4 Z15 S1200;              锥体小径延长起点(计算)
N210 G42 Z2.0;                         建立刀尖半径补偿
N220 G01 X26.0 Z-20.0 F0.1;            精加工锥体
N230 Z-30.0;
N240 X30.0;
N250 G03 X42.0 Z-36.0 R6.0;
N260 G01 Z-45.0;
N270 G02 X48.0 Z-48.0 R3.0;
N280 G01 X50.0;
N290 Z-70.0;                           精加工结束
N300 G40 G00 X80.0 Z150.0;             取消补偿,返回换刀点
N310 T0404;                            换 4 号切断刀
N320 G00 X52.0 Z-67.5 S600;            至切槽起点(左对刀点)(Z 值-67.5=总长 63+刀宽
                                       4+余量 0.5)
N330 G01 X40.0;                        先切至φ40
N340 X51.0;                            退刀(倒角X向延长了 0.5,倒角宽为 2)
N350 Z-65.0;                           右刀点移到倒角延长线起点上
N360 G01 X47.0 Z-67.0;                 倒角终点
N370 X0;                               切断
N380 G00 X70.0;                        退刀
N390 Z150.0;
```

```
N400 T0400;
N410 M05.;                        主轴停转
N420 M30;                         程序结束
```

例 4-3　如图 4.9 所示，该零件毛坯为 ϕ25mm×100mm 的棒料，材料为 45# 钢，编制其数控加工程序。

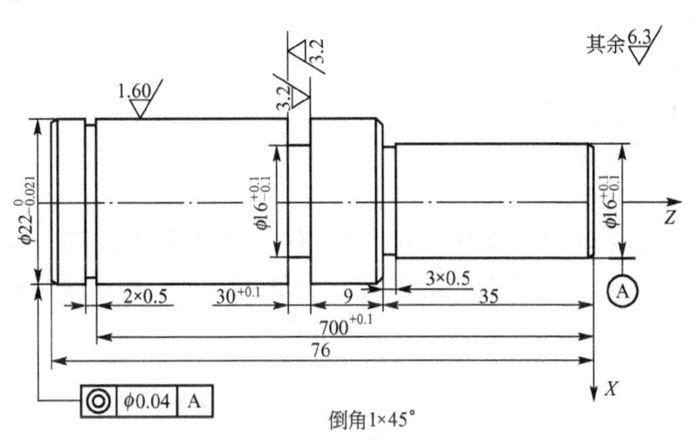

图 4.9　轴类零件三

(1) 零件工艺分析：该轴长径比较大，属于细长轴件，因此采用一夹一顶的装夹方式，一次装夹完成粗精加工。右侧 35mm、外圆直径 16mm，切削余量较大，因此分两刀完成。左侧粗车一刀即可完成。

(2) 确定加工工序和刀具，见表 4-5。

表 4-5　加工工序及刀具

工步号	工步内容	刀具号	刀具类型
1	手动切削端面，打中心孔	T01、T02	T01 粗加工刀具、T02 中心钻
2	粗车外圆	T01	外圆粗车刀
3	精车外圆	T03	外圆精车刀
4	切槽	T04、T05	切断刀

粗加工刀具选用 90°外圆车刀，粗车 ϕ16mm 和 ϕ22mm 外圆，留精车余量 1mm。精加工选用尖头车刀，切槽刀 2 把，一个刀宽 2mm，另一个刀宽 3mm。需要注意的是在退刀槽中，槽宽为 3mm 的退刀槽有精度要求，需要进行粗切和精切两个步骤。倒角因是斜线运动，需要有空间，所以按图 4.10 所示路线，先往左在总长留 0.5～1mm 余量处切一适当深槽，退出，再进行倒角、切断。这样可以减少切断刀的摩擦，在切断时利于排屑。

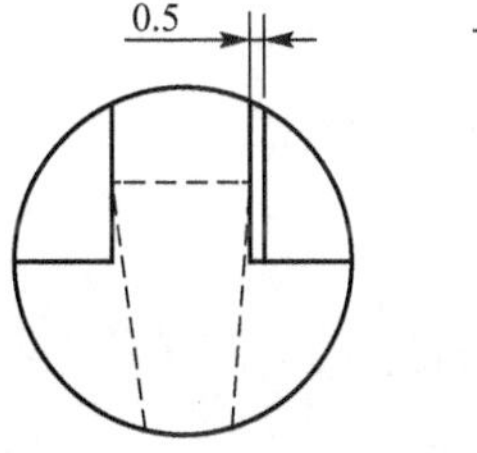

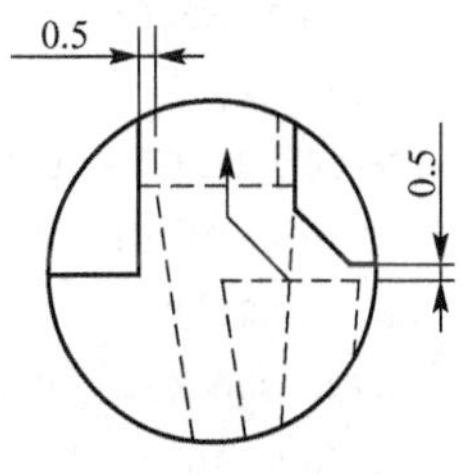

图 4.10　切断刀倒角

(3) 选择加工设备：根据零件加工要求，选择普通经济型数控车床即可。

(4) 确定切削用量。

① 粗加工切削用量选择如下。

切削深度 α_p=2～3mm(单边)；
主轴转速 n=700r/min；
选给量 F=80mm/min。
② 精加工切削用量选择如下。
切削深度 α_p=1mm(双边)；
主轴转速 n=1200r/min；
进给量 F=40mm/min。
③ 切槽切削用量选择如下。
主轴转速 n=600r/min；
进给量 F=30mm/min。

(5) 建立工件坐标系，编制数控程序。以工件右端面与轴心线的交点作为工件坐标系的原点，采用试切法对刀。换刀点设置为 X50.0 Z100.0 处。程序编制如下。

```
O0003
N10 G00 X50.0 Z100.0;
N20 S700 M03;
N30 T0101;                          调用 T01 粗车刀
N40 G00 X20.0 Z2.0;                 趋近工件
N50 G01 Z-34.8 F80;                 粗车外圆
N60 G00 X20.0 Z2.0;
N70 X17.0;
N80 G01 X17.0 Z-34.8 F80;           第二次粗车
N90 G00 X23.0 Z-34.8;
N100 G01 X23.0 Z-80.0 F80;          粗车左端外圆
N110 X25.0;
N120 G00 X50.0 Z100.0;
N130 T0303;                         换精车刀
N140 S1200 M03;
N150 G00 X14.0 Z2.0;
N160 G01 Z0;                        倒角
N170 X16.0 Z-1.0 F40.0;
N180 Z-35.0;                        精车外圆
N190 X20.0
N200 X22.0 Z-36.0;
N210 Z-80.0;
N220 X25.0;
N230 G00 X50.0 Z100.0;
N240 T0404;                         换 2mm 切断刀
N250 S600 M03;
N260 G00 X25.0 Z-72.5;              切槽
N270 G01 X21.0 Z-72.5 F30;
N280 G04 X2.0;
N290 G00 X25.0;
```

```
N300 Z-46.5;
N310 G01 X16.5 F30;
N320 X25.0;
N330 G00 X50.0 Z100.0;
N340 T0505;                        换 3mm 切断刀
N350 G00 X25.0 Z-47.0;
N360 G01 X16.0 F30;
N370 G04 X2.0;
N380 X25.0;
N390 G00 Z-35.0;
N400 G01 X15.0 F30;
N410 X25.0;
N420 G00 Z-79.0;
N430 G01 X20.0 F30;
N440 G00 X22.0;                    开始倒角
N450 Z-78.0;
N460 G01 X20.0 Z-79.0 F30;
N470 X0 F30;
N480 X25.0;
N490 G00 X50.0 Z100.0;
N500 T0500;
N510 M05;
N520 M30;
```

例 4-4　零件如图 4.11 所示，毛坯材料 ϕ50mm×152mm 棒料，要求按图样单件加工。

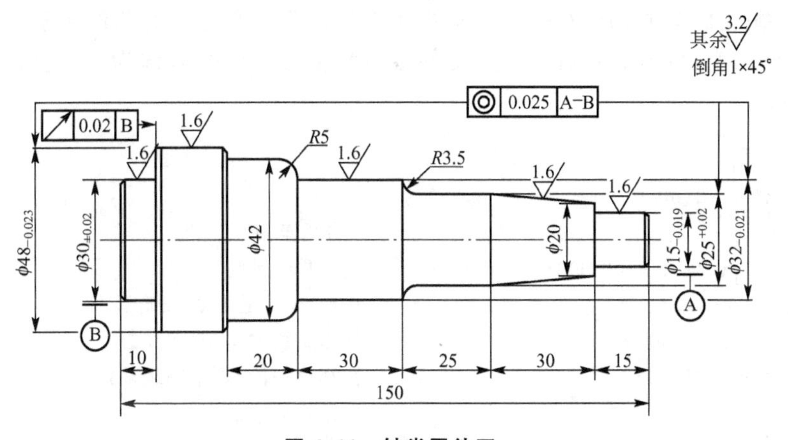

图 4.11　轴类零件四

(1) 工艺分析。

① 从图纸尺寸外形精度要求来看，有 5 处径向尺寸都有精度要求，表面粗糙度都为 $Ra1.6$，需要采用精车刀进行精车加工，以达到精度要求。刀具安排上需粗、精外圆车刀共两把。

② 为了保证外圆的同轴度，采用一夹一顶的方法加工工件。顶尖可以采用死顶尖，提高顶尖端外圆与孔的同轴度。

③ 零件加工分为普通机床加工和数控车床加工，车端面、粗车毛坯、打中心孔在普通机床上，粗精车使用数控车加工。普通机床上外圆见光，打中心孔在一次装夹中完成，保证外圆与孔的同轴度。零件加工工艺见表 4－6。

表 4－6　加工工艺

工序	内容	设备	夹具	备注
1	车端面、粗车毛坯，长度大于工件长度的一半，打中心孔	CA6140	三爪卡盘	中心孔即为设计基准、加工基准、测量基准
2	调头，车端面控制总长 150，车外圆接齐，打中心孔	CA6140	三爪卡盘	
3	粗、精车 $\phi30$ 及 $\phi48$ 外圆并倒角	数控车	三爪卡盘、顶尖	
4	粗、精车 $\phi15$，$\phi25$，$\phi32$，$\phi42$ 外圆	数控车	三爪卡盘、顶尖	

④ 切削用量选择(在实际操作当中可以通过进给倍率开关进行调整)。

a. 粗加工切削用量选择如下。

切削深度 $\alpha_p=2\sim3$mm(单边)；

主轴转速 $n=800\sim1000$r/min；

选给量 $F=0.1\sim0.2$mm/r。

b. 精加工切削用量选择如下。

切削深度 $\alpha_p=0.3\sim0.5$mm(双边)；

主轴转速 $n=1500\sim2000$r/min；

进给量 $F=0.05\sim0.07$mm/r。

(2) 数控车编程路线。

① 粗、精加工零件左端 $\phi30$ 及 $\phi48$ 外圆并倒直角。此处为简单的台阶外圆，可应用 G01、G90 或 G71，G70 编制程序。以工件端面和轴心线的交点作为工件坐标系原点，建立工件坐标系。

```
O0004
N10 G00 X50.0 Z100.0
N20 T0101;                          1号粗车刀
N30 G00 X52.0 Z2.0 S900 M03;        G71循环起点
N40 G71 U2.0 R0.5;                  切深 4mm,退刀 0.5mm
N50 G71 P60 Q120 U0.5 W0.1 F0.2;    精车路线 N100 至 N200
N60 G00 X28.0 S1500;                精车第一段(须单轴运动)
N70 G01 Z0 F0.05;                   倒角起点(X28)
N80 U2.0 W-1.0;                     倒角
N90 Z-10.0;                         φ30外圆
N100 X46.0;                         平台阶
N110 X48.0 W-1.0;                   倒第二处角
N120 W-22.0;                        φ48外圆精车最后一段精车循环加工
N130 G00 X50.0 Z100.0;
N140 T0202;                         调用 2 号精车刀
N150 G70 P60 Q120;                  精车循环加工
```

```
N160 G00 X50.0 Z100.0;
N170 M05;                              主轴停止
N180 M30;                              程序结束
```

② 加工右端形面(如图 4.12 所示)。

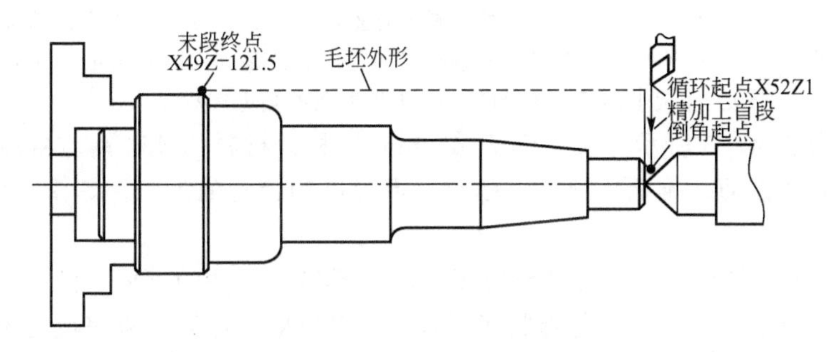

图 4.12 零件装夹

a. 工件调头，装夹 ϕ30mm 外圆，上顶尖。

b. 用 G71 指令粗去除 ϕ15，ϕ25，ϕ32，ϕ42 外圆尺寸，X 方向留 0.5mm，Z 方向留 0.1mm 的精加工余量。

c. 用 G70 指令进行外形精加工。

加工右端外形面程序如下。

```
O0005
N10 T0101;                             调用 1 号刀
N20 G00 X100.0 Z5.0 S1000 M03;
N30 X52.0 Z1.0;
N40 G71 U2.0 R1.0;                     每刀单边切深 2mm,退刀量 1mm
N50 G71 P60 Q180 U0.5 W0.1 F0.15;      精车路线首段 N100,末段 N200,X向精车余 0.5mm,
                                       Z向余量 0.1mm(P、Q值不带小数点)
N60 G00 X11.0 S1800;                   精车首段,倒角延长起点
N70 G01 X15.0 Z-1.0 F0.05;             倒角
N80 Z-15.0;                            加工φ15 外圆
N90 X20.0;                             锥体起点
N100 X25.0 W-30.0;                     车锥体
N110 W-21.5;                           加工φ25 外圆
N120 G02 X32.0 W-3.5 R3.5;             车 R3.5 圆角
N130 G01 W-30.0;                       加工φ32 外圆
N140 G03 X42.0 E-5.0 R5.0;             车 R5 圆角
N150 G01 Z-120.0;                      加工φ42 外圆
N160 X46.0;                            倒角起点
N170 X49.0 W-1.5;                      倒角
N180 X50.0;                            末段(附加段)
N190 G00 X120.0 Z5.0;                  退刀(注意Z向距离)
N200 T0202;                            换 2 号精车刀,建立工件坐标
N210 G00 X52.0 Z1. S1000 M03;          快移到循环起点
```

```
N220 G70 P60 Q180;          G70精加工外形
N230 G00 X100.0;            退刀
N240 M05;                   程序结束
N250 M30;
```

注意： 此工件要经两个程序加工完成，所以调头时重新确定工件原点，程序中编程原点要与工件原点相对应，执行完成第一个程序后，工件调头执行另一程序时需重新对两把刀的 Z 方向原点，因为 X 方向原点在轴线上，无论工件大小都不会改变的，所以 X 方向不必再次对刀。

例 4－5　如图 4.13 所示零件毛坯为 ϕ85mm 棒料，材料为 45# 钢。粗加工分 3 次走刀，需要完成外圆柱面、锥面、弧面、螺纹、退刀槽和倒角的加工。其中 ϕ85mm 外圆不用加工。

（1）零件加工工艺分析：零件外形较复杂，需要加工零件的端面、圆柱面、锥面、圆弧面、倒角、退刀槽和螺纹。进行外圆切削时，可以使用一把刀具来完成粗精加工，留精车余量 0.5mm，为了保证外表面质量的一致性，可以使用恒线速度功能，但需要注意螺纹切削时不能使用。退刀槽使用切槽刀来完成，然后用螺纹车刀加工螺纹。

（2）确定刀具及其切削用量：外圆车削选用 90°外圆车刀，安装在 1 号刀位上，即 T01。退刀槽刀具安装在 3 号刀位上，即 T03。螺纹加工刀具安装在 4 号刀位上，即 T04。切削用量的选择见表 4－7。

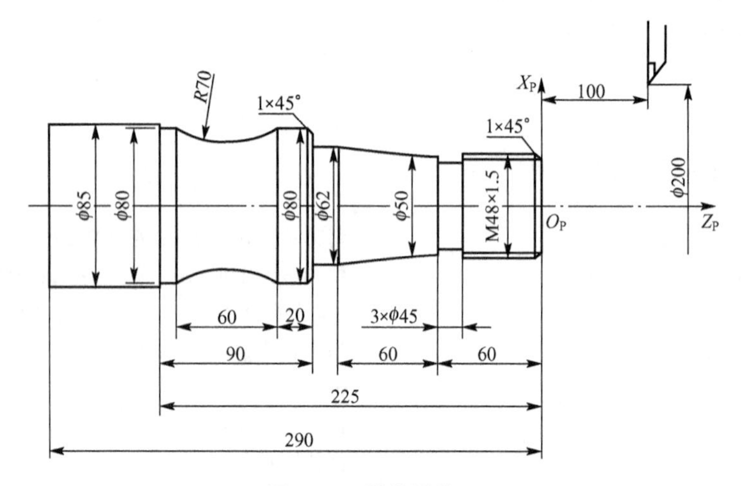

图 4.13　轴类零件五

表 4－7　工艺内容及切削用量

工步	工步内容	刀具号	刀具类型	切削用量		
				主轴速度	进给速度	
1	粗精车端面及外圆	T01	90°外圆车刀	90m/min	粗车 100mm/min	精车 30mm/min
2	切螺纹退刀槽	T03	3mm 切槽刀	60m/min	30mm/min	
3	切削螺纹	T04	螺纹车刀	300r/min	1.5mm/r	

（3）建立工件坐标系：同样，按照惯例将工作坐标系的原点设置在右端面与轴心线的交点处。同时利用 G50 指令设定换刀点相对于工件坐标系原点的位置为 X200 Z100。通过

对刀操作设定工件坐标系，在加工过程中，调用刀具偏置，进行车刀刀尖补偿。

(4) 编制数控加工程序如下。

```
O0005
N2 G50 S3000 X200.0 Z100.0;          以刀具当前位置指定工件坐标系,限制主轴最高转
                                     速为 3000r/min
N4 G96 S90 M03;                      主轴正转,设置恒线速度为 90m/min
N6 T0101;                            选择 1 号外圆车刀
N8 G00 X87.0 Z0 M08;                 刀具快速运动至切削位置,同时打开冷却液
N10 G01 X0 F100.0;                   切削端面
N12 Z2.0;                            Z 向回退
N14 G00 X87.0;                       X方向回退至 87mm 处,准备外圆车削循环
N16 G71 U3.0 R1.0;                   轴向粗加工循环,切削深度 3mm,退刀量 1mm
N18 G71 P20 Q44 U0.5 W0.5 F100.0;    X和Z方向留 0.5mm 精加工余量,进给速度为 100mm/min
N20 G00 X46.0;                       定义精车轨迹,精车第一段(单轴运动)
N22 G01 Z0;                          倒角起点
N24 U2.0 W-1.0;                      倒角
N26 Z-60.0;                          切削外圆
N28 X50.0;
N30 X62.0 Z-120.0;
N32 Z-135.0;
N34 X78.0;
N36 X80.0 W-1.0;
N38 Z-155.0;
N40 G02 Z-215.0 R70.0;
N42 G01 Z-225.0;
N44 X87.0;                           精车轨迹结束
N46 G70 P20 Q44 F30.0;               外圆轮廓精加工循环
N48 G00 X200.0 Z100.0;               返回换刀点
N50 G96 S60;
N52 T0303;                           调用 3 号切槽刀具
N54 G00 X50.0 Z-60.0;                快速进给到槽位置
N56 G01 X45.0;                       切螺纹退刀槽
N58 G04 X2.0                         槽底停留 2 秒
N60 G01 X50.0;
N62 G00 X200.0 Z100.0;               刀具返回换刀点
N64 T0404;                           调用螺纹切削刀具
N66 G97 S300;                        设置转速为 300r/min
N68 G00 X50.0 Z3.0;                  设置螺纹切削起点
N70 G76 P011060 Q0.2 R100;           螺纹切削循环
N72 G76 X46.2 Z-58.5 P974 Q400 F1.5;
N74 G00 X200.0 Z100.0 T0400;         取消 4 号刀具
N76 M05;                             主轴停止
N78 M30;                             程序结束
```

例 4-6　轴类零件加工综合实例。图 4.14 所示零件，毛坯为 ϕ32mm×120mm 铝制棒料，技术要求如图所示，编制其数控加工程序。

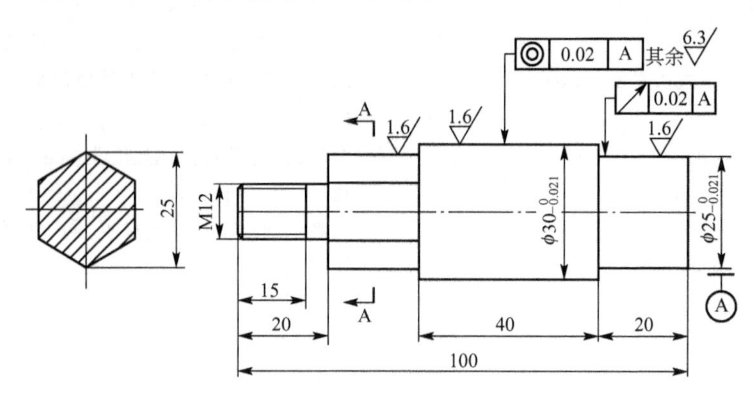

图 4.14　轴类零件六

(1) 工艺分析。如图 4.14 所示，零件需要加工外圆、螺纹和外六方，因此要使用车床和铣床来完成。

① 材料为铝，铝在加工容易发热并产生积屑瘤，所以切削过程中需要加切削液。

② 外圆 ϕ30 和 ϕ25 的加工：这两个外圆有严格的尺寸精度、同轴度和圆跳动的要求，要在一次装夹下完成粗、精车加工；表面粗糙度 Ra=1.6，可以采用精车。

③ 由于铝质材料硬度不高，表面粗糙度采用精车即可达到要求，外圆的粗精车使用一把刀具完成。

④ 为了避免 M12 螺纹的加工时牙形挤压会导致外径变大，所以加工外圆时，要稍小于螺纹大径(加工时，外圆加工到 ϕ11.8)。

⑤ 在铣床上加工外六方时，选择有旋转轴的四轴数控铣床加工。

(2) 定位夹紧。该轴类零件在车床上加工时，由于轴向尺寸不大，可以使用三爪自定心卡盘夹紧。而在数控铣床加工外六方时，依然用三爪自定心卡盘夹紧。

(3) 加工工艺。

① 数控车床加工：车右端面；粗车右端 ϕ25 和 ϕ30 外圆至 ϕ25.5 和 ϕ30.5；精车右端 ϕ25 和 ϕ30 外圆至尺寸；掉头车左端面，保证长度 100；车左端 M12 外圆面至 ϕ11.8，车外圆 ϕ25；车螺纹 M12×1.75，长度 15；

② 数控铣床加工：铣外六方。

(4) 刀具及切削用量的选择见表 4-8。

表 4-8　刀具选用及其切削用量

工序号	内容	刀具名称及规格	刀具		切削用量		
			刀号	刀补	背吃刀量/(mm)	主轴转速/(r/min)	进给速度/(mm/r)
1	车右端面	90°外圆车刀	T01	01	1	800	0.1
	粗车右端各外圆	90°外圆车刀	T01	01	2	800	0.3
	精车右端各外圆	90°外圆车刀	T01	01	0.5	1000	0.05

（续表）

工序号	内容	刀具名称及规格	刀具		切削用量		
			刀号	刀补	背吃刀量/(mm)	主轴转速/(r/min)	进给速度/(mm/r)
2	掉头车左端面，保证长度	90°外圆车刀	T01	01	1	800	0.1
	粗车左端各外圆	90°外圆车刀	T01	01	2	800	0.3
	精车左端各外圆	90°外圆车刀	T01	01	0.5	1000	0.05
	车螺纹	60°螺纹车刀	T03	03		200	
3	铣六方	ϕ20 立铣刀		D01	1	400	

（5）建立工件坐标系。以零件右端面与轴心线的交点为工件坐标系的原点，建立工件坐标系。需要注意的是在第二工序掉头加工时，工件坐标系必须重新进行设置。

（6）加工程序如下。

① 工序一：粗车装夹如图 4.15 所示，一次装夹，加工 ϕ25 和 ϕ30 外圆，留精车余量 0.5mm。

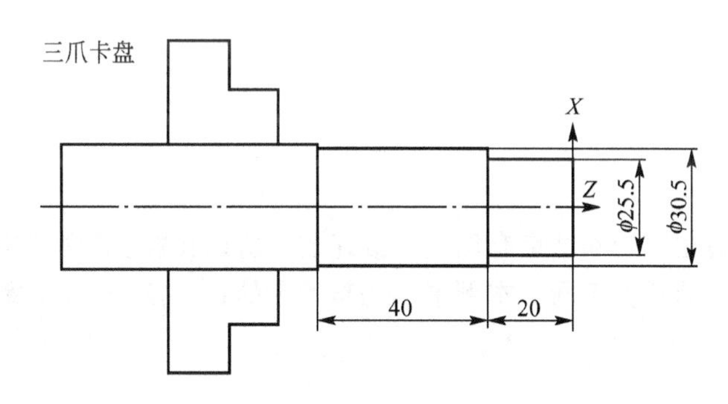

图 4.15　工序一

```
O0006
N10 G99 G00 X50.0 Z100.0;            快速移动到换刀点
N20 T0101;                           调 1 号刀
N30. S800 M03;                       主轴正转,转速 800
N40 X35.0 Z2.0;                      快速趋近工件到循环起点
N50 G71 U2.0 R0.5;                   定义粗加工循环
N60 G71 P70 Q110 U0.5 W0.1 F0.3;
N70 G01 X25.0 F0.05;                 定义精加工轨迹
N80 S1000 M03;
N90 Z-20.0;
N100 X30.0;
N110 Z-60.0;
N120 G70 P70 Q110;
N130 G00 X50 Z100;                   快速返回换刀点
N140 T0400;
```

```
N150 M05;
N160 M30;
```

② 工序二：掉头粗、精车 ϕ25 外圆，M12 外圆至 ϕ11.8。

```
O0007
N10 G99 G00 X50.0 Z100.0;
N20 T0101;
N30 S800 M03;
N40 X35.0 Z2.0;
N50 XG71 U2.0 R0.5;
N60 G71 P70 Q110 U0.5 W0.1 F0.3;
N70 G00 X11.8;
N80 S1000 M03;
N90 G01 Z-20.0 F0.1;
N100 X25.0;
N110 Z-40.0;
N120 G70 P70 Q110;
N130 G00 X50.0 Z100.0;
N140 T0400;
N150 M05;
N160 M30;
```

车螺纹时，刀具在开始和结束有加速和减速的，所以在螺纹的两端有不完整的牙，不同的机床不完整的牙的长度不同。本例中不完整的牙的长度按 2mm 考虑。

```
O0008
N10 G00 X50.0 Z100.0;
N20 T0303;                      调 3 号刀
N30 S200 M03;                   主轴 100r/min
N40 X13.0 Z2.0;                 快速定位至φ13mm,距端面正向 2mm
N50 G92 X11.8 Z-17.0 F1.5;      采用螺纹循环,螺距为 1.5mm,第一刀
N60 X11.0;                      第二刀
N70 X10.5;                      第三刀
N80 X10.1;                      第四刀
N90 G00 X500.0 Z100.0;          快速移动到安全点
N100 T0100;                     取消刀补
N110 M05;                       主轴停止
N120 M30;                       程序结束
```

③ 工序三：铣六方是在有 A 轴的数控铣床上完成，其装夹如图 4.16 所示，每次铣一个平面，旋转 60°铣另一个平面，依次加工 6 个平面，就可以得到六方（如图 4.17 所示）。铣刀走刀路线如图 4.18 所示。

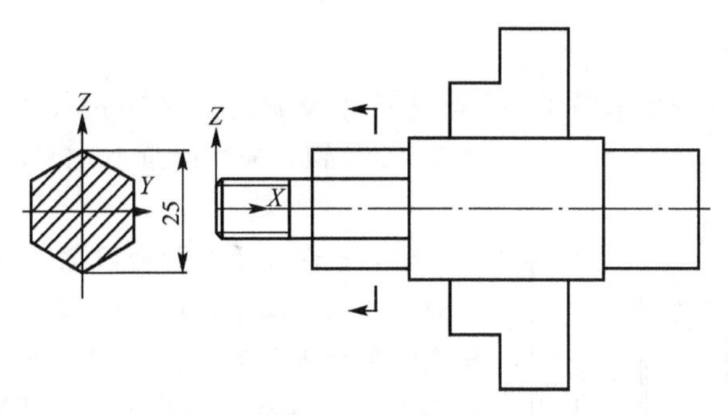

图 4.16 工序三

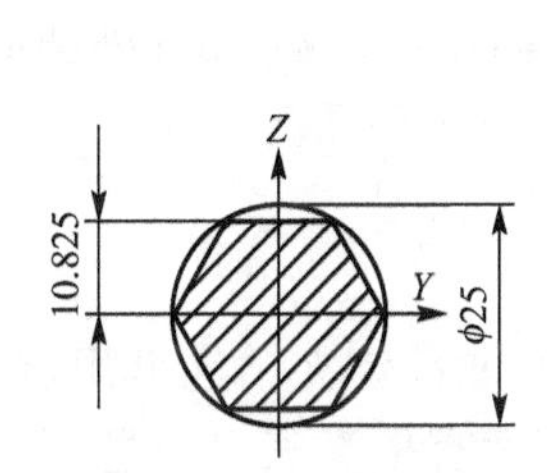

图 4.17 六方截面图

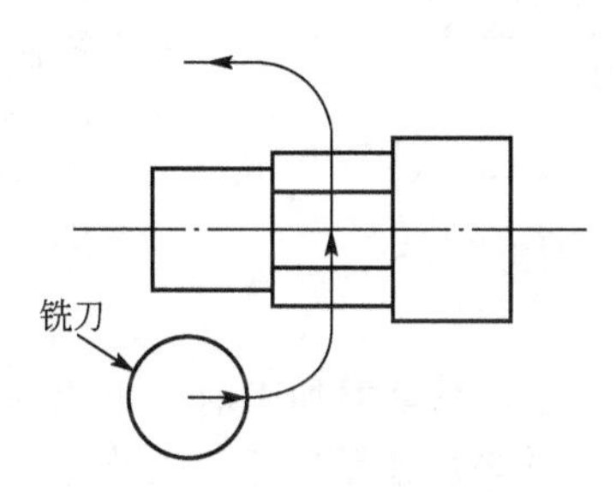

图 4.18 铣六方走刀路线图

```
O0009
N10 G21;
N20 G90 G17 G00 G40 G49 G80;
N30 G90 G00 G56 X16. 0 Y-27. 0;
N40 S400 M03;
N50 M98 P0061001;
N60 M05;
N70 G91 G28 Z0;
N80 M30;

O 1001(铣六方子程序)
N10 G43 Z50. 0 H01;
N20 Z15. 0;
N30 G01 Z10. 825 F200. 0;
N40 G41 X28. 0 D01;
N50 G03 X40.  Y-15.  0 R12. 0;
N60 G01 Y15;
N70 G03 X28. 0 Y27.  0R12. 0;
N80 G01 G40 X16. 0;
N90 G00 Z50. 0;
N100 Y-27. 0;
N110 G91 A60. 0;
M99;
```

3. 套类零件加工

例 4-7　图 4.19 所示套筒零件，毛坯尺寸为 ϕ55mm×50mm，内孔直径 ϕ18mm，材料为 45 号钢，未注倒角 1×45°，编制加工程序。

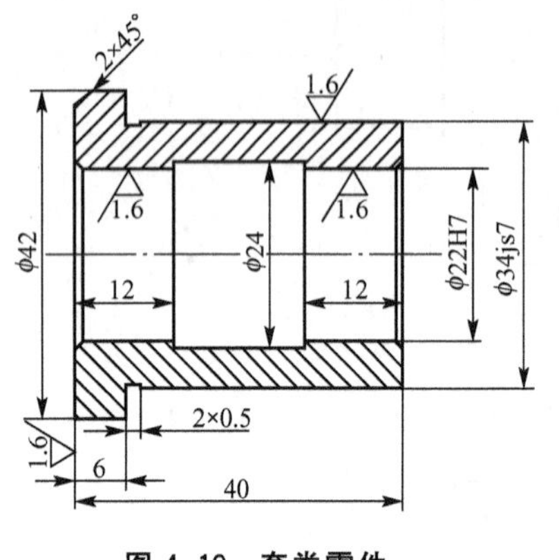

图 4.19　套类零件一

1）工艺分析

（1）零件包括外圆台阶面、倒角和外沟槽、内圆柱面等加工。其中外圆 ϕ34 和孔 ϕ22 有严格尺寸精度和表面粗糙度等要求。采用三爪卡盘装夹工件，粗加工 ϕ34mm、ϕ42mm 外圆面，用切槽刀切 2×0.5 的槽。使用的刀具为外圆车刀和刃宽为 2mm 的切槽刀。同时考虑零件左端外圆可夹持面过小，制定加工步骤如下。

① 粗加工 ϕ34mm、ϕ42mm 外圆面。

② 精车 ϕ42mm 外圆面。

③ 切槽。

④ 切断。

（2）如前文所述，在套类加工时，可以使用软爪进行装夹。这里用软爪装夹 ϕ34mm 加工内孔，注意软爪必须进行自镗。此外，由于左端面有较高表面质量要求，因此需要进行车削。使用的刀具包括端面切削车刀、内孔车刀、切槽刀。加工步骤如下。

① 车削端面，粗精加工内孔。

② 切内孔槽。

（3）以内孔心轴定位，两端前后顶尖装夹，精车 ϕ34mm 外圆，保证内孔面与 ϕ34mm 外圆面之间的位置精度。

2）刀具选用及切削用量

根据工艺分析，该零件的加工需要端面车刀一把、外圆车刀一把、切槽刀两把、内孔车刀等。各阶段刀具及其切削用量见表 4-9。

表 4-9　刀具及其切削用量

工序号	工序内容	夹具	刀具号	刀具类型	切削用量	
					主轴转速	进给速度
1	粗车外圆	三爪自定心卡盘	T01	外圆车刀	600r/min	0.5mm/r
	精车外圆		T01	外圆车刀	800r/min	0.2mm/r
	切槽、切断		T02	切槽刀(2mm)	600r/min	0.5mm/r
2	车端面	软爪	T03	45°车刀	600r/min	0.2mm/r
	粗车内孔		T04	内孔车刀	600r/min	0.5mm/r
	精车内孔		T04	内孔车刀	800r/min	0.2mm/r
	切槽		T05	切槽刀(4mm)	600r/min	0.5mm/r
3	精车外圆	心轴	T01	外圆车刀	1000r/min	0.2mm/r

3）设置工件坐标系

将毛坯件装夹在机床上之后，以右端面和轴心线的交点为原点建立工件坐标系。

4）编制加工程序

根据工艺分析和刀具使用情况，编制程序如下。

```
O0010
N10 G50 X100.0 Z100.0;              以刀具当前位置设置工件坐标系
N20 S600 M03;                       主轴正转,转速 600r/min
N30 T0101;                          调用 1 号刀具
N40 G99 G00 X57.0 Z2.0;             快速趋近工件
N50 G71 U3.0 R1.0;                  定义粗车循环
N60 G71 P70 Q100 U0.5 W0.5 F0.5;
N70 G00 X34.0;                      定义精车轨迹
N80 G01 Z-34.0;
N90 X42.0;
N100 Z-40.5;
N110 G00 X31.0 Z1.0;
N120 G01 X35.0 Z-1.0 F0.5;          倒角
N130 X42.0;
N140 M00;
N150 S800 M03;
N160 Z-34.0;
N170 G01 Z-40.5 F0.2;               精车直径 42mm 外圆
N180 X45.0;
N190 G00 X100.0 Z100.0;
N200 T0100;
N210 T0202;                         调用 2 号切槽刀
N220 G00 X45.0 Z-34.0;
N230 M00;
N240 S600 M03;
N250 G01 X33.0 F0.5;                切 2×0.5 的槽
N260 X45.0;
N270 G00 Z-43.0;
N280 G01 X0 F0.5;                   切断工件
N290 X45.0;
N300 G00 X100.0 Z100.0;
N310 T0200;
N320 M05;
N330 M30;
```

工件调头装夹,车削内孔、端面。

```
O0011
N10 T0303;                          调用端面切削刀具
N20 S600 M03;
N30 G00 X44.0 Z0;
N40 G01 X20.0 F0.2;                 车削端面
N50 X38.0;
```

```
N60 X42.0 Z-2.0                      倒角
N70 X44.0;
N80 G00 X100.0 Z100.0;
N90 T0300;
N100 T0404;                          调用内孔车刀
N110 X18.0 Z2.0;
N120 G01 X21.6 Z-42.0 F0.5;          粗车内孔,预留径向余量 0.4mm
N130 Z1.0;
N140 X26.0;
N150 M00;
N160 S800 M03;
N170 X22.0 Z-1.0 F0.2;               倒角
N180 Z-41.0;                         精车内孔
N190 X18.0;                          刀具沿X轴方向回退
N200 Z100.0;
N210 X100.0;
N220 T0400;
N230 T0505;                          调用 4mm 内孔切槽刀
N240 M00;
N250 S600 M03;
N260 G00 X18.0 Z2.0;
N270 Z-16.5;                         快速定位
N280 G01 X23.5 F0.5;                 切槽
N290 X20.0;
N300 Z-20.5;
N310 X23.5;
N320 X20.0;
N330 Z-24.5;
N340 X23.5;
N350 X20.0;
N360 Z-28.0;
N370 X23.5;
N380 X24.0;                          精加工内槽
N390 Z-16;
N400 X20.0;
N410 G00 Z100.0;
N420 X100.0;
N430 T0500;
N440 M05;
N450 M30;
```

以心轴定位,精车直径 34mm 外圆。

```
O0012
N10 T0101;                           调用 1 号外圆刀
N20 S1000 M03;                       主轴正转,转速 1000r/min
```

```
N30 G00 X36.0 Z2.0;                快速趋近工件
N40 G01 X30.0 Z1.0 F0.2;
N50 X34.0 Z-1.0;                   倒角
N60 Z-34.0;                        精车外圆
N70 X45.0;
N80 G00 X100.0 Z100.0;
N90 T0100;
N100 M05;
N110 M30;
```

与题例 1 类似，如果在零件左端将外圆面加长，则从工艺处理上可以有不同的一些方法，如题例 2 所示。

例 4-8　加工零件如图 4.20 所示，毛坯尺寸为 ϕ60mm×62mm，材料为 45 号钢，无热处理和硬度要求。

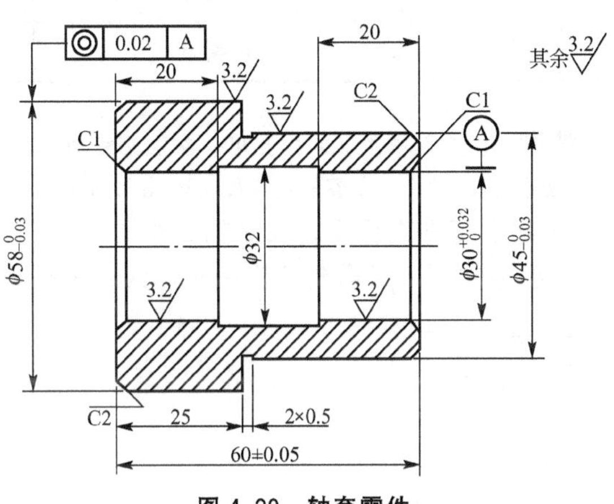

图 4.20　轴套零件

1) 工艺分析

如图 4.20 所示，零件包括简单的外圆台阶面、倒角和外沟槽、内圆柱面等加工。与题例 1 相比，加工类型较为相似，但提出了更严格的位置要求，左端外圆轴向尺寸加大到了 20mm，这样使用三爪卡盘可以进行可靠的夹持。外圆 ϕ58，ϕ45 和孔 ϕ30 有严格尺寸精度和表面粗糙度等要求。ϕ58 外圆对 ϕ30 内孔轴线有同轴度的技术要求，同轴度要求是此零件加工的难点和关键点。

零件加工分两次装夹完成加工。第一次夹右端，完成 ϕ58 外圆、ϕ30 内孔(左端)的加工，保证 ϕ58 外圆与 ϕ30 内孔轴线的同轴度 0.02mm 要求；然后调头，采用软爪夹 ϕ58 精车外圆(保护已加工面)，完成右端外形加工。软爪夹外圆时，必须经过自镗，并检验软爪的跳动量小于 0.01。这样才能保证右端 ϕ30 内孔与 ϕ58 外圆的同轴度。

2) 确定加工顺序及进给路线

(1) 车削端面，钻 ϕ28 孔。

(2) 粗、精车 ϕ58 外圆。

(3) 粗、精车 ϕ30 内孔和 ϕ32 内工艺槽，此槽为保证如 ϕ30 内孔技术要求，而从工艺设计上考虑，无精度要求。

(4) 工件调头，软爪夹 ϕ58 已加工表面，车右端面保证 60 长度。

(5) 加工 ϕ45 外圆及左端 ϕ30 内孔。

(6) 切槽。

3) 刀具的选择及切削用量的选择

刀具及切削用量见表 4-10，外形加工刀具及切削用量的选择与加工轴类零件时区别不大。尤其内孔刀需特别注意选用，因刀杆受孔径尺寸限制，刀具强度和刚性差，切削用量要比车外圆时适当小一些。

表 4-10　刀具及切削用量

工步	工步内容	刀具名称及规格	刀具	切削用量		备注	
				背吃刀量直径/(mm)	主轴转速/(r/min)	进给速度(mm/r)	
1	车端面、加工外圆	90°外圆刀	T01	2	<1500	0.1 0.05(精)	
2	钻孔	28mm 钻头	T02		600	0.1	
3	镗孔	镗刀(主偏角 75°)	T02	1～2	600～800	0.05	
4	切槽、切断	切断刀	T03	刀宽 2mm	600	0.07	

注意：左右两端的 ϕ30 内孔可一次加工完成。但由于孔比较长，为 60，刀具刚性比较差，ϕ30 内孔尺寸公差不宜保证，孔容易带锥度。因此采用两端加工的方法。

4）建立工件坐标系，编制加工程序

由于零件加工时需要掉头一次，因此需要设置两次工件坐标系，其程序如下。

```
O0013
N5 G99 G00 X100.0 Z100.0;
N10 T0101;                          换 T01,使用刀具补偿
N15 M03 S600;                       主轴正转,钻速 600
N20 G00 X65.0Z2.0;                  快速定位至φ65mm,距端面正向 2mm
N25 G01 Z0 F0.1;                    刀具与端面对齐
N30 X-1.0;                          加工端面
N35 G00 X80.0 Z150.0;               快速移动到换刀点
N40 T0202;                          换钻头 T04,使用刀具补偿
N45 G00 X0 Z4.0 S600 M03;           钻孔起点,主轴正转
N50 G74.0 R2.0;                     钻孔循环,每次退 2mm
N55 G74 Z-65.0 Q8000 F0.1;          钻 65mm 长(通孔),每次进 8mm
N60 G00 X100.0 Z100.0;              快速移动到换刀点
N65 T0101;                          换外圆刀
N70 G00 X62.0 Z2.0 S800 M03;        G90 循环起点,主轴反轴
N75 G90 X58.5 Z-30.0;               G90 循环粗车φ58mm;留 0.5mm 余量
N80 G00 X54.0 F0.05;                快进倒角起点
N85 G01 Z0;
N90 X58 Z-2.0;                      倒角
N95 Z-28.0;                         精车φ58mm 外圆
N100 G00 X100 Z100;                 返回换刀点
N105 M03 S600 T0202;                换镗刀
N110 G00 X27. 5Z2.0;                定位至φ27.5mm,距端面 2mm 处
N115 G71 U1.0 R0.5;                 采用复合循环粗加工内表面,X 正方向留精加工余
                                    量 0.5mm
N120 G71 P125 Q155 U-0.5 W0 F0.1 S600;
N125 G01 X32.0 F0.05;               N210~N270 为精加工路线
```

```
N130 Z0;
N135 X32.0 F0.05;
N140 Z-24.0;
N145 X32.0;
N150 Z-40.0;
N155 X30.0;
N160 M00;                            程序暂停
N165 S800;                           转速 800r/mm
N170 G70 P210 Q270;                  精加工内表面
N175 G00 X100.0 Z100.0 M05;          返回程序起点,停主轴
N180 M30;                            程序结束
```

工件调头装夹,车削内、外表面,端面。

```
O0014
N10 T0101;                           1号外圆刀
N20 S600 M03;
N30 G00 X65 Z2;                      快速定位至φ65mm,距端面 2mm 处
N40 G01 Z0 F0.1;                     刀具对齐端面
N50 X-1;                             车削端面
N60 G00 X60 Z2;                      快速定位至φ60mm,距端面正向 2mm
N70 G71 U1 R0.5;
N80 G71 P90 Q130 U0.5F0.1;           采用复合循环粗加工内表面,X正方向留精工余
                                     量 0.5mm
N90 G01 X41 F0.05;
N100 Z0;
N110 X45 Z-2;
N120 Z-35;
N130 X60;
N150 M03 S800;
N160 G70 P90 Q130;                   精加工外表面
N170 G00 X100 Z100 M05;              返回换刀点
N180 S400 T0303;                     换切断刀
N190 G00 X65.2 Z-35;                 切槽
N200 G01 X57 F0.05;
N210 X60;
N220 G00 X100 Z100 M05;              返回换刀点
N230 M03 S600 T0202;                 换镗刀
N235 G00 X28 Z2;                     快速定位至φ28mm,距端面正向 2mm
N240 G71 U1 R0.5;
N260 G71 P270 Q310 U-0.5 W0 F0.1 S600;   采用复合循环粗加工内表面,X正方向留精工余
                                     量 0.5mm
N270 G00 X32;                        内孔精加工路线
N280 G01 Z0 F0.05;
N290 X30 Z-1;
N300 Z-22;
```

```
N310 X28;
N320 M00;                    程序暂停
N330 S1200 M03;              变主轴转速、主轴转
N340 G70 P270 Q310;          精加工内孔各处
N350 G00 X100 Z100 M05;      返回程序起点;停主轴
N360 M30;                    程序结束
```

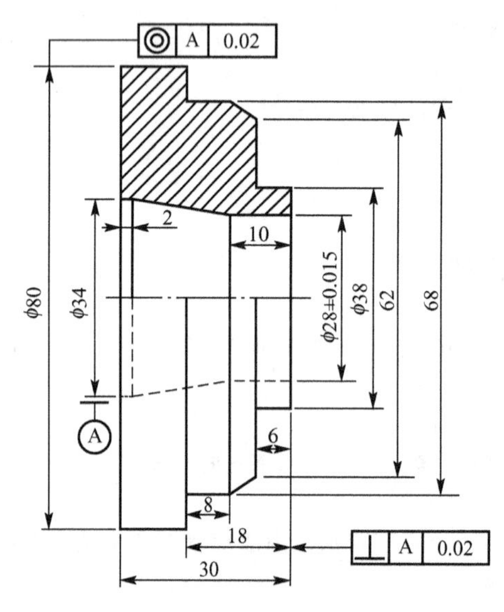

图 4.21　盘套零件的加工

例 4-9　加工零件如图 4.21 所示，毛坯尺寸为 ϕ82mm×32mm，材料为 45 号钢，无热处理和硬度要求。

1）工艺分析

零件如图 4.21 所示，此零件属盘套零件。毛坯为 45 号钢，内孔已粗加工至 ϕ25mm。其加工对象包括外圆台阶面、倒角和外沟槽、内孔及内锥面等，且径向加工余量大。外圆 ϕ80mm 对 ϕ34mm 内孔轴线有同轴度 0.02mm 的技术要求，右端面对 ϕ34mm 内孔轴线有垂直度技术要求，内孔 ϕ28 有尺寸精度要求。

根据零件结构特点，需二次装夹才能完成加工。为保证 ϕ80mm 外圆与内孔 ϕ34mm 轴线的同轴度要求，需在一次装夹中加工完成。第二次可采用软爪装夹定位，以 ϕ80mm 精车外圆为定位基准，也可采用四爪卡盘，用百分表校正内孔来定位，加工右端外形及端面。但数控机床一般不建议使用四爪卡盘，辅助工艺时间过长。

2）确定加工顺序及进给路线

（1）车左端面。

（2）粗、精车 ϕ80mm 外圆。

（3）粗、精车全部内孔。

（4）工件调头校正，夹 ϕ80mm 精车面，车右端面保持 30mm 长度。

（5）粗、精车外圆、台阶。

3）编程方法

加工此零件内孔时可用 G71 和 G70 内孔循环加工指令，加工外圆台阶径向毛坯余量大，宜采用 G72 端面方式循环加工。在用复合循环指令编程时，系统会根据所给定的循环起点、精加工路线及相关切削参数，自动计算粗加工路线及刀数，免去手工编程时的人工计算。但此工件分为两个程序进行加工，在 Z 向需分两次对刀确定原点。

4）刀具的选择及切削用量的选择

刀具及切削用量见表 4-11，外圆加工刀具及切削用量的选择与加工轴类零件区别不大。内孔刀需特别注意选用，因刀杆受孔径尺寸限制，刀具强刚性差，切削用量要比车外圆时适当小一些。

表 4-11　刀具及切削用量

工步	工步内容	刀具名称及规格	刀具号	切削用量			备注
				背吃刀量/(mm)	主轴转速/(r/min)	进给速度/(mm/r)	
1	车端面车外圆	90°粗、精车外圆刀	T01	2	<1500	0.2 精 0.15	
2	镗孔	粗、精内镗刀(主偏角 93°)	T02	1～2	600～800	0.1 精 0.05	

5) 设置工件坐标系，编制数控程序

工件坐标系的设置与一般车床设置方式相同，其加工程序如下。

加工左端面、外圆及内孔。

```
O0015
N10 G00 X100.0 Z100.0;
N20 T0101;                                  调用外圆刀
N30 G00 X85.0 Z2.0 M03 S850;
N40 G01 Z0 F0.2;                            端面起点
N50 X22.0 F0.08;                            车端面
N60 G00 X80.0 Z2.0;                         退刀到如φ80mm 外圆起点
N70 G01 Z-15.0 F0.2;                        车φ80mm 外圆
N80 G00 X100.0 Z100.0;                      退到换刀点
N90 T0202;                                  换内孔镗刀
N100 G00 X24.5 Z2.0;                        快速到循环起点
N110 G71 U1.0 R0.5;                         G71 循环粗加工内孔
N120 G71 P130 Q170 U-0.3 W0.1 F0.1;         内孔留余量 0.3,符号为负
N130 G00 X34.0 S800;                        精车第一段
N140 G01 Z-2.0 F0.05;
N150 X28.0 Z-20.0;
N160 Z-32.0;
N170 X27.0;                                 精车末段
N180 G70 P130 Q170;                         G70 循环精加工内孔
N190 G00 Z100.0;                            Z 向退刀
N200 X100.0;                                X 向退刀
M05 M30;                                    程序结束
```

工件调头,夹φ80mm 精车外圆面,用 G72 加工右端外形面。

```
O0016                                       程序名
N10 T0101;                                  调用外圆刀
N20 G00 X85.0 Z2.0 M03 S850;                刀具快速移动
N30 G01 Z0;                                 车端面起点
N40 X22.0 F0.08;                            平端面
```

```
N50 G0 X82.0 Z2.0;                      循环起点
N60 G72 W2.0 R0.5;                      G72端面外形循环粗加工,Z向吃刀量2mm
N70 G72 P80 Q140 U0.1 W0.1 F0.1;
N80 G00 Z-18.0 S800;                    精车第一段,Z向移动
N90 G01 X68.0 F0.05;
N100 Z-10.0;
N110 X62.0 Z-6.0;
N120 X38.0;
N130 Z0;
N140 Z2.0;                              精车末段
N150 G70 P80 Q140;                      G70端面外形精加工外形退刀
N160 G00 Z100.0;
N170 X100.0;
N180 M05:
N190 M30;                               程序结束
```

4.2　数控铣床和加工中心编程实例

例 4－10　用直径为 20mm 的立铣刀，加工如图 4.22 所示零件。要求每次最大切削深度不超过 20mm。

1）工艺分析

零件厚度为 40mm，根据加工要求，每次切削深度为 20mm，分 2 次切削加工，在这两次切深过程中，刀具在 *XOY* 平面上的运动轨迹完全一致，故把其切削过程编写成子程序，通过主程序两次调用该子程序完成零件的切削加工，中间两孔为已加工的工艺孔，设图示零件上表面的左下角为工件坐标系的原点。

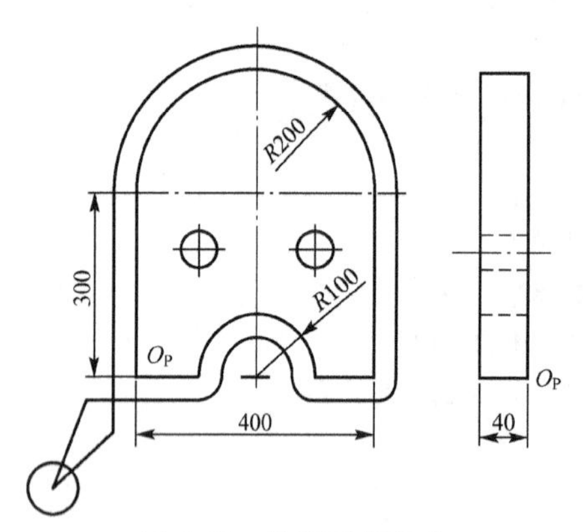

图 4.22　轮廓铣削程序

2）加工程序

```
O1000
N010 G90 G92 X0 Y0 Z300;                使用绝对坐标方式编程,建立工件坐标系
N020 G00 X-50 Y-50 S800 M03;            快速进给至X=-50,Y=-50,主轴正转,转速800r/min
N030 G01 Z-20 F150;                     Z轴工进至Z=-20,进给速度150mm/min
N040 M98 P1010;                         调用子程序O1010
N050 Z45 F300;                          Z轴工进至Z=45,进给速度300mm/min
N060 M98 P1010;                         调用子程序O1010
N070 G00 X0 Y0 Z300;                    快速进给至X=0,Y=0,Z=300
N100 M30;                               主程序结束
O1010;                                  子程序号
```

```
N010 G42 G01 X-30 Y0 F300 D02 M08;      切削液开,直线插补至X=-30,Y=0,刀具半径右补偿 D02=10mm
N020 X100;                              直线插补至X=100,Y=0
N030 G02 X300 R100;                     顺圆插补至X=300,Y=0
N040 G01 X400;                          直线插补至X=400,Y=0
N050 Y300;                              直线插补至X=400,Y=300
N060 G03 X0 R200;                       逆圆插补至X=0,Y=300
N070 G01 Y-30;                          直线插补至X=0,Y=-30
N080 G40 G01 X-50 Y-50;                 直线插补至X=-50,Y=-50,取消刀具半径补偿
N090 M09;                               切削液关
N100 M99;                               子程序结束并返回主程序
```

例 4－11　用直径为 8mm 的立铣刀，粗铣如图 4.23 所示工件的型腔。

1）工艺分析

(1) 确定工艺路线。如图 4.24 所示，采用行切法，刀心轨迹 $B \to C \to D \to E \to F$ 作为一个循环单元，反复循环多次，设图示零件上表面的左下角为工件坐标系的原点。

(2) 计算刀心轨迹坐标、循环次数及步进量(Y 方向步距)。如图 4.24 所示设循环次数为 n，Y 方向步距为 y，步进方向槽宽为 B，刀具直径为 d，则各参数关系如下。

循环 1 次	铣出槽宽 $y+d$；
循环 2 次	铣出槽宽 $3y+d$；
循环 3 次	铣出槽宽 $5y+d$；
⋮	
循环 n 次	铣出槽宽 $(2n-1)y+d=B$。

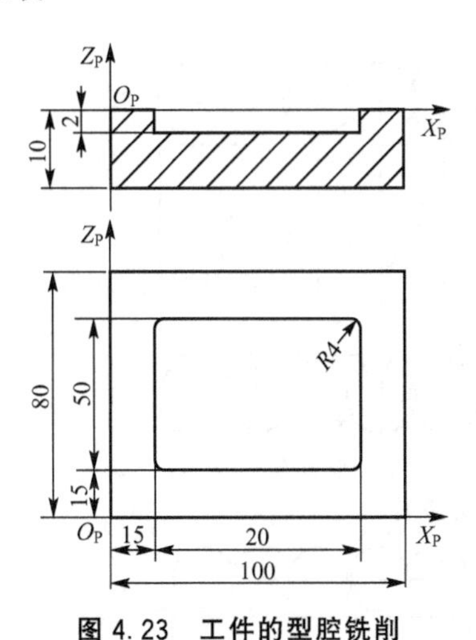

图 4.23　工件的型腔铣削

图 4.24　切削轨迹

根据图纸尺寸要求，将 $B=50$，$d=8$ 代入式 $(2n-1)y+d=B$，即 $(2n-1)y=42$

取 $n=4$，得 $Y=6$，刀心轨迹有 1mm 重叠，可行。

2）加工程序

```
O1100
N010 G90 G92 X0 Y0 Z20;
N020 G00 X19 Y19 Z2 S800 M03;
```

```
N030 G01 Z-2 F100;
N040 M98 P41010;
N050 G90 G00 Z20;
N060 X0 Y0 M05;
N070 M30;
O1010;
N010 G91 G01 X47 F100;
N020 Y6;
N030 X-47;
N060 Y6;
N070 M99;
```

1. 大平面的多次铣削

对于大平面，由于铣刀的直径通常比较小，不能一次切除整个大平面。因此在同一深度需要多次走刀。

有几种方法可以铣削大平面，且每一种方法在特定环境下具有不同的加工条件。最为常见的方法为同一深度上的单向多次切削和双向多次切削(也称 Z 轴切削)。

单向多次切削的进刀点在一根轴的同一位置上，切削到长度后，刀具抬刀，在工件上方移动改变另一根轴的位置。这是平面铣削最为常见的方法如图 4.25 所示，但频繁的快速返回运动导致效率很低。

双向多次切削也称 Z 形切削，它的应用也很频繁。它的效率比单向多次切削要高，切削时顺序为顺铣改为逆铣，或者逆铣改为顺铣，顺铣和逆铣交替进行如图 4.26 所示。切削平面时，通常并不推荐使用它。

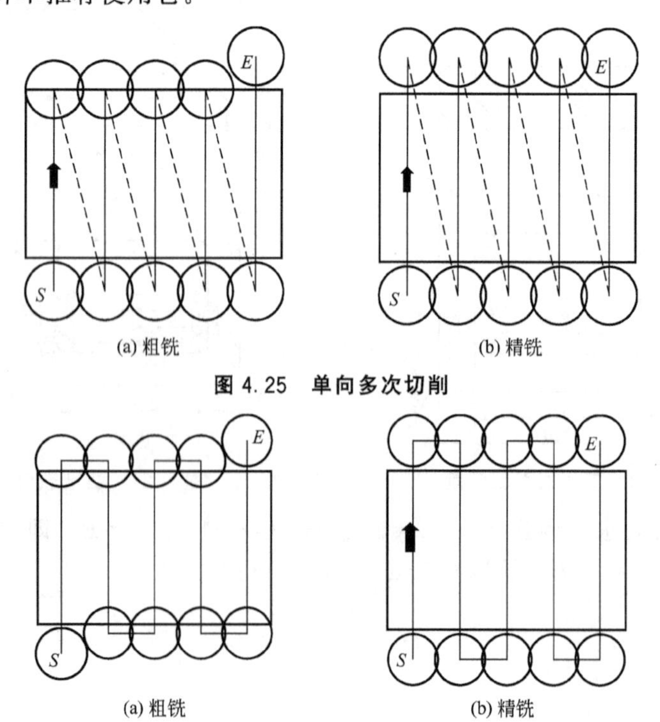

(a) 粗铣　(b) 精铣

图 4.25　单向多次切削

(a) 粗铣　(b) 精铣

图 4.26　Z 形切削

比较这两种方法的 XY 运动以及粗加工与精加工刀具路径的差异。切削方向可以沿 X 轴或 Y 轴方向，它们的原理完全一样。

注意两图中的起点位置(S)和终点位置(E)。为了安全起见，不管使用哪种切削方法，起点和终点都在工件外侧间隙位置。另外有一种效率较高的方法可以只在一种模式(通常为顺铣方式)下切削。使用这种方法时，它融合了前面两种方法，如图 4.27 所示。

图 4.27 中表示了所有刀具运动的顺序和方法，这种方法的理念是让每次切削的宽度大概相同，任何时刻都只有大约 2/3 的直径参与切削，并且始终为顺铣方式。

程序实例 O2802 根据图 4.28 所示编写，程序中应用了前面介绍的基本原理。

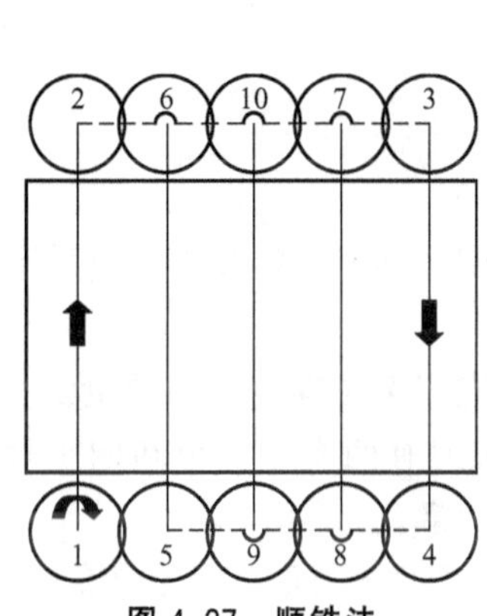

图 4.27　顺铣法

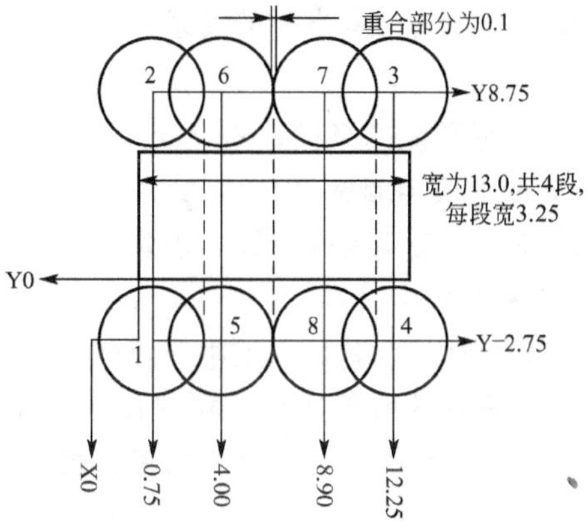

图 4.28　工件图

```
O2802                                      多次平面铣削
N1 G20;                                    英制;
N2 G17 G40 G80;
N3 G90 G54 G00 X0.75 Y-2.75 S344 M03;      位置 1
N4 G43 Z1.0 H01;
N5 G01 Z-0.2 F50.0 M08;                    铣削深度 0.2
N6 Y8.75 F21.0;                            位置 2
N7 G00 X12.25;                             位置 3
N8 G01 Y-2.75;                             位置 4
N9 G00 X4.0;                               位置 5
N10 G01 Y8.75;                             位置 6
N11 G00 X8.9;                              位置 7,工件两侧超出 0.1
N12 G01 Y-2.75;                            位置 8,结束
N13 G00 Z1.0 M09;
N14 G91 G28 X0 Y0 Z0;
N15 M05;
N16 M30;
```

上面的例子可以选择沿 X 轴方向加工，这样可以缩短程序，但是为了举例说明，选择 Y 轴比较方便。

2. 工件外形和内腔轮廓的铣削

封闭轮廓的铣削加工，应当考虑以下 4 点。

1) 刀具半径补偿应当有效

为了得到最终的尺寸，编程时必须使用刀具半径补偿，以保证尺寸公差。

2）刀具切入的方法

对封闭轮廓的铣削，刀具驱近加工表面最好采用切线驱近，它需要一个辅助圆弧(也就是导入圆弧)，以提高工件的表面质量。一般在切入点采用圆弧切入，在切入点切出时，也采用圆弧切出，以保证在切入点切入和切出时接刀比较平滑。由于刀具半径补偿不能在圆弧运动中启动，也不能在圆弧运动中取消。因此必须添加直线到切入和切出运动，在该直线运动中实现刀具半径补偿的启动和取消。

刀具半径应该小于切入直线运动的距离，才可以保证刀具半径补偿不出错。切入圆弧和切出圆弧的半径与刀具半径的关系如下。

$$R_t < R_a < R_C$$

式中，R_a 为驱近圆弧的半径；R_t 为刀具半径；R_C 为轮廓半径。

3）轮廓加工采用顺铣

由于数控机床采用滚珠丝杠，消除了丝杠与螺母的配合间隙，粗精铣普遍采用顺铣。

4）螺旋槽的数量

选择立铣刀时，尤其是加工中等硬度材料时，首先应该考虑螺旋槽的数量。小直径或中等直径的立铣刀最值得注意，在该尺寸范围内，立铣刀有两个、三个和四个螺旋槽结构，这几种结构的优点是什么呢？这里材料类型是决定因素。

一方面，立铣刀螺旋槽越少，越可避免在切削量较大时产生积屑瘤，因为螺旋槽之间的空间较大。另一方面，螺旋槽越少，编程的进给率就越小。在加工较软的非铁材料如铝、镁甚至铜时，避免产生积屑瘤很重要，所以尽管会降低进给率，两螺旋槽的立铣刀可能是唯一的选择。

对较硬的材料刚好相反，因为它需要考虑另外两个因素——刀具颤振和刀具偏移。毫无疑问，在加工含铁材料时，选择多螺旋槽立铣刀会减小刀具的颤振和偏移。

不管螺旋槽数量的多少，通常大直径刀具比小直径刀具刚性好，加工时，刀具偏斜要小。此外，立铣刀的有效长度(夹具表面以外的长度)也很重要，刀具越长偏移越大。对所有的刀具都是如此。

例 4－12　用 ϕ4mm 的立铣刀，加工如图 4.29 所示的零件外形和内腔轮廓。主轴钻速为 2000r/min，铣削深度为 3mm，进给速度为 200mm/min。

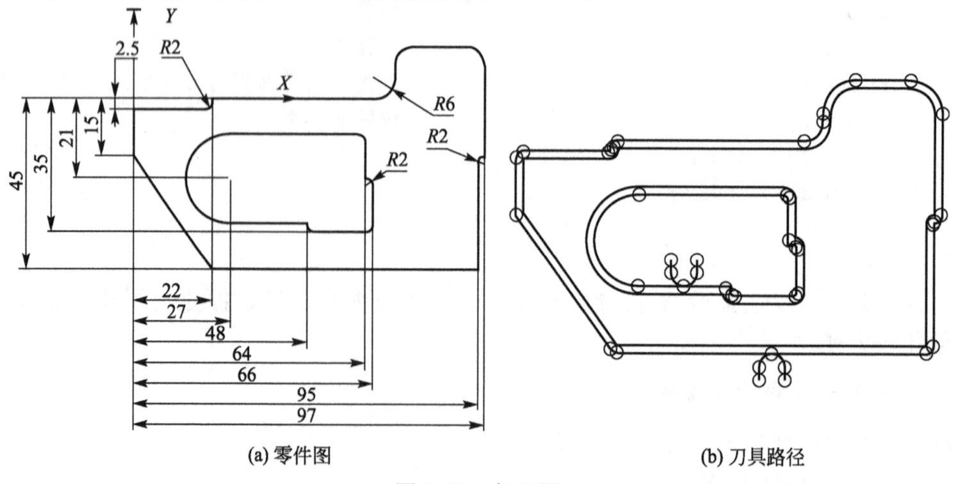

(a) 零件图　　(b) 刀具路径

图 4.29　加工图

```
O0001
N100 G21;                                   米制
N102 G0 G17 G40 G49 G80 G90;
N104 T1 M6;                                 T1:φ4 的立铣刀,换刀
N106 G0 G90 G54 X62.5 Y-53. S2000 M3;       首先加工外轮廓,X62.5 Y-53. 为下到点
N108 G43 H1 Z30;                            H1:刀长补
N110 Z3;
N112 G1 Z-3. F200;
N114 G41 Y-49. D1;                          使用左补偿 G41,顺铣。从下刀点 X62.5 Y-49. 到
                                            X62.5 Y-53.4 距离为 4 大于刀具半径 2
N116 G3 X58.5 Y-45. R4;
N118 G1 X22;
N120 X0 Y-15;
N122 Y-2.5;
N124 X20;
N126 G3 X22 Y-.5 R2;
N128 G1 Y0;
N130 X66;
N132 G3 X72 Y6. R6;
N134 G1 Y8;
N136 G2 X78 Y14. R6;
N138 G1 X91;
N140 G2 X97. Y8. R6;
N142 G1 Y-15;
N144 G3 X95 Y-17. R2;
N146 G1 Y-45;
N148 X58.5;
N150 G3 X54.5 Y-49. R4;
N152 G1 G40 Y-53;                           取消加径补
N154 G0 Z30;                                抬刀 Z30;
N156 Y-25;                                  快移动到内轮廓下到点 X33.5 Y-25
N158 Z3;
N160 G1 Z-3;
N162 G41 D1 Y-29;                           使用左补偿 G41,顺铣。从下刀点 X33.5 Y-29. 到
                                            X33.5 Y-25. 距离 4 内加径补。大于刀具半径 2
N164 G3 X37.5 Y-33. R4;
N166 G1 X48;
N168 G3 X50. Y-35. R2;
N170 G1 X64;
N172 G3 X66. Y-33. R2;
N174 G1 Y-23;
N176 G3 X64. Y-21. R2;
N178 G1 Y-11;
N180 G3 X62. Y-9. R2;
```

```
N182 G1 X27;
N184 G3 Y-33. R12;
N186 G1 X37.5;
N188 G3 X41.5 Y-29. R4;
N190 G1 G40 Y-25;                    取消加径补
N192 G0 Z30;
N194 M5;
N196 G91 G28 Z0;                     Z轴返回到参考点
N198 G28 X0. Y0;                     X、Y轴返回到参考点
N200 M30;
```

3. 圆周分布孔的加工

1）螺栓孔圆周分布模式

在一个圆周上均匀分布的孔称为螺栓孔圆周分布模式或螺栓孔分布模式。由于圆周直径实际上就是分布模式的节距直径，所以该模式也称为节距圆周分布模式。它的编程方法跟其他模式，尤其是圆弧形分布模式相似，主要根据螺栓圆周分布模式的定位和图中尺寸的编程。

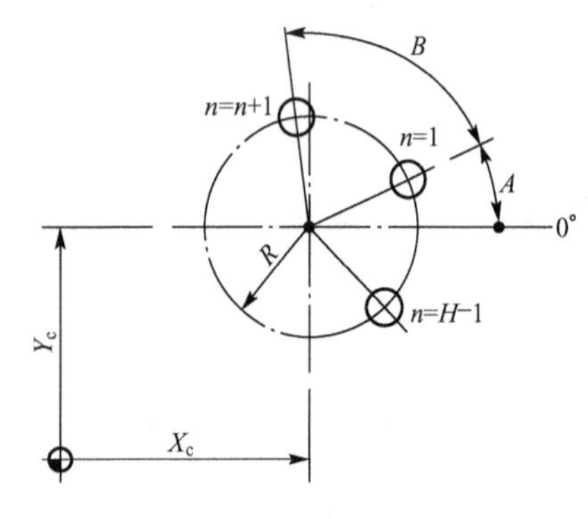

图 4.30 螺栓圆周分布孔的计算公式

螺栓孔圆周分布模式在图纸中通常由圆心的 XY 坐标、半径或直径、等距孔的数量以及每个孔与 X 轴的夹角定义。

螺栓圆周分布模式中孔的数目可以是任意的，常见的孔数主要有：4、5、6、8、10、12、16、18、20、24。

2）螺栓圆周分布孔的计算公式

螺栓圆周分布孔的计算可使用一个通用公式，图 4.30 所示为该公式的基本原理。

使用以下的解释和公式，可以很容易计算出任何螺栓圆周分布模式中任何孔的坐标。两根轴的公式相似。

$$X=\cos[(n-1)B+A]\times R+X_c$$

$$Y=\sin[(n-1)B+A]\times R+Y_c$$

式中 X——孔的 X 坐标；

Y——孔的 Y 坐标；

n——孔的编号(从 0°开始，沿逆时针方向)；

H——等距孔的个数；

B——相邻孔之间的角度(等于 360°/H)；

A——第一个孔的角度(从 0°开始)；

R——圆周的半径或整圆直径/2；

X_c——圆周圆心的 X 坐标；

Y_c——圆周圆心的 Y 坐标。

例 4-13 加工图 4.31 所示的工件的所有孔。

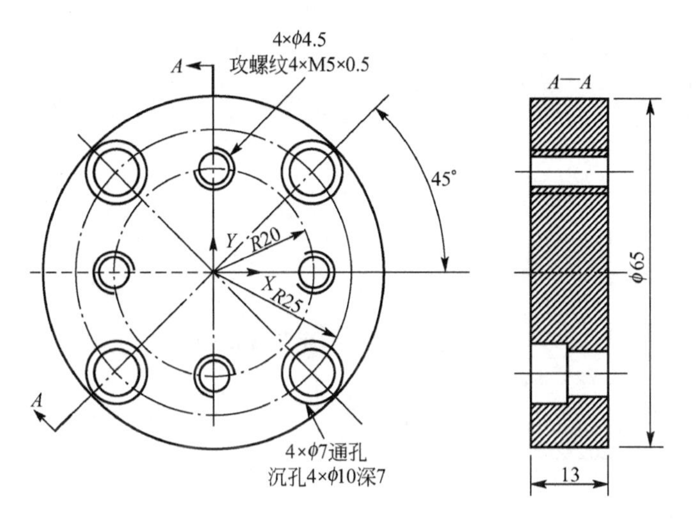

图 4.31　孔加工实例

刀具和切削用量选择见表 4-12。

表 4-12　刀具和切削用量选择

刀具号	加工操作	刀具名称	刀长补	主轴转速 /(r/min)	进给速度 /(mm/min)
1	钻 4×ϕ7 通孔	ϕ7 钻头	H01	1800	180
2	铣 4×ϕ10 深 7 沉孔	ϕ10 立铣刀	H02	1000	150
3	钻 4×M5×0.5 螺纹底孔(ϕ4.5)	ϕ4.5 钻头	H03	2000	200
4	攻 4×M5×0.5 螺纹	M5×0.5 丝锥	H04	400	200

```
O0001
N102 G0 G17 G40 G49 G80 G90;
N104 T1 M6;                                    换刀,ϕ7 钻头
N106 G0 G90 G54 X-17.678 Y17.678 S1800 M3;
N108 G43 H1 Z30;                               在Z 30 处,使用刀长补
N110 G99 G81 Z-17.103 R3. F180;                钻孔后,刀具回到R点
N112 Y-17.678;
N114 X17.678;
N116 Y17.678;
N118 G80;                                      钻孔循环取消
N120 M5;                                       主轴停止转动
N122 G91 G28 Z0;                               Z 轴返回到参考点
N124 M01;                                      选择性停止
N126 T2 M6;                                    换刀,ϕ10 立铣刀
N128 G0 G90 G54 X-17.678 Y17.678 S1000 M3;
```

```
N130 G43 H2 Z30;
N132 G99 G81 Z-7. R3. F150;
N134 X17.678;
N136 Y-17.678;
N138 X-17.678;
N140 G80;
N142 M5;
N144 G91 G28 Z0;
N146 M01;
N148 T3 M6;                                    换刀,φ4.5钻头
N150 G0 G90 G54 X0. Y20. S2000 M3;
N152 G43 H3 Z30;
N154 G99 G81 Z-16.202 R3. F200;
N156 X-20. Y0;
N158 X0. Y-20;
N160 X20. Y0;
N162 G80;
N164 M5;
N166 G91 G28 Z0;                               Z轴返回到参考点
N168 G28 X0. Y0;                               X、Y轴返回到参考点
N170 M30;                                      程序结束,并返回到程序开始位置
%                                              程序传输结束标志
```

刀具路径如图 4.32 所示。

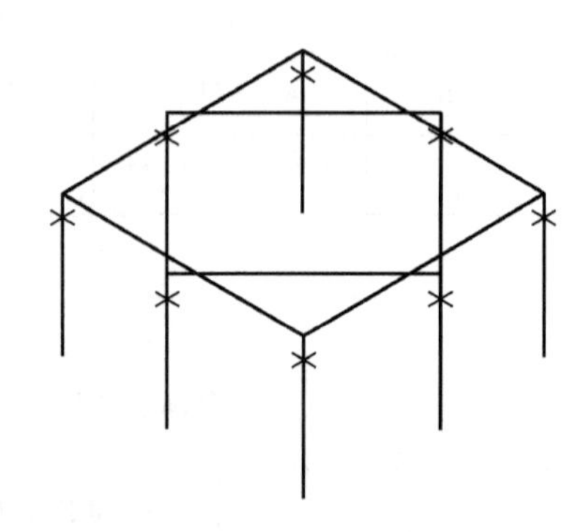

图 4.32　刀具路径

3）用极坐标加工螺栓圆周分布孔

例 4－14　加工如图 4.31 所示的工件的所有孔，使用极坐标来完成，程序如下。

```
O0002
N102 G0 G17 G40 G49 G80 G90;
N103 G43 Z30 H01;
N104 T1 M6;                                    换刀,φ7钻头
N106 G0 G90 G54 X0 Y0 S1800 M3;
```

```
N108 G16;                                 极坐标开
N109 G43 H1 Z30;
N110 G99 G81 X25 Y135 Z-17.103 R3. F180;  加工与X轴夹角为 135°半径为 25mm 的孔
N112 X25 Y225;                            加工与X轴夹角为 225°半径为 25mm 的孔
N114 X25 Y-45;                            加工与X轴夹角为-45°半径为 25mm 的孔
N116 X25 Y45;                             加工与X轴夹角为 45°半径为 25mm 的孔
N118 G80 G49;
N119 G15;                                 极坐标关
N120 M5;
N122 G91 G28 Z0;
N124 M01;
N126 T2 M6;                               换刀,φ10 立铣刀
N128 G0 G90 G54 X0 Y0 S1000 M3;
N129 G43 Z30 H02;
N129 G16;
N130 G43 H2 Z30;
N132 G99 G81 X25 Y135 Z-7. R3. F150;      加工与X轴夹角为 135°半径为 25mm 的孔
N134 X25 Y225;                            加工与X轴夹角为 225°半径为 25mm 的孔
N136 X25 Y-45;                            加工与X轴夹角为-45°半径为 25mm 的孔
N138 X25 Y45;                             加工与X轴夹角为 45°半径为 25mm 的孔
N140 G80;
N141 G15;                                 极坐标关
N142 M5;
N144 G91 G28 Z0;
N146 M01;
N148 T3 M6;                               换刀,φ4.5 钻头
N150 G0 G90 G54 X0. Y0. S2000 M3;
N151 G16;                                 极坐标开
N152 G43 H3 Z30;
N154 G99 G81 X20 Y90 Z-16.202 R3. F200;   加工与X轴夹角为 90°半径为 20mm 的孔
N156 X20. Y180;                           加工与X轴夹角为 180°半径为 20mm 的孔
N158 X20. Y270;                           加工与X轴夹角为 270°半径为 20mm 的孔
N160 X20. Y0;                             加工与X轴夹角为 0°半径为 20mm 的孔
N162 G80;
N163 G15;                                 极坐标关
N164 M5;
N166 G91 G28 Z0;
N168 G28 X0. Y0;
N170 M30;
```

4）用坐标旋转加工螺栓圆周分布孔

为了避免螺栓圆周分布孔的位置计算，可以使用坐标旋转加工螺栓圆周分布孔，图 4.31 的零件用坐标旋转的加工程序如下。

```
O0003
N102 G0 G17 G40 G49 G80 G90;
N104 T1 M6;
N106 G0 G90 G54 S1800 M3;
N107 G68 X0 Y0 R45;                        旋转中心为工件坐标系原点,逆时针旋转 45 度
N108 G43 H1 Z30;
N110 G99 G81 X0 Y25 Z-17.103 R3. F180;     加工 X-17.678 Y17.678 的孔
N112 X-25 Y0;                              加工 X-17.678 Y-17.678 的孔
N114 X0 Y-25;                              加工 X17.678 Y-17.678 的孔
N116 X25 Y0;                               加工 X17.678 Y17.678 的孔
N119 G69;
N118 G80;
N120 M5;
N122 G91 G28 Z0;
N126 T2 M6;
N128 G0 G90 G54 S1000 M3;
N129 G68 X0 Y0 R45;                        旋转中心为工件坐标系原点,逆时针旋转 45 度
N130 G43 H2 Z30;
N132 G99 G81 X0 Y25 Z-7. R3. F150;         加工 X-17.678 Y17.678 的孔
N134 X-25 Y0;                              加工 X-17.678 Y-17.678 的孔
N136 X0 Y-25;                              加工 X17.678 Y-17.678 的孔
N138 X25 Y0;                               加工 X17.678 Y17.678 的孔
N139 G69;                                  坐标系旋转取消
N140 G80;
N142 M5;
N144 G91 G28 Z0;
N146 M01;
N148 T3 M6;                                注意:坐标系旋转关闭状态
N150 G0 G90 G54 X0. Y20. S2000 M3;         加工 4×M5×0.5 螺纹底孔(φ4.5)
N152 G43 H3 Z30;
N154 G99 G81 Z-16.202 R3. F200;
N156 X-20. Y0;
N158 X0. Y-20;
N160 X20. Y0;
N162 G80;
N164 M5;
N166 G91 G28 Z0;
N168 G28 X0. Y0;
N170 M30;
```

例 4-15 方形分布钻孔加工。如图 4.33 所示，加工零件上各孔。

(1) 分析：零件上有 37 个孔，并且成有规律排列。

(2) 加工坐标原点：*X* 中间孔，*Y* 中间孔，*Z* 距离零件上表面 100mm。

(3) 程序编制如下。

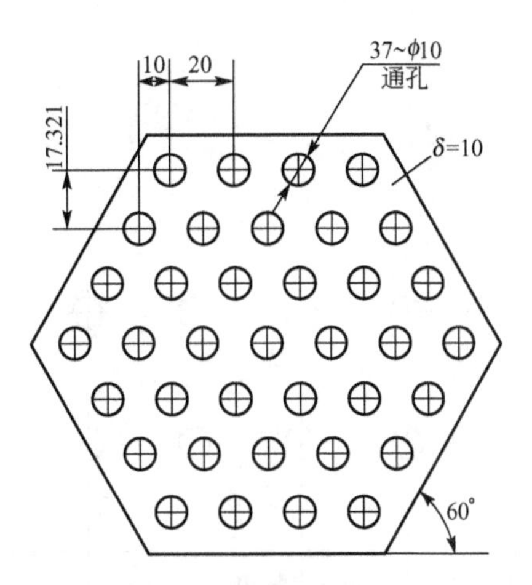

图 4.33　方形分布钻孔加工

```
O 0001
N01 G90 G80 G92 X0 Y0 Z100;
N02 G00 X-50 Y51.963 S800 M03;
N03 Z20 M08 F40;
N04 G91 G81 G99 X20 Z-18 R-17 L4;
N05 X10 Y-17.321;
N06 X-20 L4;
N07 X-10 Y-17.321;
N08 X20 L5;
N09 X10 Y17.321
N10 X-20 L6;
N11 X10 Y-17.321;
N12 X20 L5;
N13 X-10 Y-17.321;
N14 X-20 L4;
N15 X10 Y-17.321;
N16 X20 L3;
N17 G80 M09;
N18 G90 G00 Z100;
N19 X0 Y0 M05;
N20 M30;
```

例 4-16　使用啄式钻孔循环(G83)，加工孔。如图 4.34 所示，*Z* 轴安全位置距工件上表面 100mm，切削深度 20mm。

```
O0001
G90 G54 G00 X0 Y0 S1000 M03;
G43 Z100.0 H43;
G98 G83 Y40.0 R2.0 Z-20.0 Q1.0 F100 K0;
G91 X40.0 K4;
```

```
X-160.0 Y50.0 K0;
X40.0 K4;
G90 G80 G49 X0 Y0 M05;
M30;
```

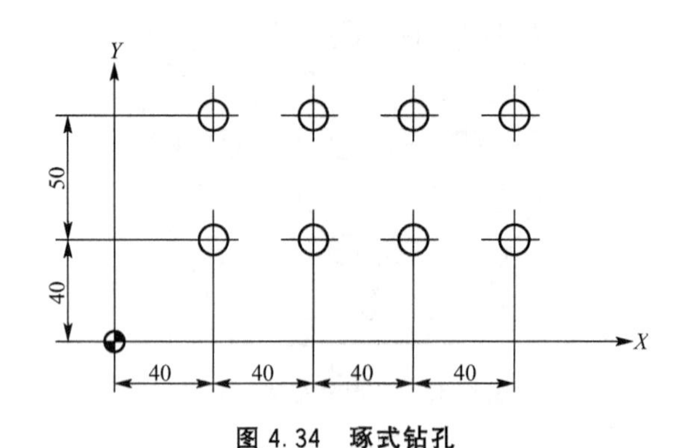

图 4.34　琢式钻孔

说明：(1) K0 指令，只记忆(Z，R，P，Q，F)而不执行钻孔。

(2) K4 指定了钻孔的次数，INC(G91)指定了每次钻孔结束后移动的距离，如用 ABS (G90)，则 4 次加工同一孔。

例 4－17　凸轮槽加工。

(1) 零件分析：如图 4.35 所示某平面凸轮槽，槽宽为 12mm，槽深为 15mm。如果使用普通机床加工，不仅效率低，而且很难保证其加工精度。使用数控加工中心进行加工可以快速地完成此凸轮的加工。

(2) 工艺步骤：该凸轮加工使用 ϕ12mm 的立铣刀进行加工，在铣削加工前先用 ϕ10.5mm 的钻头钻铣刀引入孔，引入孔位置在(X80，Y0)，再用 ϕ11.5mm 平顶钻锪孔，孔底留余量为 0.5mm。立铣刀为 1 号铣刀，设置主轴转速为 600r/min，进给速度为 120mm/min；钻头为 2 号刀，设置主轴转速为 500r/min，进给速度为 80mm/min；平顶钻为 3 号刀，设置主轴转速为 300r/min，进给速度为 50mm/min。

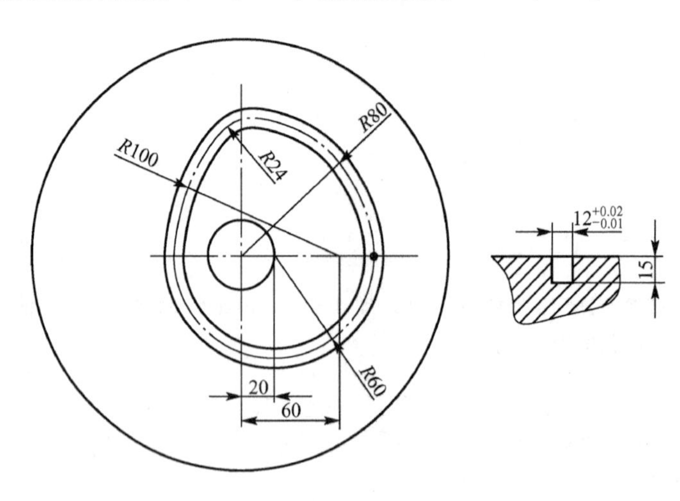

图 4.35　凸轮槽加工

(3) 坐标系设置如下。

X：凸轮的圆心；

Y：凸轮的圆心；

Z：凸轮的上平面。

工件坐标系用 G54 设定。

(4) 程序编制如下。

```
O0096
T02 M06;
T03;
G54 G90 G00 X0 Y0;
S500 M03;
G43 H02 Z50.0;
G81 X80.0 Y0 Z-15.0 R5.0 F80;
G00 G40 Z0 M05;
G28 Z0 M06;
T01;
S300 M03;
G43 H03 Z50.0;
G82 X80.0 Y0 Z-14.7 R5.0 F50 P2000;
G00 G40 Z0 M05;
G28 Z0 M06;
T02;
S600 M03;
G43 H01 Z50.0;
G00 X80.0 Y0;
Z2.0;
G01 Z-15.0 F60;
G02 X-40.0 R60.0 F120;
X-8.42 Y64.928 R100.0;
X11.428 Y79.18 R24.0;
X80.0 Y0 R80.0;
G00 Z100.0;
G00 G40 Z0 M05;
M30;
```

例 4-18　箱体螺纹孔的数控加工。

(1) 零件分析：如图 4.36 所示某箱体零件，小批量生产。在箱体的平面上有 6 个螺纹孔，有一定的位置精度要求，平面已经加工平整。

(2) 工艺步骤：对于螺纹孔的加工采用钻导引孔—钻孔—倒角—攻螺纹的工序进行加工。先用中心钻在孔的中心位置钻出中心孔，中心钻刀具号为 T12；再用 ϕ8mm 钻头钻盲孔，钻头刀具号为 T13；再进行倒角，倒角刀刀具号为 T14；最后用丝锥对孔位进行攻螺纹，丝锥刀具号为 T15。加工前设定好各把刀具的长度补偿值。

(3) 坐标系设置：加工坐标原点设在如下位置。

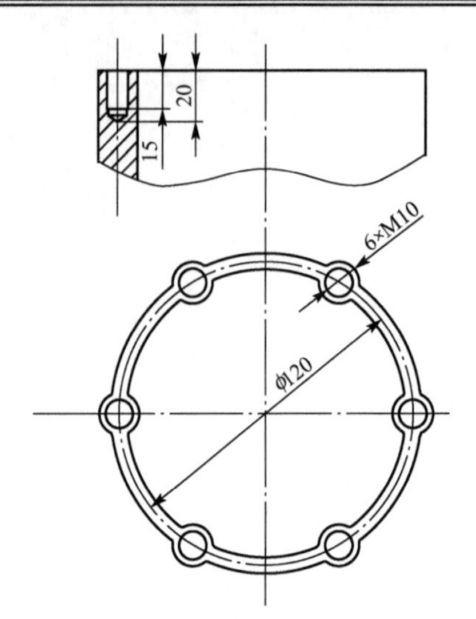

图 4.36　箱体螺纹孔加工

X：箱体的中心；

Y：箱体的中心；

Z：箱体上平面。

工件坐标系用 G54 设定。

(4) 程序编制如下。

主程序

```
O0097
T12 M06;
G54 G90 G00 X0 Y0;
S1800 M03 M08;
G43 Z50.0 H12;
M98 P0197;
G28 Z0
T13 M06;
S800 M03 M08;
G43 Z50.0 H13;
M98 P0297;
G28 Z0
T14 M06;
S500 M03 M08;
G43 Z50.0 H14;
M98 P0397;
G28 Z0
T15 M06;
S200 M03 M08;
G43 Z50.0 H15;
M98 P0497;
```

```
M05;
M30;
```

点中心子程序

```
O0197
G81 X60. 0 Y0 R1. 0 Z-3. 0 F60;
M98 P1197;
G40 M99;
```

钻孔子程序

```
O0297
G83 X60. 0 Y0 R1. 0 Z-20. 0 Q5. 0 F50;
M98 P1197;
G40 M99;
```

倒角子程序

```
O0397
G81 X60. 0 Y0 R1. 0 Z-6. 0 F60;
M98 P1197;
G40 M99;
```

攻螺纹子程序

```
O0497
G84 X60. 0 Y0 R1. 0 Z-15. 0 F10;
M98 P1197;
G40 M99;
```

孔位的子程序

```
O1197
X30. 0 Y51. 962;
X-30. 0 Y51. 962;
X-60. 0 Y0;
X-30. 0 Y-51. 962;
X30. 0 Y-51. 962;
M99;
```

例 4－19　子程序与坐标旋转指令的综合应用。加工如图 4. 37 所示轮廓，起点为 X0，Y0，用旋转加工功能 G68 编写的程序如下。

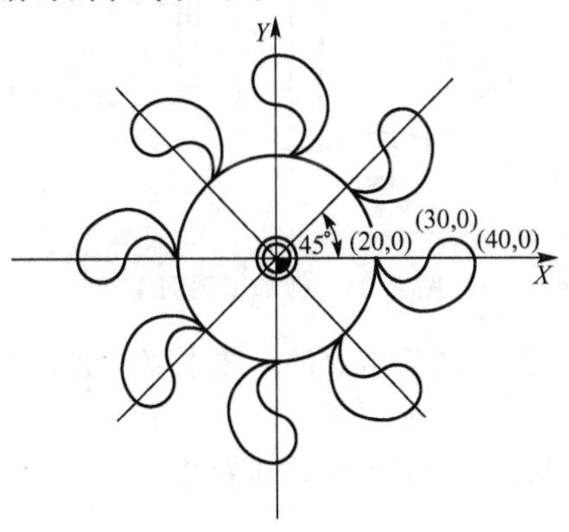

图 4. 37　旋转加工实例

主程序

```
O0100
N05 G54 G69 G90 G00 X0 Y0;
N10 M03 S600;
N15 M98 P0200;
N20 G68 X0 Y0 R45 M98 P0200;
N25 G68 X0 Y0 R90 M98 P0200;
N30 G68 X0 Y0 R135 M98 P0200;
……
N50 G69 G91 G28 Z0 M05
G28 X0 Y0;
M30;
```

子程序

```
O0200
N005 G90 G00 X20 Y0;
N010 G03 X40 I10 J0 F200;
N015 G03 X30 I-5 J0;
N020 G02 X20 I-5 J0;
N025 G00 X0 Y0;
N030 M99;
```

习　　题

1. 拟定零件的数控加工工艺，并编制出如图 4.38 所示零件的加工程序。

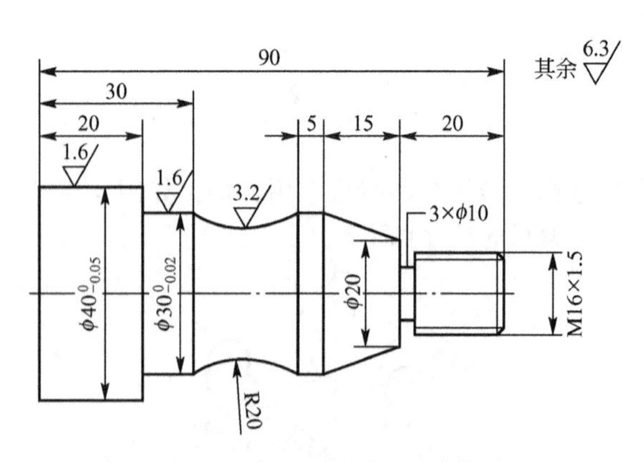

图 4.38　待加工案例 1

2. 图 4.39 为连杆螺钉，其毛坯采用锻件，技术要求如图 4.39 所示，试结合工艺要求编制其车削程序。

3. 编制如图 4.40 所示活塞杆的数控车削程序，毛坯为锻件，技术要求见图 4.40 下方。

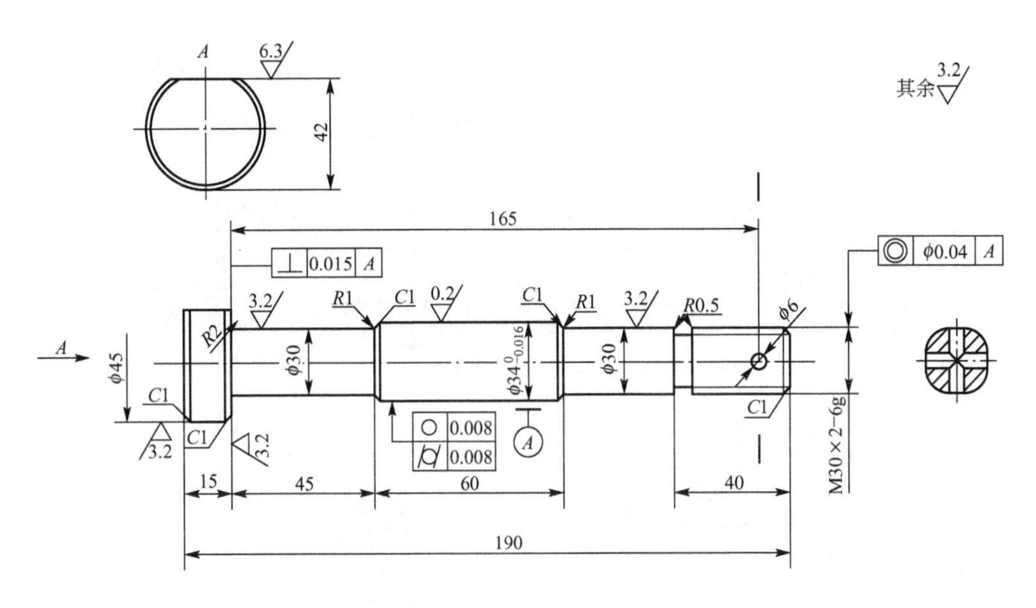

技术要求

1. 调质处理 28−32HRC。
2. 磁粉探伤，无裂纹，夹渣等缺陷。
3. $\phi 34^{0}_{-0.016}$mm 圆度、圆柱度公差为0.008mm。
4. 材料 40Cr。

图 4.39　待加工案例 2

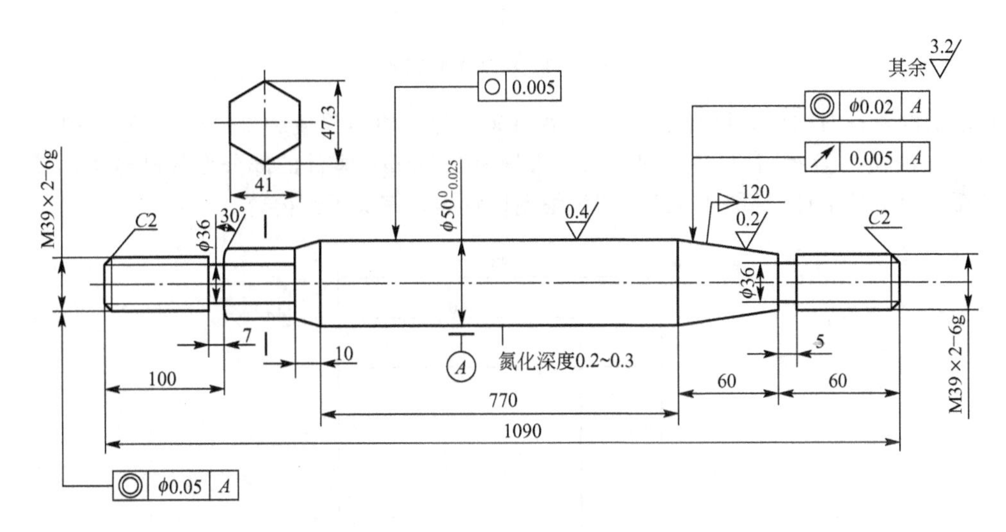

技术要求

1. 1:20锥度接触面积不少于80%。
2. $\phi 50^{0}_{-0.025}$ mm部分氮化层深度为0.2~0.3mm，硬度62~65HRC。
3. 材料38CrMoAIA。

图 4.40　待加工案例 3

4. 编制如图 4.41 所示输出轴的数控车削程序，毛坯为 Φ90 棒料。

5. 某数控车床配置 FANUC 数控系统，用外径粗加工复合循环加工一典型零件。工

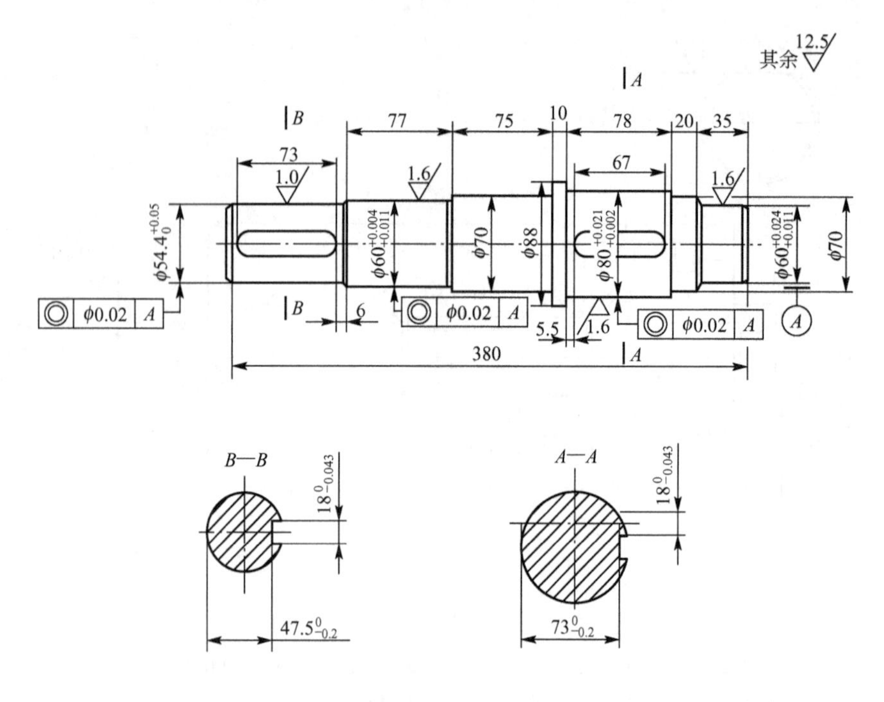

技术要求

1. 未注圆角R1。　　3. 保留中心孔。

2. 调质处理28~32HRC。　　2. 材料45。

图 4.41　待加工案例 4

件坐标系设置在右端面，循环起始点在 A(100，3)，切削深度为 3.0mm，X 方向精加工余量为 0.6mm（直径值），Z 方向精加工余量为 0.3mm。零件的部分形状已给出，其中点划线部分为工件毛坯(见图 4.42)。请仔细阅读程序，完成下列内容。(11 分)

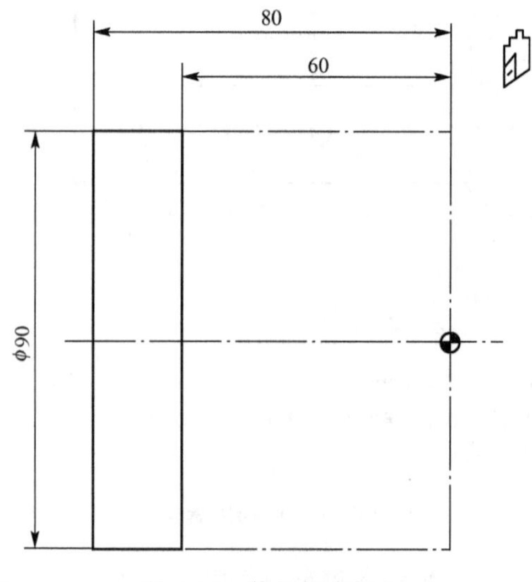

图 4.42　待加工案例 5

(1) 根据程序中的尺寸数据，画出该零件的几何图形并标注尺寸，画出零件的工件坐标系。

(2) 填空：执行该程序，粗加工时的主轴转速为______，进给速度为______；精加工时的主轴转速为______，进给速度为______；G70 语句的含义是：______。

```
O5101                                    程序号
N010 G00 X120 Z60 T0101;                 选定坐标系 G54,到起刀点位置
N020 S500 M03
N030 G00 X100 Z3                         刀具到循环起点位置
N040 G71 P50 Q140 U0.6 W0.3 D3.0 F200
N050 G00 X18 S800
N060 G01 X30 Z-3 F100
N070 Z-12
N080 G02 X36 Z-15 R3
N090 G01 X44
N100 G03 X54 Z-20 R5
N110 G01 W-10
N120 G02 X70 Z-38 R8
N130 G01 W-12
N140 X90 W-10
N150 G70 P50 Q140
N160 G00 X120 Z60
N170 M05
N180 M30
```

6. 试用子程序编写图 4.43 所示零件的槽加工程序。

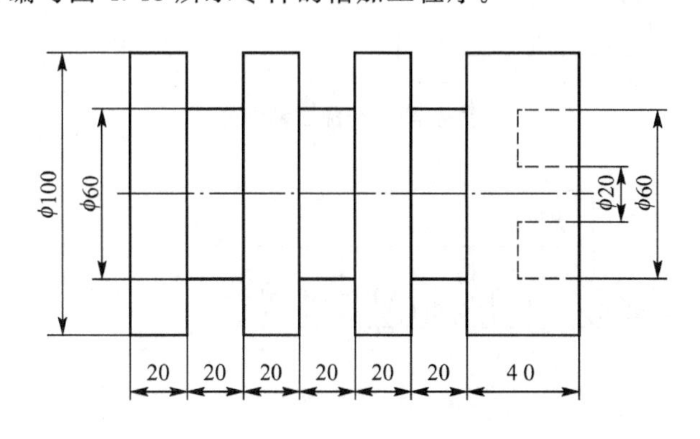

图 4.43　待加工案例 6

7. 加工如图 4.44 所示零件，材质为铸铝，棒料 φ70×200，为一个毛坯多件加工。

8. 加工如铣图 4.45 所示零件，加工参数为：φ10 的立铣刀；主轴转速为 1500r/min,；进给量为 100mm/min；背吃刀量为 3mm；刀具半径采用左补偿方式。

9. 加工如图 4.46 所示零件，加工参数如下：

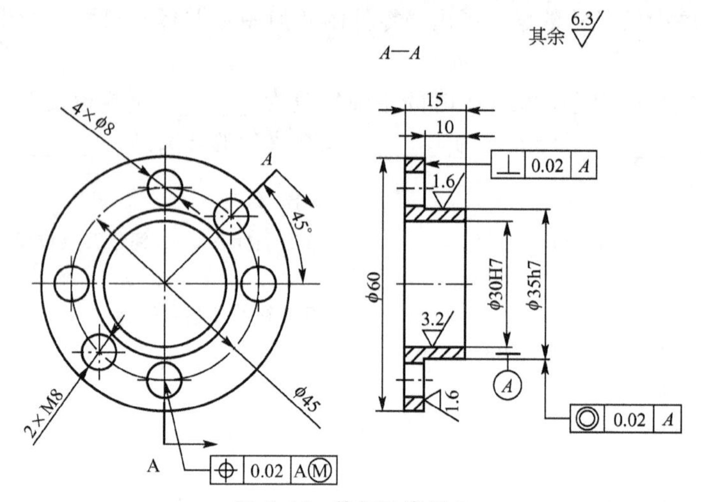

图 4.44　待加工案例 7

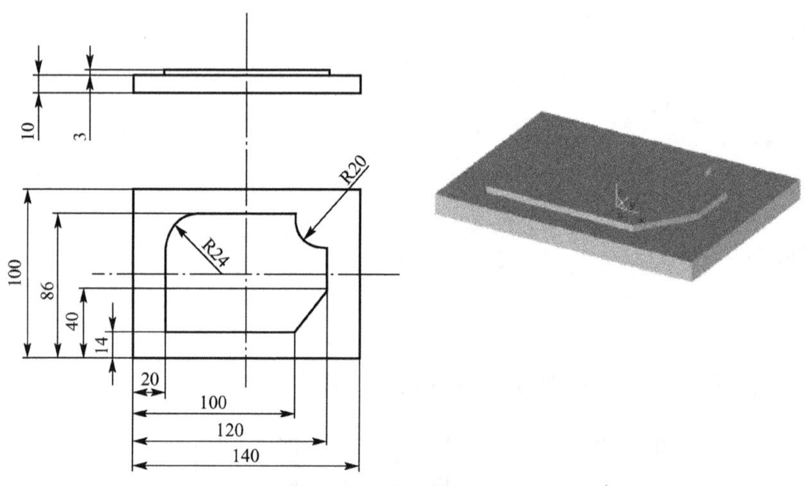

图 4.45　待加工案例 8

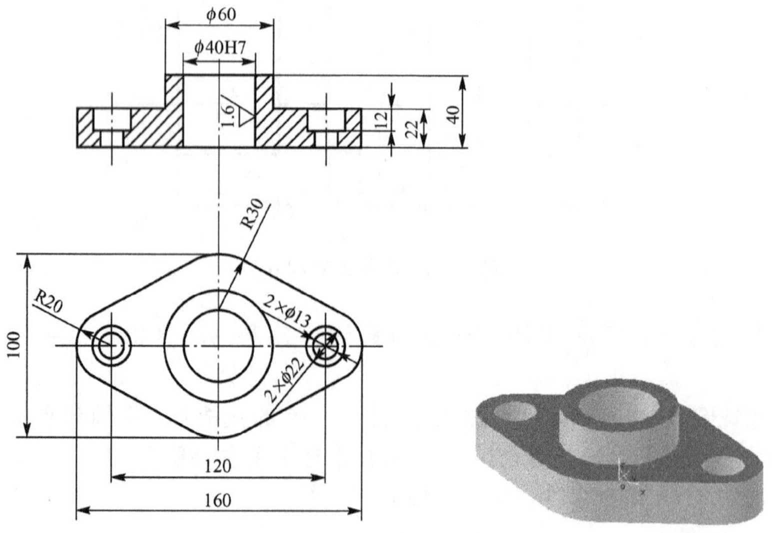

图 4.46　待加工案例 9

刀具号	刀具名称	加工表面	主轴转速(r/min)	进给量(mm/min)
T01	Φ25 立铣刀	加工外形轮廓	600	50
T02	Φ38 钻头	加工 Φ40 的孔	200	40
T03	Φ40 镗刀	加工 Φ40 的孔	600	40
T04	Φ13 钻头	加工 Φ13 的孔	500	30
T05	Φ22 锪钻	加工 Φ22 的孔	350	25

10. 应用子程序指令编制铣图 4.47 零件的数控加工程序，刀具选择 Φ10mm 立铣刀；安全面高度为 100mm；切削深度为 100mm；主轴转速为 600r/min；进给速度为 100mm/min；刀具半径采用左补偿方式；

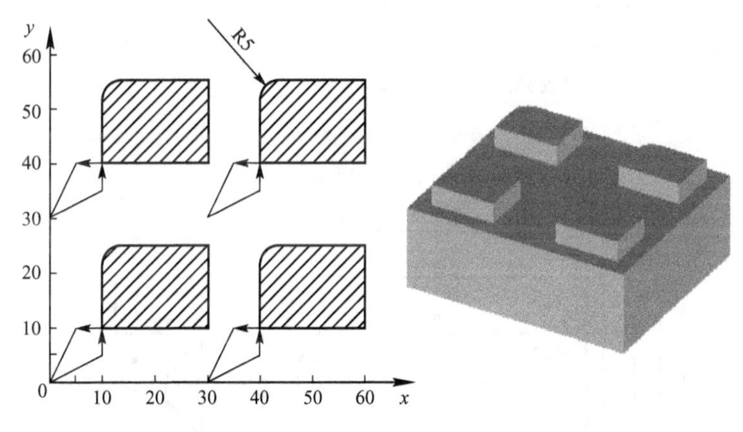

图 4.47 待加工案例 10

11. 如铣图 4.48 示，毛坯为 140mm×100mm×23mm 板料，材料为 45＃钢。要求铣削凸台外轮廓，试选用合适的机床和刀具，考虑刀具补偿，编写粗、精加工程序，实现仿真加工操作并填写实验报告。(FANUC 0I 系统，标准数控铣床)

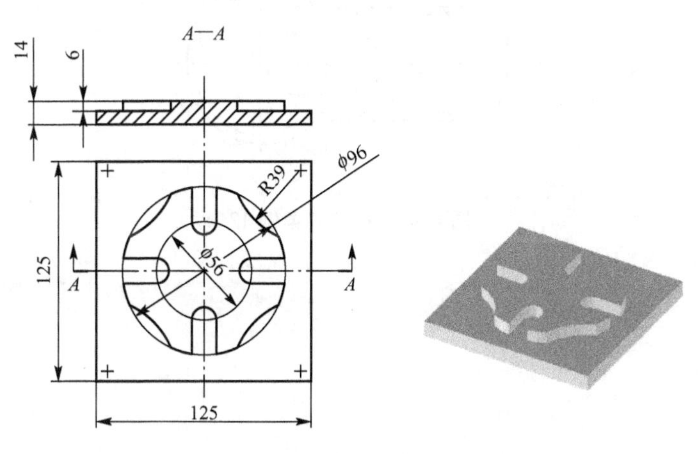

图 4.48 待加工案例 11

12. 根据图 4.49(a)所示的图纸，工件坐标系已标出。如果最后精加工凹槽的轨迹如图 4.49(b)，编码时采用刀具半径补偿和长度补偿功能，仔细阅读图纸，请把程序补齐。

```
O0001;
N0010  G90 G54 G00 X Y0 Z100.0 S1500;
N0020  G Z5.0 H01 M03;
N0030  G01 Z-15.0 F100.0;
N0040  G01 G-X55.858 Y14.142 D02;
N0050  G01 X8.0 Y 14.142;
N0060  G03 X5.0 Y11.142 R____;
N0070  G01 X5.0 Y-11.142;
N0080  G03 X8.0 Y-14.142 I J0;
N0090  G01 X55.858 Y-14.142;
N0100  G03 X55.858 Y14.142 R____;
N0110  G01 G-X70.0 Y0;
N0120  G90 G00 G49 Z100.0 M05;
N0130 M30;
```

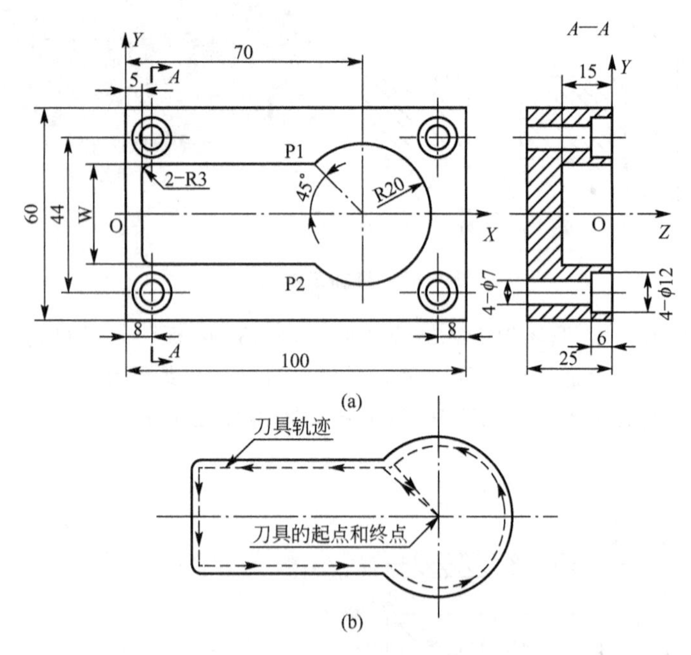

图 4.49　待加工案例 12

第5章 CAD/CAM技术

为数控机床编制数控程序主要有两种手段：手工编程和自动编程。自动编程主要是对CAD/CAM软件的应用。各种CAD/CAM软件的应用由来已久，并且日趋成熟，从规模较大的各种企业到各个学校甚至只有几台数控铣床的加工作坊，随处可见UG、Mastercam、Cimatron、PowerMill等世界知名的CAD/CAM软件的身影。如今CAD/CAM软件对我们生活的贡献也是巨大的，小到我们手上拿的手机，大到汽车、轮船、飞机都有它的贡献。至此，熟悉并掌握一个CAD/CAM软件对于学机械相关专业的同学已迫在眉睫。

了解CAD/CAM技术及其应用

了解市场主流CAD/CAM软件的分类及其特点

了解MasterCAM软件编程的基本流程

知识要点	能力要求	相关知识
常用CAD/CAM软件	(1) 掌握常用CAD/CAM软件有哪些 (2) 了解各常用CAD/CAM软件的功能特点	国内外相关软件
CAD/CAM技术的发展	(1) 了解CAD/CAM技术的发展进程 (2) 掌握CAD/CAM技术发展进程的主要阶段	参数化设计
自动编程的基本流程	(1) 掌握自动编程的基本流程及主要步骤	加工工艺流程

MasterCAM 软件简介及其应用

MasterCAM 简介：

Mastercam 不但具有强大稳定的造型功能，可设计出复杂的曲线、曲面零件，而且具有强大的曲面粗加工及灵活的曲面精加工功能。其可靠刀具路径效验功能使 Mastercam 可模拟零件加工的整个过程，模拟中不但能显示刀具和夹具，还能检查出刀具和夹具与被加工零件的干涉、碰撞情况，真实反映加工过程中的实际情况，不愧为优秀的

CAD/CAM 软件。同时 Mastercam 对系统运行环境要求较低，使用户无论是在造型设计、CNC 铣床、CNC 车床或 CNC 线切割等加工操作中，都能获得最佳效果

铣床三轴、五轴联动加工

Mastercam 的线切割模拟

Mastercam 软件已被广泛的应用于通用机械、航空、船舶、军工等行业的设计与 NC 加工，从 20 世纪 80 年代末起，我国就引进了这一款著名的 CAD/CAM 软件，为我国的制造业迅速崛起作出了巨大贡献。

1984 年美国 CNC Software Inc. 公司推出第一代 Mastercam 产品，这一软件就以其强大的加工功能闻名于世。多年来该软件在功能上不断更新与完善，已被工业界及学校广泛采用。

2008 年，CIMdata 公司（美国一所市场调研公司）对 CAM 软件行业的分析排名表明：Mastercam 销量再次排名世界第一，是 CAD/CAM 软件行业持续 11 年销量第一软件巨头。

5.1 CAD/CAM 概述

20 世纪 70 年代后期以来，以计算机辅助设计技术为代表的新的技术改革浪潮席卷了全世界，它不仅促进了计算机本身性能的提高和更新换代，而且几乎影响到全部技术领域，冲击着传统的工作模式。以计算机辅助设计这种高技术为代表的先进技术在现在、将来都会给人类带来巨大的影响和利益。计算机辅助设计技术的水平成了衡量一个国家工业技术水平的重要标志。

计算机辅助设计(Computer Aided Design，CAD)是利用计算机强有力的计算功能和高效率的图形处理能力，辅助知识劳动者进行工程和产品的设计与分析，以达到理想的目的或取得创新成果的一种技术。它是综合了计算机科学与工程设计方法的最新发展而形成的一门新兴学科。计算机辅助设计技术的发展是与计算机软件、硬件技术的发展和完善，与工程设计方法的革新紧密相关的。采用计算机辅助设计已是现代工程设计的迫切需要。

计算机辅助制造(Computer Aided Manufacturing，CAM)是指计算机来进行产品制造的统称，可以理解为利用计算机辅助完成从原材料到产品的全部制造过程，其中包括直接制造过程和间接制造过程。实际多应用在数控机床程序的编制，包括刀具路径的确定、刀位文件的生成、刀具轨迹仿真以及NC代码的生成等。

5.1.1　CAD技术的应用

CAD技术目前已经广泛应用于国民经济的各个方面，其主要的应用领域有以下几个方面。

1. 制造业中的应用

CAD技术已在制造业中广泛应用，其中以机床、汽车、飞机、船舶、航天器等制造业应用最为广泛、深入。众所周知，一个产品的设计过程要经过概念设计、详细设计、结构分析和优化、仿真模拟等几个主要阶段。同时，现代设计技术将并行工程的概念引入到整个设计过程中，在设计阶段就对产品整个生命周期进行综合考虑。当前先进的CAD应用系统已经将设计、绘图、分析、仿真、加工等一系列功能集成于一个系统内。现在较常用的软件有UG II、I-DEAS、CATIA 、Pro/E、Euclid等CAD应用系统，这些系统主要运行在图形工作站平台上。在PC平台上运行的CAD应用软件主要有Cimatron、Solidwork、MDT、SolidEdge等。由于各种因素，目前在二维CAD系统中Autodesk公司的AutoCAD占据了相当大的市场。

2. 工程设计中的应用

CAD技术在工程领域中的应用有以下几个方面。

(1) 建筑设计：包括方案设计、三维造型、建筑渲染图设计、平面布景、建筑构造设计、小区规划、日照分析、室内装潢等各类CAD应用软件。

(2) 结构设计：包括有限元分析、结构平面设计、框/排架结构计算和分析、高层结构分析；地基及基础设计、钢结构设计与加工等。

(3) 设备设计：包括水、电、暖各种设备及管道设计。

(4) 城市规划：城市交通设计，如城市道路、高架、轻轨、地铁等市政工程设计。

(5) 市政管线设计：如自来水、污水排放、煤气、电力、暖气、通信(包括电话、有线电视、数据通信等)各类市政管道线路设计。

(6) 交通工程设计：如公路、桥梁、铁路、航空、机场、港口、码头等。

(7) 水利工程设计：如大坝、水渠、河海工程等。

(8) 其他工程设计和管理：如房地产开发及物业管理、工程概预算、施工过程控制与管理、旅游景点设计与布置、智能大厦设计等。

3. 电气和电子电路方面的应用

CAD 技术最早曾用于电路原理图和布线图的设计工作。目前，CAD 技术已扩展到印刷电路板的设计(布线及元器件布局)，并在集成电路、大规模集成电路和超大规模集成电路的设计制造中大显身手，并由此大大推动了微电子技术和计算机技术的发展。

4. 仿真模拟和动画制作

应用 CAD 技术可以真实地模拟机械零件的加工处理过程、飞机起降、船舶进出港口、物体受力破坏分析、飞行训练环境、作战方针系统、事故现场重现等现象。在文化娱乐界已大量利用计算机造型仿真出逼真的现实世界中没有的原始动物、外星人以及各种场景等，并将动画和实际背景以及演员的表演天衣无缝地融合在一起，在电影制作效果上大放异彩，拍制出一个个激动人心的巨片。

5. 其他应用

CAD 技术除了在上述领域中的应用外，在轻工、纺织、家电、服装、制鞋、医疗和医药乃至体育方面都会用到 CAD 技术。

5.1.2 CAD 技术的发展历程

计算机辅助设计主要是用于研究如何用计算机及其外围设备和图形输入/输出设备来帮助人们进行工程和产品设计的技术，它是随着计算机及其外围设备、图形设备以及软件技术的发展而发展的。在 CAD 技术的发展历程中主要经历了以下几个时期。

1. 准备和诞生时期(20 世纪 50—60 年代)

1950 年，美国麻省理工学院研制出 WHIRLWIND 1(旋风 1)计算机的一个配件——图形显示器。1958 年，美国 Calcomp 公司研制出由数字记录仪发展成的滚筒式绘图机，美国 GerBer 公司把数控机床发展成平板式绘图机。20 世纪 50 年代初，计算机由电子管组成，用机器语言编程，主要用于科学计算，图形设备仅仅具有输出功能，CAD 技术处于酝酿和准备阶段。到了 20 世纪 50 年代末，美国麻省理工学院在 WHIRLWIND 计算机上开发了 SAGE 战术防空系统，第一次使用了具有指挥功能和控制功能的阴极射线管 CRT (Cathode Ray Tube)，操作者可以用光笔在屏幕上确定目标。它预示着交互式图形生成技术的诞生，为 CAD 技术的发展做了必要的准备。

2. 蓬勃发展和进入应用时期(20 世纪 60 年代)

20 世纪 60 年代初，美国麻省理工学院的博士生 Ivan Sutherland 研制出世界上第一台利用光笔的交互式图形系统 SKETCHPAD。但在 20 世纪 60 年代，由于计算机及图形设备价格昂贵，技术复杂，只有一些实力雄厚的大公司才能使用这一技术。作为 CAD 技术的基础，计算机图形学在这一时期得到了很快的发展。20 世纪 60 年代中期出现了商品化的 CAD 设备，CAD 技术开始进入了发展和应用阶段。

3. 广泛应用时期(20 世纪 70 年代)

20 世纪 70 年代推出了以小型机为平台的 CAD 系统。同时，图形软件和 CAD 应用支撑软件也不断充实提高。图形设备，如光栅扫描显示器、图形输入板、绘图仪等相继推出和完善。于是，20 世纪 70 年代出现了面向中小企业的 CAD 商品化系统。

4. 突飞猛进时期(20 世纪 80 年代)

20 世纪 80 年代，大规模和超大规模集成电路、工作站和 RISC(精简指令集计算机)等的出现，使 CAD 系统的性能大大提高。与此同时，图形软件更趋成熟，二维、三维图形处理技术，真实感图形技术以及有限元分析、优化、模拟仿真、动态景观、科学计算可视化等方面都已进入实用阶段。包括 CAD/CAE/CAM 一体化的综合软件包使 CAD 技术又上了一个层次。

5. 日趋成熟的时期(20 世纪 90 年代)

这一时期的发展主要体现在以下几个方面：CAD 标准化体系进一步完善；系统智能化成为又一个技术热点；集成化成为 CAD 技术发展的一大趋势；科学计算可视化、虚拟设计、虚拟制造技术是 20 世纪 90 年代 CAD 技术发展的新趋向。

5.1.3 CAD 技术发展的关键及主流产品

CAD 技术发展的关键——CAD 数据模型。在 CAD/CAM 系统中，CAD 的数据模型是一个关键。随着 CAD 建模技术的进步，CAM 才能有本质的发展。三维 CAD 技术发展到现在已经经历了 4 次技术革命(以 CAD 数据模型为表征的)。由此，三维 CAD 技术的发展已趋成熟。

目前流行的 CAD 技术基础理论主要有：Pro/E 为代表的参数化造型理论和以 I－DEAS 为代表的变量化造型理论两大流派，它们都属于基于约束的实体造型技术。而某些 CAD/CAM 系统宣称自己采用的是混合数据模型，实际上是由于它们受原系统内核的限制，在不愿意重写系统的前提下，只能将面模型与实体模型结合起来，发挥各自的优点。实际上这种混合模型的 CAD/CAM 系统由于其数据表达的不一致性，其发展空间是受限制的。CAD/CAM 技术发展到现在，目前在国际市场上最有影响的机械 CAD/CAM 软件有：Pro/E、I－DEAS、UGⅡ、Auto CAD。这四大软件约占全世界 CAD 软件市场的 60%以上。

Pro/E 的参数化技术特点如下。

(1) 基于特征：将某些具有代表性的平面几何形状定义为特征，并将其所有尺寸存为可变参数，进而形成实体，以此为基础来进行更为复杂的几何形体的构造。

(2) 全尺寸约束：将形状和尺寸结合起来考虑，通过尺寸实现对几何图形的位置和相对关系的控制。造型必须以完整的尺寸参数为出发点(全约束)，不能漏标尺寸(欠约束)，不能多标尺寸(过约束)。

(3) 尺寸驱动设计修改：通过编辑尺寸数值来驱动几何形状的改变。

(4) 全数据相关：尺寸参数的修改导致其他相关模块中的相关尺寸得以全盘更新。采用参数化技术的好处在于它彻底改等了自由建模的无约束状态，几何形状均以尺寸的形式而被有效控制。如打算修改零件形状时，只需修改一下尺寸即可实现形状的改变。

I－DEAS 的变量化技术特点如下。

(1) 尺寸变量直接对应实际模型：采用三维变量化技术，在不必重新生成几何模型的前提下，能够任意改变三维尺寸标注方式。

(2) 将直接描述和历史描述相结合：使设计人员可以针对零件上的任意特征直接进行图形化的编辑、修改。从而使用户对其三维产品的设计更为直观和实用。

1. 国外 CAD/CAM 软件

(1) Pro/E(Pro/Engineer)：Pro/E 是美国参数技术公司(PTC)开发的 CAD/CAM 软件，

在我国有较多用户。它采用面向对象的统一数据库和全参数化造型技术，为三维实体造型提供了一个优良的平台。其工业设计方案可以直接读取内部的零件和装配文件，当原始造型被修改后，具有自动更新的功能。Pro/E 可谓是一个全方位的 3D 产品开发软件，其模块众多。集成了零件设计、产品装配、模具开发、数控加工、钣金件设计、铸造件设计、造型设计、逆向工程、自动测量、机构仿真、应力分析、产品数据库管理等功能于一体。(如 MOLDESIGN 模块用于建立几何外形，产生模具的模芯和腔体，产生精加工零件和完善的模具装配文件)，采用操作界面的完全视窗化。该软件还支持高速加工和多轴加工，带有多种图形文件接口。

(2) I-DEAS：I-DEAS 是美国 SDRC 公司开发的一套完整的 CAD/CAM 系统，其侧重点是工程分析和产品建模。它采用开放型的数据结构，把实体建模、有限元模型与分析、计算机绘图、实验数据分析与综合、数控编程以及文件管理等集成为一体，因而可以在设计过程中较好地实现计算机辅助机械设计。通过公用接口以及共享的应用数据库，把软件各模块集成于一个系统中。其中实体建模是 I-DEAS 的基础，它包括了工程设计、工程制图、模块、制造、有限元仿真、测试数据分析、数据管理以及电路板设计七大模块。

如工程设计模块主要用于对产品进行几何设计，它包括实体建模、装配、机构设计等几个子模块：实体建模模块中，用户可以非常方便快捷地进行产品的三维实体造型设计和修改，其所生成的实体三维几何模型是整个工程设计的基础；装配模块通过对给定几何实体的定位来表达组件的关系，并可实现干涉检验及物理特性计算；机构设计模块用来分析机构的复杂运动关系，并可通过动画显示连杆机构的运动过程。

有限元仿真可以在设计阶段分析零件在特定工况下内部的受力状态。利用该功能，在满足零件设计要求的基础上，可以充分优化零件的设计。包含前置处理模块、求解和后置处理模块。

(3) UG(Unigraphics)：是美国 EDS 公司发布的 CAD/CAE/CAM 一体化软件，广泛应用于航空航天、汽车、通用机械及模具等领域。国内外已有许多科研院所和厂家选择了 UG 作为企业的 CAD/CAM 系统。UG 可运行于 Windows NT 平台，无论装配图还是零件图设计，都从三维实体造型开始，可视化程度很高。三维实体生成后，可自动生成二维视图，如三视图、轴测图、剖视图等。其三维 CAD 是参数化的，一个零件尺寸修改，可致使相关零件的变化。该软件还具有人机交互方式下的有限元解算程序，可以进行应变、应力及位移分析。UG 的 CAM 模块提供了一种产生精确刀具路径的方法，该模块允许用户通过观察刀具运动来图形化地编辑刀轨，如延伸、修剪等，其所带的后处理程序支持各种数控机床。UG 具有多种图形文件接口，可用于复杂形体的造型设计，特别适合大型企业和研究所使用。

(4) CATIA：最早是由法国达索飞机公司研制，后来属于 IBM 公司，是一个高档 CAD/CAM/CAE 系统。广泛用于航空航天、汽车等领域。它采用特征造型和参数化造型技术，允许自动指定或由用户指定参数化设计、几何或功能化约束的变量式设计。根据其提供的 3D 线架，用户可以精确地建立、修改与分析 3D 几何模型。其曲面造型功能包含了高级曲面设计和自由外形设计，用于处理复杂的曲线和曲面定义，并有许多自动化功能。CATIA 提供的装配设计模块可以建立并管理基于 3D 的零件和约束的机械装配件，自动地对零件间的连接进行定义，便于对运动机构进行早期分析，大大加速了装配件的设计，后续应用则可利用此模型进行进一步的设计、分析和制造。CATIA 具有一个 NC 工艺数据库，存有刀具、刀具组件、材料和切削状态等信息，可自动计算加工时间，并对刀具路径进行重放和验证，用户可通过图形化显示来干涉和修改刀具轨迹。该软件的后处理程序支持铣床、车床和多轴加工。

(5) MasterCAM：是一种应用广泛的中低档 CAD/CAM 软件，由美国 CNC Soft-ware 公司开发，运行于 Windows 或 Windows NT。该软件三维造型功能稍差，但操作简便实用，容易学习。其加工任选项使用户具有更大的灵活性，如多曲面径向切削和将刀具轨迹投影到数量不限的曲面上等功能。该软件还包括 C 轴编程功能，可顺利将铣床和车削结合。其他功能，如直径和端面切削、自动 C 轴横向钻孔、自动切削与刀具平面设定等，有助于高效的零件生产。其后处理程序支持铣削、车削、线切割、激光加工以及多轴加工。另外，Master CAM 提供多种图形文件接口，如 SAT、IGES、VDA、DXF 等。

表 5－1 给出了当今主流的 CAD/CAM 软件，分为高端、中端和低端。高端 CAD/CAM 系统提供复杂的产品全生命周期解决方案，包括制造企业所用的三维 CAD(含有复杂的曲面功能)、CAM、PDM、CAE 和数字化制造等模块。

中端产品则主要集中在三维 CAD/CAM(包含一般的曲面设计功能)和小型 PDM 系统，也包含一些互联网支持。低端产品 AutoCAD 实际上就是 CAD 软件，即不含 CAM 模块，主要是二维 CAD 系统，系统尽管包含三维造型，但功能相对高、中端产品，一般比较弱。

表 5－1 CAD 软件的分类

公司名称	高端 CAD	中端 CAD	低端 CAD(二维)
Dassault System	CATIA	SolidWorks	
EDS	UG	SolidEdge	
SDRC	IDEAS		
PTC	Pro/ENGINEER	Pro/Desktop	
CNC		MasterCAM	
Autodesk		Inventor、MDT	AutoCAD

2. 国内 CAD/CAM 软件

(1) CAXA 电子图板和 CAXA 制造工程师：是北京北航海尔软件有限公司(原北京航空航天大学华正软件研究所)开发与销售。该公司是从事 CAD/CAE/CAM 软件与工程服务的专业化公司。

CAXA 电子图板是一套高效、方便、智能化、国标化的通用中文设计绘图软件，可帮助设计人员进行零件图、装配图、工艺图表、平面包装的设计。适合所有需要二维绘图的场合，使设计人员可以把精力集中在设计构思上，彻底甩掉图板，满足现代企业快速设计、绘图、信息电子化的要求。

CAXA 制造工程师是自主开发的面向机械制造业的、带有中文界面和三维复杂型面的 CAD/CAM 软件。利用灵活、强大的实体曲面混合造型功能和丰富的数据接口，可以实现产品复杂的三维造型设计；通过加工工艺参数和机床设置的设定，选取需加工的部分，自动生成适合于任何数控系统的加工代码；通过直观的加工仿真和代码反读来检验加工工艺和代码质量。CAXA 制造工程师为数控加工行业提供了从造型设计到加工代码生成、校验一体化的全面解决方案。已广泛应用于塑模、锻模、汽车覆盖件拉伸模、压铸模等复杂模具的生产以及汽车、电子、兵器、航天航空等行业的精密零件加工。

(2) 高华 CAD：是由北京高华计算机有限公司推出的 CAD 产品。该公司是由清华大学和广东科龙(容声)集团联合创建的一个专门从事 CAD/CAM/CAE 系统的研究、开发、推广、应用、销售和服务的专业化高技术企业。公司与国家 CAD 支撑软件工程中心紧密结合，坚持走自主版权的民族软件产业的发展道路，以“用户的需要就是我们的需要”为承诺，在科研成果商品化方向迈出了可喜的一步。

高华 CAD 系列产品包括计算机辅助绘图支撑系统、机械设计及绘图系统、工艺设计系统、三维几何造型系统、产品数据管理系统及自动数控编程系统。其中三维几何造型系统是基于参数化设计的 CAD/CAE/CAM 集成系统，它具有全导航、图形绘制、明细表处理、全约束参数化设计、参数化图素拼装、尺寸标注、标准件库、图像编辑等功能模块。

(3) 开目 CAD：是华中理工大学机械学院开发的具有自主版权的基于微机平台的 CAD 和图纸管理软件，它面向工程实际，模拟人的设计绘图思路，操作简便，机械绘图效率比 AutoCAD 高得多。开目 CAD 支持多种几何约束种类及多视图同时驱动，具有局部参数化的功能，能够处理设计中的过约束和欠约束的情况。开目 CAD 实现了 CAD、CAPP、CAM 的集成，适合我国设计人员的习惯，是全国 CAD 应用工程主推产品之一。

5.1.4　CAD/CAM 集成系统

自 20 世纪 60 年代开始，CAD、CAM 技术就各自独立地发展，国内外研究开发了一批性能优良、相互独立的商品化 CAD、CAM 系统。这些系统分别在产品设计自动化和产品加工自动化方面起了重要的作用。使企业提高生产效率，缩短产品实际和加工的周期，能够以更快更新自己的产品和响应市场的需求。然而这些各自独立的 CAD、CAM 系统在使用过程中都面临一个同样的问题：就是如何将 CAD 产生的图样完整地转移到 CAM 系统中。

CAD/CAM 系统的集成就是把 CAD、CAM 等不同功能的软件有机地结合起来，用统一的执行机制来组织各种信息的提取、交换、共享和处理，以保证系统内信息的流畅。

5.1.5　产品数据交换标准

在 CAD/CAM 技术广泛应用的过程中，由于 CAD/CAM 集成系统的不同，产品模型在计算机内部的表达也不相同，直接影响到设计和制造部门和企业间的产品信息的交换和流动。因此提出了在各个系统中进行产品信息的交换的要求，导致了产品数据交换标准的制定。

1980 年，由美国国家标准局(NBS)主持成立了由波音公司和通用电气公司参加的技术委员会，制定了基本图形交换规范 IGES(Initial Graphics Exchange Specification)，并于 1981 年正式成为美国的国家标准。

IGES 定义了一套表示 CAD/CAM 系统中常用的几何和非几何数据格式以及相应的文件结构，用这些格式表示的产品定义数据可以通过多种物理介质进行交换。

如数据要从系统 A 传送到系统 B，必须由系统 A 的 IGES 前处理器把这些传送的数据转换成 IGES 格式，而实体数据还得由系统 B 的 IGES 后处理器把它从 IGES 格式转换成该系统内部的数据格式。系统 B 的数据传送给系统 A 也需相同的过程。

从 1981 年的 IGES 1.0 版本到 1991 年的 IGES 5.1 版本和最近的 IGES 5.3 版本，IGES 逐渐成熟，日益丰富，覆盖了 CAD/CAM 数据交换的越来越多的应用领域。作为较早颁布的标准，IGES 被许多 CAD/CAM 系统接受，成为应用最广泛的数据交换标准。

除了 IGES 数据交换标准以外，20 世纪 80 年代初以来，国外对数据交换标准做了大量的研制、制定工作，也产生了许多标准。如美国的 DXF、ESP、PDES，法国的 SET，德国的 VDAIS、VDAFS，ISO 的 STEP 等。这些标准都为 CAD 及 CAM 技术在各国的推广应用起到了极大的促进作用。

5.1.6　后置处理技术

CAM 系统多应用在数控程序的编制也就是 NC 程序的生成，而生成 NC 程序的过程称为后置处理。

后置处理技术是数控加工编程的关键技术之一，它直接影响 CAD/CAM 软件的使用效果和零件的加工质量、效率以及机床的可靠运行性，要充分发挥数控机床的优点，实现加工过程的自动化、无人化操作，关键之处在于编制出高质量的 NC 程序。

后置处理将前置处理生成的刀位数据转换成适合于具体机床数据的数控加工程序，其技术内容包括机床运动学建模与求解、机床结构误差补偿、机床运动非线性误差校核修正、机床运动的平稳性校核修正、进给速度校核修正及代码转换等。

后置处理过程原则上是解释执行，即每读出刀位源文件中的一个完整的纪录，便分析该纪录的类型，根据记录类型确定是进行坐标变换还是进行文件代码转换，在根据所选数控机床进行转换之后，生成一个完整的数据程序段，并写到数控程序文件中去，直到刀位文件结束。后置处理过程的一般流程如图 5.1 所示。

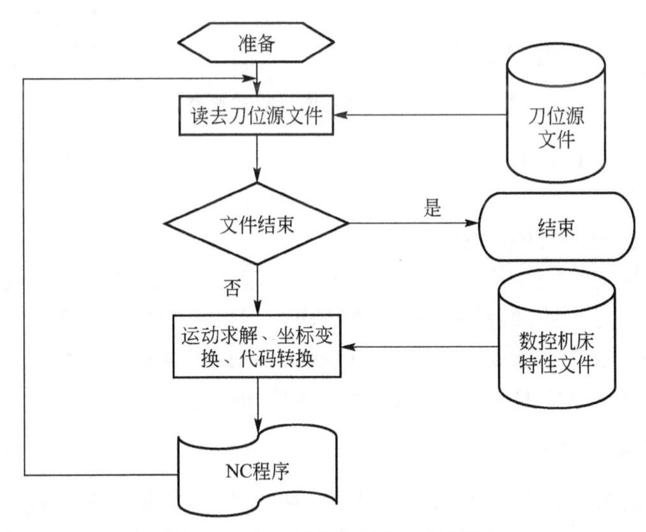

图 5.1　NC 后置处理的一般流程

后置处理程序包括以下内容。

(1) 生成加工程序起始符、终止符。

(2) 编辑生成起刀点位置程序段。

(3) 编辑生成启动机床主轴、换刀、开关冷却液等程序段。

(4) 各类刀具运动程序段的编辑，通常包括以下内容。

① 刀具无切削空行程的程序段。

② 刀具直线插补程序段。

③ 刀具圆弧插补程序段。

④ 刀具抬刀程序段。

⑤ 刀具下刀程序段。

(5) 其他辅助功能(M 指令)程序段的编辑等。

1. 后置处理的类型

后置处理可以分为专用后置处理系统和通用后置处理系统。其中，通用后置处理系统一般指后置处理程序功能的通用化，要求能针对不同类型的数控系统对刀位源文件进行后置处理，输出数控程序。一般情况下，通用后置处理系统要求输入标准格式的刀位源文件，结合数控机床的特性文件，输出的是符合该数控系统指令集合格式的数控程序。其操作流程如图 5.2 所示。

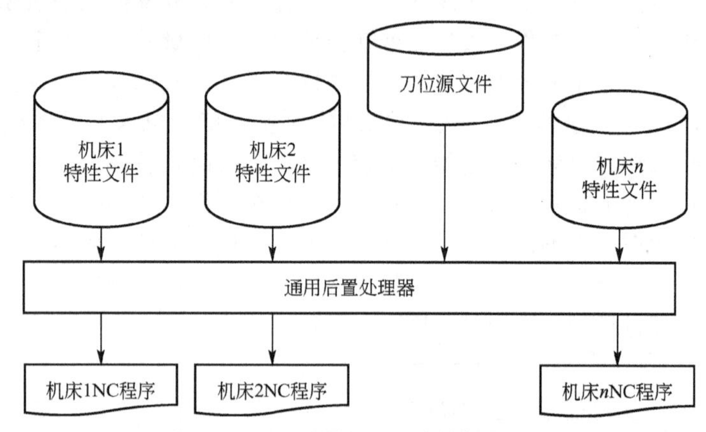

图 5.2　通用后置处理系统的操作流程

定制机床特性文件必须综合两方面的知识：首先要熟悉数控系统的指令集、指令的格式和数值输出格式以及 NC 程序格式；其次要能熟练应用 CAM 软件各个模块，熟悉刀位源文件的格式在后置处理器中的相应定义项。

专用后置处理系统只能生成某一特定的数控机床指令，不能对其他数控机床的特性文件进行处理；而通用后置处理程序采用开放结构，可采用数据库文件方式，由用户自行定义机床运动结构和控制指令格式，扩充应用系统，使其适合于各种机床和数控系统，具有通用性。通用后置处理系统是 CAD/CAM 系统的发展方向。

2. 后置处理的输入信息

后置处理系统的输入信息包括刀位源文件和机床特性文件，现分述如下。

刀位源文件：刀位源文件是数控编程系统生成的，描述整个加工过程的中性文件。它既包含刀具在切削过程中经过各点的坐标数值，也包含整个加工过程中所选用的工艺参数，其内容和格式不受机床结构、数控系统类型的影响。

机床特性文件是用来描述数控系统和机床性能参数的，机床特性文件也称为后置处理文件，它定义了切削加工参数、NC 程序格式、辅助工艺指令，设置了变量和接口功能参数等。用户可以根据自己的需求，从中选用符合特定机床参数，控制后置处理流程。包括以下内容。

(1) 编程协议包括机床运动轴行程、机床运动轴结构形式、运动结构参数、运动轴伺服参数、编程方式等信息。

(2) 功能描述代码即准备功能 G 代码和辅助功能 M 代码。

(3) 数值的输出格式。

3. 后置处理的输出

数控编程通常分为手工编程和计算机辅助编程两类。手工编程主要用于简单的二维加工编程，复杂的二维加工和曲面加工普遍采用计算机辅助编程。计算机辅助编程分为数控语言自动编程(APT)、交互图形编程和 CAD/CAM 集成系统编程，目前主流的三维加工编程主要使用的是 CAD/CAM 集成系统编程。

5.2 自动编程的基本流程

目前比较优秀的 CAD/CAM 功能集成型支撑软件有 UGII、IDEAS、Pro/E、CATIA 等，均提供较强的数控编程能力。这些软件不仅可以通过交互编辑方式进行复杂三维型面的加工编程，还具有较强的后置处理环境。此外还有一些以数控编程为主要应用的 CAD/CAM 支撑软件，如美国的 MasterCAM、SurfCAM 以及英国的 DelCAM 等。

CAD/CAM 软件系统中的 CAM 部分有不同的功能模块可供选用，如：二维平面加工、3～5 轴联动的曲面加工、车削加工、电火花加工(EDM)、钣金加工及线切割加工等。用户可根据实际应用需要选用相应的功能模块。这类软件一般均具有刀具工艺参数设定、刀具轨迹自动生成与编辑、刀位验证、后置处理、动态仿真等基本功能。

不同的 CAD/CAM 软件系统优势不同，有的 CAD 功能强大、有的 CAM 功能强大，在实际应用中应根据实际情况使用不同软件的优势模块。

1. CAD/CAM 系统编程的基本步骤

不同 CAD/CAM 系统的功能、用户界面有所不同，编程操作也不尽相同。但从总体上讲，其编程的基本原理及基本步骤大体是一致的，如图 5.3 所示。

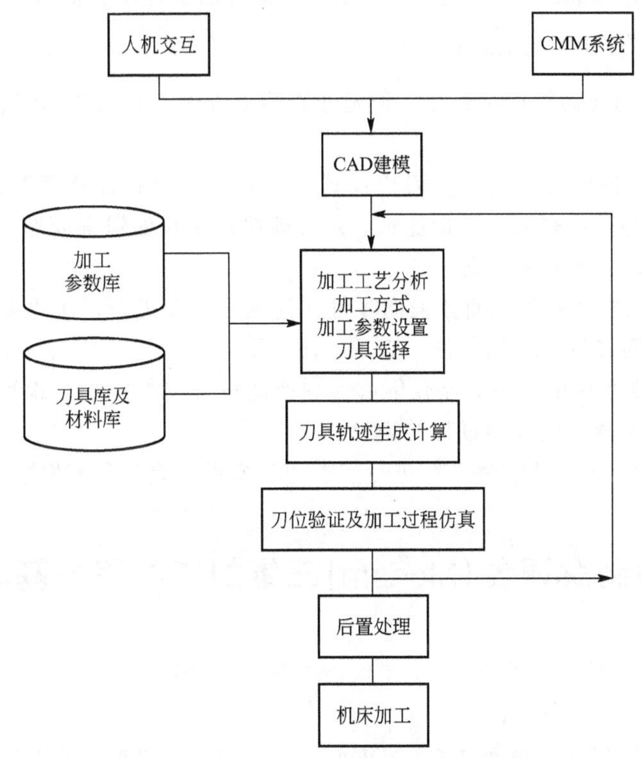

图 5.3 CAD/CAM 系统数控编程原理

(1) CAD建模。利用CAD/CAM系统的几何建模功能，将零件被加工部位的几何图形准确地绘制在计算机屏幕上。同时在计算机内自动形成零件图形的数据文件，也可借助于三坐标测量仪CMM或激光扫描仪等工具测量被加工零件的形体表面，通过反求工程将测量的数据处理后送到CAD系统进行建模。

(2) 加工工艺分析。这是数控编程的基础。通过分析零件的加工部位，确定装夹位置、工件坐标系、刀具类型及其几何参数、加工路线及切削工艺参数等。目前该项工作主要仍由编程员采用人机交互方式输入。

(3) 刀具轨迹生成计算。刀具轨迹的生成是基于屏幕图形以人机交互方式进行的。用户根据屏幕提示通过光标选择相应的图形目标，确定待加工的零件表面及限制边界，输入切削加工的对刀点，选择切入方式和走刀方式。然后软件系统将自动地从图形文件中提取所需的几何信息，进行分析判断，计算节点数据，自动生成走刀路线，并将其转换为刀具位置数据，存入指定的刀位文件。

(4) 刀位验证及加工过程仿真。对所生成的刀位文件进行加工过程仿真，干涉验证走刀路线是否正确合理，是否有碰撞干涉或过切现象，刀具路径如果用户不满意，需要重新设置以得到用户满意的、正确的走刀轨迹。

(5) 后置处理。后置处理的目的是形成具体机床的数控加工文件。由于各机床所使用的数控系统不同，其数控代码及其格式也不尽相同。为此必须通过后置处理，将刀位文件转换成具体数控机床所需的数控加工程序。

(6) 数控程序的输出。由于自动编程软件在编程过程中可在计算机内部自动生成刀位轨迹文件和数控指令文件，所以生成的数控加工程序可以通过计算机的各种外部设备输出。若数控机床附有标准的DNC接口，可由计算机将加工程序直接输送给机床控制系统。

2. CAD/CAM软件系统编程特点

CAD/CAM系统自动数控编程是一种先进的编程方法，与APT语言编程比较，具有以下的特点。

(1) 将被加工零件的几何建模、刀位计算、图形显示和后置处理等过程集成在一起，有效地解决了编程的数据来源、图形显示、走刀模拟和交互编辑等问题，编程速度快、精度高，弥补了数控语言编程的不足。

(2) 编程过程是在计算机上直接面向零件几何图形交互进行，不需要用户编制零件加工源程序，用户界面友好，使用简便、直观，便于干涉。

(3) 有利于实现系统的集成，不仅能够实现产品设计与数控加工编程的集成，还便于工艺过程设计、刀夹量具设计等过程的集成。

现在，利用CAD/CAM软件系统进行数控加工编程已成为数控程序编制的主要手段。

5.3 调制解调器(Modem)三维加工编程的基本流程

5.3.1 模型设计

目前的造型软件很多，比如UG、IDEAS、Pro/E、CATIA，Solidworks，都可以让

用户灵活方便地绘制出几何模型，这里选用Pro/E造型。

由美国(PTC)公司推出，是国际上最先进，也是使用参数化的特征造型技术最成熟的大型集成软件。现在已经广泛应用于电子、机械、模具设计、工业设计、家电、玩具等行业。

在Pro/E中设计调制解调器模型。模型设计流程为：可变截面扫描、造型工具、拉伸、替换面命令、倒圆角等命令。流程图如图5.4所示。

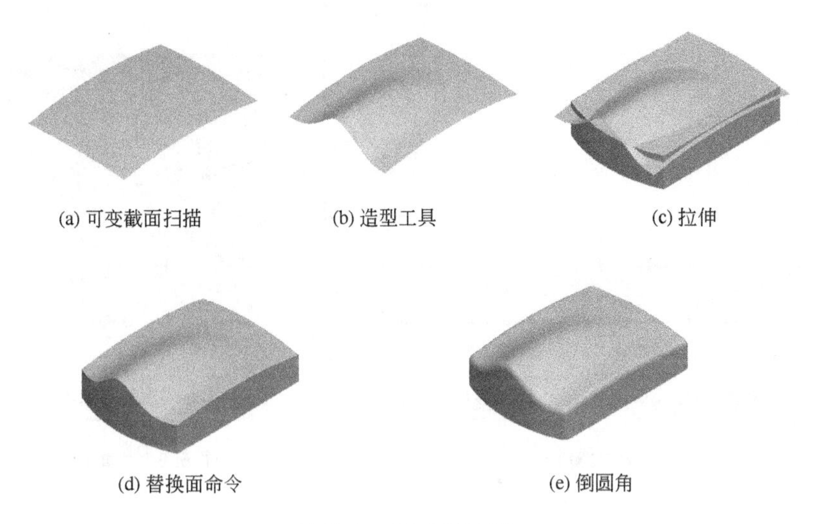

(a) 可变截面扫描　(b) 造型工具　(c) 拉伸

(d) 替换面命令　(e) 倒圆角

图5.4 模型设计流程

5.3.2 文件转换

Mastercam是美国CNC公司开发的基于PC平台的CAD/CAM软件。该软件自1984年问世以来，就以其强大的三维造型与加工功能闻名于世。根据国际CAD/CAM领域的权威调查公司CIMdata，Inc.的最新数据显示，它的装机量居世界第一。

由于CAD/CAM系统的不同，产品模型在计算机内部的表达也不相同，这直接影响到设计和制造部门和企业间的产品信息的交换和流动，也促进了产品数据交换标准的制订。1980年，由美国国家标准局(NBS)主持成立了由波音公司和通用电气公司参加的技术委员会，制定了基本图形交换规范IGES(Initial Graphics Exchange Specification)，并于1981年正式成为美国的国家标准。

完成造型后，需要完成数控编程。Pro/E本身自带CAM功能，但这里选择Mastercam X MR2。

首先在Pro/E中将文件保存为IGES格式，然后在Mastercam X MR2中打开，进行数控加工编程，具体的步骤如下。

1. 模型的转出

在Pro/E中，选择“文件”→“保存副本”命令。在弹出的“保存副本”对话框(图5.5)中选择文件的类型为IGES文件格式，将文件命名modem，选择保存文件路径。单击“确定”按钮后弹出“输出IGES”对话框，如图5.6所示。在对话框中选中“曲面”复选框，单击“确定”按钮。

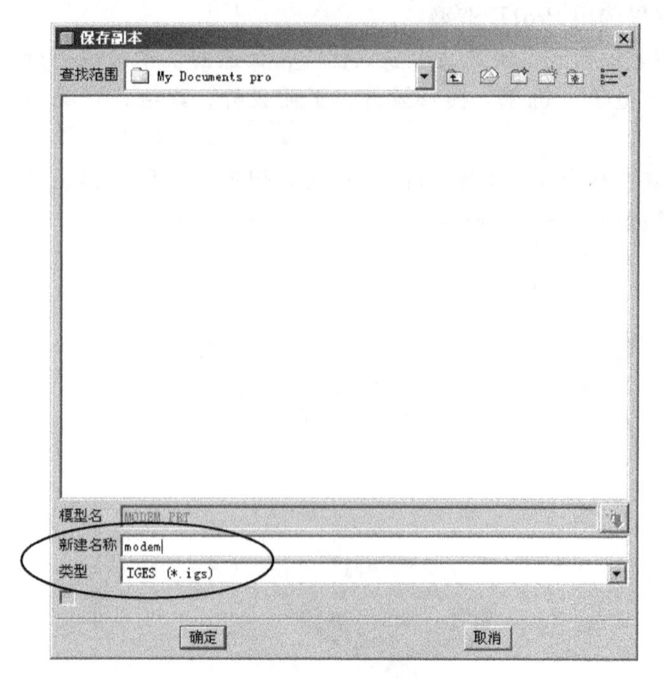

图 5.5　格式转换

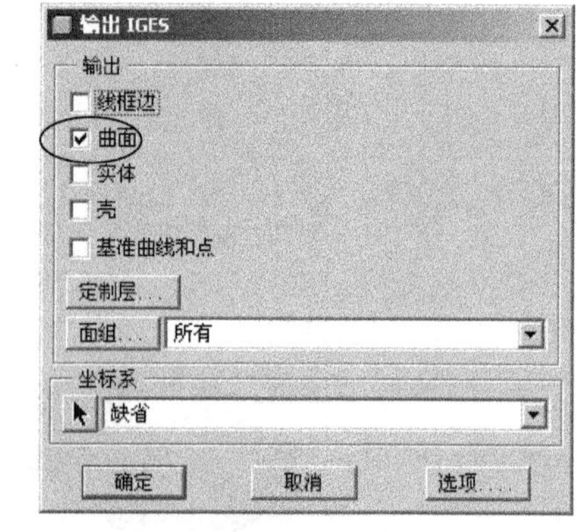

图 5.6　“输出 IGES”对话框

2. 模型的转入

打开 Mastercam X MR2，进入 Mastercam X MR2 界面。选择“文件”→“打开”命令，弹出“打开”对话框，在文件类型选项中选择 IGES 文件类型，打开 modem 文件，如图 5.7 所示。模型转入的界面，如图 5.8 所示。

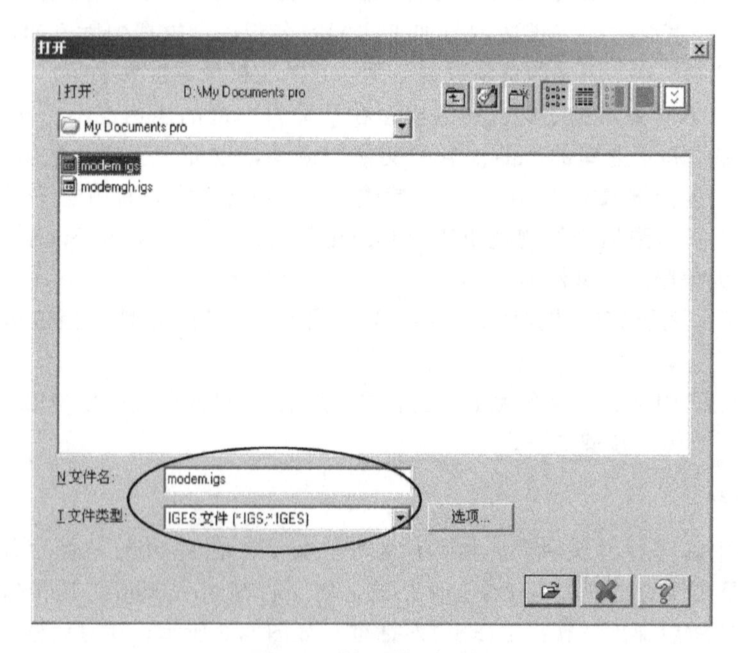

图 5.7　“打开”对话框

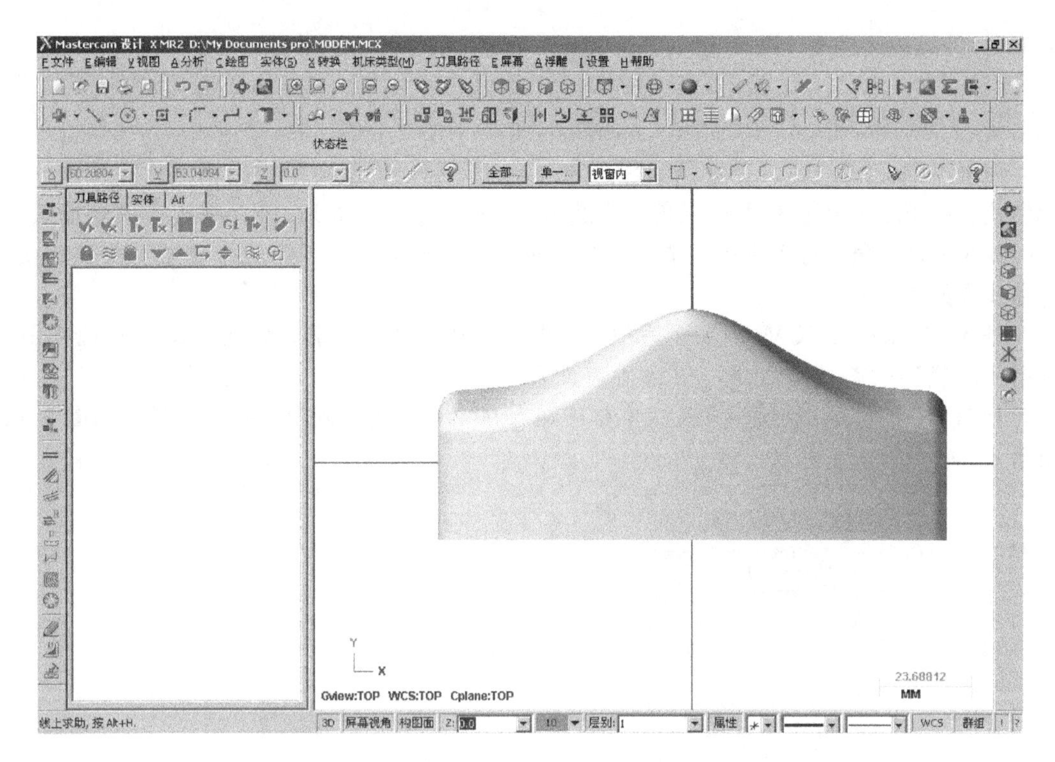

图 5.8　模型转入 Mastercam X MR2 操作界面

5.3.3　工艺介绍

根据模型形状，选择 195mm×140mm×60mm 的方料，装夹选用虎钳，以工件上表面中心为工件坐标系的零点，如图 5.9 所示。粗加工选用直径比较大的刀具的圆角刀加工，可以快速地清除大量的加工余量；精加工采用直径较小的球头铣刀加工，保证加工曲面光滑。具体加工方法如下。

粗加工采用 $\phi10$ 圆角刀加工，加工方法采用平行铣削。平行铣削加工曲面生成的刀具路径相互平行，比较简单，不容易出错。平行铣削可使用双向切削，可以大大提高加工效率。

精加工采用 $\phi6$ 球头铣刀加工，加工方法采用曲面精加工环绕等距，通过调整行距，生成的刀具路径很密，加工的曲面平滑，表面质量好。刀具示意图如图 5.10 所示。

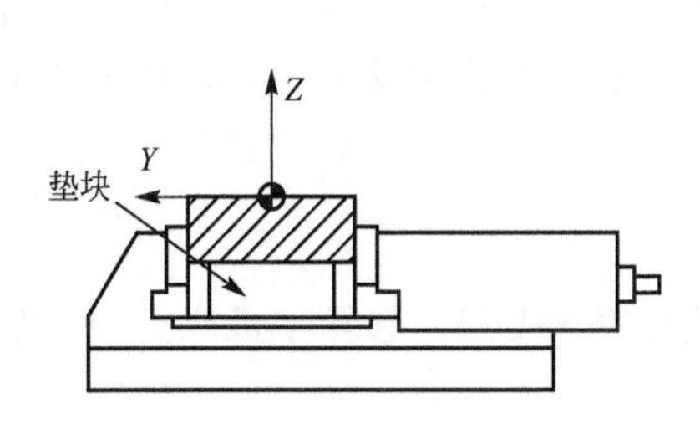

图 5.9　工件在平口虎钳上装夹加工

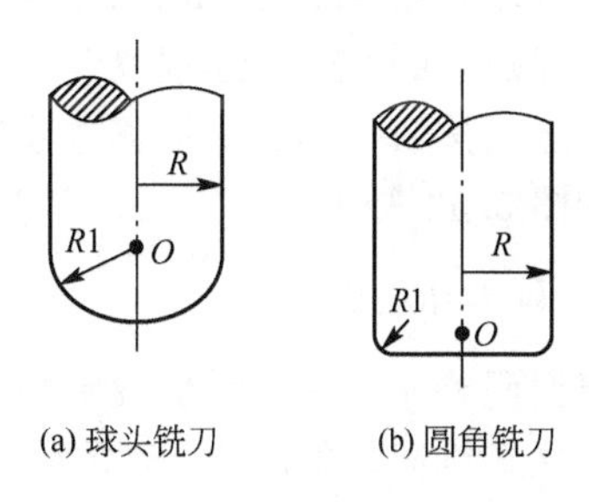

图 5.10　刀具形状示意

5.3.4　刀具轨迹生成

1. 模型的调整

由于不同CAD/CAM系统的坐标系布局有所不同，模型在不同的系统中需要进行坐标转换。在Pro/E中使用上视视角完成造型，Mastercam X MR2中上视视角的坐标系与Pro/E的上视视角坐标系不同，造型在导入Mastercam X MR2中，需要进行坐标系转换。具体步骤如下。

进入Mastercam X MR2界面后按F9键，显示工件坐标系。切换视图为右视视图。选择“转换”→“旋转”命令，框选所有曲面，单击“确定”按钮，弹出“旋转”对话框，如图5.11所示，在旋转角度文本框中输入90.0，单击“确定”按钮。结果如图5.12所示。

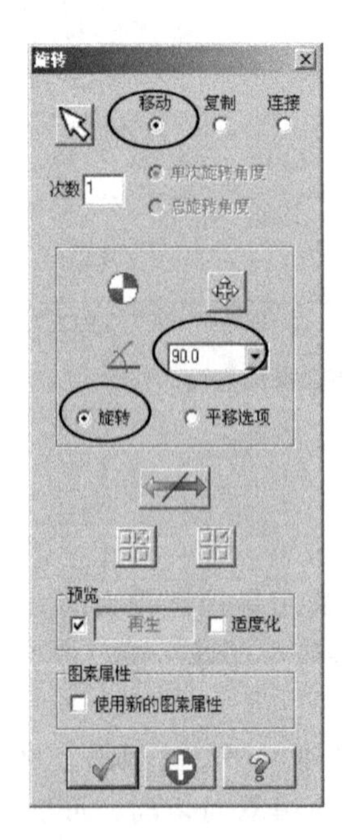

图5.11　“旋转”对话框

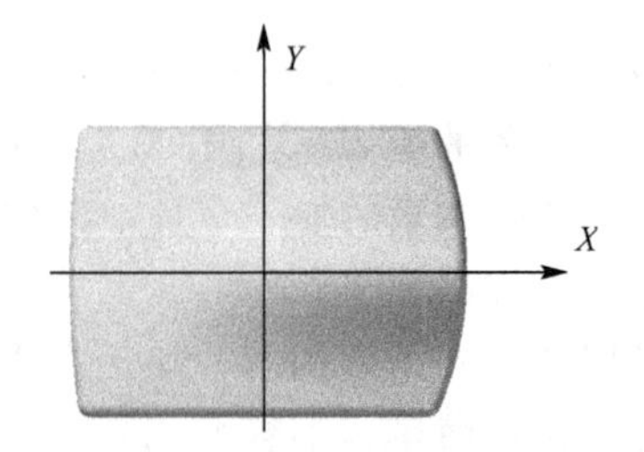

图5.12　旋转结果图

加工时工件上表面设置为工件坐标系的Z轴零点。导入的模型位置不合理，需要移动模型。首先利用Mastercam X MR2的分析功能，用户可得到模型上表面最高点距Z轴零点的高度是40.0394(取其值为41)。然后选择“转换”→“平移”命令，框选所有曲面，单击“确定”按钮，弹出“平移选项”对话框，在Z轴向量框中输入−41，如图5.13所示。结果如图5.14所示。

2. 加工环境设定

模型调整完成后，需要设定加工环境——选择机床类型。选择“机床类型”菜单，选择3轴立式铣床，如图5.15所示。

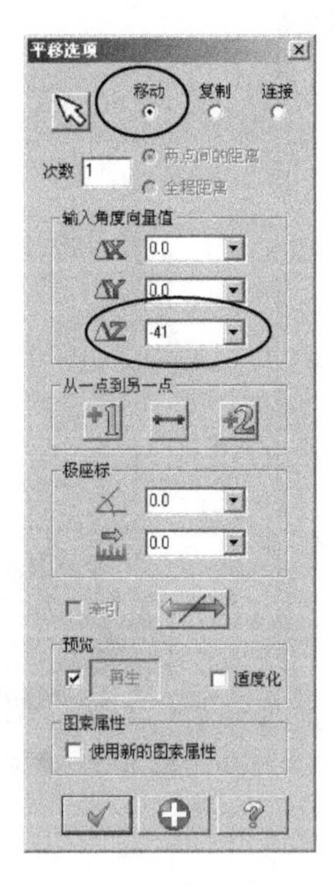

图 5.13 “平移选项”对话框

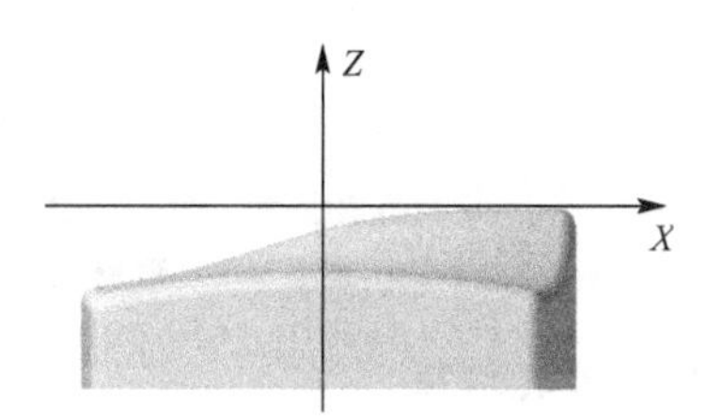

图 5.14 平移结果

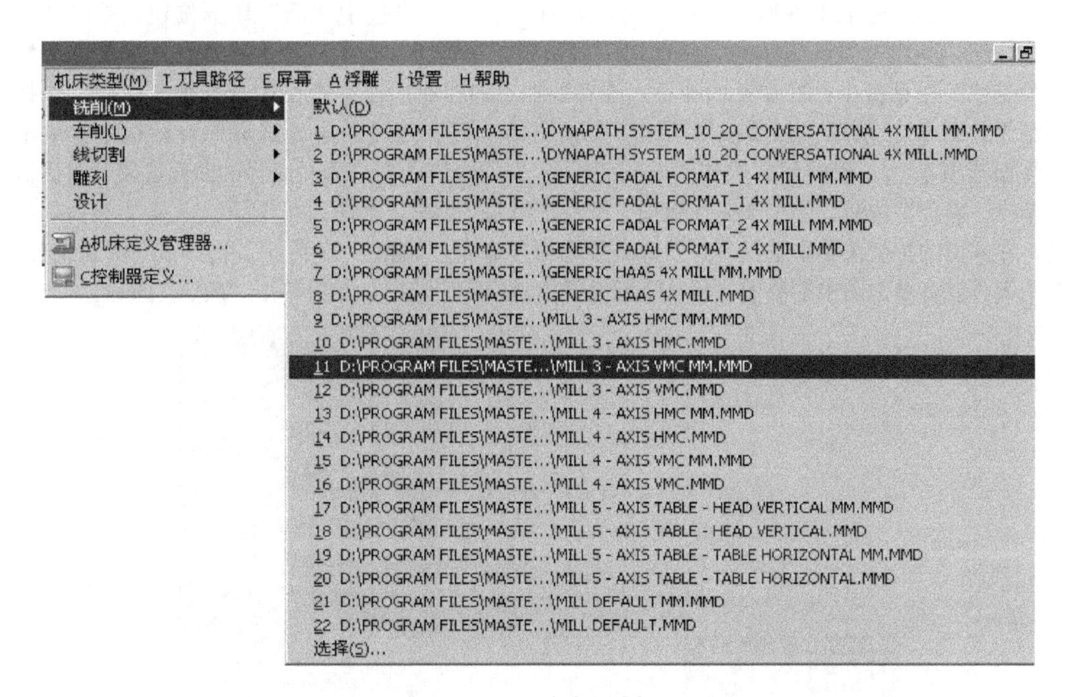

图 5.15 机床类型选择

选择机床后，选择“材料设置”命令，在弹出的“机器群组属性”对话框中，对材料尺寸进行设定，如图 5.16 所示。结果如图 5.17 所示。

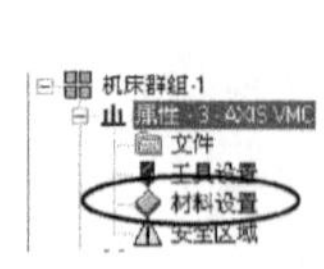

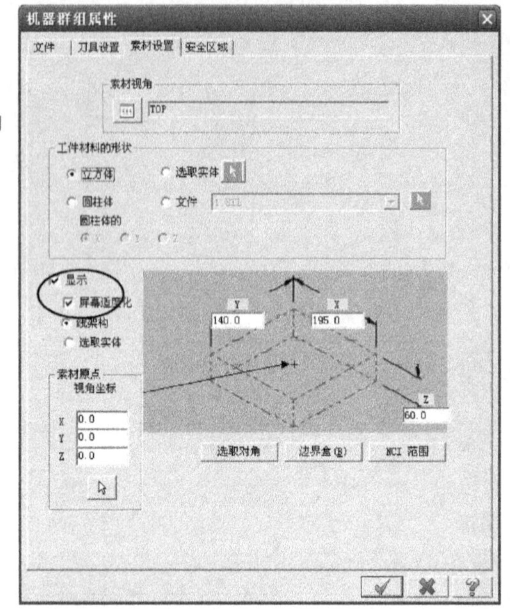

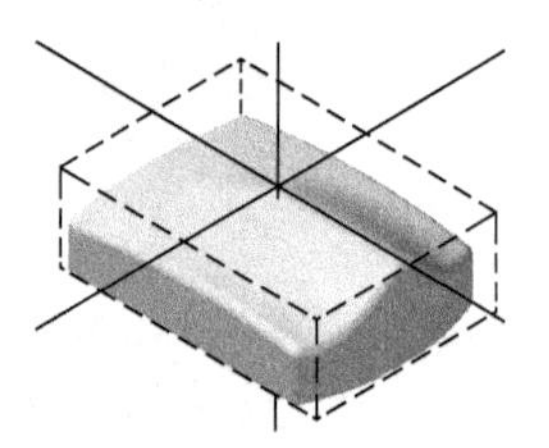

图 5.16　素材设置　　　　图 5.17　素材设置结果

3. 生成刀具路径

(1) 粗加工：在 Mastercam X MR2 中，选择“刀具”→“曲面粗加工”→“平行加工”命令，系统弹出“选取工件形状”对话框，如图 5.18 所示。选中“凸”单选按钮，单击“确定”按钮。弹出“刀具路径的曲面选取”对话框，如图 5.19 所示，在弹出的“刀具路径的曲面选取”对话框中，在加工曲面下，选择要加工的曲面，在图中选择加工曲面，选择的结果如图 5.20 所示。然后按回车键，在弹出的“刀具路径的曲面选取”对话框中，单击干涉面选项，干涉面选取如图 5.21 所示。按回车键，在“刀具路径的曲面选取”对话框中单击“确定”按钮，弹出“曲面粗加工平行铣削”对话框，如图 5.22 所示。在图中空白处右击，在弹出的快捷菜单中选择“打开刀具管理器”命令，如图 5.23 所示。选择 $\phi10$ 圆角铣刀，双击刀具或者单击图中箭头，将 $\phi10$ 圆角铣刀从刀库中选出，然后单击“确定”按钮。

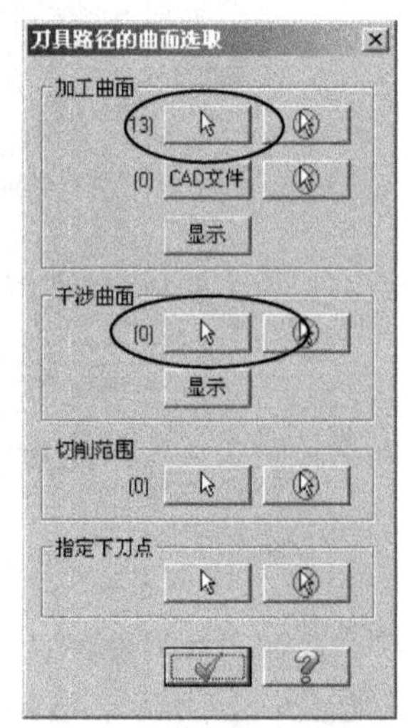

图 5.18　“选取工件的形状”对话框　　　　图 5.19　“刀具路径的曲面选取”对话框

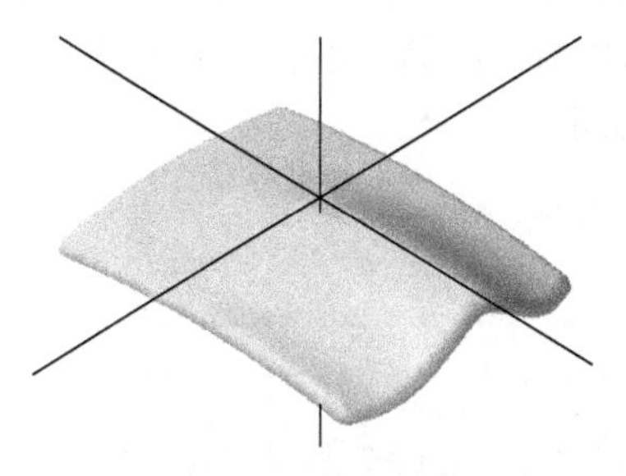

图 5.20　加工曲面

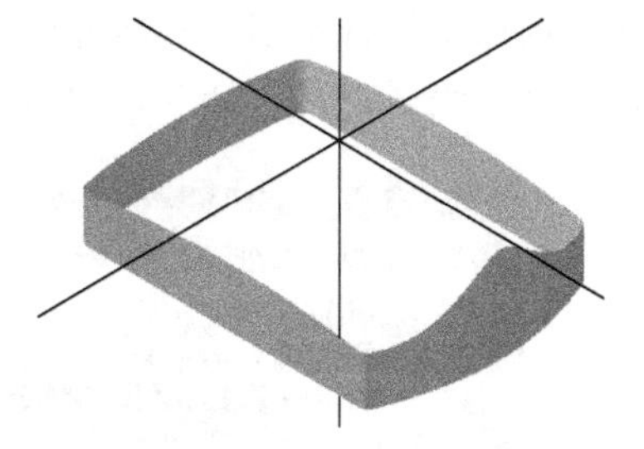

图 5.21　干涉曲面

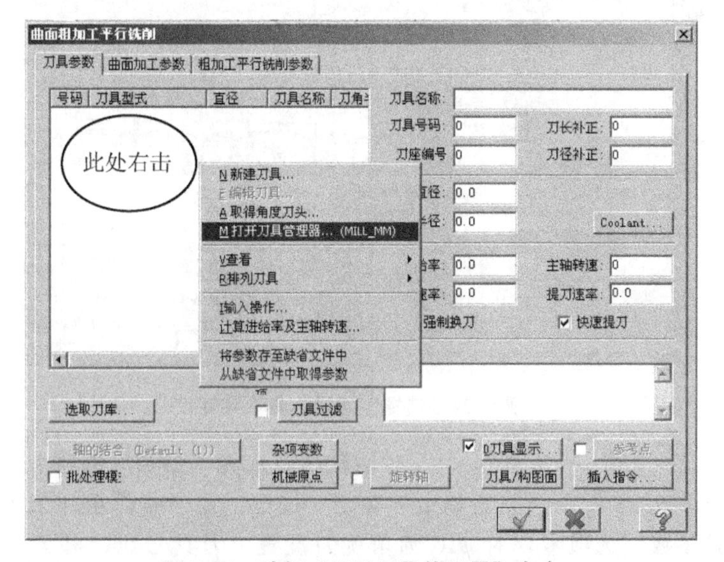

图 5.22　选择“打开刀具管理器”命令

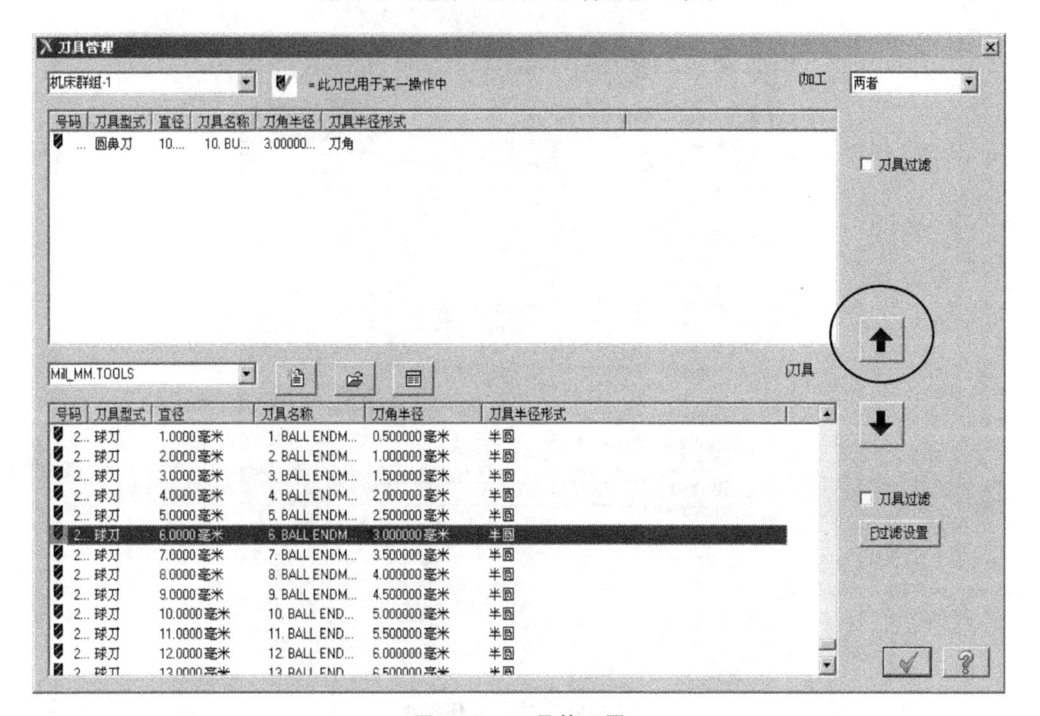

图 5.23　刀具管理器

在“曲面粗加工平行铣削”对话框中，鼠标指向需要编辑的刀具，右击，在弹出的快捷菜单中，选择“编辑刀具”命令，如图 5.24 所示。

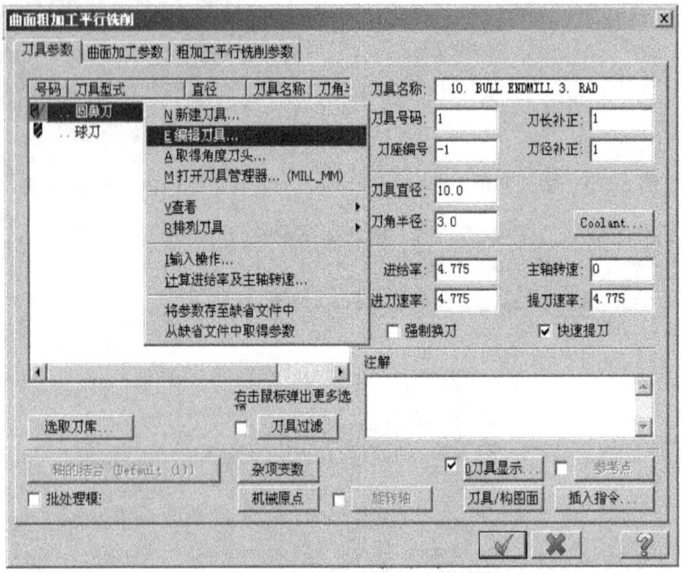

图 5.24　选择“编辑刀具”命令

在弹出的“定义刀具-机床群组-1”对话框中，选择“参数”选项卡，在对话框中编辑刀具参数，如图 5.25 所示。然后单击“确定”按钮。在“曲面粗加工平行铣削”对话框中选择“刀具参数”选项卡，对 $\phi 10$ 圆角铣刀设置“刀具号码”和刀具补正编号，如图 5.26 所示。

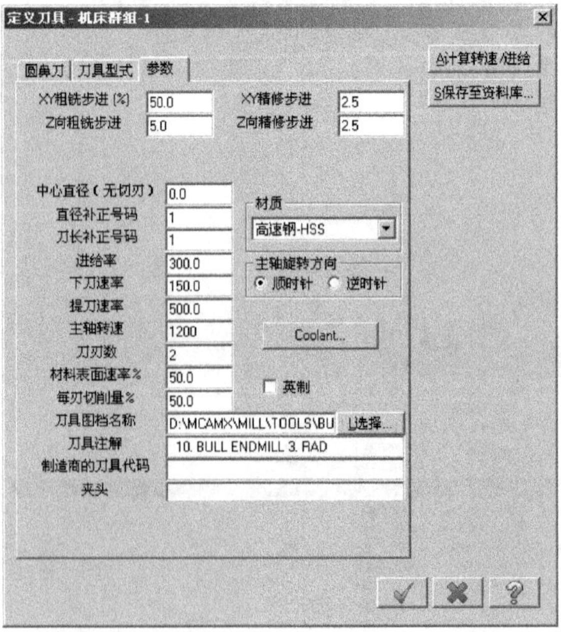

图 5.25　定义刀具参数

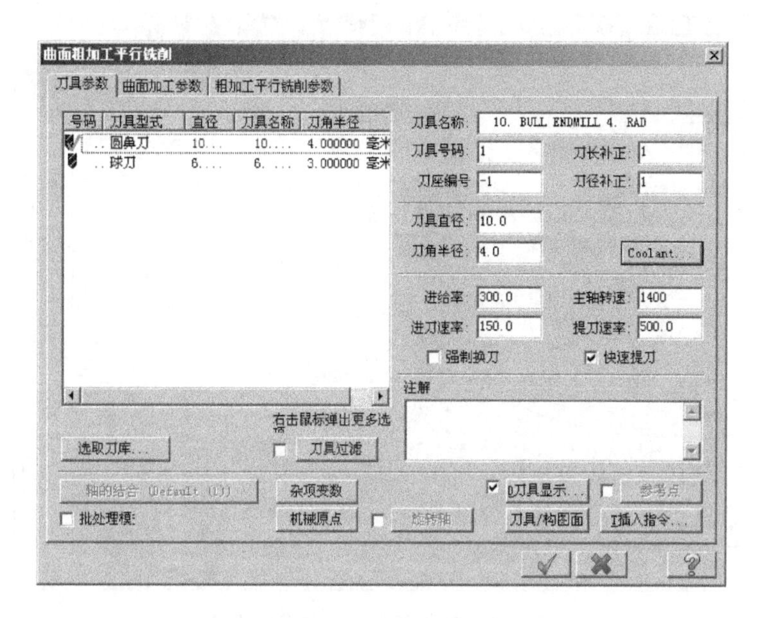

图 5.26　刀具参数设置

在曲面加工参数选项卡中设置精加工预留量为 0.5mm。“参考高度”其值为 3mm，“进给下刀位置”其值为 1mm，增量坐标，刀具在 Z 方向从参考高度快速移动进给下刀位置，然后从进给下刀位置切入工件。曲面加工参数设置如图 5.27 所示。

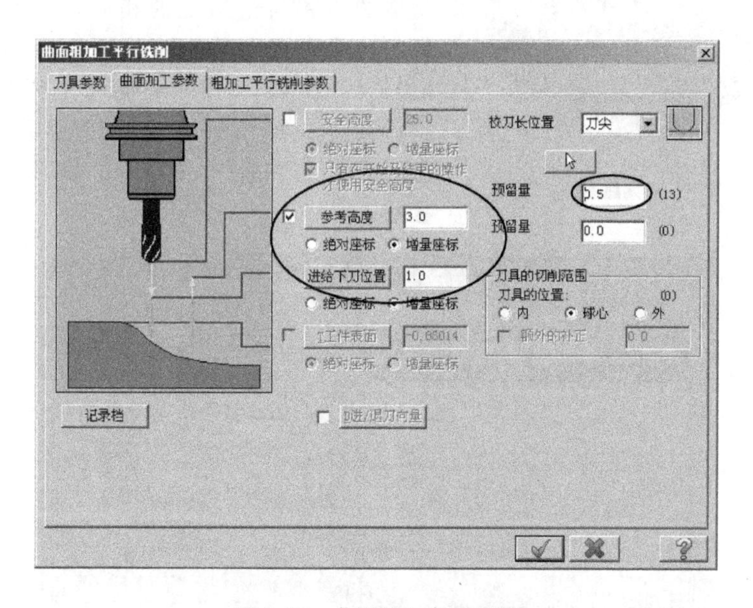

图 5.27　曲面加工参数设置

在“粗加工平行铣削参数”选项卡中设置切削方式为双向，这样可以使刀具在切削方向的两端下刀，反复切削曲面，提高加工效率。定义下刀点设置为允许刀具沿面上升或下降切削，可以使刀具在切削曲面时在 Z 轴方向连续切削，如图 5.28。单击“确定”按钮，系统自动生成刀具路径如图 5.29 所示。

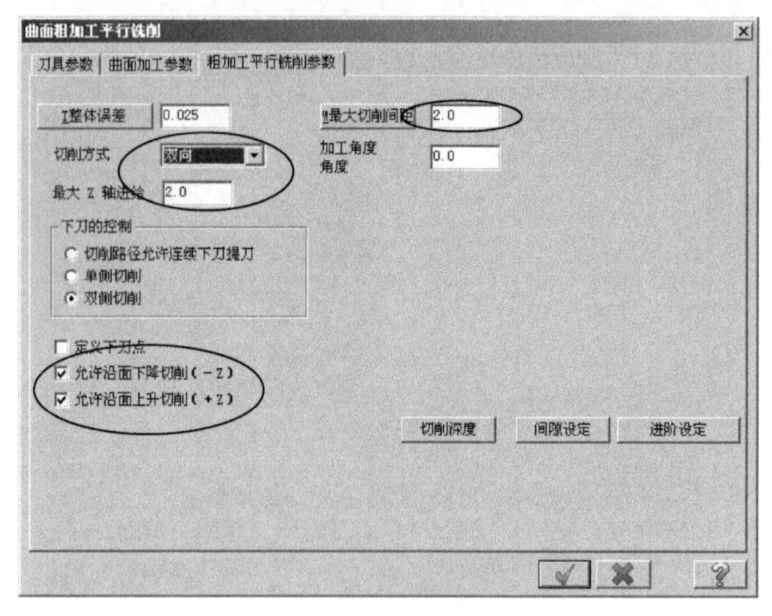

图 5.28　粗加工平行铣削参数设置

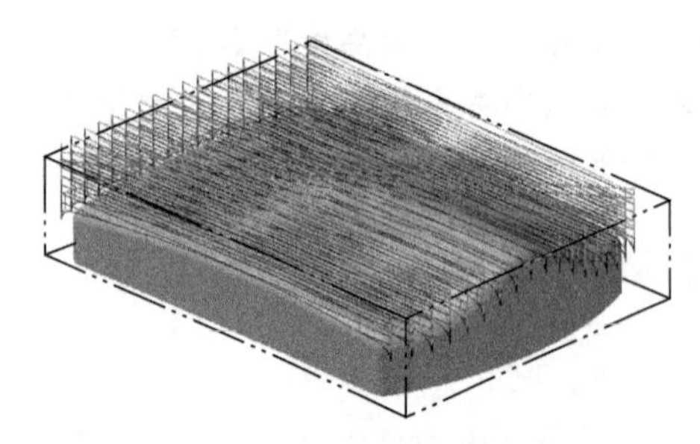

图 5.29　刀具路径

(2) 精加工：选择“刀具路径”→“曲面精加工”→“精加工环绕等距”命令加工，弹出选取工件曲面对话框。选取要加工的曲面和干涉曲面，选取的步骤与粗加工的相同，可参考图 5.19～5.21，然后在“刀具路径选取”对话框中单击“确定”按钮，弹出“曲面精工环绕等距”对话框，如图 5.30 所示。在“刀具参数”选项卡中设置刀具，从刀库中选取 $\phi6$ 球刀，并设置刀具参数。

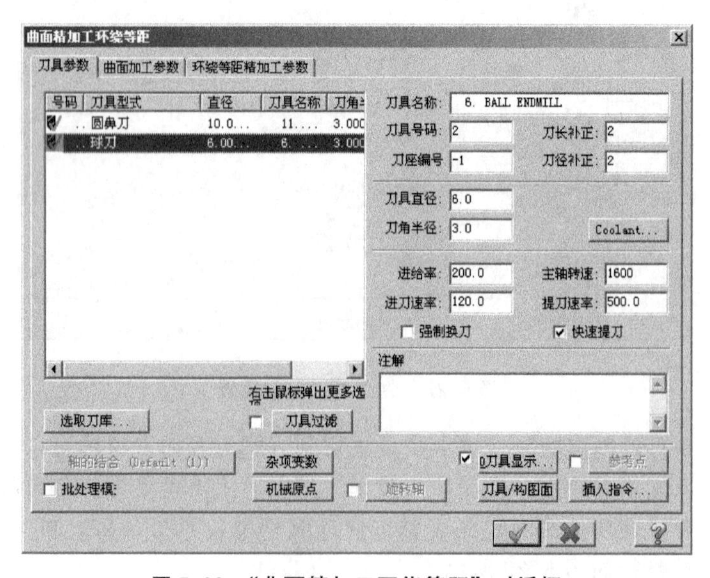

图 5.30　“曲面精加工环绕等距”对话框

在“环绕等距精加工参数”选项卡中将最大切削间距设置为 0.1，整体误差设为 0.025，如图 5.31 所示。单击“确定”按钮后，系统自动生成刀具路径如图 5.32 所示。

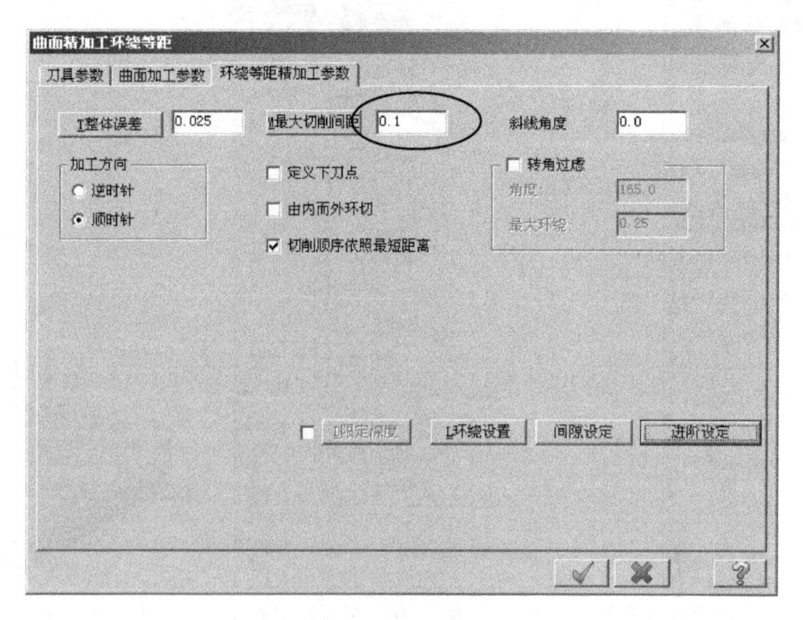

图 5.31　环绕等距精加工参数设置

4. 模拟仿真

刀具路径生成后，为了检验加工方法是否可行，是否达到加工要求以及有没有干涉、过切等现象，需要进行模拟加工。

在刀具管理器中单击“选取全部操作”按钮，然后单击“验证已选择的操作”，如图 5.33 所示。单击“验证已选择的操作”按钮后弹出“实体切削验证”对话框，如图 5.34 所示。设定模拟图像品质和模拟速度，单击“机器”按钮进行实体验证。模拟加工效果如图 5.35 所示。

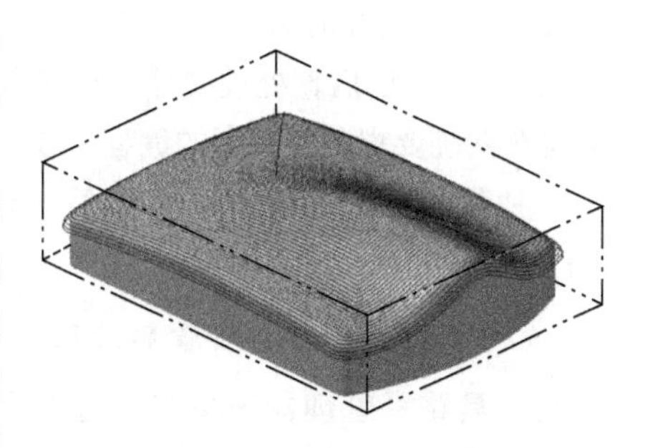

图 5.32　精加工刀具路径

5.3.5　后置处理

数控机床是按 NC 程序进行加工的。大多数 CAM 软件生成程序时，首先是生成刀位文件，然后再通过自带的后处理文件，将刀位文件编译成 NC 程序。刀位文件是反映刀具运动轨迹的文件，它是 CAM 软件按照编程员的加工工艺，以假定工件固定不动，刀具运动的原则，由软件计算产生的。由于不同的数控机床采用的控制系统的指令是不同的，CAM 软件的供应商，为使软件能够通用化，首先产生刀位文件，然后再根据具体的控制系统，用后置处理工具，产生专用的后处理文件，并通过它将刀位文件编译成 NC 程序。

NC 程序的自动产生是受软件的后置处理功能控制的，不同的加工模块(如车削、铣削、线切割等)和不同的数控系统对应于不同的后处理文件。

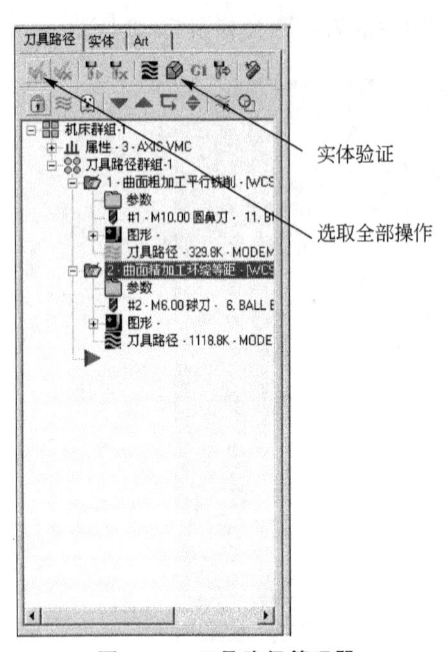

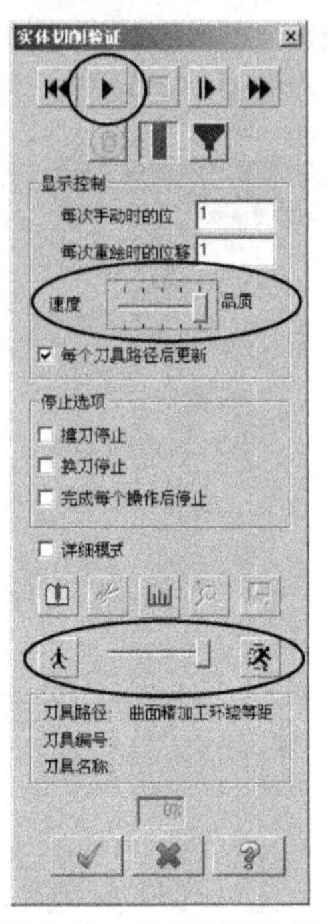

图 5.33　刀具路径管理器　　图 5.34　实体切削验证　　图 5.35　最终模拟加工图

软件当前使用的后处理文件，是在软件安装时设定的，而在具体应用软件进行编程之前，一般还需要对当前的后处理文件根据具体的机床进行必要的修改和设定，以使其符合系统要求和使用者的编程习惯。

Mastercam 的后置处理文件其扩展名为 .PST，用户可以根据自己的需要对其进行改写，以便其符合系统要求和使用者的编程习惯。这里使用两种方法生成适用 FANUC 系统的 NC 程序。

一种是利用 Mastercam 自带后处理文件生成 NC 程序。另一种是使用 IMSPOST 生成 NC 程序。

1. 利用 Mastercam 自带后处理生成 NC 程序

在刀具路径管理器中单击“选取全部操作”和“后处理已选择的操作” G1 按钮，弹出“后处理程式”对话框，选中“NC 文件”和“编辑”复选框，如图 5.36 所示。

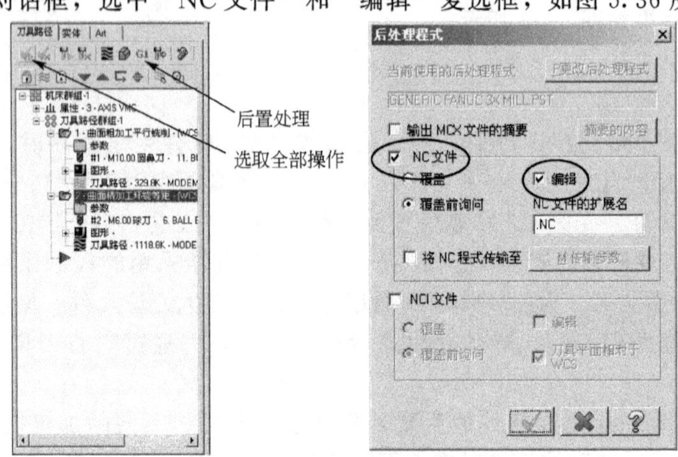

图 5.36　后处理过程

单击“确定”按钮并选择保存路径后，弹出 Mastercam X 编辑器，在编辑器中可以编辑和传输 NC 程序，如图 5.37 所示。NC 程序的格式是 .txt，用户可在其他字处理软件如 Word、写字板、记事本中进行编辑。

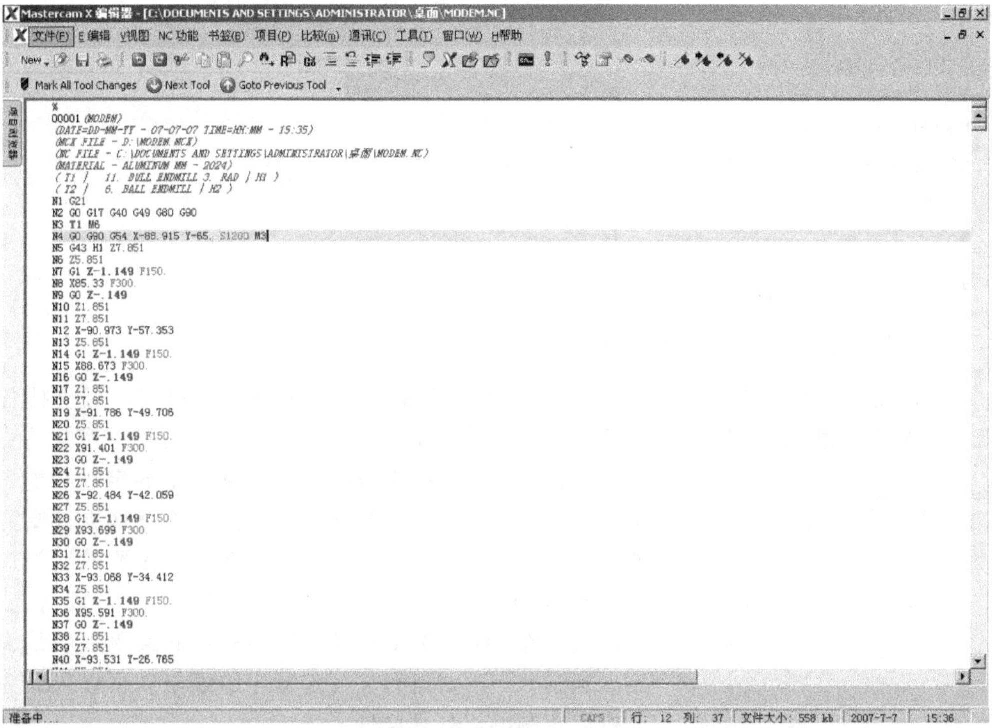

图 5.37　Mastercam X 编辑器

生成 NC 程序如下。

```
%
O0001(MODEM)
(DATE=DD-MM-YY-07-07-07 TIME=HH:MM-15:35)
(MCX FILE-D:\MODEM.MCX)
(NC FILE-C:\DOCUMENTS AND SETTINGS\ADMINISTRATOR\桌面\MODEM.NC)
(MATERIAL-ALUMINUM MM-2024)
(T1|11. BULL ENDMILL 3. RAD|H1)
(T21|6. BALL ENDMILL|H2)
N1 G21;
N2 G0 G17 G40 G49 G80 G90;
N3 T1 M6;
N4 G0 G90 G54 X-88.915 Y-65. S1200 M3;
N5 G43 H1 Z7.851;
N6 Z5.851;
N7 G1 Z-1.149 F150;
N8 X85.33 F300;
```

```
N9 G0 Z-.149;
N10 Z1.851;
…
N9247 X11.984 Y-.02 Z- 5.157;
N9248 G0 Z-4.157;
N9249 Z-2.157;
N9250 M5;
N9251 G91 G28 Z0;
N9252 G28 X0. Y0;
N9253 M30;
%
```

程序过长，中间部分省略。

2. 利用 IMSPOST 生成 NC 程序。

IMSPOST 是 IMS 公司为用户提供的基于宏汇编的后处理程序编辑器，可支持各种 CAD/CAM 软件生成的刀位文件的后置处理，并提供了多种后置处理文件库，可支持更广泛的数控机床。同时它也提供了非常丰富的定制功能，可生成任意形式的后置处理文件，从而可更好地提供支持高速加工、多轴加工的后置处理。所有用户需要的后处理程序都可以通过执行 IMSPOST 后生成。在大多数情况下，用户只需在 IMSPOST 软件的对话窗口和菜单项中编辑和定义宏参数，不必进行任何宏程序的编制就可以得到为自己机床定制的后处理文件。

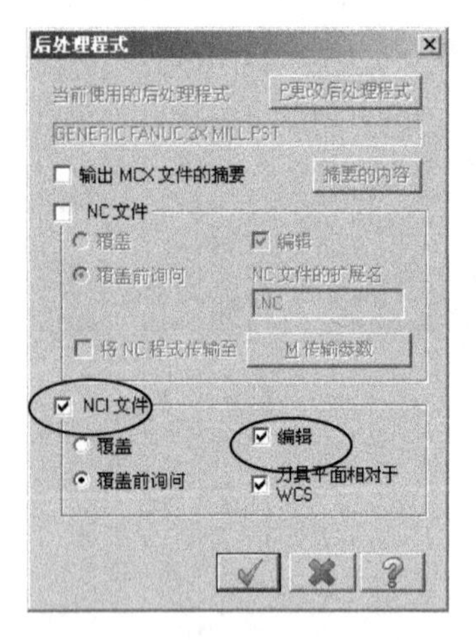

图 5.38 “后处理程式”对话框

生成 NC 程序实际上是翻译刀位文件，所以需要使用 Mastercam X MR2 生成刀位文件，其扩展名为 .NCI。

在 Mastercam X MR2 生成刀位文件方法和生成方法相似，只是在“后处理程式”对话框种的选项不同，如图 5.38 所示。

单击“确定”按钮后选择保存路径后，系统生成 NCI 程序。

```
1050
10 35 7 7 2007 14 42 32 D:\MODEM.MCX
1051
3-AXIS VMC
1053
机床群组-1
1011
0.0.0.0.0.0.0.0.0.0.
1012
2 0 0 0 0 0 0 0 0 0
1013
```

```
0 10.3.1 1 0.0.0.14 D:\MCAMX\MILL\TOOLS\BULLMILL.mcx
1014
1.0.0.0.1.0.0.0.1.
1016
1 19 5 1 0.0.0.41 0 1 3 0 0.-1 0 1 1
1017
1.0.0.0.1.0.0.0.1.
950
0 0 0 1096 0 0 0 0 0 0 0 0 0 0 0 0 0 0 0 0 0 0 0 0 0 0
1025
0 0 0 0 0 0 0 0 0 0 0 0 0 0 0 0 0 0 0 0 0 0 0
...
```

打开 IMSPOST，界面如图 5.39 所示。选择“文件”→“打开”命令，弹出“打开文件”对话框，选择所需机床库文件，这里选择的是 FANUC0 库系统，如图 5.40 所示。

进入编辑界面，如图 5.41 所示，可以对机床系统库文件进行编辑(这里不作介绍)。然后在 IMSPOST 主菜单中选择“执行”→“后处理”命令，在图 5.42 所示的“执行后处理”窗口的输入文件栏中选择要转换 NCI 文件，在“输出文件”栏中输入文件名，在刀轨类型栏中选择 MASTERCAM NCI MILL 类型，然后单击“执行”按钮，窗口就会显示转换进度。

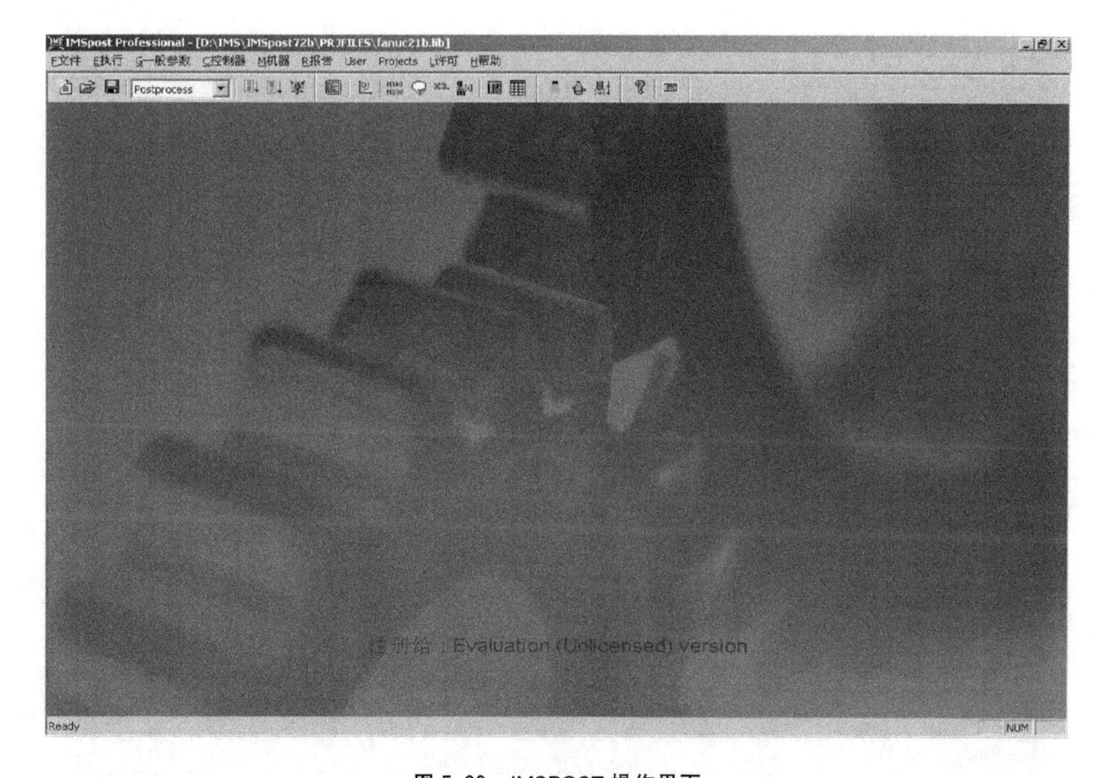

图 5.39　IMSPOST 操作界面

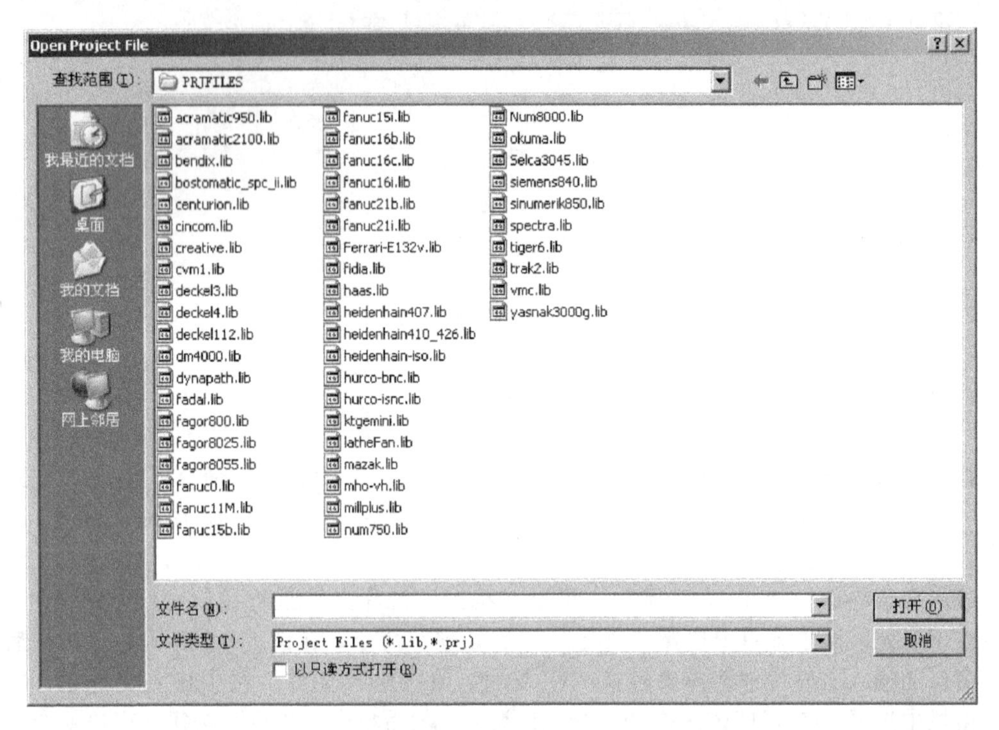

图 5.40 “打开文件”对话框

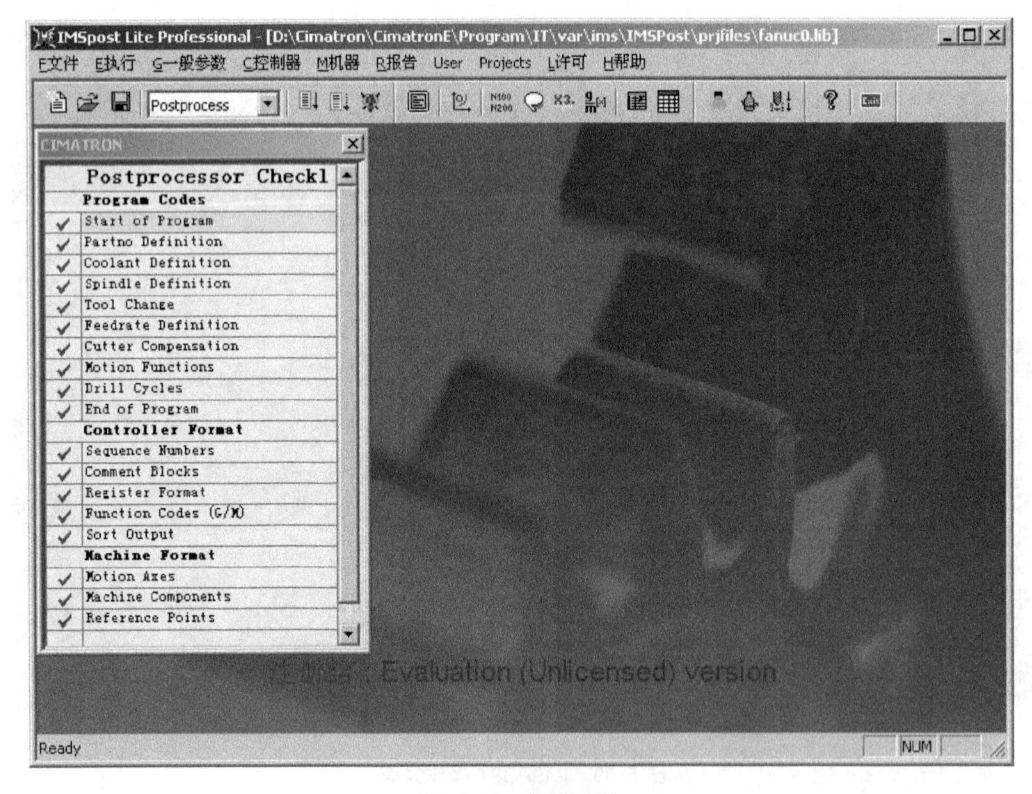

图 5.41 编辑界面

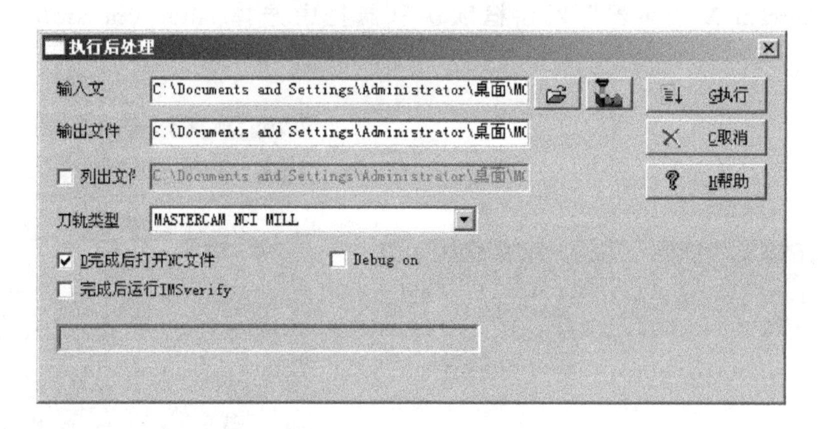

图 5.42　执行后处理

利用 IMSPOST 还可以转换如 CATIA、DELCAM、CIMATRON、PRO/E、UG 等其他 CAM 软件产生的刀位文件，只需要在刀轨类型栏中选择对应的类型。

生成 NC 程序如下。

```
%
O0001
N1 G40 G49 G17 G80 G0 G90
N2 G54
N1 T1 M6
N2 X-88.9152 Y-65.S1200 M3
N3 G43 Z7.8506 H1
N4 Z5.8506
N5 G1 G94 Z-1.1494 F150.
N6 X85.33 F300.
N7 G0 Z-.1494
N8 Z1.8506
N9 Z7.8506
N10 X-90.9728 Y-57.3529
N11 Z5.8506
N12 G1 Z-1.1494 F150.
N13 X88.6726 F300.
…
```

5.3.6　程序的传输和加工

利用 Mastercam X MR2 自带的编辑器可以将生成 NC 程序传输到数控机床进行加工。

操作顺序：首先完成机床接受文件的准备，然后通过外部设备传输程序。具体操作过程因机床不同而有所区别，用户可参考机床操作说明书。

打开 Mastercam X 编辑器，首先设置通讯属性。选择“工具”→“选项”命令，在弹出的“Mastercam X 编辑器”对话框默认机器栏中选择 fanuc-0m. xml，如图 5.43 所示。

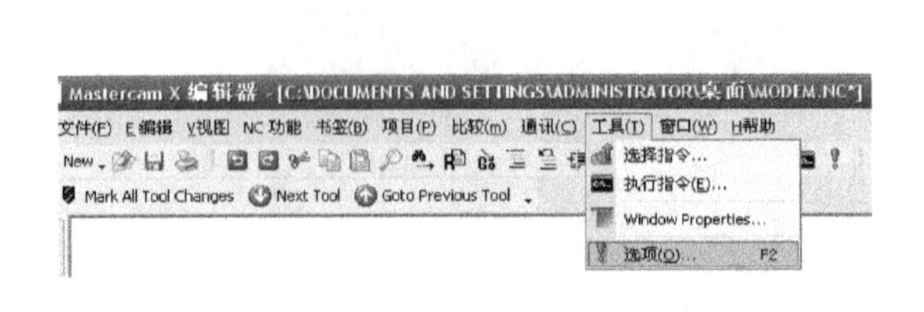

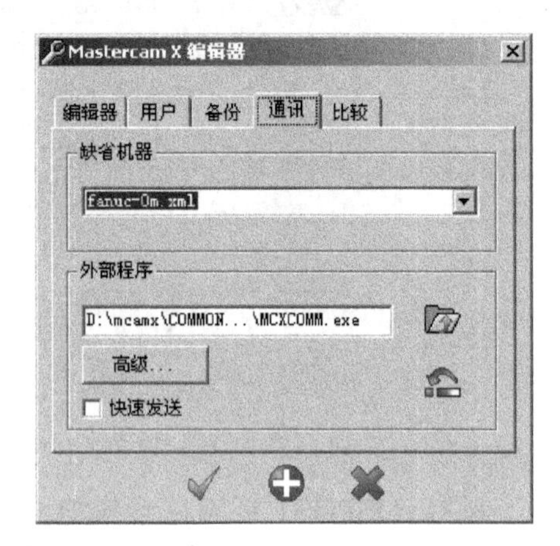

图 5.43　通讯属性设置

在 Mastercam X 编辑器中，选择“通讯”→“规划”命令，在弹出的“机床规划”对话框中设置参数，如图 5.44 所示。

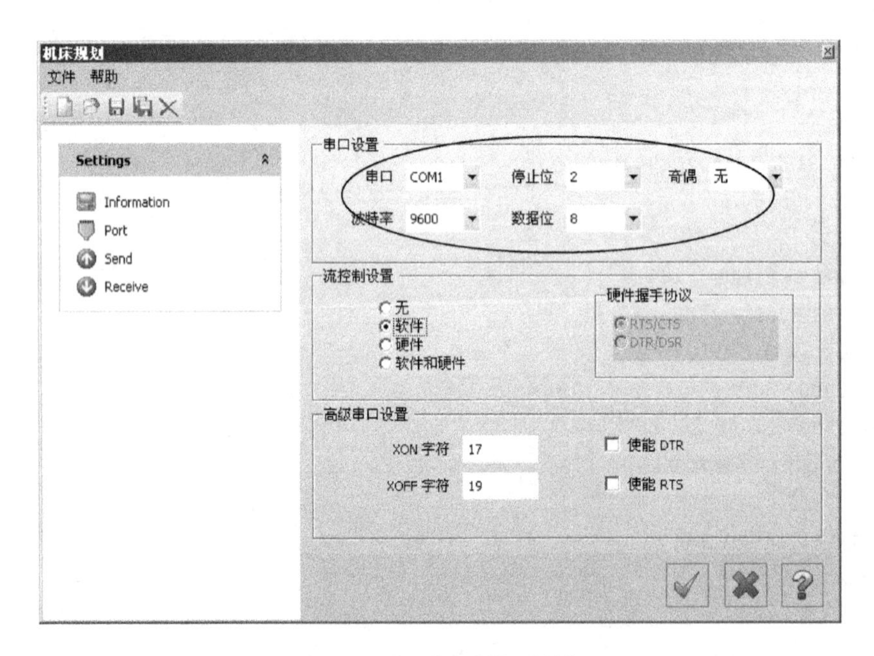

图 5.44　“机床规划”对话框

设置时需要注意，串口根据电缆线连接的计算机串口来确定。其他的参数设置根据数控机床来确定。波特率需要和机床的波特率一致。

选择“通讯”→“传送文件”命令，在弹出对话框中选择 NC 文件，单击“打开”按钮，弹出“传递状态”对话框，单击“传送”按钮，进入传送模式，如图 5.45 所示。如果程序过长，机床存储器不能完全容纳，可以选择 DNC 方式加工。

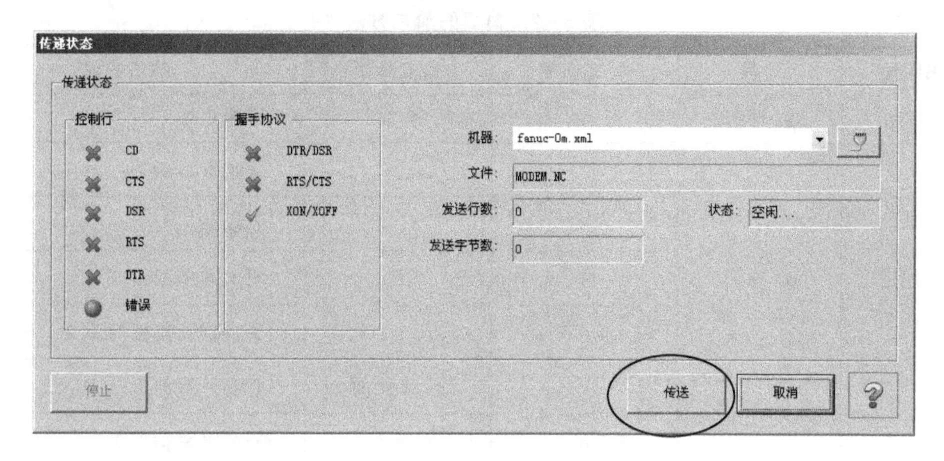

图 5.45 传送状态

5.4 音乐盒模型编程加工的流程

5.4.1 加工工艺介绍

毛坯选用 25mm 厚的有机玻璃板材，锯床下料后(亦可手锯)，在普通铣床上完成立方体 4 个侧面的加工，加工后的立方体尺寸为 65mm×90mm×25mm。

加工机床选用三轴立式数控铣床，毛坯在平口虎钳进行装夹(如图 5.46 所示)，工件的上表面的中心设定为工件坐标系的原点。

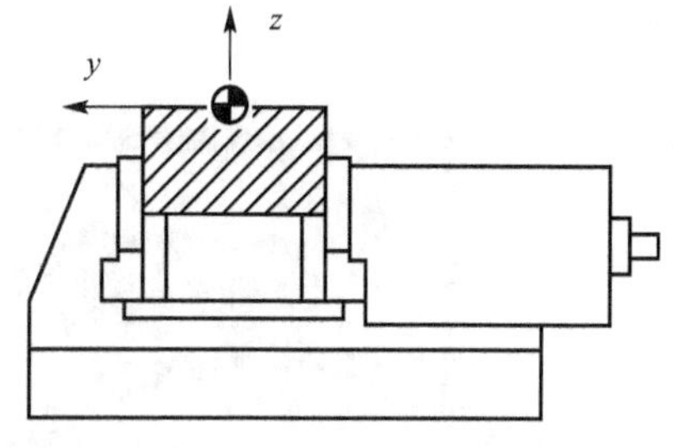

图 5.46 工件在平口虎钳上装夹

从模型图中可以观察到，毛坯有大量的余量需要去除。选用 $\phi6$ 的球刀进行粗加工，在粗加工和精加工之间安排半精加工，半精加工 $\phi4$ 的球刀。精加工采用 $\phi2$ 的球刀进行加工。

粗加工采用平行铣削，去除大量的余量，留加工余量为 0.6。半精加工根据不同的曲面特点采用不同的加工方法，主要采用等高外形加工、流线加工、浅平面加工、陡斜面加工。半精加工留加工余量为 0.2。

精加工主要是为了提高曲面的表面质量，并进行清根加工。确保模型的加工质量。采用的加工方法有：环绕等距精加工、放射状精加工、平行铣削精加工、交线清角精加工、残留清角精加工。

需要读者注意的是，同一曲面可以采用不同的加工方法，而一种加工方法又可以加工不同的曲面，因此曲面在选择加工方法时，需要对加工方法进行比较，尽量选择合理的曲面加工方法。

根据组成模型的不同曲面(如图 5.47 所示)的特点可采用不同的加工方法。加工方法见表 5-2。加工的模型如图 5.48 所示。

表 5-2　曲面的加工方法

加工阶段	刀具	加工顺序	加工曲面	加工方法
粗加工	ϕ6 球刀	1	全部	平行粗加工
半精加工	ϕ4 球刀	2	7、10、11	等高外形加工
		3	3、4	流线加工
		4	8	浅平面加工
		5、6	5、6、9	平行式陡斜面加工 0°、90°
		7	3、4 侧面	等高外形加工
精加工	ϕ2 球刀	8	6	环绕等距精加工
		9	5	放射状精加工
		10	7、10、11	环绕等距精加工
		11	9	放射状精加工
		12	1、2、3、4、8	平行铣削精加工
清根加工	ϕ2 球刀	13	全部	交线清角精加工
	ϕ1 球刀	14	全部	残料精加工

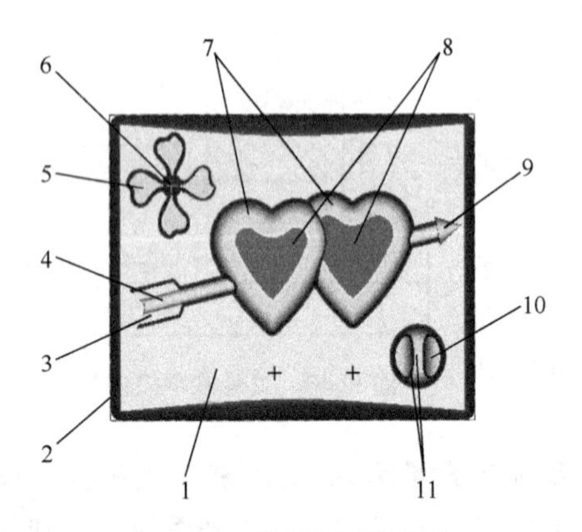

图 5.47　模型曲面的组成

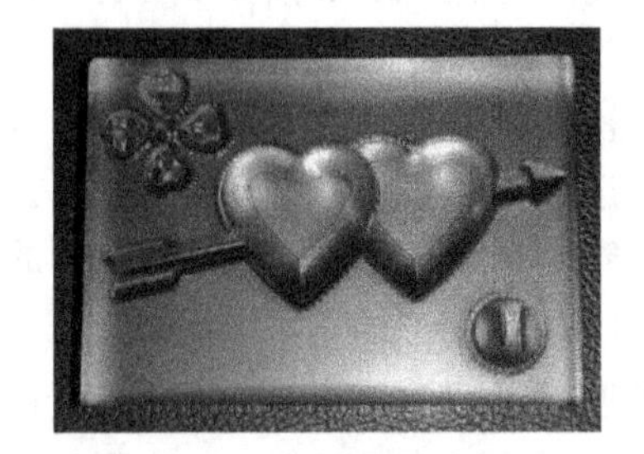

图 5.48　模型加工结果

图 5.49　模型导入

5.4.2　刀具路径

在 Master cam X MR2 中打开文件，旋转模型，结果如图 5.49 所示，并进行系统环境设置。

(1) 在“机床类型”菜单下选用三轴立式铣床。

(2) 在对象管理器中，选择“机器群组属性”下的“材料设置”选项卡，在弹出的对话框中进行材料设置，如图 5.50 所示。

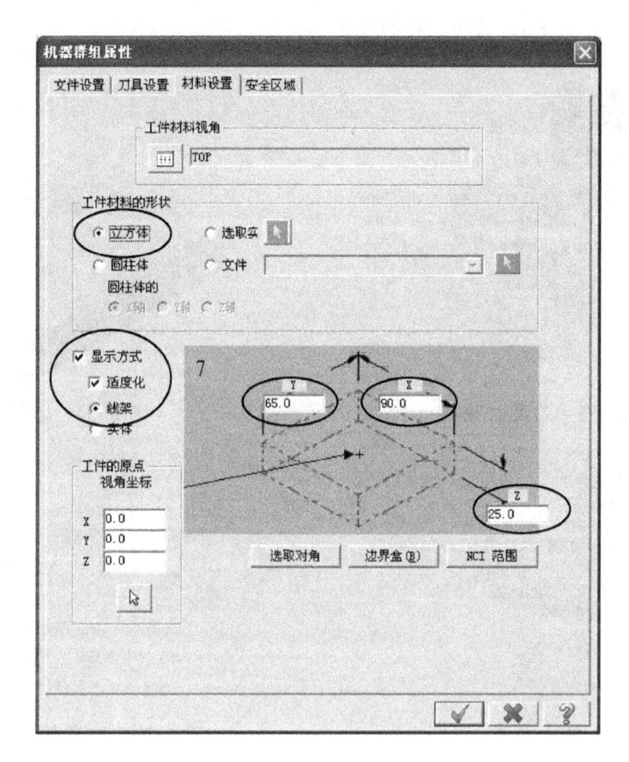

图 5.50　材料设置

1. 粗加工刀具路径设置

在“刀具路径”菜单下选择“曲面粗加工”→“粗加工平行铣削加工”命令，在“选取工件的形状”对话框中选中“凸”单选按钮(如图 5.51 所示)。通过“刀具路径选取”选取加工曲面，如图 5.52 所示。

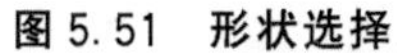

图 5.51　形状选择

图 5.52　加工曲面

在曲面粗加工平行铣削对话框中分别设置“刀具参数”、“曲面参数”、“粗加工平行铣削”等参数，具体方法参考之前的实例设置。

加工刀具路径、加工验证实体分别如图 5.53、图 5.54 所示。

2. 半精加工刀具路径设置

1) 等高外形加工

在“刀具路径”菜单下选择“曲面粗加工”→“粗加工等高外形加工”命令，选取加工曲面和干涉曲面，如图 5.55、图 5.56 所示。

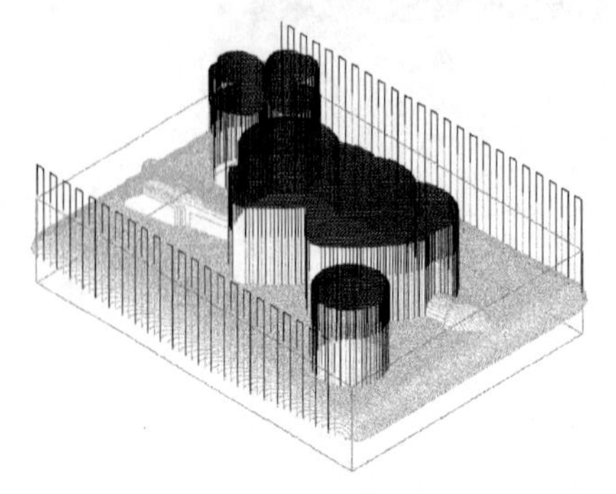

图 5.53　刀具路径

图 5.54　验证实体

图 5.55　加工曲面

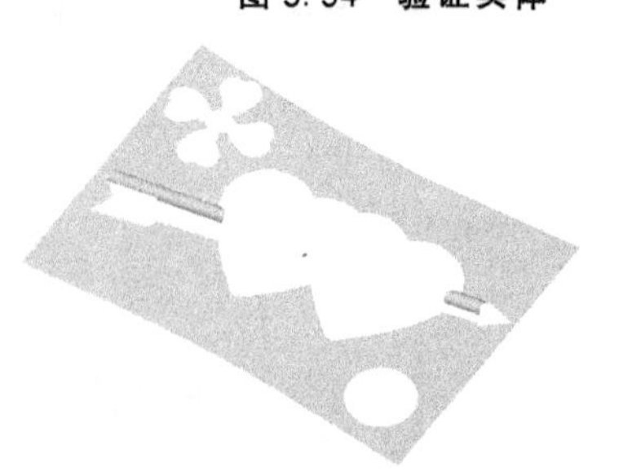

图 5.56　干涉曲面

在曲面粗加工等高外形对话框中设置“刀具参数”、“曲面参数”、“粗加工平行铣削”。等高外形加工的刀具路径、加工验证实体如图 5.57、图 5.58 所示。

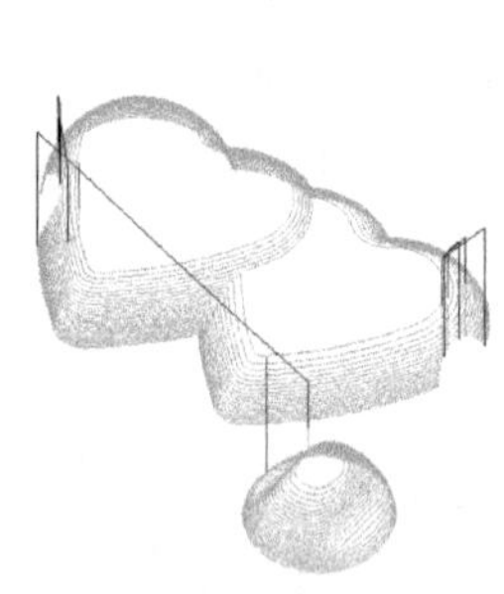

图 5.57　刀具路径

图 5.58　验证实体

2）流线加工

在“刀具路径”菜单下选择“曲面粗加工”→“粗加工流线加工”命令，选取加工曲面和干涉曲面，如图 5.59、图 5.60 所示。

图 5.59　加工曲面

图 5.60　干涉曲面

加工曲面由 5 部分组成，在进行曲面流线设置时注意每一个曲面的补正方向和切削方向(如图 5.61 所示)，如果方向选择错误，系统将无法生成刀具路径而报警。

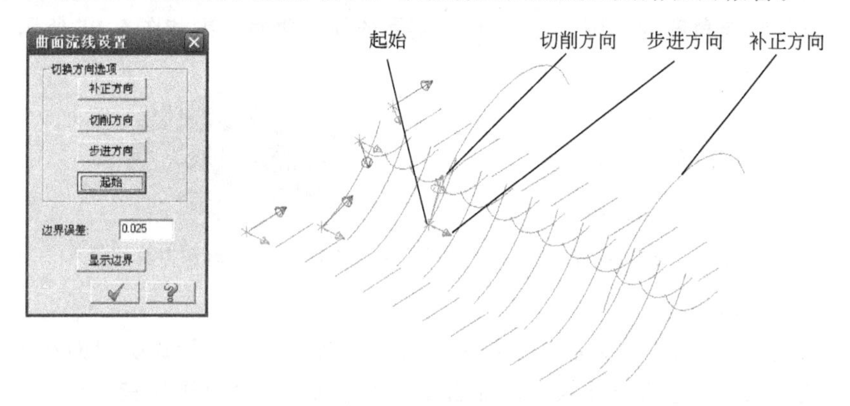

图 5.61　曲面流线设置

在“曲面粗加工流线”对话框中设置“曲面加工参数”时，需要对干涉面设置“预留量”，如图 5.62 所示，避免刀具在加工曲面时，损伤干涉面。

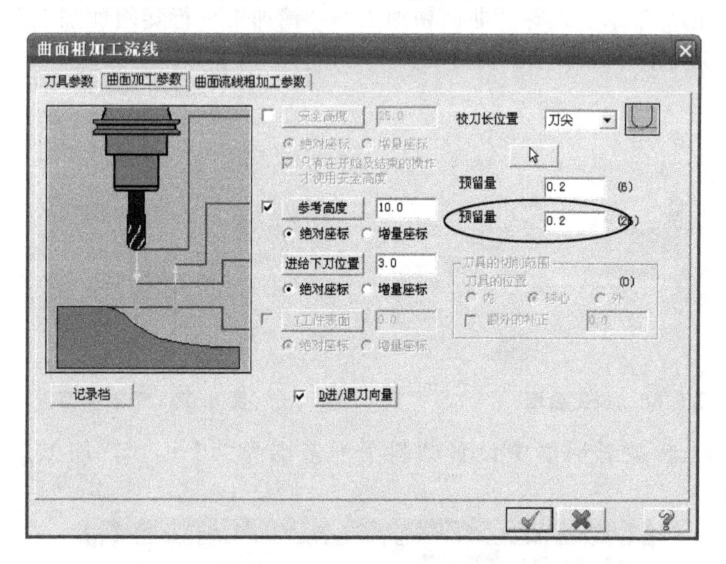

图 5.62　曲面加工参数设置

流线加工的刀具路径如图 5.63 所示。从图中可以看到由于刀具半径的影响，刀具在靠近曲面 8(箭头)的区域无法进行加工，需要在后续的加工中进行解决。

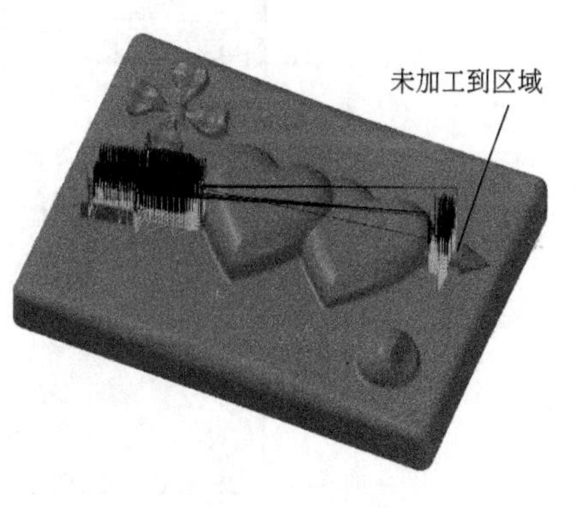

图 5.63　刀具路径

3) 浅平面加工

8(心的上表面)平面可以采用浅平面加工。在 Master cam X MR2 软件中，浅平面加工属于精加工，但仍可以把它用来作为粗加工使用。

在“刀具路径”菜单下选择“曲面精加工”→“精加工浅平面加工”命令，选取加工曲面如

图 5.64所示。在浅平面加工中，刀具实际加工的区域与在“浅平面精加工参数”对话框中设置的曲面倾斜角度的范围有关，实际的加工曲面依曲面倾斜角度的范围来确定。在浅平面加工中设置倾斜角度的范围为 0°～10°，实际的加工曲面范围如图 5.65 所示。

图 5.64 加工曲面

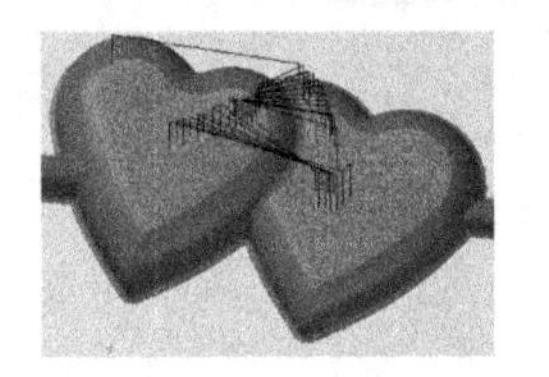

图 5.65 加工区域和刀具路径

4）0°、90°平行式陡斜面加工

5、6、9(见图 5.47)三部分曲面采用平行式陡斜面加工。平行式陡斜面加工与浅平面加工不同，陡斜面加工适合于比较陡峭的曲面，浅平面加工适合于比较平缓的曲面。5、6部分的曲面比较倾斜，适合平行式陡斜面加工。

采用平行式陡斜面加工的曲面，设置多个不同的加工角度(进刀方向)加工，可以保证曲面上不同方向陡斜面均可被加工到。

在“刀具路径”菜单下选择“曲面精加工”→“精加工平行陡斜面加工”命令，选取加工曲面如图 5.66、图 5.67 所示。

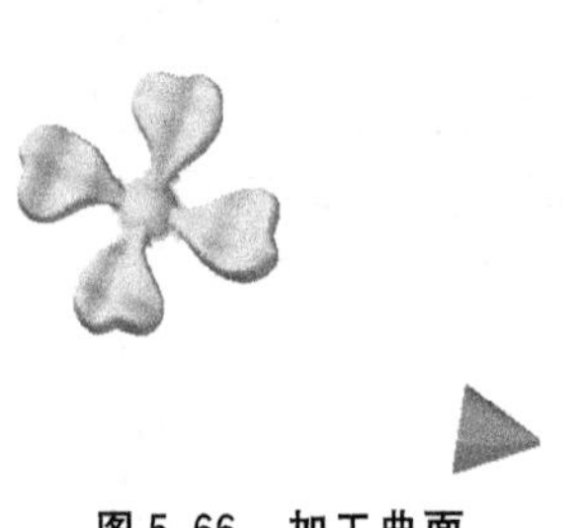

图 5.66 加工曲面

图 5.67 干涉曲面

在陡斜面加工参数对话框中设置倾斜角度范围为 50°～90°，加工角度为“0”，如图 5.68所示。

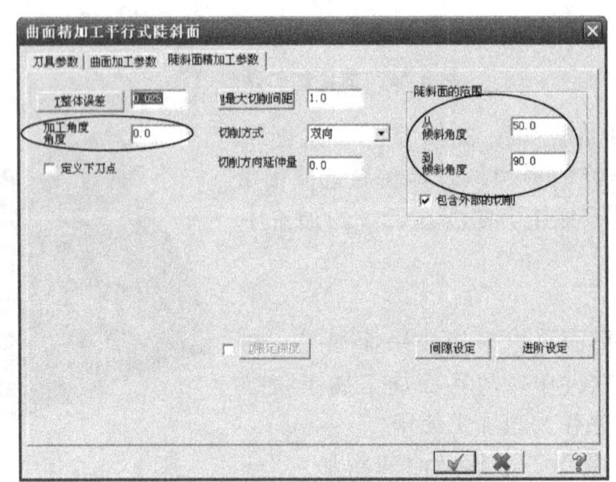

图 5.68 陡斜面精加工参数设置

加工角度为 90°的平行式陡斜面可通过对已有的 0°平行式陡斜面加工的复制，并对复制的加工方法仅仅修改加工角度来完成。

对 90°陡斜面加工进行复制具体步骤如下。

在对象管理窗口中，鼠标指向 90°陡斜面加工，右击，在弹出的快捷菜单中选择“复制”命令，如图 5.69 所示。然后移动红色箭头 ▶ 到指定的位置，右击，在弹出的快捷菜单中选择“粘贴”命令。即可完成加工方法的复制。

对复制的加工方法进行修改的具体步骤如下。

单击复制的加工方法前的折叠符号⊞，使得加工方法展开，如图 5.70 所示，折叠符号⊞变为展开符号⊟，选择“参数”命令，打开“曲面精加工平行式陡斜面”对话框，在对话框中选择“陡斜面精加工参数”选项卡，如图 5.68 所示，在图 5.68 所示页面中设置加工角度为 90°。

同样，读者可通过单击“图形”下的加工曲面、干涉曲面可打开“刀具路径选取”对话框，设置加工曲面和干涉曲面。

两次陡斜面加工加工的刀具路径如图 5.71 所示，从图中可以看到加工角度为 0°、90°的两次切削，刀路构成网状，将刀具行距间的波峰切除，提高了表面的加工质量。

半精加工实体验证所形成的实体如图 5.72 所示，图中的 3、4 侧面的余量比较大，需要进行切削。比较适合的方法是等高外形加工。

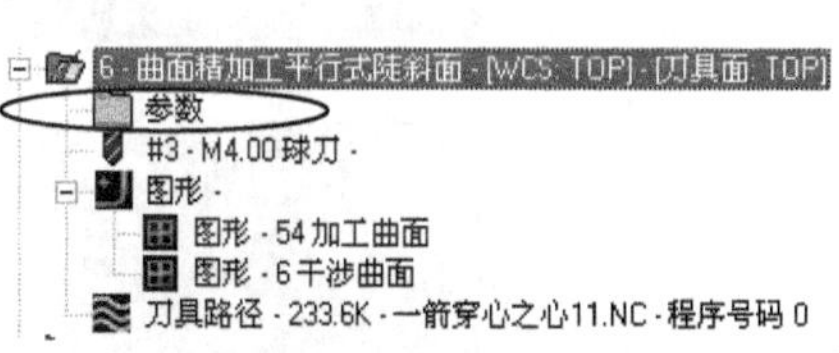

图 5.70 参数设置

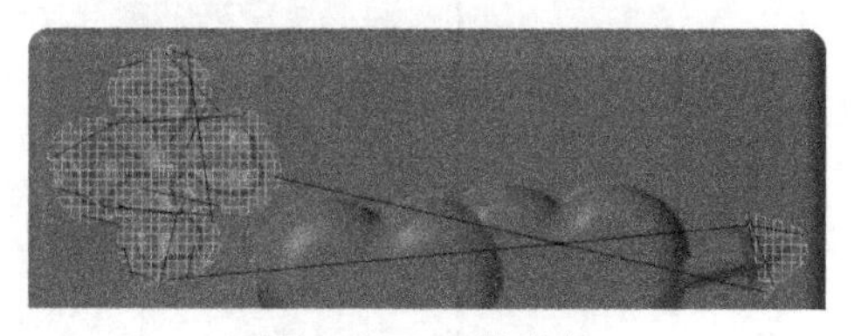

图 5.71 刀具路径

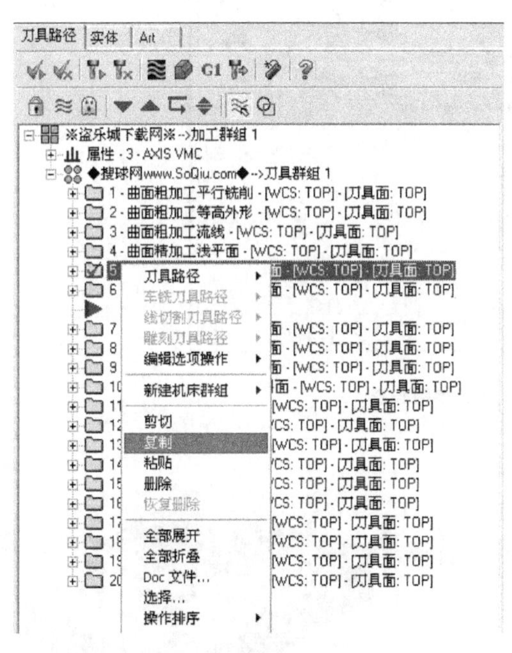

图 5.69 加工方法的复制

图 5.72 加工实体

5) 再次等高外形加工

在“刀具路径”菜单下选择“曲面精加工”→“精加工等高外形”命令，选取加工曲面、干涉曲面如图 5.73、图 5.74 所示。加工曲面选择时，应避免选择箭头尾部的圆缺口，圆缺口曲面由 3 部分组成，曲面变化剧烈，抬刀、下刀次数比较多。读者可自行通过刀具路径验证。

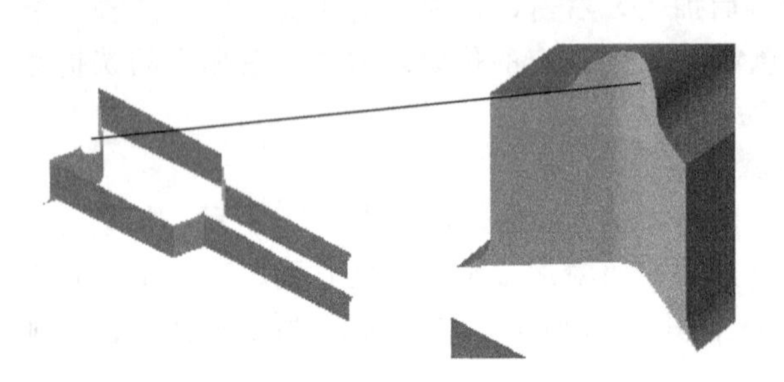

图 5.73　加工曲面　　　　图 5.74　干涉曲面

在进行“曲面加工参数”设置时，需要注意干涉面的余量应当小于 0.2，如图 5.75 所示，如果干涉面的余量等于 0.2，4 侧面将无法加工；如果干涉面的余量大于 0.2，则无法生成刀具路径。刀具路径如图 5.76 所示。

半精加工实体验证的效果如图 5.77 所示。

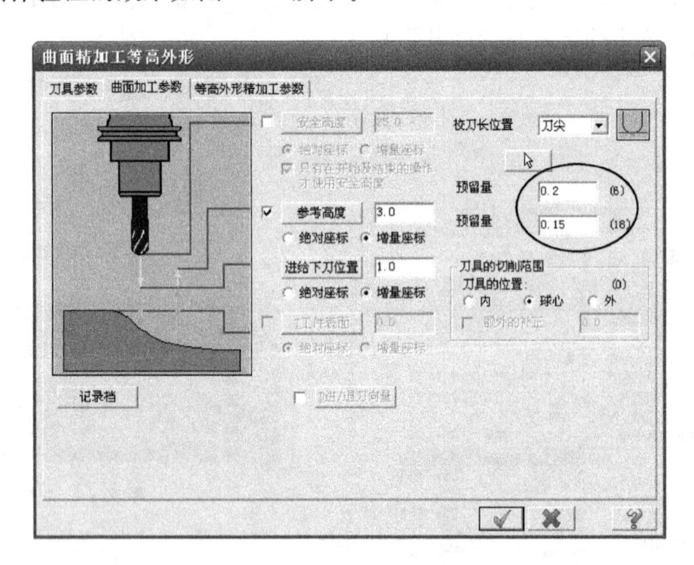

图 5.75　曲面加工参数设置

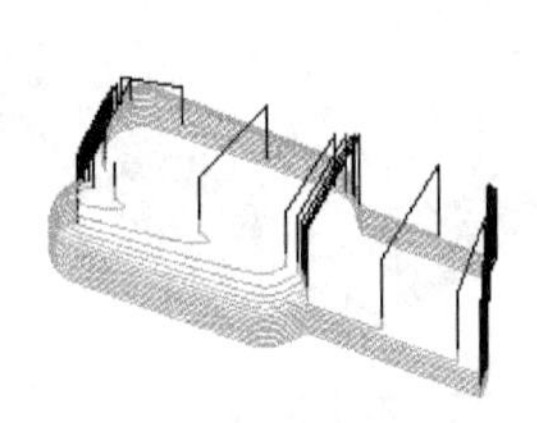

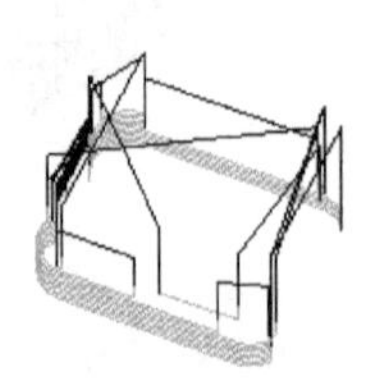

(a) 干涉面加工余量小于0.2　　(b) 干涉面加工余量等于0.2

图 5.76　刀具路径

图 5.77　半精加工实体验证

3. 精加工刀具路径设置

1）环绕等距加工

考虑刀具的走刀纹路，模型左上角的花心和花瓣分别采用不同的加工方法，花心采用环绕等距加工而花瓣采用放射加工。加工曲面选择时，需要注意花心和花瓣的连接。

在“刀具路径”菜单下选择“曲面精加工”→“精加工环绕等距加工”命令，选取加工曲面和干涉面如图5.78、图5.79所示。环绕等距加工的刀具路径如图5.80所示。

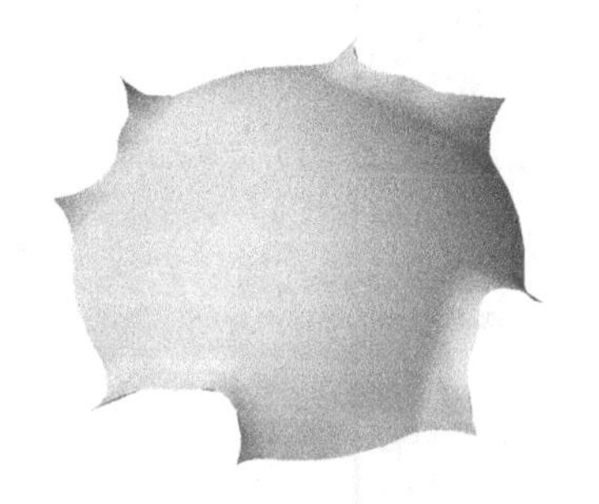

图5.78 加工曲面

图5.79 干涉曲面

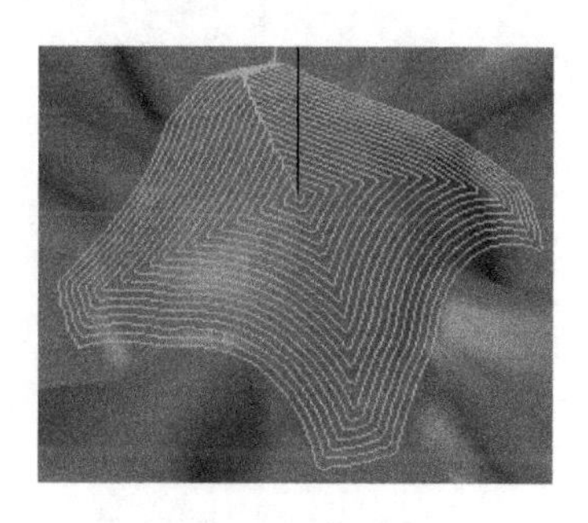

图5.80 刀具路径

2）放射状加工

在“刀具路径”菜单下选择“曲面精加工”→“精加工放射状”命令，选取加工曲面和干涉曲面如图5.81、图5.82所示。

图5.81 加工曲面

图5.82 干涉曲面

在放射状加工中需要设定放射点，放射点需要在Master Cam X MR2软件中作辅助点，但也可以预先在Pro/E中作出，辅助点位于工件表面，花心的中点。

“放射状精加工参数”的设置如图5.83所示，合理的设置“起始补正距”，可保证花瓣的加工，起始补正距的值应大于花心外接圆的最大直径，花心、花瓣的连接处可通过后续的交线清角和残留清角加工。

放射状加工的刀具路径如图5.84所示。

3）环绕等距加工

7、10、11曲面采用环绕等距加工。在“刀具路径”菜单下选择“曲面精加工”→“精加工环绕等距”命令，选择加工曲面和干涉曲面如图5.85、图5.86所示。

环绕等距的刀具路径如图5.87所示。

两颗心和旋钮亦可分别使用放射状加工，放射状加工时需要设置放射点，放射点不同，刀具路径不同。图 5.88 为“一颗心”在其他加工条件不变的情况下，选择不同的放射点的刀具路径。读者亦可使用放射状加工，设置“旋钮”的刀具路径。

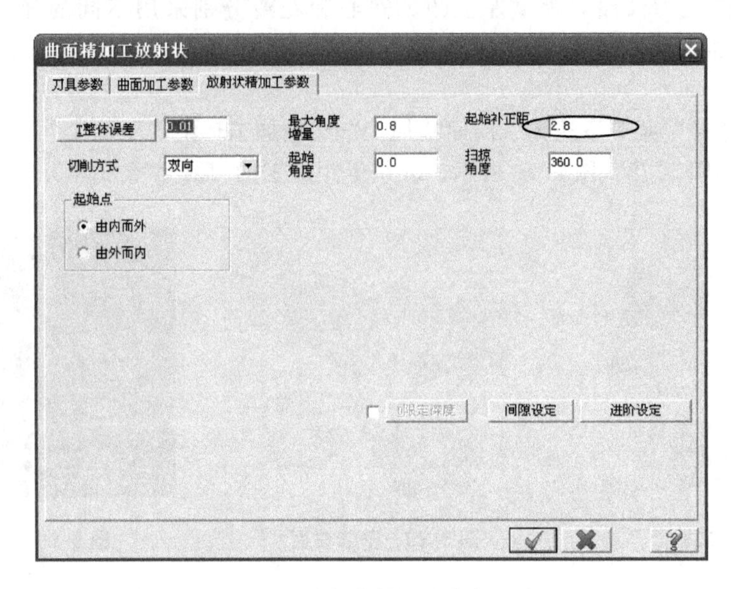

图 5.83　放射状精加工参数设置

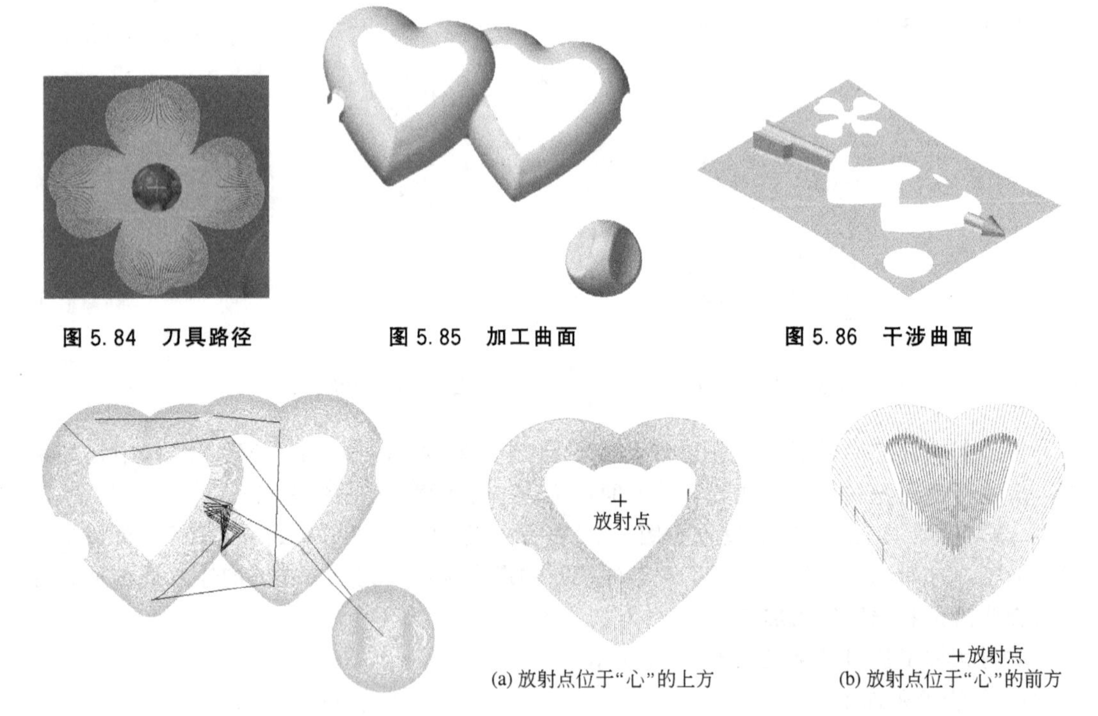

图 5.84　刀具路径　　图 5.85　加工曲面　　图 5.86　干涉曲面

图 5.87　刀具路径　　图 5.88　刀具路径

4）放射状加工

箭头的尖部为扇形的曲面，可视为放射成型，此曲面选用放射状刀具路径加工，大大缩短了走刀路线，提高了加工效率，而且刀路与表面流向一致，表面质量高，视觉效果好。

在“刀具路径”菜单下选择“曲面精加工”→“精加工放射状”命令，选取加工曲面和干涉曲面如图 5.89、图 5.90 所示。放射点位于箭头轴上，并合理设置起始补正距离，如图 5.91 所示。

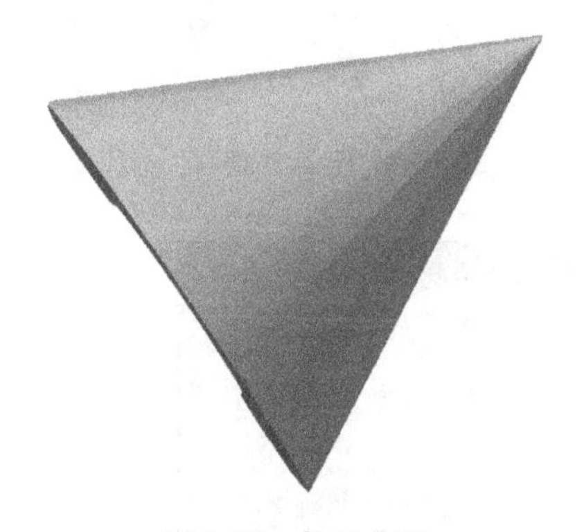

图 5.89　加工曲面

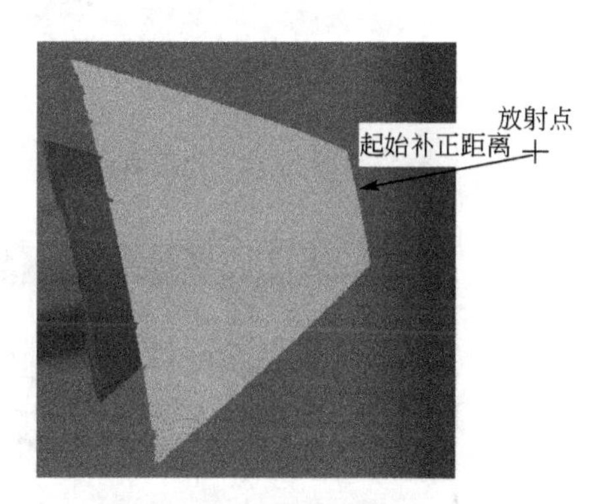

图 5.90　干涉曲面

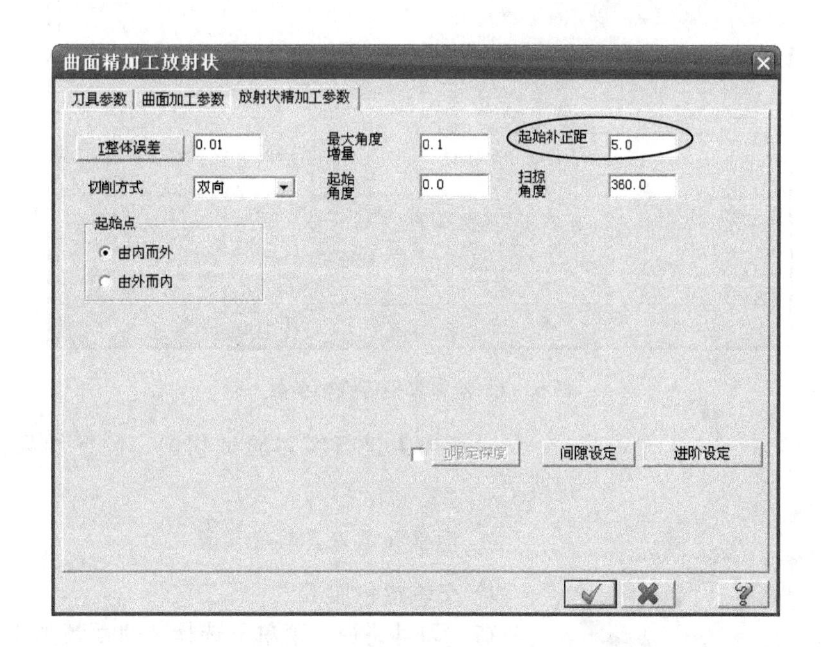

图 5.91　放射状精加工参数设置

5）平行铣削加工

剩余的 1、2、3、4、8(见图 5.47)曲面采用平行铣削，平行铣削时需要注意刀具的加工角度，使得刀具的走刀路线与“箭”的中心线平行，确保曲面表面的纹路方向与“箭”的轴向相同。

在“刀具路径”菜单下选择“曲面精加工”→“精加工平行铣削”命令，选择加工曲面和干涉面如图 5.92、图 5.93 所示。

精加工平行铣削参数的加工角度设置为 12.5°，如图 5.94 所示。

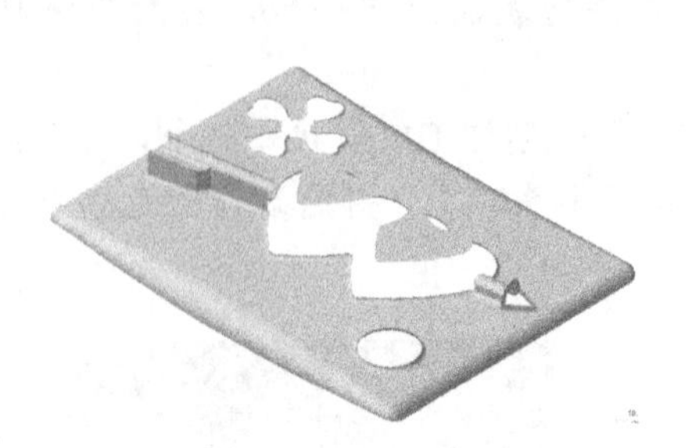

图 5.92　加工曲面

图 5.93　干涉曲面

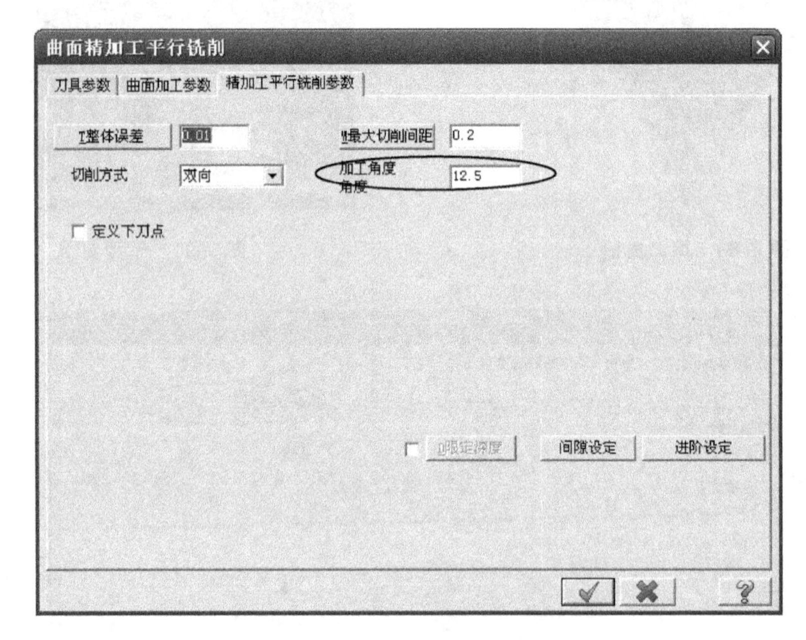

图 5.92　精加工平行铣削参数

图 5.95　实体验证

对精加工进行实体验证切削，验证结果如图 5.95 所示。

4. 清根加工刀具路径设置

1）交线清角加工

在“刀具路径”菜单下选择“曲面精加工”→“精加工交线清角加工”命令，选取所有面为加工曲面，“交线清角精加工参数”的设置如图 5.96 所示，交线清角的刀具路径如图 5.97 所示。

2）残料加工

在“刀具路径”菜单下选择“曲面精加工”→“精加工残料加工”命令，选取所有面为加工曲面，“残料清角精加工参数”的设置如图 5.98 所示，“残料清角的材料参数”的设置如图 5.99 所示，残料清角的加工的刀具路径如图 5.100 所示。

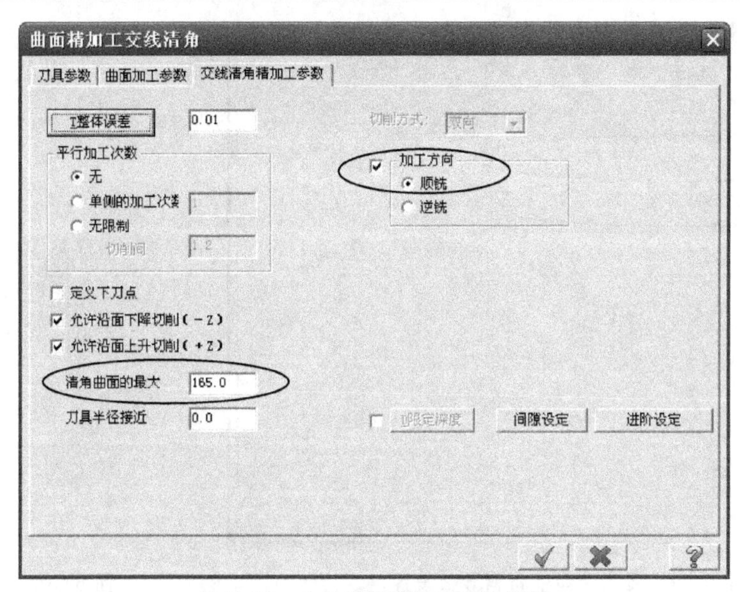

图 5.96　交线清角精加工参数设置

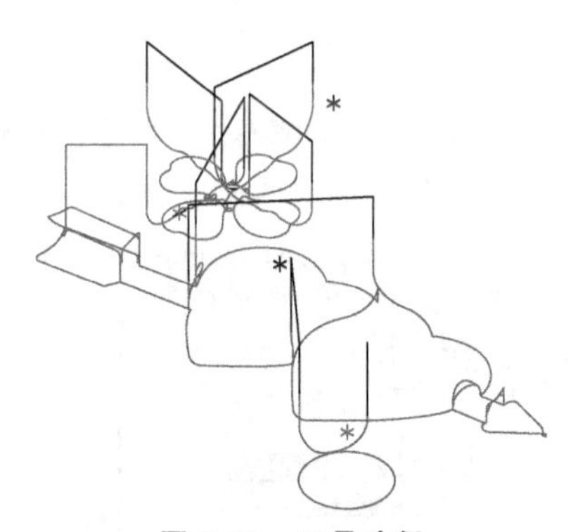

图 5.97　刀具路径

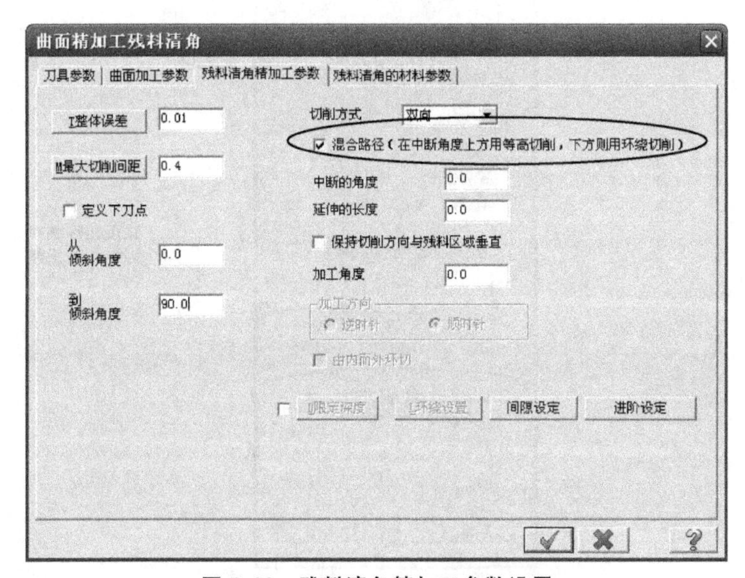

图 5.98　残料清角精加工参数设置

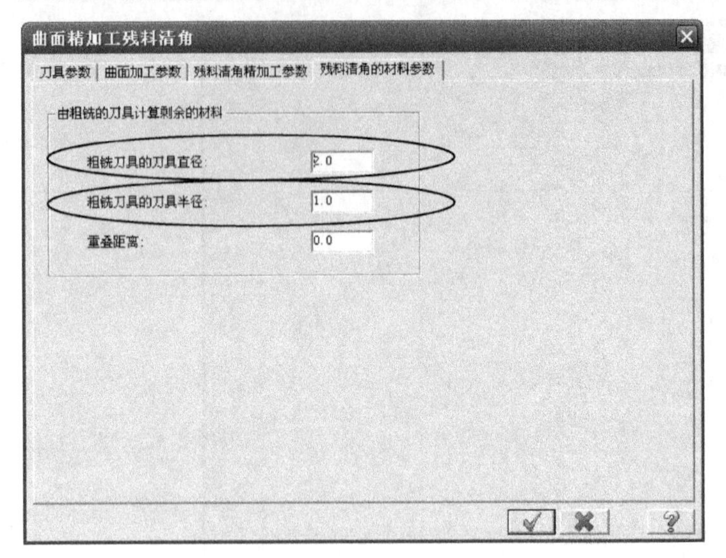

图 5.99　残料清角的材料参数设置

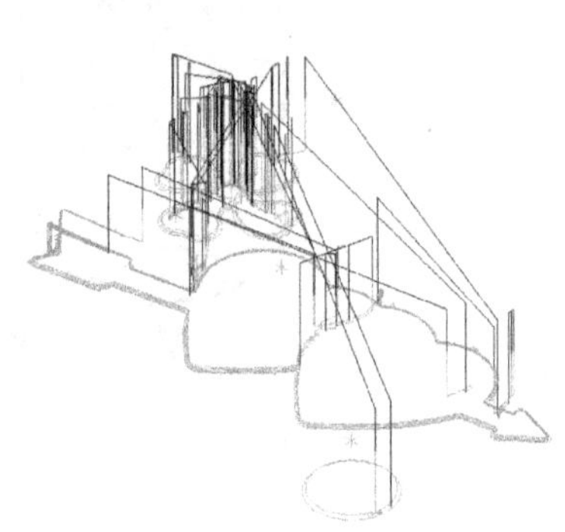

图 5.100　刀具路径

5.4.3　实体验证

在对象管理窗口中，单击按钮，选取全部操作，单击按钮，重新计算已选择操作，单击按钮，验证已选择操作，弹出实体验证对话框，如图 5.101 所示，进行实体模拟验证。

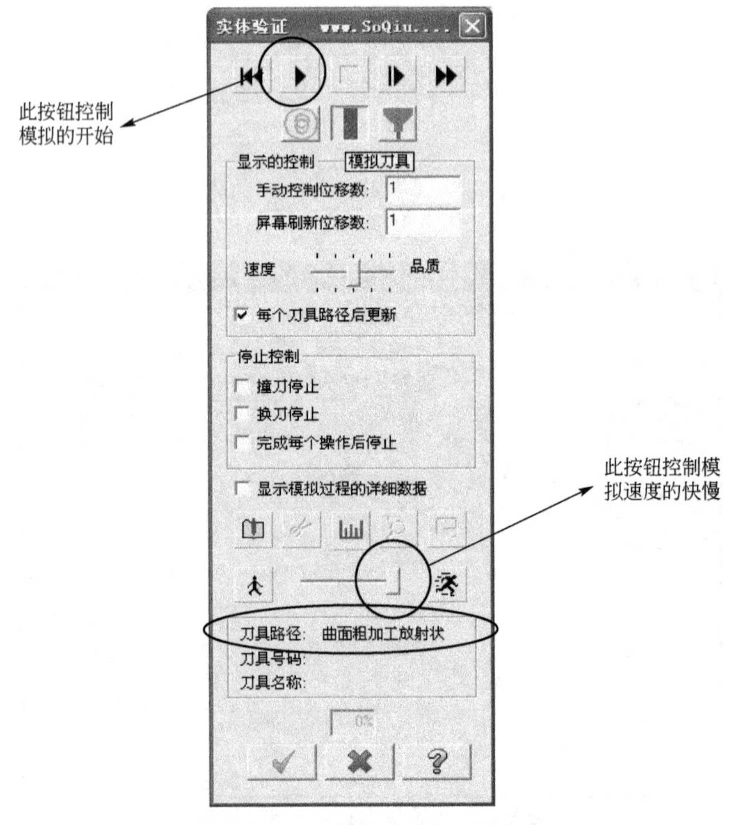

图 5.101　“实体验证”对话框

在图 5.101 中，可打开“撞刀停止”选项。验证时，根据加工的复杂程度，调节速度按钮，进行细致观察，确保加工的准确性。

若在验证中出现碰撞、过切等不良情况，可返回到具体加工进行修改，重新设置。

5.4.4　后处理

单击对象管理窗口中的 G1 按钮，弹出“后处理程式”对话框，在对话框中进行设置，如图 5.102 所示，设置完成后单击“确定”按钮，弹出“另存为”对话框，如图 5.103 所示，保存 NC 程序。

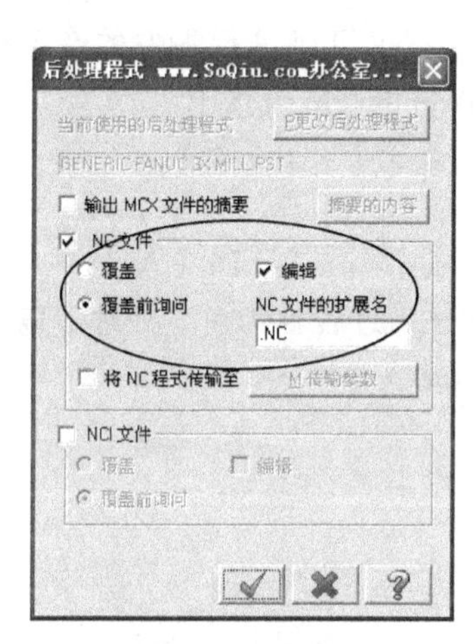

图 5.102　后处理

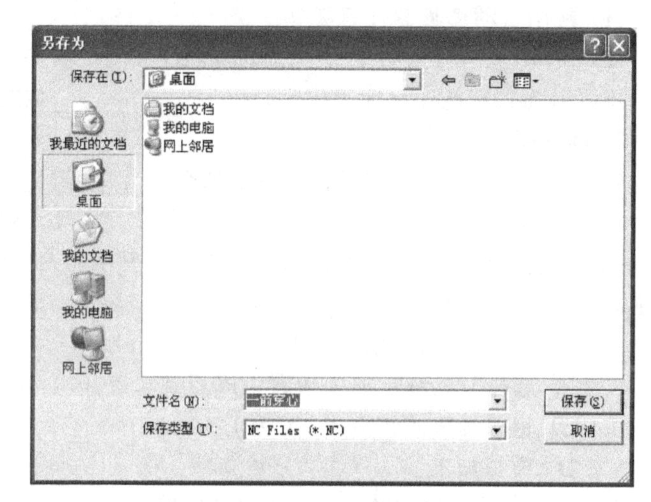

图 5.103　NC 程序保存

读者可根据具体的机床对程序的格式要求，对程序进行必要的修改，一般修改程序的开始和结束部分。

NC 程序如下。

```
%
O0000                                   (一箭穿心)
N100 G21;                               公制
N102 G0 G17 G40 G49 G80 G90;            设置系统环境
N106 G0 G90 G54 X48.915 Y-35.595 S1500 M3;
N108 G43 H2 Z3;                         建立刀长补
N110 Z1;
N112 G1 Z-.691 F200;
N154 G1 Z-.691 F200;
N156 X-48.6 Z-.9;
N158 X48.6 F300;
N160 G0 Z1;
……
N616 G0 Z3;
N618 Z10;
G49;                                    取消刀长补(需要添加)
N620 M5;
```

```
N622 G91 G28 Z0;          返回Z 轴参考点
N624 G28 X0. Y0;          返回X 、Y 轴参考点(如无必要,可删除)
N626 M30;
%
```

习　　题

1. 填空题

(1) 常用自动编程软件有哪些______、______、______、______。

(2) MasterCAM 软件是个优秀的 CAD/CAM 软件，它不仅可以进行零件的造型设计，还可以为数控铣床（加工中心）、______、______数控设备编制数控程序。

2. 选择题

(1) 常用自动编程软件不包括一下那个______。

A. MasterCAM　　B. UG　　C. Word　　D. CAXA

(2) 自动编程软件的最终目的是生成 NC 程序，人们将这一过程称为后置处理。以下哪项属于后置处理部分______。

A. 三维零件的造型过程

B. 选择刀具制定加工参数生成刀具轨迹

C. 将刀具轨迹转换成 NC 程序

D. 模拟加工

(3) 在以下常用软件中，不包含 CAD 模块的是______。

A. UG　　B. Mastercam

C. PowerMILL　　D. CAXA 制造工程师

3. 思考题

(1) 简述自动编程的过程。

(2) 自动编程有什么特点?

(3) 如图 5.104 所示零件，材料为 LY12，毛坯为 100X100X20。编制其轮廓的精加工程序(数控系统自定)。

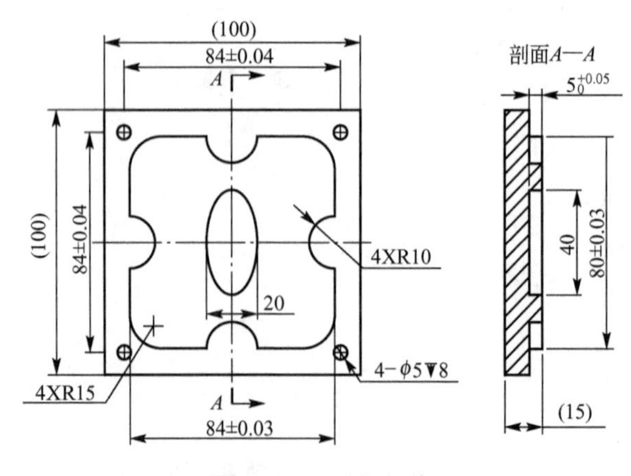

图 5.104　毛坯规格

参 考 文 献

[1] [美] 彼得·斯密德. 数控编程手册 [M]. 罗学科，刘瑛，黄根隆，等译. 北京：化学工业出版社，2005.
[2] 李体仁，夏田，杨立军. 加工中心编程实例教程 [M]. 北京：化学工业出版社，2006.
[3] 白传悦，王芳，等. 机械制造技术基础 [M]. 西安：陕西科学技术出版社，2004.
[4] 黄健求. 机械制造技术基础 [M]. 北京：机械工业出版社，2006.
[5] 王爱玲，李清副. 数控机床加工工艺 [M]. 北京：机械工业出版社，2006.
[6] 张幼军，王世杰. UG CAD/CAM [M]. 北京：清华大学出版社，2006.
[7] 徐衡，段晓旭. 数控车床 [M]. 北京：化学工业出版社，2006.
[8] 王令其，张思弟. 数控加工技术 [M]. 北京：机械工业出版社，2008.